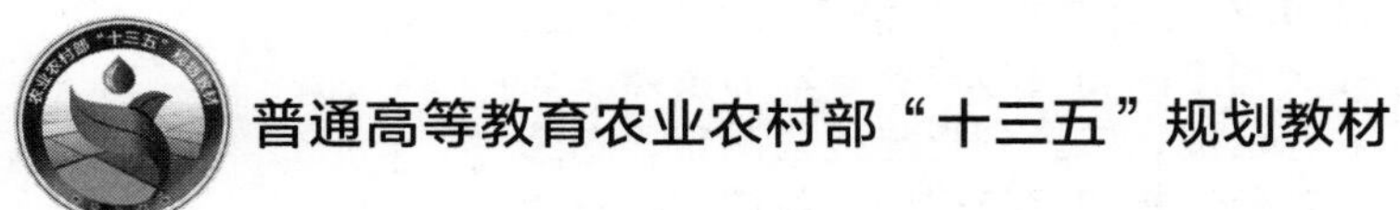

普通高等教育农业农村部“十三五”规划教材

农药学实验技术与指导

（第三版）

李兴海　李北兴　主编

化学工业出版社

·北京·

内容简介

根据农药学发展和实验教学需要，在第二版的基础上，本次修订对内容做了较大幅度的调整与更新。本书按照农药学实验室基本常识、农药合成、农药分析与残留测定、农药剂型加工与使用技术、农药生物测定与田间药效试验、农药毒理与农药环境毒理等六部分，从理论和实验技术两方面详细介绍了农药学专业的学生和农药学工作者应该掌握和熟悉的主要实验和数据处理技术。

本书适合作为农药学相关专业的本、专科及研究生的实验教材，也可供农业、卫生、食品、环境、化工等行业从事农药科研和管理的企业技术人员参考。

图书在版编目（CIP）数据

农药学实验技术与指导/李兴海，李北兴主编. —3版. —北京：化学工业出版社，2023. 7

ISBN 978-7-122-43269-8

Ⅰ. ①农… Ⅱ. ①李… ②李… Ⅲ. ①农药-实验 Ⅳ. ①TQ450. 2-33

中国国家版本馆 CIP 数据核字（2023）第 062716 号

责任编辑：刘　军　张　艳　孙高洁　　文字编辑：李娇娇
责任校对：宋　玮　　装帧设计：关　飞

出版发行：化学工业出版社
（北京市东城区青年湖南街 13 号　邮政编码 100011）
印　　装：三河市延风印装有限公司
787mm×1092mm　1/16　印张 20　字数 485 千字
2023 年 8 月北京第 3 版第 1 次印刷

购书咨询：010-64518888　　售后服务：010-64518899
网　　址：http：//www. cip. com. cn
凡购买本书，如有缺损质量问题，本社销售中心负责调换。

定　　价：49. 00 元

本书编写人员名单

主　　编　李兴海　李北兴

副 主 编　韩小强　王　振　刘　伟

编写人员　（按姓名汉语拼音排序）

韩小强　石河子大学

雷　鹏　西北农林科技大学

李北兴　山东农业大学

李兴海　沈阳农业大学

刘　峰　山东农业大学

刘　伟　沈阳农业大学

慕　卫　山东农业大学

彭大勇　江西农业大学

祁之秋　沈阳农业大学

孙家隆　青岛农业大学

王　振　内蒙古农业大学

王祖利　青岛农业大学

郑　冰　中国农业大学

前言

本书在第二版的基础上，根据农药学的发展和实验教学需要，对实验内容进行了调整，更新了理论知识，丰富了实验项目，进一步满足使用院校的教学需求。

本次修订主要包括以下内容：第 1 章，为了提高学生的安全环保意识，增加了与实验室安全和环保相关的课后思考题。第 2 章，为了提供更多的选择性和扩大知识的覆盖面，实验项目增加到 24 个，涉及不同类型的杀虫剂、杀菌剂、除草剂、植物生长调节剂和天然产物农药的合成。第 3 章到第 6 章，主要修改了基础知识，适当增加了一定数量的实验项目，精简合并了部分实验，调整了实验项目顺序，使其关联性更强，进一步覆盖了农药学的主要实验内容。

本次修订工作由韩小强、雷鹏、李北兴、李兴海、刘峰、刘伟、慕卫、彭大勇、祁之秋、孙家隆、王振、王祖利、郑冰（按姓名汉语拼音顺序）等完成，最后由李兴海统稿。希望本书能为农药学教师实验教学提供帮助，使学生更好地掌握农药学基本实验技能，为以后的研究工作打下坚实基础。

在本书出版之际，衷心感谢孙家隆老师和化学工业出版社对本次修订的大力支持，感谢王钰鑫、倪艳宏、许永敏三位同学在书稿整理过程中做出的大量工作，感谢广大读者的关心和鼓励。

随着农药学的快速发展，农药学实验技术文献资料也愈加丰富。这次修订主要根据我们的教学实践，增补了相关实验内容，限于笔者的水平和经验，难免挂一漏万。恳请广大读者提出宝贵意见，以便重印和再版时进一步完善。

编者

2023 年元月

第一版前言

农药学是一门实验科学。农药学实验是帮助人们认识、验证农药学知识的重要手段，也是探索和发现农药学新知识的必要条件。目前我国设置的面向农药的应用化学专业、制药工程专业和药学专业的高等院校已经有 20 多所，农药合成、农药分析与残留检测、农药剂型加工、农药生物测定与田间药效试验、农药毒理与农药环境毒理等课程多为这些专业的必修课程或骨干课程。然而其中大部分课程缺乏与之配套的实验教科书。为满足教学的需要，根据国家关于农药学相关专业学生的培养要求，青岛农业大学、山东农业大学、沈阳农业大学等院校的多位长期从事农药学教学工作的教师将已有农药学科实验讲义进行整理与修改，编写了这本《农药学实验技术与指导》。

本书总结了参编院校的农药学实验教学经验，凝结了多位农药教育工作者的心血。根据我国农药发展现状以及当前农药学教学需求，本书内容共分为六部分：农药学实验室基本常识、农药合成、农药分析与残留检测、农药剂型加工、农药生物测定与田间药效试验、农药毒理与农药环境毒理。考虑到农药学相关专业的培养要求和相应学生的基础，按照高等教育关于“厚基础、宽口径”的精神，本书力求系统阐述各类农药学实验的技术与方法，以对学生进行全面而系统的农药学实验知识体系的培养与训练，从而为以后从事农药工作打下基础。另外，考虑到学生毕业后实际工作的需要，本书亦尽量介绍生产实例，编辑了相关图片与农药生产工艺流程，同时本书还介绍了国家相关农药的规范与标准，以期毕业生尽快适应工作岗位，并为从事农药工作的读者提供借鉴。

本书的主要编写分工如下。

农药合成：郝双红、孙家隆；农药分析与残留测定：慕卫、张清明、林琎；农药剂型加工：刘峰、张保华、张卫光；农药室内生物测定与田间药效试验：杨从军、罗兰；农药毒理与环境毒理：李兴海、祁之秋；校对：张保华、张清明；统稿：孙家隆。中国农业大学刘尚钟教授对全书进行了审稿，并提出了很多宝贵意见。

农药学专家慕立义教授、张兴教授、王智教授在编写思路及结构框架方面给予了细致的指导，先生们的谆谆教诲和严谨的治学态度使编者受益匪浅，是本书能够成功出版的关键。青岛农业大学吕海涛教授审阅了“农药分析与残留测定”，并提出很多宝贵意见，在此深表感谢。

由于作者水平所限，书中疏漏与不妥之处在所难免，希望得到广大读者的指正。

编者

2009 年 2 月

第二版前言

本书自2009年初版，已历七年。同仁的肯定，实为对作者的鼓励和鞭策。

这次修订，主要是在第一版的基础上，根据农药学实验的发展和需要，进行了适当的精简和补充，丰富了各章的理论和具体实验，以便在开阔学生知识面的同时，增加使用院校的选择性与机动性。具体做法简述如下。

更新：重新编写了各章的理论知识和实验内容。如第二章的学生实验、第三章的3.2样品及其制备、第五章的杀菌剂生物测定方法等等。

精简：限于篇幅，第二版删除了部分与农药学实验相关但不很密切的第一版部分内容。如第一章删除原“附录1 GLP实验室要求”及第二章、第三章的部分章节等。

丰富：根据农药学发展的要求，第二版在第一版的基础上补充了很多农药学实验较前沿的知识内容。如第三章的3.4.3气相色谱-质谱联用技术、3.4.4液相色谱-质谱联用技术，第五章的5.1.3.1.12 MTT法、5.1.3.2.7比色法、5.1.3.2.9以藻类为模式生物筛选化合物的杀菌活性等。

充实：与第一版相比，第二版增加了学生应该掌握的知识内容，如实验室剧毒品管理制度等；增加了学生实验个数，如第二章增加了4个、第三章增加了2个、第五章增加了11个。

这本实验用书，一如其他诸多教材，表达了基础教育工作者期待已久的愿望：向农药学相关教师奉献一本较实用的实验教学参考书，为其教学、科研带来方便；帮助农药学及相关专业的学生掌握农药学基本实验技能知识，为以后的农药学研究打下坚实的基础。

本书为“青岛农业大学应用型人才培养特色名校建设”相关专业研究课题研究成果之一。

本次修订工作由（按姓名汉语拼音顺序）杜春华、郝双红、李兴海、刘峰、罗兰、慕卫、孙家隆、杨从军、张保华等完成，最后由孙家隆统稿。朱永哲博士审阅了书稿，修改并提出了许多建设建议，在此表示真诚的感谢。

本书再版之际，衷心感谢化学工业出版社的大力支持以及广大读者的关心和鼓励。

农药学实验技术研究发展极快，文献材料极其丰富。限于笔者的水平和经验，这次修订也只能从手头和感觉有价值的资料中做一些选择与加工，难免挂一漏万。恳请广大读者将宝贵意见发送至 qauyaoxue12345@163.com，以便在重印和再版时作进一步修改和充实。

编者
2016年5月

缩略语

缩略语	英文全名	中文译名
a. i.	active ingredient	活性成分
AChE	acetylcholinesterase	乙酰胆碱酯酶
ALS	acetolactate synthase	乙酰乳酸合成酶
ASE	accelerated solvent extraction	加速溶剂提取法
AST	allatostatin	抑咽侧体激素
AT	allatotropin	促咽侧体激素
ATI	actural toxicity index	实际毒力指数
b. p.	boiling point	沸点
BME	biomedical engineering	生物医学工程
CA	corpus allatum	咽侧体
CIPAC	Collaborative International Pesticides Analytical Council	国际农药分析协作委会员
CMA	corn meat medium	玉米粉琼脂培养基
CMR	continuous microwave reactor	连续微波反应器
CTC	co-toxicity coefficient	共毒系数
DL	detection limit	检测限
DMF	*N*,*N*-dimethylformamide	*N*,*N*-二甲基甲酰胺
DTNB	3-carboxy-4-nitrophenyl disulfide	二硫双对硝基苯甲酸
EC	emulsifiable concentrate	乳油
EC_{50}	median effective concentration	有效中浓度
ECD	electron capture detector	电子捕获检测器

ED_{50}	median effective dose	有效中量
EIP	emulsion inversion point	乳液转变点法
FAD	flavin adenosine dinucleotide	黄素腺嘌呤二核苷酸
FAO	Food and Agriculture Organization of the United Nations	联合国粮食农业组织
FDA	Food and Drug Administration	美国食品及药物管理局
FID	hydrogen flame ionization detector	氢火焰离子化检测器
FPD	flame photometric detector	火焰光度检测器
GABA	gamma-amino butyric acid	γ-氨基丁酸
GAP	good agricultural practice	农产品规范化管理
GB	guobiao	国家标准
GC	gas chromatograph	气相色谱仪
GLP	good laboratory practice	良好实验室规范
h	hour(s)	小时
HLB	hydrophile-lipophile balance	亲水亲油平衡值法
HPLC	high performance liquid chromatography	高效液相色谱仪
HTS	high throughput screening	高通量筛选
i. d.	inner diameter	内径
IR	infrared spectra	红外光谱
ISO	International Organization for Standardization	国际标准化组织
JH	juvenile hormone	保幼激素
LC_{50}	median lethal concentration	半数致死浓度
LD_{50}	median lethal dose	半数致死量
LLE	liquid-liquid extraction	液-液萃取
m. p.	melting point	熔点
MASE	microwave assisted solution extraction	微波辅助溶剂萃取法
MH	moultinghormone	蜕皮激素
min	minute(s)	分钟
mol	mole(s)	摩尔

NAD^+	nicotinamide ade-nine dinucleotide	烟酰胺腺嘌呤二核苷酸
$NADP^+$	nicotinadenine dinucleotide phosphate	烟酰胺腺嘌呤二核苷酸磷酸
NAGA	2-(acetylamino)-2-deoxy-D-glucose	*N*-乙酰葡萄糖胺
NPD	nitrogenp pyhosphorus detector	氮磷检测器
O/W	oil/water	油/水
OD	optical density	光密度
ODS	ozone depleting substances	消耗臭氧层物质
OECD	Organization for Economic Co-operation and Development	经济合作与发展组织
OP	organic phosphor	有机磷
OSHA	Occupational Safety and Health Administration	美国职业安全与健康事务管理局
P. A. M	pyriding-2-aldoxime methyl	解磷定
PDA	potato dextrose agar	马铃薯葡萄糖琼脂培养基
PIT	phase inversion temperature	相转变温度法
PMT	photomultiplier tube	光电倍增管
POPOP	1,4-bis(5-phenyl-2-oxazolyl)benzene	1,4-双(5-苯基-2-噁唑) 苯
PPO	2,5-diphenyloxazole	2，5-二苯基噁唑
PSA	pressure swing absorb	变压吸附
PTFE	teflon	聚四氟乙烯
PTTH	prothoracicotropic hormone	促前胸腺激素
PVC	polyvinyl chloride	聚氯乙烯
RCA	radioanalytical chemistry analyse	放射化学分析法
RI	retardation index	阻碍指数
RIA	radioimmunoassay	放射免疫分析法
RSD	relative standard deviation	相对标准偏差
s	second	秒
SC	suspension concentrates	悬浮剂

SF	supercritical fluid	超临界流体
SFE	supercritical fluid extraction	超临界流体萃取法
SPE	solid phase extraction	固相萃取
TLC	thin layer chromatography	薄层色谱
TLC-EI	thin-layer chromatographic-plant enzyme inhibition	薄层-酶抑制法
TPP	thiamine pyrophosphate	焦磷酸硫胺素
TTC	triphenyltetrazolium chloride	氯代三苯基四氮唑
TTI	theoretical toxicity index	理论毒力指数
UV	ultraviolet detector	紫外检测器
W/O	water/oil	水/油
WHO	World Health Organization	世界卫生组织
WP	wettable powders	可湿性粉剂
NNO	(dispersing agent)NNO	亚甲基二萘磺酸钠

目录

1 农药学实验室基本常识 / 1

2 农药合成 / 10

4 农药剂型加工与使用技术 / 122

5　农药生物测定与田间药效试验 / 186

6 农药毒理与农药环境毒理 / 262

1 农药学实验室基本常识

农药属于精细化工产品，农药研究工作者必须养成良好的实验室工作习惯并严格遵守相关规则，掌握农药学实验室基本常识，了解潜在的危险及其预防和处理方法，使实验安全、顺利进行。

1.1 学生实验室守则

为了保证实验的顺利进行，培养严谨的科学态度和良好的实验习惯，创造一个高效和整洁的工作环境，必须遵守下列实验室规则：

① 实验前，必须做好预习报告，明确实验目的，熟悉实验原理和实验步骤，了解所用药品的危险性及防护措施。进入实验室后，应首先登记姓名、进入时间、试验项目等。检查实验用品是否齐全，并注意室内通风。

② 实验操作开始前，首先检查仪器种类与数量是否与需要相符，仪器是否有缺口、裂缝或破损等，再检查仪器是否干净（或干燥），确认仪器完好、干净再使用，仪器装置安装完毕，要请教师检查合格后，方能开始实验。

③ 实验操作中，要仔细观察实验现象，积极思考问题，严格遵守操作规程，实事求是地做好实验记录。同时，要严格遵守安全守则，了解每个实验的安全注意事项，一旦发生意外事故，应立即报告教师，采取有效措施，迅速排除事故。

④ 实验室内应保持安静，不得谈笑、打闹和擅自离开岗位，不得将书报、体育用品等与实验无关的物品带入实验室，严禁在实验室吸烟、饮食，离开实验室及饭前要洗净双手。

⑤ 服从指导，有事要先请假，不经教师同意，不得离开实验室。严格遵守实验操作规范（均按剧毒物品对待），不许擅自乱动与实验无关的药品。

⑥ 要始终做到台面、地面、水槽、仪器的“四净”，实验室废物应放入废物缸中，不得丢入水槽或扔在地上。废液应倒入废液缸中，严禁倒入水槽。实验完毕，应及时将仪器洗

净，并放回指定位置。

⑦ 要爱护公物，节约药品，养成良好的实验习惯。要严格按照规定称量或量取药品，使用药品时不得乱拿乱放，药品用完后，应盖好瓶盖放回原处。公用设备和材料使用后，应及时放回原处，对于特殊设备，应在指导教师示范后使用。

⑧ 实验期间必须穿实验服。进入实验室应穿实验服或工作服，严禁赤脚或穿镂空的鞋子（如凉鞋或拖鞋）进入实验室。在进行有毒、有刺激性、有腐蚀性的实验时，必须戴上防护眼镜、口罩、耐腐蚀手套或面罩。

⑨ 轮流值日，打扫、整理实验室。值日生应负责打扫卫生，整理公共器材，倒净废物缸并关闭水、电、门窗等。

⑩ 实验完毕，及时整理实验记录，正确处理实验数据，写出完整的实验报告，按时交教师审阅。

1.2 农药学实验室安全与环保

1.2.1 基本设施安全使用

进入实验室首先要熟悉实验室的水阀门、电源总开关、灭火器、沙箱或其他消防器材的位置。实验室基本设施的使用注意事项如下文所述。

① 排水系统　目前主要采用的是硬质聚氯乙烯（PVC）管件，其耐温工作温度只有80℃左右，实验室的液体排放必须做到：温度低于80℃，有机溶剂必须集中回收处理。

② 实验台面　耐腐蚀理化板耐热等级只有140℃左右，必须禁止将电炉等较高温度物体直接置于耐腐蚀理化板上使用。

③ 电器使用　使用电器时，应防止人体与电器导电部分直接接触，不能用湿的手或手握湿物接触电插头。为了防止触电，装置和设备的金属外壳等都应接地线。实验后应切断电源，拔下插头。

1.2.2 化学药品的正确使用和安全防护

（1）防毒　化学药品都有不同程度的毒性，实验前应了解所用药品的毒性、理化性质和防护措施。①在取用有毒和易挥发药品时（如硝酸、盐酸、二氯甲烷、苯等），应在有良好通风的通风橱内进行，以免中毒。有中毒症状者，应立即到室外通风处；进行有危险性反应时使用防护装置、戴防护面罩和眼镜。②开启装有腐蚀性物质（如硫酸、硝酸等）的瓶塞时，不能面对瓶口，以免液体溅出或腐蚀性烟雾逸出造成伤害，也不能用力过猛或敲打，以免瓶子破裂；在搬运盛有浓酸的容器时，严禁用一只手握住细瓶颈搬动，防止瓶底裂开脱落。③苯、四氯化碳、乙醚、硝基苯等蒸气经常吸入会使人嗅觉减弱，必须高度警惕。④有机溶剂能穿过皮肤进入人体，应避免直接与皮肤接触。⑤剧毒药品如氰化物、汞盐、镉盐、铅盐等应妥善保管。⑥石棉、苯、1,4-二氧六环、氯仿、四氯化碳、α-萘胺、邻甲苯胺等有致癌变作用，应小心使用。

对于上述这些物质，在实验室中应尽量少与其直接接触，使用时应戴防护手套并尽量在通风橱中进行操作。其中特别要注意的是苯、四氯化碳、氯仿等常见溶剂。因此，现在实验室中常用甲苯代替苯，用二氯甲烷代替四氯化碳和氯仿，用四氢呋喃代替二氧六环。

（2）防火　实验室常用的许多有机溶剂和药品易燃易爆，应注意防火安全。①乙醚、酒精、丙酮、二硫化碳、苯等有机溶剂易燃，实验室不得存放过多，且不可倒入下水道，以免集聚引起火灾。②钠、钾、铝粉、电石、黄磷以及金属氢化物要注意使用和存放，尤其不宜与水直接接触。③点燃煤气灯或酒精灯以前要将附近实验台上的易燃溶剂移开，不再使用的火源要随时熄灭。④实验前要了解灭火器的位置、种类和使用方法。木头、纸张、纺织品着火时可使用任何灭火器。油类着火时不要用水浇，否则会使火种蔓延。电气设备着火可用二氧化碳灭火器灭火。活泼金属（钠、钾、锂等）和金属氢化物可用黄沙或碳酸钠覆盖灭火。⑤一旦发生火灾，不要惊慌失措，应立即采取相应措施：如遇较小范围内火灾，可用湿抹布或其他衣物覆盖火源，千万不要扑打，扑打时有风，反而会使火势更旺；若火势较大，要先切掉电源和燃气，移去易燃物，然后用灭火器灭火。常用的灭火器主要有以下几种：

四氯化碳灭火器，可用以扑灭电器内或电器附近火灾，但不能在狭小和不通风的实验室中应用，因四氯化碳在高温时生成剧毒的光气。此外，四氯化碳和金属钠接触也会发生爆炸。

二氧化碳灭火器，是实验室中最常用的一种灭火器，其钢筒内装有压缩的液态二氧化碳，使用时打开开关，二氧化碳气体即会喷出，用以扑灭有机物及电气设备上的火灾。使用时一手提灭火器，一手应握在喷二氧化碳喇叭筒的把手上，因喷出的二氧化碳压力骤然降低，温度也骤降，手若握在喇叭筒上易被冻伤。

泡沫灭火器，内部分别装有含发泡剂的碳酸氢钠溶液和硫酸铝溶液，使用时将筒身颠倒，两种溶液即反应生成硫酸氢钠、氢氧化铝及大量二氧化碳泡沫喷出。除非大火，否则通常不用泡沫灭火器，以后处理比较麻烦。

干粉灭火器，可扑灭一般火灾，还可扑灭油、气等燃烧引起的火灾。干粉灭火器是以二氧化碳气体或氮气气体作动力，将筒内的干粉喷出灭火的。干粉是一种干燥的、易于流动的微细固体粉末，由能灭火的基料和防潮剂、流动促进剂、结块防止剂等添加剂组成。主要用于扑救石油、有机溶剂等易燃液体，以及可燃气体和电气设备的初期火灾。

无论使用何种灭火器，皆应从火的四周开始向中心扑灭。

若衣服着火，切勿奔跑，用厚的外衣包裹使火熄灭。较严重者应躺在地上（以免火焰烧向头部）用防火毯紧紧包住，直至熄灭；或打开附近的自来水开关用水冲淋熄灭。烧伤严重者应立即送医院治疗。

（3）防爆　氢、乙烯、乙炔、苯、乙醇、乙醚、丙酮、乙酸乙酯、一氧化碳、水煤气和氨气等可燃性气体与空气混合至爆炸极限，一旦有热源诱发，极易发生爆炸，应防止以上气体或蒸气散失在室内空气中，保持室内通风良好。当大量使用可燃性气体时，应严禁使用明火和可能产生电火花的电器；过氧化物、高氯酸盐、叠氮铅、乙炔铜、三硝基甲苯等易爆物质，受震或受热也可能发生爆炸；强氧化剂和强还原剂必须分开存放，使用时轻拿轻放，远离热源。

（4）防灼伤　除了高温以外，液氮、强酸、强碱、强氧化剂、溴、磷、钠、钾、苯酚、乙酸等物质都会灼伤皮肤，应注意不要让皮肤与之接触，尤其防止溅入眼中。

（5）眼睛的保护

① 在实验室进行实验的所有时间内都要戴好防护眼镜。如果已经戴了一般的矫正视力

的眼镜，在一般情况下可以不必加戴防护眼镜。但是一定要知道戴隐形眼镜（或称接触型眼镜）要比不戴眼镜还要危险，因此佩戴这种隐形眼镜的实验者，必须再佩戴防护眼镜。

② 不要对着反应瓶口直接观察反应进行情况，也不要使反应瓶口对着自己或邻近的实验人员。

③ 量取酸、碱或其他危险性化学品时，不要让眼睛凑近。应将量筒放在实验台上，慢慢地加入液体物质。

1.2.3 使用高压容器的安全防护

实验常用到高压储气钢瓶和一般受压的玻璃仪器，使用不当，会导致爆炸，需掌握有关常识和操作规程。

（1）气体钢瓶的识别　颜色相同的要看气体名称。氧气瓶淡蓝色；氢气瓶淡绿色；氮气瓶黑色；纯氩气瓶银灰色；氦气瓶银灰色；压缩空气瓶黑色；氨气瓶淡黄色；二氧化碳气瓶铝白色。

（2）高压气瓶的安全使用　①气瓶应专瓶专用，不能随意改装；②气瓶应存放在阴凉、干燥、远离热源的地方，易燃气体气瓶与明火距离不小于 5m，氢气瓶最好隔离；③气瓶搬运要轻要稳，放置要牢靠；④各种气压表一般不得混用；⑤氧气瓶严禁油污，注意手、扳手或衣服上的油污；⑥气瓶内气体不可用尽，以防倒灌；⑦开启气门时应站在气压表的一侧，不准将头或身体对准气瓶总阀，以防气体冲出阀门或气压表伤人。

1.2.4 环保守则

按照国家环保总局《关于加强实验室类污染环境监管的通知》的规定。从 2005 年 1 月 1 日起，科研、监测（检测）、试验等单位实验室、化验室、试验场所将按照污染源进行管理，实验室、化验室、试验场所的污染将纳入环境监管范围。实验室排放的废液、废气、废渣等虽然数量不大，但不经过必要的处理直接排放，会对环境和人身造成危害，也不利于养成良好的习惯。因此在实验室必须遵守实验室环保守则。

① 爱护环境、保护环境、节约资源、减少废物产生，努力创造良好的实验环境，并不对实验室外的环境造成污染。

② 实验室所有药品、中间产品、集中收集的废物等，必须贴上标签，注明名称，防止误用和因情况不明而处理不当造成环境事故。

③ 废液必须集中处理，应根据废液种类及性质的不同分别收集在废液桶内，并贴上标签，以便处理。严格控制向下水道排放各类污染物，向下水道排放废水必须符合排放标准，严禁把易燃、易爆和容易产生有毒气体的物质（如氰化物）倒入下水道。

④ 严格控制废气的排放，必要时要对废气吸收处理。处理有毒性、挥发性或带刺激性物质时，必须在通风橱内进行，防止散逸到室内，但排到室外的气体必须符合排放标准。

⑤ 严禁乱扔固体废物，要将其分类收集，分别处理。

⑥ 接触过有毒物质的器皿、滤纸、容器等要分类收集后集中处理。

⑦ 控制噪声，积极采取隔声、减声和消声措施，使其环境噪声符合国家规定的《声环境质量标准》（GB 3096—2008），噪声应小于 70dB。

⑧ 一旦发生环境污染事件，应及时处理并上报。

1.2.5 实验室人身伤害事故处理

在实验中，一旦发生了意外，不要着急，要沉着冷静处理，发挥实验室的医药柜或医药箱在紧急情况下的作用。为此，实验室医药箱应备有下列急救药品和器具：医用酒精、碘酒、红药水、创可贴、止血粉、烫伤油膏（或万花油）、1%硼酸或2%乙酸溶液、1%碳酸氢钠溶液、20%硫代硫酸钠溶液、3%双氧水等；医用镊子、剪刀、纱布、药棉、棉签和绷带等。下面介绍几种实验室内事故发生时的急救处理方法。

① 眼睛的急救。实验室中一般应配有喷水洗眼器，如果没有洗眼器，那么至少应设一个配有一段软管的洗涤槽。学生应该记住最近的洗眼器或洗涤槽的位置。一旦化学试剂溅入眼内，立即用缓慢的流水彻底冲洗，洗涤后把病人送往医院眼科治疗。当玻璃屑进入眼睛时，绝不要用手揉擦，尽量不要转动眼球，可任其流泪；也不要试图让别人取出碎屑，用纱布轻轻包住眼睛后，把伤者送往医院处理。

② 烧伤的急救。烧伤的急救方法因原因不同而不同。

如为化学烧伤，则必须用大量的水充分冲洗患处。如为有机化合物灼伤，则用乙醇擦去有机物是特别有效的。溴的灼伤要用乙醇擦至患处不再有黄色为止，然后再涂上甘油以保持皮肤滋润。酸灼伤，先用大量水冲洗，以免深部受伤，再用稀 $NaHCO_3$ 溶液或稀氨水浸洗，最后用水洗。碱灼伤，先用大量水冲洗，再用1%硼酸或2%乙酸溶液浸洗，最后用水洗。

明火烧伤，要立即离开着火处，迅速用冷水冷却。轻度的火烧伤，用冰水冲洗是一种极有效的急救方法。如果皮肤并未破裂，那么可再涂擦治疗烧伤用药物，使患处及早恢复。当大面积的皮肤表面受到伤害时，可以用湿毛巾降温，然后用洁净纱布覆盖伤处防止感染。然后立即送医院请医生处理。

如果着火，要及时灭火，万一衣服着火，切勿奔跑，要有目的地走向最近的灭火毯或灭火喷淋器，用灭火毯把身体包住，火会很快熄灭。

③ 割伤的急救。不正确地处理玻璃管、玻璃棒则可能引起割伤。若小规模割伤，则先将伤口处的碎玻璃片取出，用水洗净伤口，挤出一点血后，再消毒、包扎；也可在洗净的伤口，贴上“创可贴”，能立即止血且易愈合。

若严重割伤，出血多时，则必须立即用手指压住或把相应动脉扎住，使血尽快止住，包上压定布，而不能用脱脂棉。若绷带被血浸透，不要换掉，再盖上一块绷带施压，之后立即送医院治疗。

④ 烫伤的急救。被火焰、蒸汽、红热的玻璃或铁器等烫伤，立即将伤处用大量的水冲淋或浸泡，以迅速降温避免深部烧伤。若起水泡，不宜挑破。对轻微烫伤，可在伤处涂烫伤油膏或万花油。严重烫伤应送医院治疗。

⑤ 中毒的急救。当发生急性中毒时，紧急处理十分重要。若在实验中感到咽喉灼痛、嘴唇脱色或发绀、胃部痉挛或恶心呕吐、心悸、头晕等时，则可能是中毒所致。

因口服引起的中毒，可饮温热的食盐水（1杯水中放3～4小勺食盐），把手指放在嘴中触及咽后部，引发呕吐。当中毒者失去知觉或因溶剂引起中毒时，不要使其呕吐；误食碱者，先饮大量水再喝些牛奶；误食酸者，先喝水，再服 $Mg(OH)_2$ 乳剂，再饮些牛奶，不要用催吐剂，也不要服用碳酸盐或碳酸氢盐；重金属盐中毒者，喝一杯含有几克 $MgSO_4$ 的水溶液，立即就医，也不得用催吐剂。

因吸入引起中毒时，要把病人立即抬到空气新鲜的地方，让其安静地躺着休息。

附录 1　农药原药(急性经口 LD_{50}＜ 2000mg/kg)的毒性及中毒救护

农药名称	急性经口 LD_{50}/(mg/kg)	急性经皮 LD_{50}/(mg/kg)	中毒救护
特丁硫磷	1.6	0.81（兔）	用阿托品或解磷定（P. A. M）进行急救，并立即送医院进行抢救
对硫磷	13	50	常规有机磷农药中毒救护： ① 用阿托品 1～5mg 皮下或静脉注射； ② 用解磷定 0.4～1.2g 静脉注射； ③ 禁用吗啡、茶碱、吩噻嗪、利血平； ④ 误服立即引吐、洗胃、导泻（清醒时才能引吐）； ⑤ 参照 GBZ 8—2002《职业性急性有机磷杀虫剂中毒诊断标准》处理方法； ⑥ 参照 WS/T 85—1996《食源性急性有机磷农药中毒诊断标准及处理原则》处理方法
甲基对硫磷	14	45	
磷胺	17.9～30	374～530	
久效磷	18	126	
水胺硫磷	25	197	
氧乐果	25	200	
杀扑磷	25～54	1546	
甲基异柳磷	28	49.2	
敌敌畏	50	300	
三唑磷	57～68	＞2000	
丙线磷	62	26（兔）	
毒死蜱	135～163	＞2000	
倍硫磷	250	700	
乐果	290～325	＞800	
丙溴磷	358	3300	
杀螟硫磷	530	810	
敌百虫	560	＞5000（大鼠）	
乙酰甲胺磷	945	＞2000（兔）	
马拉硫磷	1375～2800	＞4100（兔）	
涕灭威	0.93	20（兔）	常规氨基甲酸酯农药中毒救护： ① 用阿托品 0.5～2mg 口服或肌内注射，重者加用肾上腺素。禁用解磷定、氯磷定、双复磷、吗啡。 ② 参照 GBZ 52—2002《职业性急性氨基甲酸酯杀虫剂中毒诊断标准》处理方法
克百威	8	＞3000	
灭多威	17～24	＞5000	
硫双威	66	＞2000	
丙硫克百威	138	＞2000	
抗蚜威	147	＞500	
丁硫克百威	250	＞2000	
异丙威	450	500	
仲丁威	524	＞5000	
速灭威	580	＞2000	
甲萘威	850	＞4000	

续表

农药名称	急性经口 LD_{50}/(mg/kg)	急性经皮 LD_{50}/(mg/kg)	中毒救护
联苯菊酯	54.5	＞2000	常规拟除虫菊酯农药中毒救护： ① 无特殊解毒剂，可对症治疗。 ② 大量吞服时可洗胃。 ③ 不能催吐。 ④ 参照 GBZ 43—2002《职业性急性拟除虫菊酯中毒诊断标准》处理方法
氯氟氰菊酯	166	1000～2500	
氰戊菊酯	451	＞5000	
溴氰菊酯	135～5000	＞2000	
氟氯氰菊酯	500	＞5000	
高效氯氰菊酯	649	＞1830	
杀虫单	89.9（小鼠）	451	用碱性液体彻底洗胃或冲洗皮肤。毒蕈碱样症状明显者可用阿托品类药物对抗，但注意防止过量。忌用胆碱酯酶复能剂
杀虫双	680	2060（小鼠）	
阿维菌素	10	＞2000	经口：立即引吐并给患者服用吐根糖浆或麻黄素，但勿给昏迷患者催吐或灌任何东西。抢救时避免给患者使用增强 γ-氨基丁酸活性的药物，如巴比妥、丙戊酸等
硫丹	70	＞4000	① 无特殊解毒剂，如经口摄入要催吐。 ② 尽可能保持病人安静，避免病人激动。病人清醒时，可给予常用剂量的巴比妥与其他镇静剂。 ③ 注意维持呼吸，如有衰竭进行人工呼吸。 ④ 禁止用肾上腺素或阿托品
氟虫腈	100	＞2000	皮肤和眼睛用大量的肥皂水和清水冲洗，如仍有刺激感应去医院对症治疗。误服者立即送医院对症治疗
三唑锡	209	＞5000	① 误服者立即催吐、洗胃、导泻。 ② 无特殊解毒剂，应进行预防治疗，防止脑水肿发生。 ③ 严禁大量输液
啶虫脒	217	＞2000	对症治疗，洗胃，保持安静
杀螟丹	345	＞1000（小鼠）	① 用阿托品 0.5～2mg 口服或肌内注射，重者加用肾上腺素。 ② 禁用解磷定、氯磷定、双复磷、吗啡
抑食肼	258.3	＞5000	对症治疗
吡虫啉	450	＞2000	如发生中毒应及时送医院对症治疗
噻虫嗪	1563	＞2000	无专用解毒剂，对症治疗
双甲脒	600～800	＞1600	中毒后无特效解毒药物，对症治疗
哒螨灵	1350	＞2000（兔）	对症治疗
吡螨胺	595	＞2000	对症治疗
虫螨腈	626（大鼠）	＞2000（兔）	接触皮肤或眼睛，立即用肥皂和大量的清水冲洗，送医院诊治；不慎吞服，勿催吐，应立即请医生治疗
氟草净	681	＞4640	无特效解毒剂，中毒后对症治疗
2,4-滴	375		对症治疗
甲草胺	930～1200	13300（兔）	若大量摄入，应使患者呕吐并用等渗浓度的盐溶液或 5% 碳酸氢钠溶液洗胃。无解毒剂，对症治疗
莠灭净	1110	＞8160（兔）	对症治疗。眼、皮肤充分冲洗干净

续表

农药名称	急性经口 LD$_{50}$/(mg/kg)	急性经皮 LD$_{50}$/(mg/kg)	中毒救护
杀草强	1100～24600	＞10000	目前尚无解毒药，可使用吐根糖浆催吐，12 岁以上为 30mL，12 岁以下减半。呕吐后服活性炭，还可在炭泥中加山梨醇导泻，若病人不清醒，可插管保护呼吸道
莠去津	1869～3080	3100	误服时用吐根糖浆诱吐，呕吐停止后服用活性炭及山梨醇导泻。无解毒剂，对症治疗
灭草松	1000	＞2500	如误服，需饮食盐水冲洗肠胃，使之呕吐，避免给患者服用含脂肪的物质（如牛奶、蓖麻油等）或酒等，可使用活性炭。目前尚无特效解毒药
烯草酮	1630	＞5000（兔）	有呼吸道感染特征时可对症治疗。溅入皮肤和眼睛要用大量清水冲洗。对症治疗
禾草灵	481～693	＞5000	尚无特效解毒剂。若摄入量大，病人十分清醒，可用吐根糖浆诱吐，还可在服用的活性炭泥中加入山梨醇
敌草快	231	＞2000	无特殊解毒剂。可进行催吐，用活性炭调水让病人喝下
杀草胺	432		对症治疗
2 甲 4 氯丁酸乙酯	1780	＞4000	要及早利尿，对病人进行催吐、洗胃，忌用温水洗胃。也可用活性炭与轻泻剂，对症治疗
威百亩	464	2150	在一般情况下中毒，心脏活动减弱时，可用浓茶、浓咖啡暖和身体；若误食，可使中毒者呕吐，用 1%～3% 鞣质溶液或 15%～20% 的悬浮液洗胃
百草枯	157	230～500（兔）	催吐，活性炭调水让病人喝下，无特效解毒剂
二甲戊灵	1250	5000（兔）	无特效解毒药，若大量摄入清醒时可引吐。对症治疗
毒草胺	1260（小鼠）	2000	出现中毒症状送医院对症治疗
喹禾灵	1670	＞10000	若误服，饮大量水催吐，保持安静，并送往医院对症治疗
精喹禾灵	1210		
禾草丹	1300	＞2000	误服时可采取吐根糖浆催吐，避免饮酒。对症治疗
灭草敌	1500	＞5000（兔）	尚无特效解毒剂。若摄入量大，病人十分清醒，可用吐根糖浆诱吐，还可在服用的活性炭泥中加入山梨醇
代森铵	450		误食立即催吐、洗胃、导泻；对症治疗；忌油类食物，禁酒
福美胂	335～370（小鼠）		误食者立即催吐、洗胃。解毒剂有二巯基苯磺酸钠、二巯基丙醇和二巯基丁二酸钠
溴菌腈	681	＞10000	接触药物后应用肥皂和大量清水冲洗，误服应催吐、洗胃。对症治疗
王铜	700～800	＞2000	经口中毒，立即催吐、洗胃。解毒剂为依地酸二钠钙，并配合对症治疗
环丙唑醇	大鼠（雌/雄）1290	大鼠（雌/雄）2000	误服请勿引吐，可使用活性炭洗胃，注意防止胃容物进入呼吸道
苯醚甲环唑	1453	兔＞2010	如接触皮肤，用肥皂和清水彻底清洗受污的皮肤，如溅及眼睛，用清水冲洗眼睛至少 10min。送医就诊；如误服，反复服用医用炭和大量水，立即携带标签，送医就诊。无专用解毒剂，对症治疗

续表

农药名称	急性经口 LD_{50}/(mg/kg)	急性经皮 LD_{50}/(mg/kg)	中毒救护
菌核净	1688～2552	＞5000	对症治疗。误食立即催吐、洗胃
稻瘟净	237（小鼠）	570	① 用阿托品 1～5mg 作皮下或静脉注射。 ② 用解磷定 0.4～1.2g 静脉注射（按中毒轻重而定）。 ③ 禁用吗啡、茶硷、吩噻嗪、利血平。 ④ 误服立即引吐、洗胃、导泻（清醒时才能引吐）
石硫合剂	400～500		用药后应彻底洗净被污染的衣服和身体。误服时，除给水外不要饮食任何食物，对症治疗
甲霜灵	633	＞3100	可服活性炭催吐，尚无特效解毒剂，对症治疗
腈菌唑	1600	＞5000（兔）	对症治疗。误食立即催吐、洗胃
咪鲜胺	1600	＞3000	
丙环唑	1517	＞4000	
福美双	560	＞1000	误食者应迅速催吐、洗胃、导泻。对症治疗。忌油类食物，禁酒
福美锌	1400	＞6000	
三唑酮	约 1000	＞5000	目前无解毒药，对症治疗。误食立即催吐、洗胃
三唑醇	约 700	＞5000	
三环唑	314	＞2000（兔）	如接触要立刻用清水冲洗。误服要立即送医院对症治疗
氟菌唑	715	＞5000	误食立即催吐、洗胃，对症治疗

注：数据来源于《农药电子手册》。

思考题

① 查阅《危险化学品目录（2012 版）实施指南（试行）》，统计一下实验室中有哪些剧毒化学品和致癌物质。

② 查阅《易制爆危险化学品名录》，统计一下实验室中有哪些易制爆类化学品。

③ 根据易燃液体的贮运特点和火灾危险性的大小，《建筑设计防火规范（2018 版）》（GB 50016—2014）将其分为甲、乙、丙三类：甲类：闪点＜28℃；乙类：28℃≤闪点＜60℃；丙类：闪点≥60℃。统计一下实验室中常用液体溶剂属于哪类易燃液体。

④ 查阅《高等学校实验室安全检查项目表》，统计一下实验室中存在哪些安全隐患。

2

农药合成

2.1 特殊实验技术与仪器设备

2.1.1 低温实验技术

通常把能将物质的温度降低到低于环境温度的实验技术，称之为低温或制冷技术。

一般来说，温度在 273.15K（0℃）以下称为低温，根据其获得的方法和应用情况的不同，可将室温－173.15K（－100℃）称之为普通冷冻（简称普冷）；将 4.2～173.5K 之间称为深度冷冻（深冷）；将 4.2K 以下称为极冷（超低温）。

在工程技术方面，将获得普冷的技术称为制冷技术，把获得深冷和极冷的技术称为低温技术。用以获得低温的方法很多，一些主要的制冷方法见表 2-1。

表 2-1 获得低温的主要方法

获得低温的方法	可达到温度/K	获得低温的方法	可达到温度/K
一般半导体致冷	－150	气体部分绝热膨胀三级 G-M 制冷机	6.5
三级级联半导体致冷	77	气体部分制冷绝热膨胀西蒙氦液化器	－4.2
气体节流	－4.2	液体减压蒸发逐级冷冻	－63
一般气体做外功的绝热膨胀	－10	液体减压蒸发（^{4}He）	0.7～4.2
带氦两相膨胀机气体做外功的绝热膨胀	－4.2	液体减压蒸发（^{3}He）	0.3～3.2
二级飞利浦制冷机	12	氦涡流制冷	0.6～1.3
三级飞利浦制冷机	7.8	^{3}He 绝热压缩相变制冷	0.002
气体部分绝热膨胀的三级脉管制冷机	80	^{3}He-^{4}He 稀释制冷	0.001～1
气体部分绝热膨胀的六级脉管制冷机	20	绝热去磁	10^{-6}～1
气体部分绝热膨胀二级沙尔凡制冷机	12		

在化学实验中，经常使用的低温浴有冰盐浴、干冰浴、液氮浴、液氨浴。

① 冰盐浴　碎冰块和氯化钠充分混合可以达到较低的温度，举例介绍一些冰盐混合物所达到的温度：

3 份冰+1 份氯化钠　　　　　　−21℃

1 份冰+1 份氯化钠　　　　　　−40℃

② 干冰浴　这是化学实验室经常采用的一种低温浴，二氧化碳干冰升华温度为−78.3℃，使用时经常加入一些有机溶剂，如丙酮、乙醇、氯仿等，以使其制冷效果更好一些。

③ 液氮浴　氮气液化的温度为−195.8℃。液氮浴是有机合成反应实验中经常使用的一种低温浴，是很好的低温浴。液氮有时也和干冰调和起来使用。

④ 液氨浴　液氨的正常沸点是−33.4℃。液氨浴也是经常使用的一种冷浴，但需要在一个通风良好的实验室使用。

低温的控制方法有两种，即使用恒温冷浴和低温恒温器。

① 恒温冷浴　恒温冷浴通常是干冰浴，是在保温容器里慢慢地加入一些碎干冰和一种有机溶剂如 95%乙醇而得到的。制好的干冰浴由漫过干冰 1～2cm 的液体组成，但这样需要等干冰浴准备好之后，再在里面放置反应仪器，最好的方法是在制浴之前就在保温容器里装好仪器，然后再加入干冰和有机溶剂。随着干冰的升华，干冰块逐渐减少，应不断补充新的干冰块以维持冷浴的低温。有机溶剂用作热传导介质，一些低沸点的液体，如丙酮、异丙醇等都可以使用。

② 低温恒温器　一种液体浴低温恒温器如图 2-1 所示，可以保持−70℃以下的温度。其制冷是通过一根铜棒来进行的，铜棒作为冷源，一端和液氮接触，可以借助铜棒浸入液氮的深度来调节温度，使得冷浴温度比所需的温度低大约 5℃，此外还有一个控制加热的开关，经冷热调节可使温度始终保持在恒定温度±0.1℃范围内。

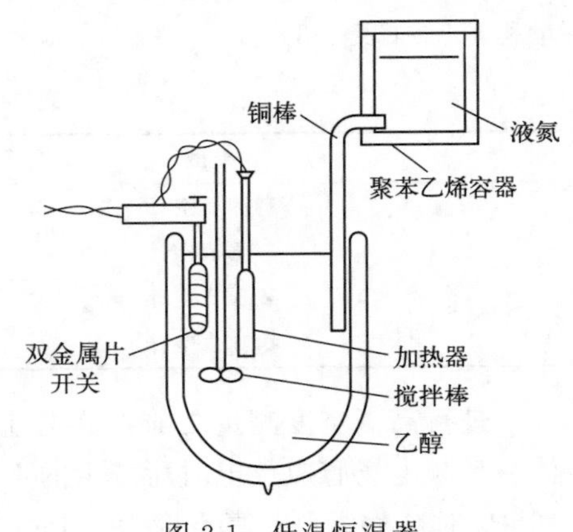

图 2-1　低温恒温器

2.1.2　真空实验技术

在有机合成实验中，具有挥发性的物质和对空气和氧敏感的化合物的合成和分离均须在真空条件下进行。真空是指压力小于标准大气压的气态空间。真空状态下气体的稀薄程度通常以压强值来表示，俗称真空度。真空一般可分为：真空（10^3～10^5Pa）、低真空（10^{-1}～10^2Pa）、高真空（10^{-6}～0.1Pa）、极高真空（10^{-10}～10^{-6}Pa）和超高真空（10^{-10}Pa 以下）。

通常使用真空设备来获得真空度。常用的真空设备有扩散泵、机械泵等，能达到超高真空的泵有离子泵、升华泵、吸附泵和低温泵等；用液氮和液氦作为冷凝剂组成的低温泵可以达到超高真空和极高真空。

2.1.2.1　真空的获得

产生真空的过程称为抽真空。用于产生真空的装置称为真空泵，如常用的水泵、机械泵、扩散泵、冷凝泵、吸气剂离子泵和涡轮分子泵等。由于真空度要求较高，通常不能仅只使用一种泵来获得，而是用多种泵进行组合才能达到要求。一般实验室常用的是水泵、机械泵、扩散泵和各种冷凝泵。各种真空泵获得的不同真空范围见表 2-2。

表 2-2 各种真空泵获得的不同真空范围

真空度/Pa	主要真空泵
$10^3 \sim 10^5$	水泵、机械泵、各种一般的真空泵
$10 \sim 10^3$	机械泵、油泵或机械增压泵、冷凝泵、隔膜泵
$10^{-6} \sim 10$	扩散泵、吸气离子泵
$10^{-12} \sim 10^{-6}$	扩散泵加阱、涡轮分子泵、吸气剂离子泵
$< 10^{-12}$	深冷泵、扩散泵加冷冻升华阱

通常用 4 个参数来表征真空泵的工作特性：真空泵开始工作的压强、临界反应压强、极限压强（又称极限真空，即指在真空系统密封的情况下，长时间抽真空后，给定真空泵所能达到的最小压强）、抽气速率（在一定压强和温度下，单位时间泵从容器中抽出气体的体积）。实验室中比较常见的是水泵、油泵和隔膜泵。

2.1.2.2 真空度的测量

检查真空系统的真空度（压强），可采用不同的真空计，每一种真空计只能测量有限的量程范围（表 2-3）。

表 2-3 不同真空计的测量范围

类型	测量范围
薄膜真空计	0.133～13.3kPa
U 形真空计	$(1.33 \sim 13.33) \times 10^4$ Pa
麦氏真空计	$1.33 \times 10^{-4} \sim 133$ Pa
电离真空计	$1.33 \times 10^{-9} \sim 1.33 \times 10^{-2}$ Pa

进行高真空度测量之前，首先进行低真空度测验，一般是使用真空枪，利用低压强的气体在高频电场感应放电时所产生的不同颜色，估计真空度的数量级。一般情况下，真空度为 10^3 Pa 时，为无色；真空度为 10Pa 时，为红紫色；真空度为 1Pa 时，为淡红色；真空度为 0.1Pa 时，为灰白色；真空度为 0.01Pa 时，为微黄色；真空度<0.01Pa 时，为无色。

2.1.2.3 实验室常用的真空装置

一般实验室中常用的真空装置包括 3 部分：真空泵、真空测量装置和所涉及的仪器装置。真空系统中常装有冷阱，其作用是减少油蒸气、水蒸气、汞蒸气及其他腐蚀性气体对系统的影响，有利于分离或提高系统的真空度。特殊的真空管路和仪器对于易挥发的物质和对空气敏感的化合物的分离、合成有很大的作用。

在真空条件下的合成实验中，常用冷凝阱来储存常温下易于挥发的组分，同时用于挥发化合物的分离等。冷凝阱一般用液氮作为冷凝剂获得较低的温度，因而使系统内各种有害气体的蒸气压降低，从而获得较高的极限真空，根据实验要求其冷凝剂可以使用自来水、低温盐水、干冰等。

图 2-2 装置是对空气和水汽敏感的物质反应的真空系统，其包括液体物质或溶剂的储存部分、反应器部分和分离系统。整个真空体系预先要抽空空气和除去水汽。

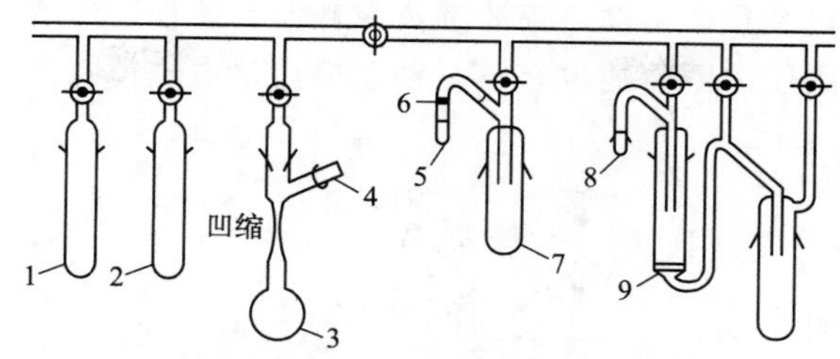

图 2-2 对空气和水汽敏感的物质反应的真空系统

1，2—储存管；3—反应烧瓶；4，5，8—接口；6—过滤板；7—捕集器；9—滤板

操作时，先将液体物质或溶剂置于储存管中，固体物料事先储存在带磨口的充氮气的管子中，通过接口在逆流的氮气下将固体物料装入反应烧瓶中，然后把仪器抽空，从液体物料储存管向反应烧瓶中蒸馏进去液体物料或溶剂，此时反应烧瓶用液氮或干冰-丙酮冷冻剂冷冻以收集蒸馏物。待反应物料和溶剂全部进入反应烧瓶后，将烧瓶熔封并从真空管路上取下，然后将烧瓶和在内的物质升温，并在一定温度下充分摇荡使之反应。反应完成后，通常在冷却条件下并在氮气下把烧瓶打开，若产物是液体，可在氮气流下把烧瓶在接口处连接到真空管路的过滤板上。将仪器抽真空后，将溶液通过过滤板过滤到捕集器中，从滤液中蒸除溶剂即得到需要的产物。若产物是固体，则在接口处将烧瓶与真空管路的过滤板相接，将产物过滤到滤板上。产物可用溶剂洗涤，最后用真空泵连续抽真空以除去痕量溶剂。许多金属有机化合物和配合物的合成，均可在如上的系统中进行。

2.1.3 高压实验技术及装置

2.1.3.1 高压实验技术

化学实验中进行的压力高于常压的实验称为高压实验。物质在压力条件下所发生的化学或物理变化并非都是在非常高的压力下进行的，所以也有人把介质在高于常压下进行的一系列实验称为加压实验。所有加压实验都是在一个密封的系统中进行的。这个系统包括单独的容器或经管路连接的几个容器，同时还要有压力测量和供压装置。

高压实验的压力单位有下列几种：atm（大气压）；kgf/cm^2（千克力/厘米^2）；lbf/in^2（英镑力/英寸^2），亦称 psi；lbf/ft^2（英镑力/英尺^2）；mmHg（毫米汞柱），亦称 Torr（托）；Pa（帕斯卡）。过去的文献中常用 kgf/cm^2 或 psi 单位表达实验压力，现在都采用国际计量会议颁布的国际单位制，压力单位一律采用 Pa。

各有关压力单位换算：

$1atm = 1.01325\times10^5 Pa = 1.01325\times10^6 dyn/cm^2 = 1.01325bar = 1.033227kgf/cm^2 = 1.033227\times10^4 kgf/m^2 = 760.002mmHg(0℃) = 1.03326\times10^3 cm\ H_2O(4℃) = 14.6961 lbf/in^2$。

一般地讲，小于 5MPa 压力的试验称为低压试验；压力在 10～30MPa 下的试验称为中压试验；压力在 30～100MPa 下的试验称为高压试验；压力大于 100MPa 的试验称为超高压试验。

2.1.3.2 高压实验的装置

（1）实验室常用压力釜的构造　实验室常用的压力釜为不锈钢材质，有一定的标定容积，其附属设施有电加热装置、温度自控装置及搅拌器。搅拌的形式有摇荡搅拌、电磁搅拌或脉冲控制的搅拌，使用压力不高的也有密封轴动搅拌。电磁搅拌高压釜如图 2-3。

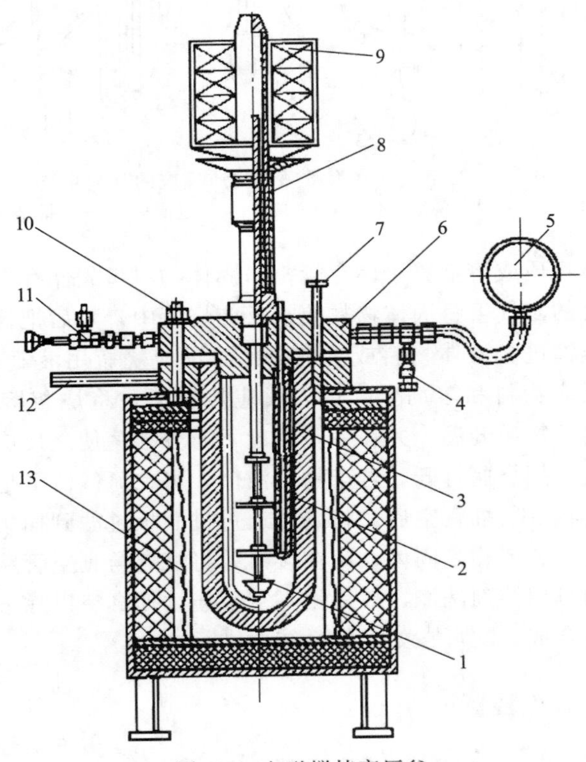

图 2-3　电磁搅拌高压釜

1—压料管；2—热电偶套管；3—釜体；4—安全阀；5—压力表；6—釜盘；7—起盖螺钉；8—搅拌器；9—线包；10—主螺栓；11—针形阀；12—手柄；13—电加热器

高压釜由釜体和釜盖两部分组成。釜体为厚壁筒形容器，釜盖上有针形阀、安全阀、压力表、热电偶及搅拌装置。釜盖上有 2 个或 4 个手柄。热电偶温度计与自控仪表相连，压力表管线要分别连接压力表，出料、入料的插底管，以及进气和排空阀门。容积大的高压釜还带有内部冷却的盘管。釜体和釜盖的密闭通过拧紧螺母来实现，它们的接触面要求光洁度很高，由于二者是线接触所以密封性能很好。

(2) 使用高压釜的注意事项　尽量避免打开高压釜的釜盖，靠插底管在搅拌的情况下进出物料及洗涤反应釜。如需要打开封闭釜，盖要垂直移上、移下，以避免碰击接口影响密封性能，要分次、对称地松动或上紧螺栓，每一只螺栓都要上下对号入座，打开釜后，先用溶剂清洗釜盖接口，用吸管边搅动、边减压吸出物料，然后洗釜或继续加入下一步反应的原料。

对于加氢的反应来说，首先充入氮气约 0.15～0.2MPa，然后放空，再充一次氮气，再放空。如充入氮气一样，充入氢气两次再放空，但不要将其放尽，最后充入氢气至所要的压力，并开始加热及搅拌。加氢连续完成后，压力不再下降，保持 1～2h 后再停止加热及搅拌，冷却后放去余压。如果来不及放压，依物料的稳定性可以在不高的余压下过夜。

2.2 实验部分

实验 1 敌百虫的合成

一、实验目的

1. 熟悉共沸脱水的方法。

2. 了解工业生产敌百虫的方案。

3. 掌握熔点测定仪的使用方法。

二、相关知识

$$CH_3O-P(=O)(OCH_3)-CH(OH)-CCl_3$$

$C_4H_8Cl_3O_4P$, 257.4, 52-68-6

化学名称 *O*,*O*-二甲基(2,2,2-三氯-1-羟基乙基)膦酸酯

其他名称 毒霸，三氯松，Anthon，Dipterex，Chlorophos，Dylox，Neguvon，Trichlorphon，Lepidex，Tugon，Bayer 15922。

理化性质 纯品为白色晶状粉末，具有芳香气味，m. p. 83～84℃；工业品为含有少量油状杂质的块状或粉末状物质，m. p. 65～73℃，b. p. 92℃（6. 67Pa）、100℃（13. 33Pa），相对密度 d_4^{20} 1. 73，易溶于水，25℃时在水中的溶解度为 154g/L，在有机溶剂中的溶解度（g/L，25℃）：三氯甲烷 750、乙醚 170、苯 152、正戊烷 1. 0、正己烷 0. 8。折射率 n_D^{20} 1. 3439（10%水溶液）。敌百虫遇水会逐渐水解；遇碱会碱解，生成敌敌畏；在常温下较稳定，遇热会分解。

毒性 原药急性经口 LD_{50}（mg/kg）：大鼠 650（雌）、560（雄）；用含敌百虫 500mg/kg 的饲料喂养大鼠两年无异常现象。

开发与应用 敌百虫是一种膦酸酯类有机磷杀虫剂，1952 年由德国拜耳公司研究开发。对昆虫以胃毒和触杀作用为主，广泛应用于农林、园艺、畜牧、渔业、卫生等方面防治双翅目、鞘翅目、膜翅目等害虫。对植物具有渗透性，无内吸传导作用。适用于水稻、麦类、蔬菜、茶树、果树、棉花等作物，也适用于林业害虫、地下害虫、家畜及卫生害虫的防治。

合成路线 以 PCl_3 为起始原料，通过一步法路线（路线 1）、两步法路线（路线 2→3）和半缩醛法路线（路线 4→5→6）三种方法制得，如图 2-4 所示。

三、实验原理

甲醇和三氯化磷反应制备的亚磷酸酯，与含有碳正离子的三氯乙醛进行缩合反应，即得

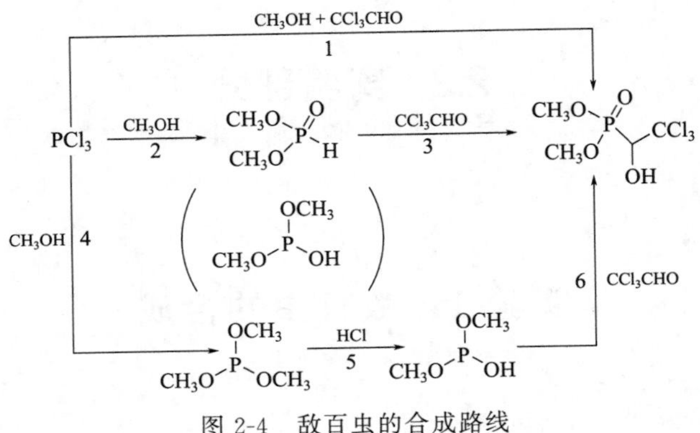

图 2-4　敌百虫的合成路线

敌百虫。

反应方程式如下：

$$(1)\ 3CH_3OH + PCl_3 \xrightarrow{0\sim35^\circ C} (CH_3O)_2P-OH + CH_3Cl\uparrow + HCl\uparrow$$

$$(2)\ (CH_3O)_2P-OH + CCl_3CHO \xrightarrow{80\sim118^\circ C} (CH_3O)_2P(=O)-CH(OH)-CCl_3$$

四、实验操作

（1）水合氯醛共沸除水　在 250mL 三颈瓶中，加入 11.9g（0.06mol）水合氯醛（$Cl_3CCHO \cdot H_2O$）、50mL 甲苯，充分摇动溶解。三颈瓶中间口接上油水分离器，其上连接冷凝回流装置，一个侧口接上温度计，另一个口用标准磨口塞封闭。在油水分离器分水管中加入适量甲苯，使距下回流管口约 2cm，调节电热套电压加热，控温回流，共沸蒸出的水经冷凝沉积在分水口处，至分出水相不再增加为止。

（2）制备敌百虫　将上述三颈瓶连接的油水分离器移去，中间口接上机械搅拌器，另一侧口接上冷凝管。将三颈瓶中反应液自然冷却至室温，接着用冰水混合物冷却，边搅拌边滴加 11mL（8.47g，0.26mol）甲醇，控制滴加过程反应液温度低于 50℃。然后将三颈瓶用冰盐浴冷却，搅拌下开始滴加 6.5mL（5g，0.03mol）三氯化磷（PCl_3），滴加过程控制反应液温度低于 5℃。加完反应物后，继续搅拌并移去冷却装置，待三颈瓶中反应混合物自然升至室温，拆去搅拌装置，接上恒压滴液漏斗，其上连接回流冷凝管，用磨口塞堵住空出侧口，打开恒压漏斗活塞，加热反应物回流 1h。关闭恒压滴液漏斗活塞，蒸出甲苯并减压除去氯化氢。移去恒压滴液漏斗，升温至 100～110℃继续回流 2h。减压旋转浓缩除去多余的 Cl_3CCHO，冷却、析出敌百虫粗品。用乙醚重结晶，干燥、称量产物，计算产率，测定产品熔点。

五、思考题

① 敌百虫合成中的注意事项有哪些？

② 敌百虫生产“三废”有哪些？如何处理？

实验 2　吡虫啉的合成

一、实验目的

1. 学习吡虫啉的合成方法。
2. 掌握酸碱中和、减压蒸馏、柱层析等基本操作技术。

二、相关知识

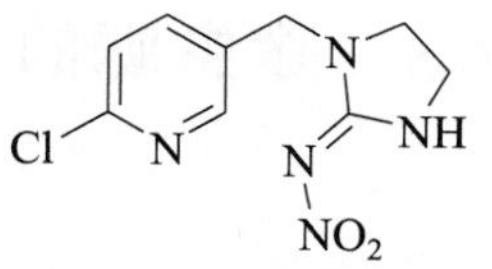

$C_9H_{10}ClN_5O_2$, 255.7, 105827-78-9

化学名称　1-(6-氯-3-吡啶甲基)-*N*-硝基亚咪唑烷-2-胺

其他名称　咪蚜胺，吡虫灵，蚜虱净，扑虱蚜，灭虫精，益达胺，康福多等。

理化性质　纯品吡虫啉为白色结晶，熔点 143.8℃；溶解度（20℃，g/L）：水 0.51，甲苯 0.5～1，甲醇 10，二氯甲烷 50～100，乙腈 20～50，丙酮 20～50。

应用　吡虫啉是第一个新型、高效、低毒、内吸性强、持效期长、低残留、广谱性烟碱类杀虫剂，由德国拜耳公司和日本农药株式会社共同研究开发，1991 年投入市场。吡虫啉能够防治大多数重要的农业害虫，特别对刺吸式口器害虫高效，如水稻上的叶蝉、飞虱、桃蚜、蓟马、象甲等。

毒性　吡虫啉原药急性 LD_{50}（mg/kg）：大鼠经口 681（雄）、825（雌），经皮＞2000，对兔眼睛和皮肤无刺激性，对动物无致畸、致突变、致癌作用。

三、合成路线

吡虫啉的合成路线较多，如图 2-5 所示的路线较为常用。

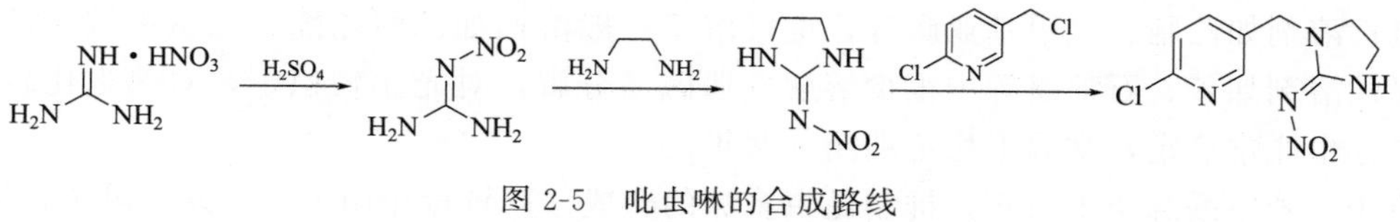

图 2-5　吡虫啉的合成路线

四、实验操作

（1）硝酸胍在 0～10℃下脱水制得硝基胍。在 1L 烧杯中加入 98%浓硫酸 200mL，冰浴冷却，缓慢加入硝酸胍，在 0℃下反应 40min，加入到 1L 左右预冷至 0℃左右的水中进行水解，过滤、水洗、干燥，得到硝酸胍。

（2）硝酸胍与乙二胺在盐酸催化下于 60℃反应 30min，制得 *N*-硝基亚氨基咪唑烷。

（3）在装有温度计、回流冷凝管、搅拌器、滴液漏斗的四口烧瓶中加入乙腈 14mL，*N*-

硝基亚胺咪唑烷-2-胺 0.21mol、碳酸钾 10.6g、氯化铯少许。搅拌下滴加溶有 2-氯-5-氯甲基吡啶 0.148mol 的乙腈溶液，加热回流反应 5h，过滤，用乙腈洗滤渣，将所有滤液合并，滤液减压蒸馏得到褐色固体，柱层析分离，得产物 37.5g，纯度为 95.3%，产率 93.7%。

五、思考题

① 试解释硫酸作用下由硝酸胍制备硝基胍的反应原理。

② 由 2-氯-5-氯甲基吡啶、*N*-硝基亚胺咪唑烷-2-胺制备吡虫啉时，为了提高反应收率，需注意哪些事项？

③ 试讲述吡虫啉其他的合成方法。

实验 3　除虫脲的合成

一、实验目的

1. 学习除虫脲的合成方法。
2. 掌握酸碱中和、减压蒸馏、柱层析等基本操作技术。

二、相关知识

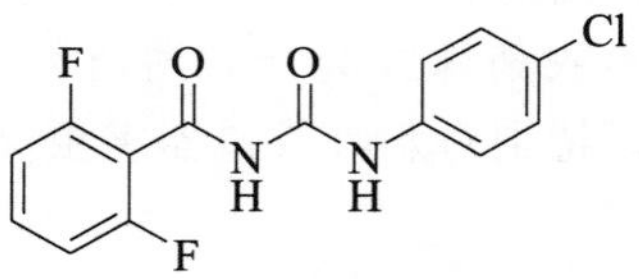

$C_{14}H_9ClF_2N_2O_2$, 310.70, 35367-38-5

化学名称　1-(4-氯苯基)-3-(2,6-二氟苯甲酰基)脲

其他名称　灭幼脲一号，敌灭灵，二氟隆，二氟脲，二氟阻甲脲，伏虫脲，Difluron 等。

理化性质　纯品为白色结晶，熔点 228℃。原药（有效成分含量 95%）外观为白色至浅黄色结晶粉末，相对密度 1.56，20℃时在水中溶解度为 0.1mg/kg，丙酮中为 6.5g/L，易溶于极性溶剂如乙腈、二甲基亚砜等，也可溶于一般溶剂如乙酸乙酯、二氯甲烷、乙醇等，在非极性溶剂如苯、石油醚等中很少溶解。遇碱易分解，对光比较稳定，对热也比较稳定。常温贮存也非常稳定，常温下稳定期至少两年。

应用　苯甲酰脲类杀虫剂，抑制昆虫多糖的合成。以胃毒作用为主，兼有触杀作用。用于防治鳞翅目多种害虫，尤对幼虫效果更佳。能有效地防治小菜蛾、斜纹夜蛾、甜菜夜蛾、菜青虫等，在卵孵盛期至 1～2 龄幼虫盛发期用 500～1000 倍液喷雾。防治玉米螟、玉米铁甲虫，在幼虫出孵期或产卵高峰期用 1000～2000 倍液灌心叶或喷雾可杀卵及幼虫。另外还可防治黏虫、柑橘潜叶蛾、梨小食心虫、毒蛾、松毛虫等。

毒性　原药急性 LD_{50}：大鼠经口＞4640mg/kg，兔急性经皮＞2000mg/kg，急性吸入＞30mg/L。对兔眼睛和皮肤有轻度刺激作用。对动物无致畸、致突变、致癌作用。

三、合成路线

图 2-6 为除虫脲的合成路线。

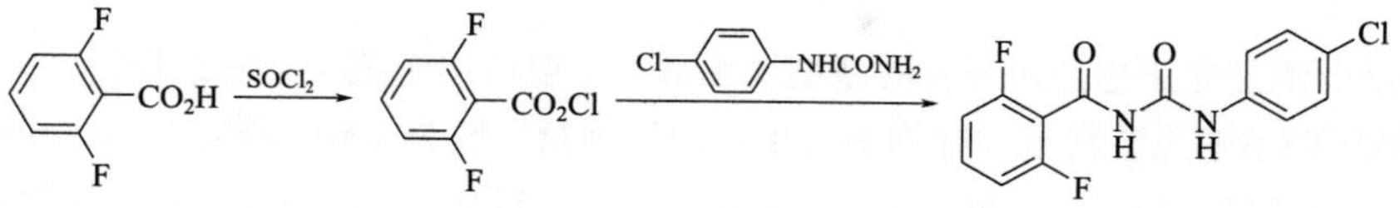

图 2-6　除虫脲的合成路线

四、实验操作

（1）2,6-二氟苯甲酰氯的制备。在 500mL 烧瓶中加入 2,6-二氟苯甲酸（7.9g，50mmol），加入 60mL 氯化亚砜，回流条件下反应 2h。反应结束后，旋蒸除去氯化亚砜，得到 2,6-二氟苯甲酰氯，直接用于下一步反应。

（2）除虫脲的合成。在 250mL 圆底烧瓶中加入对氯苯基脲（7.33g，43mmol），加入 80mL 二氯甲烷和三乙胺 6.3mL，冰浴条件下缓慢滴加 2,6-二氟苯甲酰氯的二氯甲烷溶液（50mL）至上述溶液中，加毕，反应混合物回流 3h。反应结束后，混合物经过水洗、二氯甲烷萃取、饱和氯化钠洗涤，之后过滤、旋干溶液，粗产物经柱层析分离得到目标产品除虫脲，反应收率为 71.5%。

五、思考题

① 由 2,6-二氟苯甲酸制备 2,6-二氟苯甲酰氯时，需注意哪些事项，还有哪些方法可以制备酰氯。

② 试解释除虫脲的合成中三乙胺的作用是什么。

③ 根据除虫脲的结构，设计其他的合成路线。

实验 4　吡蚜酮的合成

一、实验目的

1. 学习吡蚜酮的合成方法。
2. 掌握酸碱中和、减压蒸馏等基本操作技术。
3. 掌握催化加氢反应的操作技术。

二、相关知识

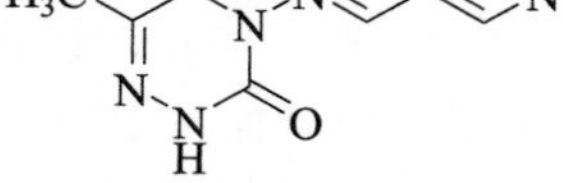

$C_{10}H_{11}N_5O$, 217.23, 123312-89-0

化学名称　(*E*)-4,5-二氢-6-甲基-4-(3-吡啶亚甲基氨基)-1,2,4-三嗪-3(2*H*)-酮

其他名称　吡嗪酮，Chess，Plenum，Fulfill，Endeavor 等。

理化性质　纯品吡蚜酮为无色结晶，熔点 217℃。20℃时在水中溶解度为 0.29g/L，乙醇中为 2.25g/L。

应用　吡蚜酮是先正达公司开发的新型杀虫剂，主要应用于蔬菜、园艺作物、大田作物、落叶果树、柑橘等防治蚜虫、粉虱和叶蝉等害虫，使用剂量一般为 100～300g (a.i.)/hm^2。

毒性　原药急性 LD_{50}：大鼠经口＞5000mg/kg，经皮＞2000mg/kg。对兔眼睛和皮肤无刺激性，对动物无致畸、致突变、致癌作用。

三、合成路线

图 2-7 为吡蚜酮的合成路线。

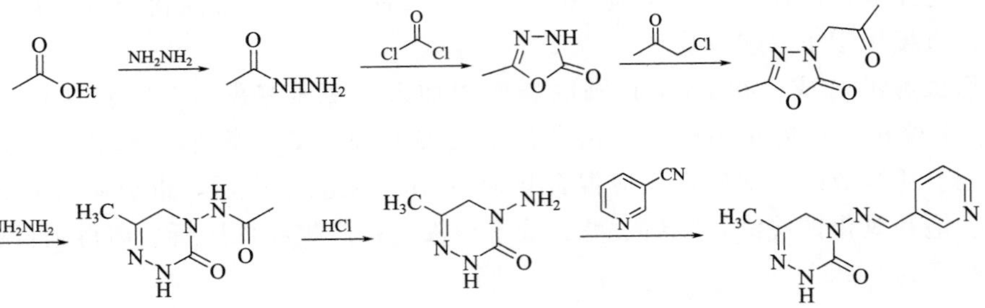

图 2-7　吡蚜酮的合成路线

四、实验操作

(1) 向 500mL 三口烧瓶中加入 196g (2.2mol) 乙酸乙酯，加热至回流，然后向三口烧瓶中滴入 125g (2mol) 水合肼，于 1h 内加完，滴加完成后于氮气保护下回流反应 7h。冷却、改蒸馏装置，在常压下蒸出 78℃以下的低沸点组分，再于高真空下蒸出其他高沸点组分，冷却后得乙酰肼固体 149.6g，为针状白色结晶，收率 95.5%。

(2) 向三口烧瓶中加入 500mL 无水 1,2-二氯乙烷和 75g (0.75mol) 光气得光气溶液，于 10℃下向三口烧瓶中滴加 37g (0.5mol) 乙酰肼的无水 1,2-二氯乙烷溶液 (100mL)，1h 内滴加完毕，滴加过程中控制温度不超过 25℃。加毕，升温至 40～50℃反应，直至无尾气放出，再以 50g/h 的速度通入光气，同时混合物升温至回流 1h 后蒸馏出 250mL 溶剂，混合物趁热过滤，滤液冷却后析出固体，过滤得产品 47.3g，收率 90%。

(3) 将 160g 2-甲基-1,3,4-噁二唑-5-(4*H*)-酮加入甲醇钠溶液中，短时间搅拌后，在 60℃下减压脱溶剂，得到噁二唑钠盐，将该钠盐分批加入 158g 氯代丙酮的氯仿溶液中，反应混合物在 65℃下搅拌 4h，冷却、滤出无机盐，然后在 50℃下减压脱溶剂，得到产品 247g，收率 89.1%。

(4) 将 173.3g 2,3-二氢-5-甲基-2-氧-1,3,4-噁二唑-3-丙酮、异丙醇加入反应器，搅拌升温到 70℃，滴加水合肼。加毕，回流反应 6h，再加入二水草酸得异丙醇溶液，趁热滤出沉淀物，滤液减压脱去大部分溶剂，再冷却到 0～5℃，析出沉淀，过滤，滤饼干燥即得中间产物 139.5g。将上述中间产物溶解在甲醇中，加入 125mL 浓盐酸，50℃反应 4h，然后脱尽溶剂，残余物用甲醇重结晶，得产品 97.5g，收率 77.3%。

（5）将 85g（0.5mol）6-甲基-4-乙酰氨基-4，5-二氢-1，2，4-三嗪-3-(2*H*)-酮溶解在 250mL 甲醇中，加入 63mL 37%的盐酸，50℃下搅拌 4h 冷却到 5℃，加入 125mL 50%的氢氧化钠溶液中和，真空下除去低沸点物，残余物中加入 1200mL 乙腈，过滤掉无机盐，滤液浓缩，残余物在 100mL 乙酸乙酯中重结晶得产品 60.4g，收率 92%。

（6）将 41.5g 氨基三嗪酮、39g 3-氰基吡啶、4.8g 雷尼镍、甲醇、水、乙酸加入压力釜中，在室温及 0.1MPa 的氢气压力下反应 4h，然后加入一定量的水和甲醇终止反应，并将反应物加热到 70℃，使其全部溶解，趁热过滤出催化剂，滤液脱去甲醇并冷却到 0～5℃，析出结晶，过滤、干燥即得产品 64.5g，收率 93.1%。

五、思考题

① 根据吡蚜酮的结构，试设计新的合成路线。

② 试写出由 2,3-二氢-5-甲基-2-氧-1,3,4-噁二唑-3-丙酮与水合肼合成 6-甲基-4-乙酰氨基-4,5-二氢-1,2,4-三嗪-3-(2*H*)-酮的反应原理。

实验 5 哒螨灵的合成

一、实验目的

1. 学习哒螨灵的合成方法。
2. 掌握减压蒸馏、酸碱中和等实验操作技术。

二、相关知识

$C_{19}H_{27}ClN_2OS$, 366.9, 96489-71-3

化学名称　2-叔丁基-5-叔丁基苄硫基-4-氯哒嗪-3-(2*H*)-酮

其他名称　哒螨净，螨必死，螨净，灭螨灵，扫螨净，牵牛星等。

理化性质　纯品哒螨灵为白色结晶，熔点 112℃。20℃时溶解度为：丙酮 460g/L，氯仿 1480g/L，苯 110g/L，二甲苯 390g/L，乙醇 57g/L，己烷 10g/L，环己烷 320g/L，正辛醇 63g/L，水 0.012mg/L。对光不稳定，在强酸、强碱介质中不稳定。工业品为淡黄色或灰白色粉末，有特殊气味。

应用　哒螨灵是 20 世纪 80 年代日本日产公司开发的高效杀螨、杀虫剂，主要用于防治蔬菜、果树、茶、烟草、棉花等作物的多种作物害螨，对螨的各发育阶段都有效，与其他杀螨剂无交互抗性。

毒性　原药急性 LD_{50}：小鼠经口 435mg/kg（雄）、385（雌），大鼠和兔经皮＞

2000mg/kg。对兔眼睛和皮肤无刺激性，对动物无致畸、致突变、致癌作用。

三、合成路线

图 2-8 为哒螨灵的合成路线。

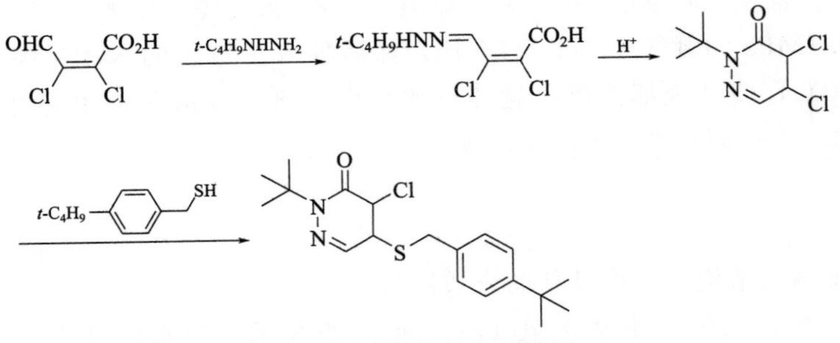

图 2-8 哒螨灵的合成路线

四、实验操作

（1）在 100mL 四口烧瓶中依次加入 30%碱液、22.5g 水、13.3g 叔丁基肼盐酸盐，搅拌后转移到滴液漏斗中。在 250mL 四口烧瓶中依次加入 125mL 甲苯、9g 冰乙酸、17.25g 糠氯酸，开动搅拌器，滴加叔丁基肼溶液，控制适当温度，滴加完毕，保温反应 2h。停止搅拌，静置，分液，油层依次水洗、5%碱液洗、水洗，调节 pH 至 7 左右。再经减压蒸馏得哒嗪酮（真空度 0.03～0.04MPa，温度 75～80℃），熔点 64～65℃，收率约 85%。

（2）将 2-叔丁基-4,5-二氯-3(2*H*)-哒嗪酮和对叔丁基苄硫醇以甲醇为溶剂，在 0℃下加入甲醇钠的甲醇溶液，于 10～15℃下搅拌反应 1h，经后处理制得哒螨灵，收率 96%。

五、思考题

① 根据哒螨灵的结构，试设计新的合成路线。

② 试写出合成路线中 2-叔丁基-4,5-二氯-3(2*H*)-哒嗪酮合成的反应机理。

实验 6　避蚊胺的合成

一、实验目的

熟悉实验室合成中腐蚀性废气的处理办法，掌握柱层析技术分离有机化合物的方法。

二、相关知识

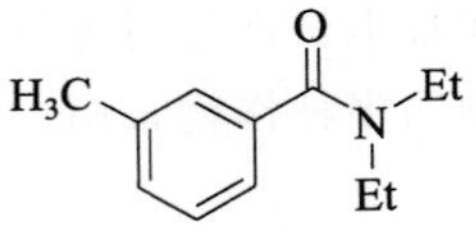

$C_{12}H_{17}NO$, 191.27, 134-62-3

化学名称　N,N-二乙基-3-甲基苯甲酰胺。

其他名称　驱蚊胺，蚊怕水，雪梨驱蚊油，傲敌蚊怕水，金博蚊不叮，Metadelphene，Shirley Insect Repellent，Autan Insect Repellent。

理化性质　相对密度 0.9955；沸点 160～163℃（1 个大气压）、111℃（1mmHg）；折射率 1.52～1.524；闪点 155℃；无色至琥珀色的油状液体，不溶于水，可与乙醇、乙醚、苯、丙二醇及棉籽油等混溶，稍有香气。

毒性　大白鼠急性经口 LD_{50} 为 2000mg/kg。人经皮中毒最低量为 35mg/(kg·5d)。兔急性经皮 LD_{50} 3180mg/kg。兔静脉注射致死最低量 75mg/kg。本品对皮肤有刺激作用。蒸气或雾对眼睛、黏膜和上呼吸道有刺激作用。

开发与应用　作为一种广谱昆虫驱避剂，该化合物对各种环境下的多种叮人昆虫都有驱避作用。避蚊胺可驱赶刺蝇、蠓、黑蝇、恙螨、鹿蝇、跳蚤、蚋、马蝇、蚊子、沙蝇、小飞虫、厩蝇和扁虱。直接涂抹在皮肤上对蚊虫起驱避作用，持效期可达 4h 左右，属低毒物质，有芳香气味，对环境无污染。

三、合成路线

图 2-9 为避蚊胺的合成路线。

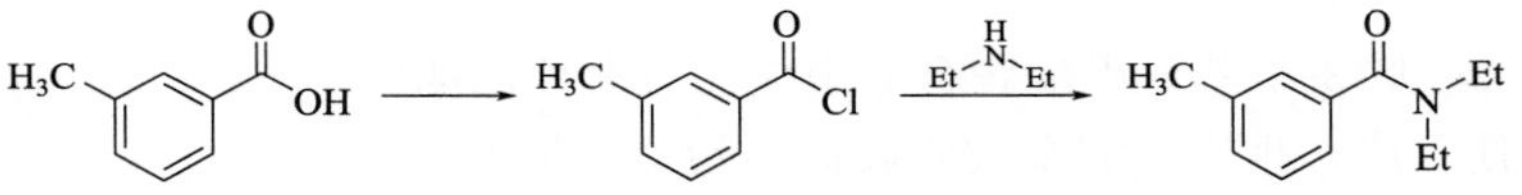

H_3C–C₆H₄–COOH ⟶ H_3C–C₆H₄–COCl $\xrightarrow{Et_2NH}$ H_3C–C₆H₄–CON(Et)Et

图 2-9　避蚊胺的合成路线

四、合成原理

（1）3-甲苯甲酸与氯化亚砜反应转变成酰氯。

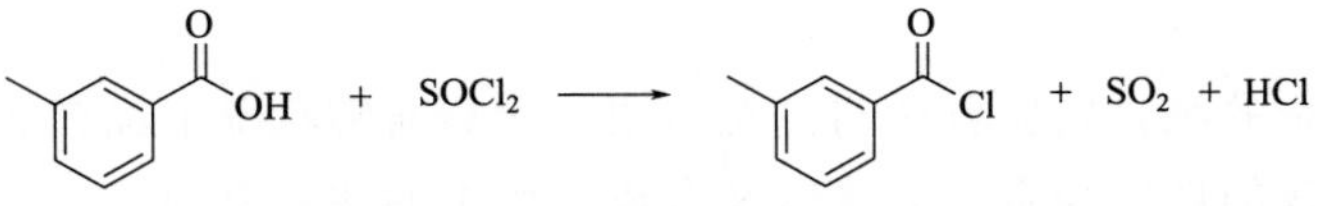

$$CH_3C_6H_4COOH + SOCl_2 \longrightarrow CH_3C_6H_4COCl + SO_2 + HCl$$

（2）中间产物酰氯与二乙胺反应生成驱虫化合物 N,N-二乙基间甲苯甲酰胺。

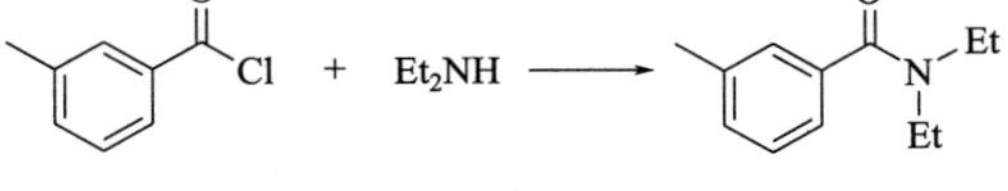

$$CH_3C_6H_4COCl + Et_2NH \longrightarrow CH_3C_6H_4CON(Et)_2$$

五、实验操作

在连接酸性尾气接收装置、盛有 0.03mol 3-甲基苯甲酸的 500mL 干燥三颈圆底烧瓶中依次加入 70mL 甲苯、0.05mol 氯化亚砜（密度＝1.65g/mL）、2～3 滴 DMF 及几粒沸石。

注意：反应会生成大量二氧化硫和氯化氢气体，操作要在通风橱中进行，回流冷凝管出口要接到冷凝出水口处。

开通冷凝水，将反应混合物缓慢加热到不再放出氯化氢气体（需 60～90min）。冷却反应体系至室温，将 0.1mol 二乙胺（密度＝0.71g/mL）及 30mL 甲苯混合物，通过滴液漏斗慢慢加入反应瓶，注意滴加速度控制在反应中以所生成的大量白烟不升到三颈瓶的颈部而堵塞分液漏斗为宜（如果烟雾太多，要等其沉降下去后再继续滴加。反应不要太剧烈，必要时可以冷却反应瓶）。再将反应混合物加热回流 60min 左右，之后冷却反应体系至室温。将 60mL 蒸馏水加入反应瓶，搅拌 10min。将反应混合物转移至 250mL 分液漏斗，静置、分层，除去水层，有机相再用 60mL 蒸馏水洗涤一次。有机相用无水 Na_2SO_4 干燥，旋蒸脱溶，得目标物 *N*,*N*-二乙基间甲苯甲酰胺粗品。

精制　把 30g 氧化铝分散在石油醚中，填装层析柱。将 *N*,*N*-二乙基-3-甲基苯甲酰胺溶于石油醚，并置于柱上。用石油醚淋洗，*N*,*N*-二乙基-3-甲基苯甲酰胺最先被淋洗下来。在通风橱中于蒸气浴上除去石油醚，得到一透明棕黄色油状产物。将产物置于一贴有标签并预先称重的小瓶中，计算百分产率。

六、*N*,*N*-二乙基-3-甲基苯甲酰胺的鉴定

测定 *N*,*N*-二乙基-3-甲基苯甲酰胺的沸点：文献值 b. p. =163℃。记录 *N*,*N*-二乙基-3-甲基苯甲酰胺纯样在盐片上的红外光谱，将所得的谱图与 *N*,*N*-二乙基-3-甲基苯甲酰胺的实际谱图进行比较。检出合成的 *N*,*N*-二乙基-3-甲基苯甲酰胺红外谱图中重要的吸收峰。

七、思考题

① *N*,*N*-二乙基-3-甲基苯甲酰胺合成中应注意哪些问题？

② 如何促使反应产生废气完全被吸收而不污染环境？

实验 7　代森锰锌的合成

一、实验目的

1. 熟悉比较复杂的综合实验方法与注意事项，学会通常状况下综合实验的设计与控制。
2. 掌握代森锰锌的性质与合成方法以及合成过程中的注意事项。
3. 了解代森锰锌工业生产流程与“三废”处理方法。

二、相关知识

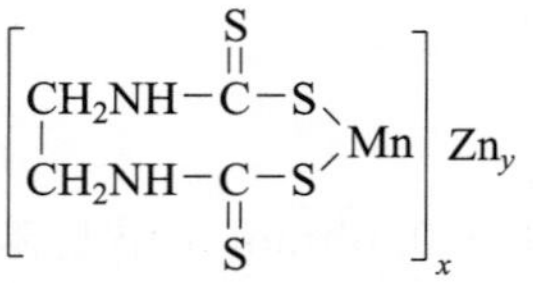

$$\left[\begin{array}{l}CH_2NH-\overset{\displaystyle S}{\overset{\|}{C}}-S\diagdown \\ \quad | \qquad\qquad\qquad\quad Mn \\ CH_2NH-\underset{\displaystyle S}{\underset{\|}{C}}-S\diagup\end{array}\right]_x Zn_y$$

$[C_4H_6N_2S_4Mn]_xZn_y$, 12427-38-2

化学名称　1,2-亚乙基双二硫代氨基甲酸锰和锌离子的配位络合物

其他名称　叶斑青，百乐，大生，Manzeb，Carmazine，Dumate，Trimanin Dithane M 45。

理化性质　代森锰锌原药为灰黄色粉末，相对密度 0.62，有霉味，m. p. 192℃（分

解），分解时放出二硫化碳等有毒气体。不溶于水和一般有机溶剂，遇酸性气体或在高温、高湿条件下及放在空气中易分解，分解时可引起燃烧。

毒性　代森锰锌原药急性经口 LD_{50}（mg/kg）：大鼠 10000（雄），小鼠＞7000；对皮肤黏膜有刺激作用；以 16mg/kg 剂量饲喂大鼠 90 天，未发现异常现象；对动物无致畸、致突变、致癌作用。

开发与应用　代森锰锌 1961 年由美国罗门哈斯公司与杜邦公司开发，是目前我国杀菌剂主要品种之一。代森锰锌广谱、低毒，属于保护性有机硫杀菌剂，对藻菌纲的疫霉属，半知菌类的尾孢属、壳二孢属等引起的多种植物病害以及各种作物的叶斑病、花腐病等均有良好的防治效果。

三、合成路线

图 2-10 为代森锰锌的合成路线。

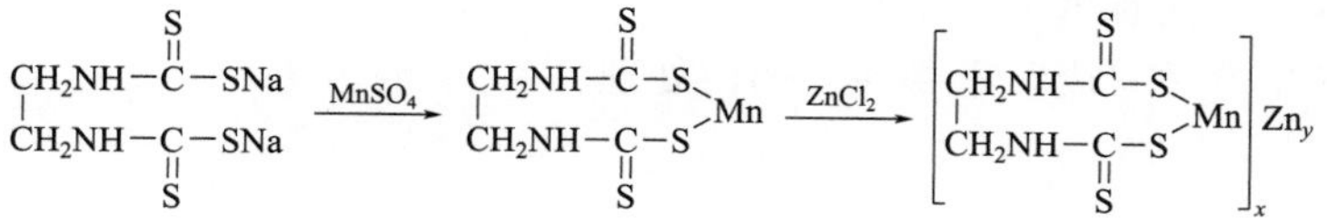

$$\begin{matrix}CH_2NH-C(=S)-SNa\\ |\\ CH_2NH-C(=S)-SNa\end{matrix}\xrightarrow{MnSO_4}\begin{matrix}CH_2NH-C(=S)-S\\ |\\ CH_2NH-C(=S)-S\end{matrix}\!\!>Mn\xrightarrow{ZnCl_2}\left[\begin{matrix}CH_2NH-C(=S)-S\\ |\\ CH_2NH-C(=S)-S\end{matrix}\!\!>Mn\right]_x Zn_y$$

图 2-10　代森锰锌的合成路线

四、实验原理

乙二胺先与二硫化碳反应得代森钠，再依次与硫酸锰、氯化锌反应制得代森锰锌。

反应方程式为：

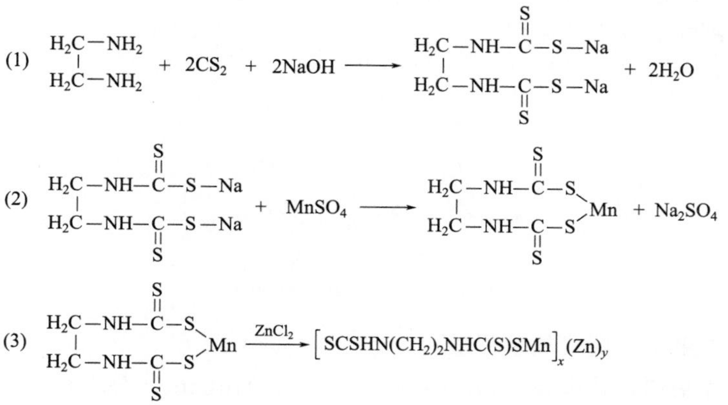

$$(1)\quad \begin{matrix}H_2C-NH_2\\ |\\ H_2C-NH_2\end{matrix} + 2CS_2 + 2NaOH \longrightarrow \begin{matrix}H_2C-NH-C(=S)-S-Na\\ |\\ H_2C-NH-C(=S)-S-Na\end{matrix} + 2H_2O$$

$$(2)\quad \begin{matrix}H_2C-NH-C(=S)-S-Na\\ |\\ H_2C-NH-C(=S)-S-Na\end{matrix} + MnSO_4 \longrightarrow \begin{matrix}H_2C-NH-C(=S)-S\\ |\\ H_2C-NH-C(=S)-S\end{matrix}\!\!>Mn + Na_2SO_4$$

$$(3)\quad \begin{matrix}H_2C-NH-C(=S)-S\\ |\\ H_2C-NH-C(=S)-S\end{matrix}\!\!>Mn \xrightarrow{ZnCl_2} \left[SCSHN(CH_2)_2NHC(S)SMn\right]_x(Zn)_y$$

五、实验操作

（1）代森钠合成　在装有机械搅拌器、温度计、恒压漏斗的 250mL 四口瓶中，加入 50mL 蒸馏水、7.0mL 乙二胺，于 25℃下开始滴加 14.0mL 二硫化碳，控制滴加二硫化碳的速度使反应温度＜35℃。滴加完毕，保持温度 30℃继续搅拌反应 30min，然后滴加 47g 20%氢氧化钠溶液，保持反应温度（35±2)℃。滴加完毕，保持温度 35℃继续搅拌反应 60min。观察反应物中没有明显的油珠即为反应终点。反应结束，降温到 25℃以下，静置，用分液漏斗分去未反应二硫化碳（若反应混合物中油珠不明显，则可以直接进行下一步反应），得淡黄色液体即代森钠水溶液。

（2）代森锰合成　在装有机械搅拌器、温度计、恒压漏斗、H_2S吸收装置的250mL四口瓶中，加入上述制备的代森钠水溶液，然后滴加5%硫酸（约80mL），至pH 4～5，同时吸收反应放出的H_2S。搅拌加热至30℃，滴加25%硫酸锰水溶液70g，滴加完毕，保持温度30℃继续搅拌反应60min。然后降温至25℃，抽滤，清水洗涤2次，得黄色固体即为代森锰湿品。

（3）代森锰锌合成　在装有机械搅拌器、温度计的250mL四口瓶中，加入50mL蒸馏水、4g氯化锌，搅拌使其完全溶解，调整温度至（30±2）℃，加入上述制备的代森锰，继续在（30±2）℃搅拌反应2h，然后降温至20℃，减压抽滤、水洗2次，真空干燥得产品代森锰锌，称重，测定含量。

六、思考题

① 代森锰锌生产注意事项有哪些？

② 代森锰锌生产“三废”有哪些？如何处理？

实验8　福美锌的合成

一、实验目的

1. 熟悉比较复杂的综合实验方法与注意事项，学会通常状况下综合实验的设计与控制。
2. 掌握福美锌的性质与合成方法及合成过程中的注意事项。
3. 了解福美锌的工业生产流程。

二、相关知识

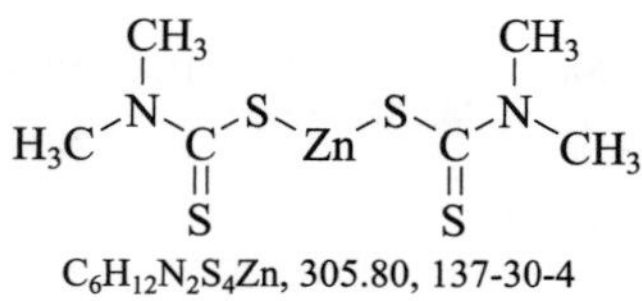

$C_6H_{12}N_2S_4Zn$, 305.80, 137-30-4

化学名称　二甲基二硫代氨基甲酸锌

其他名称　锌来特，什来特，Fuklasin，Nibam，Milbam，Zerlate，Cuman

理化性质　无色固体粉末，纯品为白色粉末，m.p. 250℃，无气味，相对密度2.00。25℃时蒸气压很小。能溶于丙酮、二硫化碳、氨水和稀碱溶液；难溶于一般有机溶剂；常温下水中溶解度为65mg/L。在空气中易吸潮分解，但速度缓慢，高温和酸性环境下加速分解，长期贮存或与铁接触会分解而降低药效。

毒性　大白鼠急性经口LD_{50} 1400mg/kg，对皮肤和黏膜有刺激作用。鲤鱼TLm（48h）为0.075mg/L。ADI为0.02mg/kg。

开发与应用　福美锌为保护性杀菌剂。对多种真菌引起的病害有抑制和预防作用，兼有刺激生长、促进早熟的作用。用于防治苹果花腐病、黑星病、白粉病，梨黑斑病、赤星病、黑星病，柑橘溃疡病、疮痂病，葡萄炭疽病、褐斑病，黄瓜霜霉病、炭疽病，番茄褐色斑点病等。还可用作橡胶促进剂及工业水处理用的杀生剂。

三、合成路线

图 2-11 为福美锌合成路线。

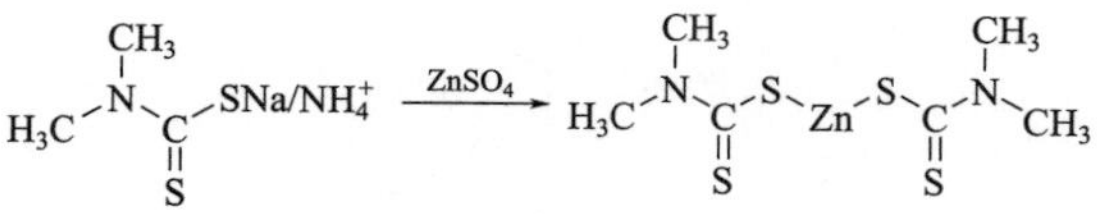

$$\mathrm{(CH_3)_2N{-}C(=S){-}SNa/NH_4^+ \xrightarrow{ZnSO_4} (CH_3)_2N{-}C(=S){-}S{-}Zn{-}S{-}C(=S){-}N(CH_3)_2}$$

图 2-11　福美锌合成路线

四、实验原理

二甲胺先与二硫化碳反应得福美钠，再与氯化锌反应制得福美锌。

反应方程式为：

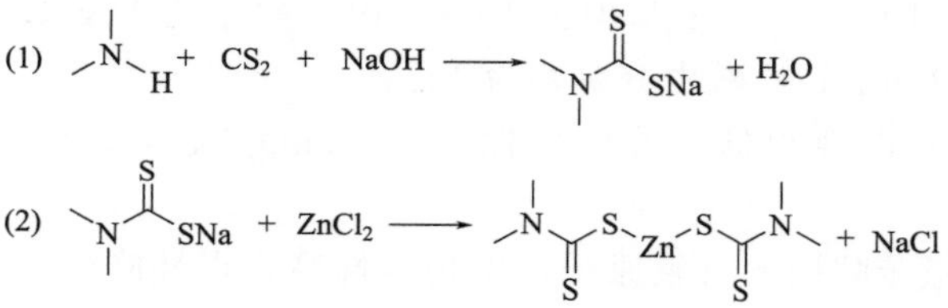

$$\text{(1)}\quad \mathrm{(CH_3)_2NH + CS_2 + NaOH \longrightarrow (CH_3)_2N{-}C(=S){-}SNa + H_2O}$$

$$\text{(2)}\quad \mathrm{(CH_3)_2N{-}C(=S){-}SNa + ZnCl_2 \longrightarrow (CH_3)_2N{-}C(=S){-}S{-}Zn{-}S{-}C(=S){-}N(CH_3)_2 + NaCl}$$

五、实验操作

（1）福美钠合成　在带有机械搅拌器、温度计、恒压漏斗的 250mL 四口瓶中，加入 80mL 蒸馏水，滴加 20.0g（0.15mol）30%NaOH 溶液和 20.4g（0.15mol）33%二甲胺溶液，于（10±2)℃下滴加 11.6g（0.15mol）CS_2，控制反应温度≤30℃，继续搅拌反应 2h。降温、过滤，得福美钠溶液。

（2）福美锌合成　在带有机械搅拌器、温度计、恒压漏斗的 250mL 四口瓶中，加入福美钠溶液，滴加 10%硫酸溶液至 pH 7.5～8，滴加 50.2g（0.075mol）20%$ZnCl_2$ 溶液，之后搅拌反应 30min。过滤，水洗，真空干燥得产品福美锌，称重，测定含量。

六、思考题

① 福美锌生产注意事项有哪些？

② 福美锌生产“三废”有哪些？如何处理？

实验 9　三氟苯唑的合成

一、实验目的

1. 熟悉无水溶剂的制备方法。

2. 掌握格氏试剂制备及其参与反应的无水操作技术。

3. 了解三唑类化合物的制备方法，掌握无氧实验操作技术。

二、相关知识

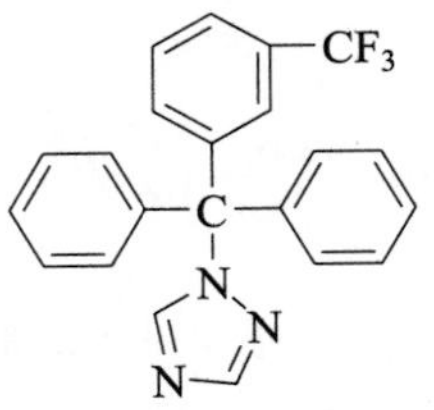

$C_{22}H_{16}F_3N_3$, 379.39, 31251-03-3

化学名称　1-(3-三氟甲基三苯甲基)-1,2,4-三唑

其他名称　菌唑灵，氟三唑，Persulon，BUE0620。

理化性质　无色结晶固体。m. p. 132℃，20℃时的溶解度：水中为 1.5mg/L，二氯甲烷中为 40%，环己酮中为 20%，甲苯中为 10%，丙二醇中为 50g/L。在 0.1mol/L 氢氧化钠溶液中稳定，在 0.2mol/L 硫酸中分解率为 40%。

毒性　三氟苯唑的毒性很低。大鼠急性 LD_{50}（mg/kg）：5000（经口），＞1000（经皮）。对蜜蜂无毒。

开发与应用　三氟苯唑因含有氟原子，生物活性高，毒性降低，为高效、广谱杀菌剂。对黄瓜、桃、葡萄、大麦、甜菜等多种作物白粉病有特效。

三、合成路线

图 2-12 为三氟苯唑合成路线。

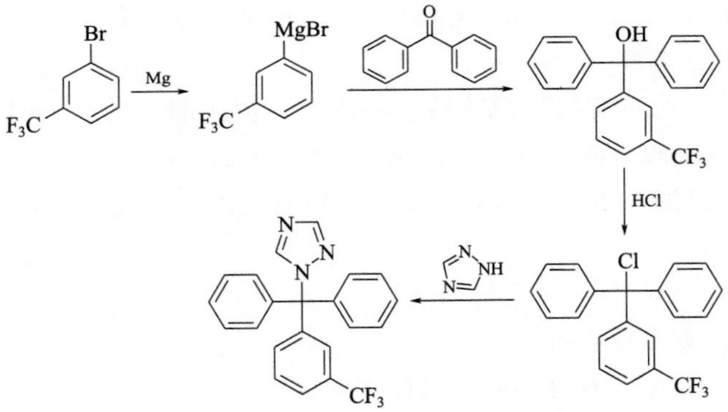

图 2-12　三氟苯唑合成路线

四、实验原理

以 3-溴代三氟甲苯为起始原料，经转化为格氏试剂后，与二苯酮进行亲核加成，然后用氯化铵水解，制得三氟甲基苯甲醇。

(1) 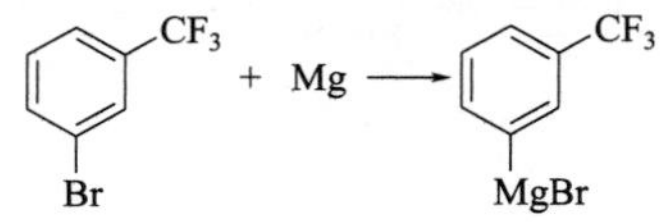 CF_3 Br + Mg ⟶ CF_3 MgBr

(2) 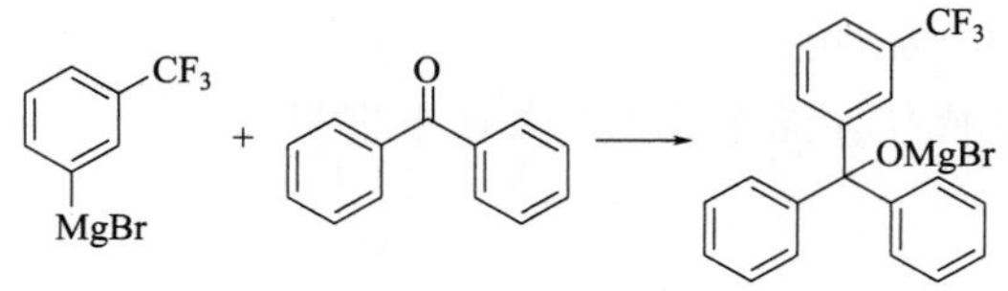 CF_3 MgBr + O ⟶ CF_3 OMgBr

(3) CF_3 OMgBr + H_2O + NH_4Cl ⟶ CF_3 OH + $MgCl_2$ + $MgBr_2$ + NH_3

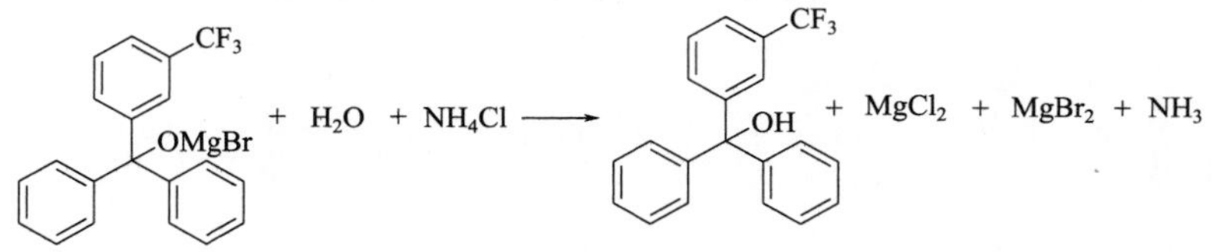

继续与浓盐酸反应生成 3-三氟甲基三苯基氯代甲烷，最后以三乙胺作缚酸剂，以 *N*,*N*-二甲基甲酰胺为溶剂，在氮气保护下，与 1,2,4-三唑反应而得三氟苯唑。

(4) 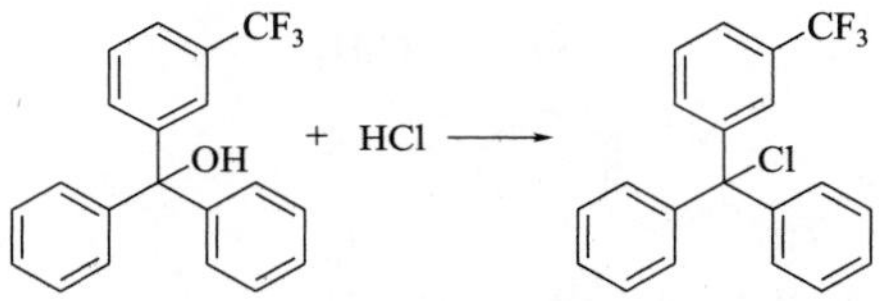 CF_3 OH + HCl ⟶ CF_3 Cl

(5) 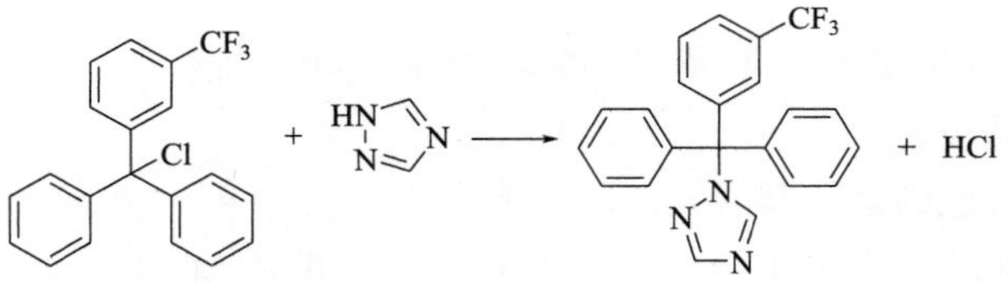 CF_3 Cl + HN N N ⟶ CF_3 N N N + HCl

五、实验操作

（1）在装有滴液漏斗、机械搅拌器及回流冷凝管的 250mL 三颈瓶中，加入 4.8g（0.2mol）镁屑、一小粒碘，滴入含有间溴代三氟甲苯的无水乙醚溶液 30mL［配制方法：45g（0.2mol）间溴代三氟甲苯溶于 100mL 无水乙醚中］，在水浴中加热，使反应开始。在搅拌下缓慢滴入剩余的间溴代三氟甲苯无水乙醚溶液，其间用冷水浴冷却，控制反应速度。加毕，水浴加热回流 0.5h，使镁屑作用完全。蒸除乙醚，冷却，滴入含有二苯酮的无水苯液［36g（0.2mol）二苯酮溶于 150mL 无水苯中］，滴加完后，加热回流 2h。冷却，滴入氯化铵饱和水溶液（含 40g 氯化铵），使产物分解。分离苯层，水层用等体积苯萃取，合并有机相，用无水硫酸钠干燥，常压蒸除苯，减压蒸馏，收集 180～184℃（80 Pa）馏分。静置冷却，得无色块状物，熔点 50～52℃，即为 3-三氟甲基三苯甲醇。

（2）将 3-三氟甲基三苯甲醇 32g、苯 15.6g 和浓盐酸 22g，一起振摇，直至块状物完全溶解，然后分去苯层，经干燥、脱苯得浅黄色油状物，即为 3-三氟甲基三苯基氯代甲烷。

（3）将上述所得油状物 34.6g、1,2,4-三唑 7g、*N*,*N*-二甲基甲酰胺 250mL 和三乙胺 11g，加入反应瓶中。在 N_2 保护下，加热至 93～100℃反应 3h。减压脱去溶剂，残留物用水洗涤，然后用二氯甲烷萃取。其萃取液经干燥、蒸除二氯甲烷得浅黄色固体。丙酮重结晶得三氟苯唑，熔点 128～130℃。

六、思考题

① 三氟苯唑合成中的注意事项有哪些？

② 三氟苯唑合成中应如何保证操作在无水或无氧条件下进行？

实验 10　氰菌胺的合成

一、实验目的

熟悉苯酰胺类杀菌剂的合成方法。

二、相关知识

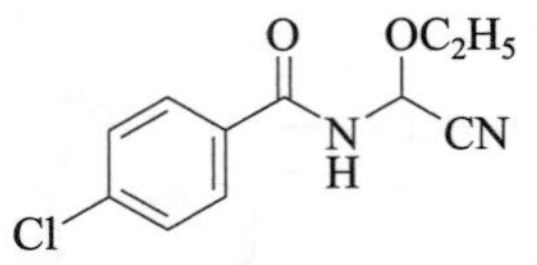

$C_{11}H_{11}ClN_2O_2$, 238.67, 84527-51-5

化学名称　(*RS*)-4-氯-*N*-[氰基(乙氧基)甲基]苯甲酰胺

其他名称　氰酰胺。

理化性质　浅褐色结晶固体，m. p. 111℃，20℃溶解度（g/L）：水 0.167（pH＝5.3），甲醇 272，丙酮＞500，二氯甲烷 271，二甲苯 26，乙酸乙酯 336，己烷 0.12。常温下贮存至少 9 个月内稳定。

毒性　大鼠急性经口 LD_{50}＞526mg/kg（雄）、775mg/kg（雌），大鼠急性经皮 LD_{50}（雄和雌）＞2000mg/kg，对兔眼睛和皮肤无刺激性、无“三致”作用。

开发与应用　新内吸性杀菌剂，具有杰出的治疗、渗透作用和抑制孢子形成等特性，并系统地分布在非原生质体，可单用也可与保护性杀菌剂混配。对苯酰胺类杀菌剂的抗性品系和敏感品系均有活性。对葡萄霜霉病、马铃薯晚疫病、番茄晚疫病防效特别好。

三、合成路线

氰菌胺合成路线有很多，以下 2 条合成路线比较常用：路线 1→2→3 是以氨基乙腈、对氯苯甲酰氯为起始原料，经溴化、醚化而得。路线 4→5 是以乙醛酸甲酯、对氯苯甲酰胺为原料经氯化、醚化、氨化而得（图 2-13）。

四、实验原理

对氯苯甲酰氯先与氨基乙腈缩合得 *N*-氰甲基-4-氯-苯甲酰胺，再依次发生溴化、醚化得氰菌胺。

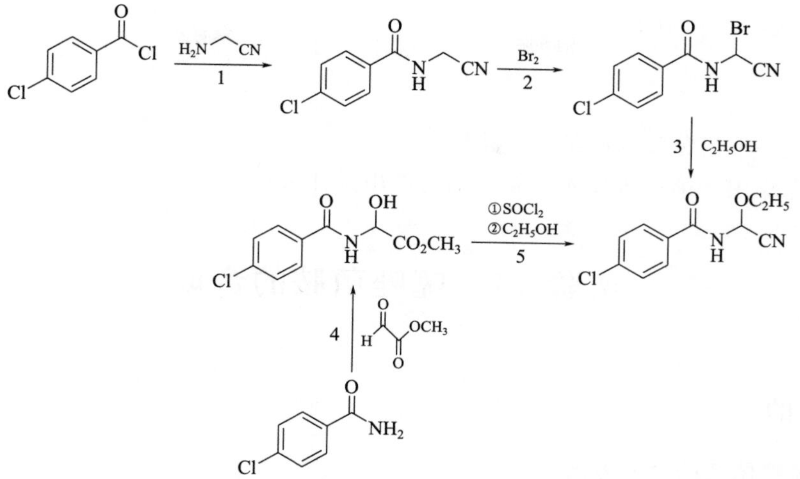

图 2-13 氰菌胺合成路线

反应方程式为：

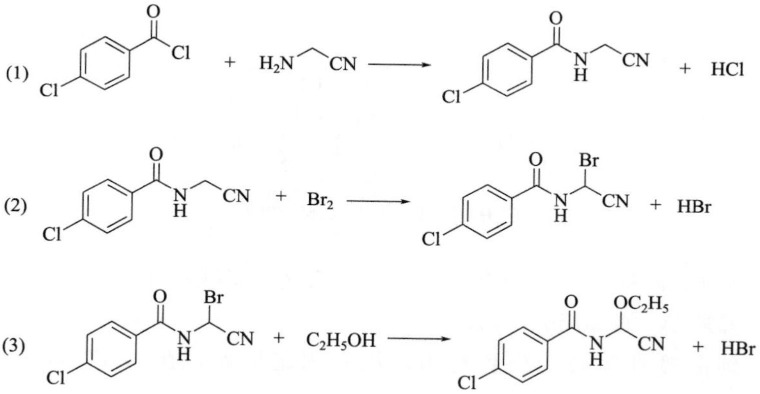

五、实验操作

（1）将氨基乙腈 4.2g 加入到 40mL 乙酸乙酯中，强烈搅拌，同时加入氢氧化钠水溶液（物质的量之比 $n_{氢氧化钠}:n_{水}=1.15:45$）50mL，随后迅速加入 4-氯苯甲酰氯 17.5g（混有 20mL 乙酸乙酯）。这是一个温和的放热反应。反应结束脱去乙酸乙酯，用硫酸镁干燥，脱溶剂。加入正己烷，得到无色结晶 16g。

（2）将 *N*-氰甲基-4-氯-苯甲酰胺 16g（0.08mol）于 40℃溶于乙酸乙酯，搅拌冷却至 25℃，将溴 12.8g（0.08mol）和乙酸乙酯的混合物加入到反应瓶中（此混合物呈橙色）。在 25℃下反应，直至颜色消退，这个过程大约 4～5min。然后将剩下的溴 1.6g 迅速加入（约 5s）。随后在 20s 内加入乙醇（10mL）、三乙胺（10mL）、乙酸乙酯（10mL）的混合物，反应维持在 40℃以下。随后迅速析出三乙胺溴化物，这时搅拌十分困难，滴加 2mL 三乙胺到反应物中。

（3）加入 50mL 水，搅拌混合物，分层，分为橙色有机层和无色水层。分离有机层，用 50mL 水分两次洗涤，然后加入无水硫酸钠干燥，过滤得黄色液体，减压蒸馏得橙色油状物。放置一段时间后，变成固体。固体用甲苯和甲基环己烷（1：4）提纯，得浅黄色固体，干燥得产品 12g，m. p. 102～105℃。

六、思考题

① 试评述一下氰菌胺的两条合成路线。

② 实验操作中，第一步加入氢氧化钠的作用是什么?

实验 11　噻唑菌胺的合成

一、实验目的

1. 掌握噻唑菌胺的合成方法。
2. 掌握酰氯的合成方法。
3. 掌握酰胺的合成方法及实验操作技术。

二、相关知识

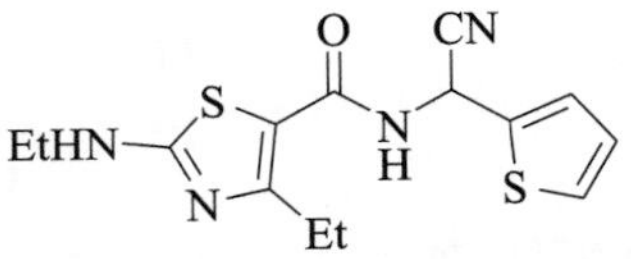

$C_{14}H_{16}N_4OS_2$, 320.4, 162650-77-3

化学名称　*N*-(α-氰基-2-噻吩甲基)-4-乙基-2-乙氨基噻唑-5-甲酰胺

其他名称　韩乐宁，Guardian 等。

理化性质　纯品噻唑菌胺为白色粉末，没有固定熔点，在 185℃熔化过程中已分解，20℃时在水中溶解度为 418mg/L。

应用　噻唑菌胺属于高效、内吸、具有预防和治疗作用的噻唑类杀菌剂，适用于葡萄、马铃薯以及瓜类等作物，可防治卵菌纲引起的病害，如葡萄霜霉病和马铃薯晚疫病等。噻唑菌胺对疫霉菌生长过程中菌丝体生长和孢子的形成两个阶段有很强的抑制效果，但对疫霉菌孢子囊萌发、孢囊的生长以及游动孢子几乎没有任何活性。噻唑菌胺对卵菌纲类病害如葡萄霜霉病、马铃薯晚疫病、瓜类霜霉病等具有良好的预防、治疗和内吸活性。根据使用作物、病害发病程度，其使用剂量通常为 100～250g(a. i.)/hm^2，20 %噻唑菌胺可湿性粉剂在大田应用时，施药时间间隔通常为 7～10 天，防治葡萄霜霉病、马铃薯晚疫病时推荐使用剂量分别为 200g (a. i.)/hm^2、250g(a. i.)/hm^2。

毒性　原药急性 LD_{50}：大、小鼠经口＞5000mg/kg，大鼠和兔经皮＞5000mg/kg。对兔眼睛和皮肤无刺激性，对豚鼠皮肤无致敏性，对动物无致畸、致突变、致癌作用。

三、合成路线

图 2-14 为噻唑菌胺的合成路线。

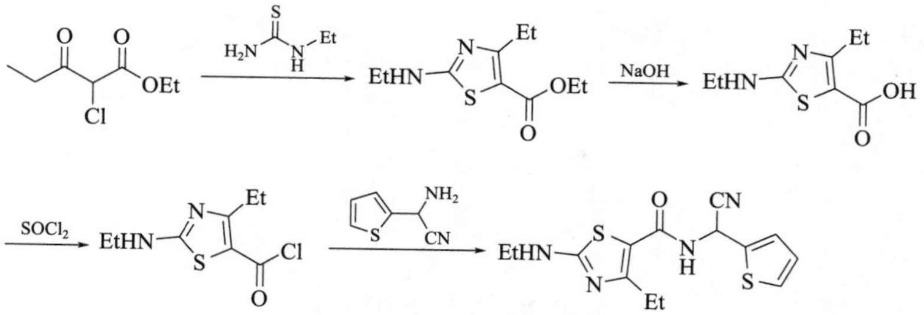

图 2-14　噻唑菌胺的合成路线

四、实验操作

（1）将 2-氯-3-氧代戊酸乙酯 16.5g（100mmol）与 1-乙基-2-硫脲 10.4g（100mmol）的混合物在 45g 甲醇溶液中加热至回流并搅拌 2h。待反应混合物冷却至 10℃时，再添加氢氧化钠水溶液（11.2g 氢氧化钠溶解于 40mL 水中），然后将反应混合物继续加热至回流并搅拌 2h。接着在减压条件下蒸馏去除甲醇 15g，冷却至 5℃。混合物中加入 4mol/L 45.9g 盐酸中和，在 10℃下将反应混合物搅拌 10min 后过滤得到白色固体，用 50mL 水加以洗涤。最后经真空干燥得到 20g 4-乙基-2-乙氨基-5-噻唑羧酸，收率为 95%。

（2）将 4-乙基-2-乙氨基-5-噻唑羧酸 20g（100mmol）溶解于 150mL 二氯甲烷中，在室温下逐滴加入氯化亚砜 13.7g（15mmol），随后将混合物加热至回流并连续搅拌 2h。反应结束后，减压蒸馏去除多余的氯化亚砜和约 60mL 溶剂，接着再添加新的二氯甲烷约 60mL，并将反应混合物冷却到 0～5℃，然后向反应液中加入 1-(噻吩-2-基)-氨基乙腈盐酸盐 18.3g（105mmol），再在 10℃下缓慢滴加吡啶 23.7g（300mmol）。待反应结束后，在 25℃下减压蒸去约 100mL 溶剂，并向剩余溶液中加入甲醇约 20mL，然后在搅拌下缓慢加入约 140mL 水，得到棕黄色固体物质。粗产物用水洗（200mL），粗品重结晶即可得到 23.1g 噻唑菌胺，收率约 72%。

五、思考题

① 根据噻唑酰胺的结构设计新的合成路线。

② 试写出由 2-氯-3-氧代戊酸乙酯与 1-乙基-2-硫脲合成 4-乙基-2-乙氨基-5-噻唑羧酸乙酯的反应机理。

③ 碱性条件下由羧酸酯水解制备羧酸的注意事项有哪些？

实验 12　嘧菌环胺的合成

一、实验目的

1. 掌握嘧菌环胺的合成方法。

2. 掌握嘧啶类化合物的合成方法。

3. 掌握回流、减压蒸馏、柱层析分离等实验操作技术。

二、相关知识

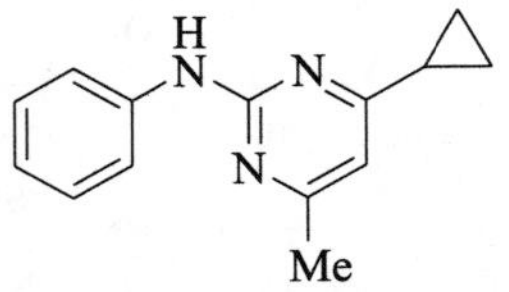

$C_{14}H_{15}N_3$, 225.3, 121552-61-2

化学名称　4-环丙基-6-甲基-*N*-苯基嘧啶-2-胺

其他名称　和瑞、灰雷、瑞镇、Cyprodinil。

理化性质　纯品嘧菌环胺为粉状固体，熔点 75.9℃。20℃时溶解度：甲醇 460g/L，正己烷 30g/L，正辛醇 160g/L，乙醇 160g/L，丙酮 610g/L，水 0.013g/L。

应用　嘧菌环胺由先正达公司开发，1987 年申请专利，属于真菌水解酶分泌和蛋氨酸生物合成抑制剂，是广谱、高效、具有保护性和治疗性的杀菌剂，适用于麦类、果树、蔬菜等，防治的病害有灰霉病、白粉病、黑星病、叶斑病等。

毒性　原药急性 LD_{50}：大鼠经口＞2000mg/kg，大鼠经皮＞2000mg/kg；对兔眼睛和皮肤无刺激性；对动物无致畸、致突变、致癌作用。

三、合成路线

图 2-15 为嘧菌环胺的合成路线。

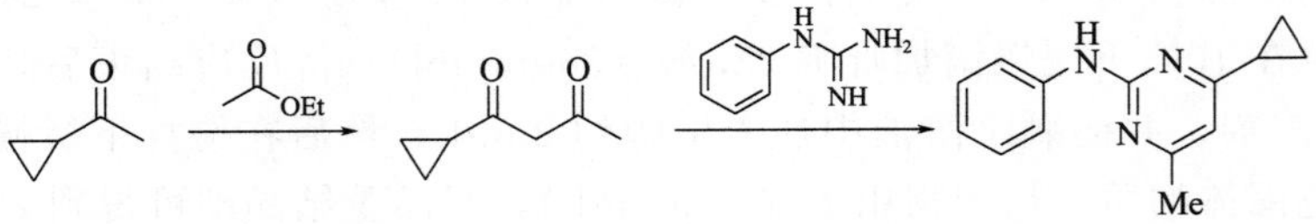

图 2-15　嘧菌环胺的合成路线

四、实验操作

(1) 取 4g (0.1mol) 氰化钠（质量分数 60%）于 125mL 三口瓶中，依次加入 45mL 甲基叔丁基醚、4.2g (0.05mol) 甲基环丙基酮，慢慢滴加 8.8g (0.1mol) 乙酸乙酯，于 1h 内滴完，反应液变稠，补加 20mL 甲基叔丁基醚，反应 3h 后过滤，取滤饼于烧杯中，加入 100mL 乙酸乙酯，滴加稀盐酸调至弱酸，分出有机层，减压蒸馏脱除溶剂，得 4.54g 淡黄色液体，收率 65%。

(2) 取苯基胍盐酸盐 3.3g (0.01mol) 于 125mL 反应瓶中，依次加入 50mL 乙醇及 15.2g (0.012mol) 环丙酰基丙酮，升温并回流反应 5h，薄层色谱法 (TLC) 监测反应完毕后，减压蒸馏脱溶剂，粗产物经柱层析分离纯化，得 1.71g 嘧菌环胺，白色固体，收率约 76%。

五、思考题

① 根据嘧菌环胺的结构设计新的合成路线。

② 除了上述合成方法外，还有什么方法可以合成环丙酰基丙酮？

③ 写出由胍类化合物和 1,3-二羰基化合物合成嘧啶类化合物的反应机理。

实验 13　戊唑醇的合成

一、实验目的

1. 掌握戊唑醇的合成方法。
2. 掌握环氧乙烷的合成方法。
3. 掌握环氧化合物的开环反应。

二、相关知识

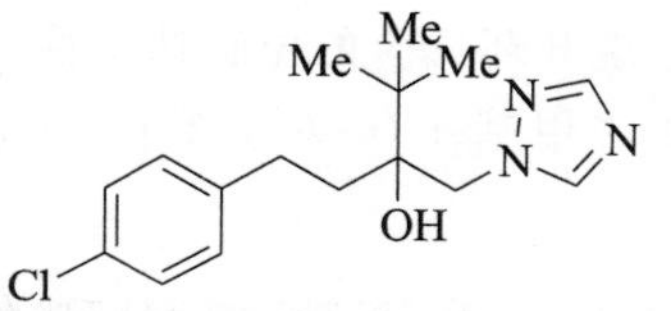

$C_{16}H_{22}ClN_3O$, 307.8, 107534-96-3

化学名称　1-对氯苯基-4,4-二甲基-3-(1*H*-1,2,4-三唑-1-基甲基)戊-3-醇

其他名称　立克秀，Tebuconazole。

理化性质　戊唑醇为外消旋混合物，纯品为无色晶体，熔点 105℃；溶解度（20℃，g/kg)：水 0.036，二氯甲烷大于 200，异丙醇、甲苯 50～100。

应用　戊唑醇为高效、广谱、内吸性三唑类杀菌剂，除具有杀菌活性外，还可以促进作物生长，使作物根系发达、叶色浓绿、植株健壮、有效分蘖增加，从而提高产量。适用于麦类、玉米、高粱、花生、香蕉、葡萄、茶等，对白粉菌属、柄锈菌属、核腔菌属和壳针孢菌属引起的白粉病、黑穗病、纹枯病、全蚀病、云纹病、锈病、菌核病、叶斑病、斑点落叶病、灰霉病等病害都有很好的防治效果。

毒性　原药急性 LD_{50}：大鼠经口＞4000mg/kg（雄）、1700mg/kg（雌），小鼠经口 3000mg/kg，大鼠经皮＞5000mg/kg；对兔眼睛有严重刺激性。

三、合成路线

图 2-16 为戊唑醇的合成路线。

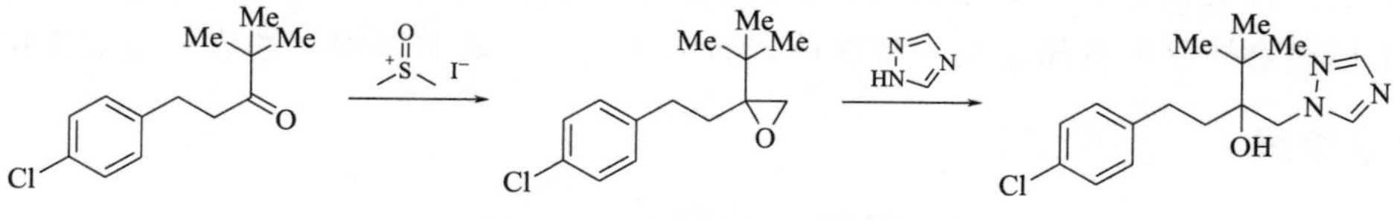

图 2-16　戊唑醇的合成路线

四、实验操作

(1) 在装有电动搅拌器、温度计、滴液漏斗和冷凝管的500mL的四口烧瓶里加入90g (0.45mol) 化合物4,4-二甲基-1-(4-对氯苯基)-3-戊酮、硫内鎓盐溶液25mL (0.5mol)，搅拌加热至60℃，然后加入氢氧化钾23g (0.5mol)，搅拌反应5h。反应结束用盐酸中和，分液漏斗萃取分离，回收溶剂得到98.4g 4-对氯苯基-2-叔丁基-1,2-环氧丁烷，收率96%。

(2) 将4-对氯苯基-2-叔丁基-1,2-环氧丁烷120g、氢氧化钾3g (0.05mol)、1,2,4-三唑40g (0.55mol)、丁醇100mL和催化剂1g加入带有搅拌器和回流冷凝管的500mL三口烧瓶中，回流条件下搅拌6h，TLC监测反应进程。反应结束后，加入盐酸中和，用分液漏斗萃取，有机相冷却、结晶，过滤烘干得白色固体141g，收率92%。

五、思考题

① 试写出在硫内鎓盐作用下由4,4-二甲基-1-(4-对氯苯基)-3-戊酮合成4-对氯苯基-2-叔丁基-1,2-环氧丁烷的反应机理。

② 试解释三唑作用下环氧乙烷开环反应的位置选择性。

③ 试设计反应合成原料4,4-二甲基-1-(4-对氯苯基)-3-戊酮。

实验14 香豆素二甲醚的合成

一、实验目的

熟悉天然产物香豆素二甲醚的合成方法。

二、相关知识

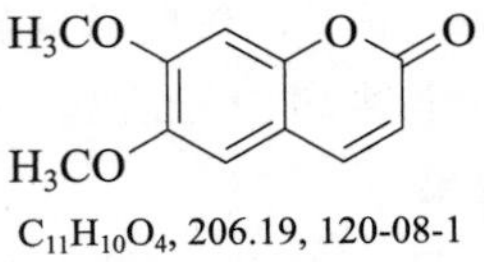

H_3CO H_3CO O O

$C_{11}H_{10}O_4$, 206.19, 120-08-1

化学名称　6,7-二甲氧基香豆素

理化性质　白色或黄白色针状结晶，m. p. 144℃。易溶于丙酮、氯仿，溶于乙醇和热氢氧化钠溶液，不溶于水和石油醚。

开发与应用　可作为安全农药，对环境没有污染。用0.025%～0.05%浓度的6,7-二甲氧基香豆素可有效地防治柑橘黑点病、柑橘溃疡病、黄瓜炭疽病、杨梅灰色霉病、芝麻叶枯病以及水稻稻瘟病等。本品也是一种医药，名为东喘宁，具有平喘、祛痰、镇咳作用。

三、合成路线

图2-17为香豆素二甲醚的合成路线。

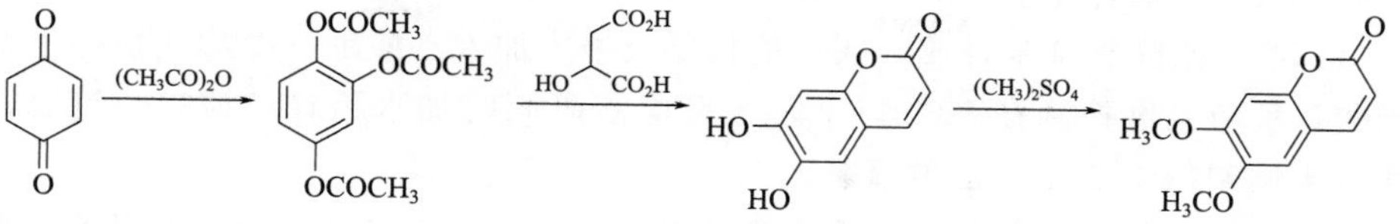

$(CH_3CO)_2O$ → $(CH_3)_2SO_4$

图 2-17 香豆素二甲醚合成路线

四、实验原理

对苯醌先与乙酸酐反应制得 1,2,4-三乙酰氧基苯，再与苹果酸缩合环化制得 6,7-二羟基香豆素，最后用硫酸二甲酯醚化得 6,7-二甲氧基香豆素。

反应方程式为：

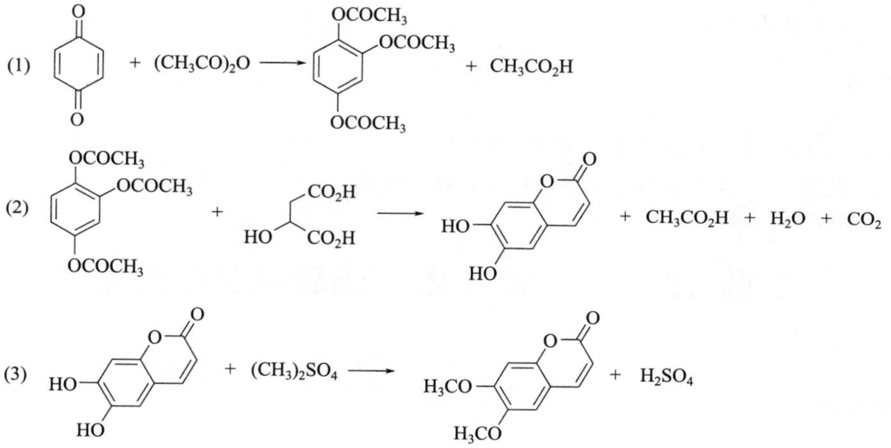

(1) 对苯醌 + $(CH_3CO)_2O$ ⟶ 1,2,4-三乙酰氧基苯 + CH_3CO_2H

(2) 1,2,4-三乙酰氧基苯 + 苹果酸 ⟶ 6,7-二羟基香豆素 + CH_3CO_2H + H_2O + CO_2

(3) 6,7-二羟基香豆素 + $(CH_3)_2SO_4$ ⟶ 6,7-二甲氧基香豆素 + H_2SO_4

五、实验操作

（1）1,2,4-三乙酰氧基苯合成　将 8.5mL（9.2g，0.09mol）乙酸酐和 0.3mL 浓硫酸混合，搅拌下逐渐加入 3.24g 对苯醌并使其完全溶解，用冰水冷却，使温度保持在 40～45℃，加完对苯醌后继续反应 0.5h。反应混合物室温搅拌，有大量沉淀生成。搅拌下向反应体系中倒入 30mL 冰水，抽滤，用水洗涤，抽干，粗品用 90%乙醇重结晶，得白色固体 4.86g，熔点为 96.6～97.1℃，收率为 64.3%。

（2）6,7-二羟基香豆素合成　氮气保护下，将 3.78g 1,2,4-苯三酚三乙酸酯（0.015mol）和 2.4g 苹果酸（0.18mol）加入到三口反应瓶中，搅拌下，滴加 6mL 浓硫酸，保持反应温度在 110℃反应 4h。将反应混合物倒入有碎冰的水中并不断搅拌，析出棕色沉淀，过滤，用水洗涤沉淀至中性。用 30%乙醇重结晶，得黄白色固体 2.1g，熔点 265.8～267.1℃，收率为 77.8%。

（3）6,7-二甲氧基香豆素合成　将 5.0g 6,7-二羟基香豆素（0.028mol）和干燥丙酮 40mL 加入到三口瓶中，在搅拌下加入无水碳酸钾 8.0g、硫酸二甲酯 10mL，加热回流 5h，将反应混合物过滤，滤出碳酸钾，将滤液中的丙酮蒸干，得黄白色固体，干燥。用石油醚-丙酮重结晶，得浅黄白色结晶 3.8g，熔点为 142.7～143.6℃。

附：6,7-二甲氧基香豆素工业生产合成步骤。

(1) 1,2,4-三乙酰氧基苯合成　在乙酰化反应釜中加入乙酸酐，冷却并搅拌下缓缓加入硫酸和苯醌，反应温度控制在50℃以下，至反应液凝固时加水稀释，搅拌、过滤，用水洗涤至中性，干燥制得1,2,4-三乙酰氧基苯。

(2) 6,7-二羟基香豆素合成　在环化釜中加入1,2,4-三乙酰氧基苯和苹果酸，搅拌、缓缓加入硫酸，升温至88～90℃停止加热，使反应温度自动升温至104℃左右，再稍加热至108～110℃，待温度下降时即达到环合终点，冷却至40℃加水稀释。静置过夜，过滤、结晶，用水洗涤至中性，制得6,7-二羟基香豆素。

(3) 6,7-二甲氧基香豆素合成　在醚化反应釜中将6,7-二羟基香豆素用3.9倍甲醇溶解，搅拌加热至55℃，加0.1倍量的氢氧化钠溶液（17%）。其余0.72倍量的氢氧化钠和3.58倍量的硫酸二甲酯同时滴入醚化釜中，反应温度55～60℃，pH调至8。加完保温反应1h，冷却至室温，用氨水调节pH至7.0～7.5，冷冻结晶。过滤，滤饼用冰水洗涤至中性，制得6,7-二甲氧基香豆素。

六、思考题

① 香豆素二甲醚的常见合成方法有哪些？

② 实验操作中，第三步加入碳酸钾的作用是什么？

实验15　2,4-滴和2,4-滴异辛酯的合成

一、实验目的

1. 熟悉比较复杂的综合实验方法与注意事项，学会通常状况下综合实验的设计与控制。

2. 掌握2,4-滴和2,4-滴异辛酯的性质与合成方法及合成过程中的注意事项。

二、相关知识

1. 2,4-滴

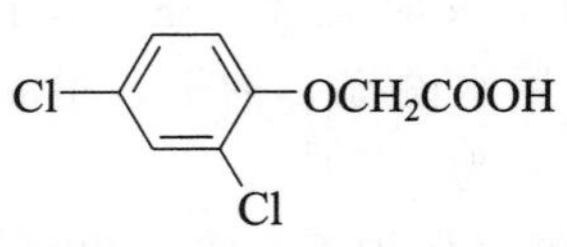

Cl—(苯环)—OCH_2COOH（2-位 Cl）

$C_8H_6Cl_2O_3$, 221.04, 94-75-7

化学名称　2,4-二氯苯氧乙酸

其他名称　杀草快，大豆欢。

理化性质　纯品2,4-滴为白色菱形结晶或粉末，略带酚的气味。m. p. 140.5℃，溶解性(25℃)：水中溶解度620mg/L，可溶于碱、乙醇、丙酮、乙酸乙酯和热苯，不溶于石油醚；不吸湿，有腐蚀性。其钠盐m. p. 215～216℃，室温水中溶解度为4.5%。

毒性　原药大鼠急性经口LD_{50} (mg/kg)：2,4-滴375，2,4-滴钠盐660～805。

开发与应用　2,4-滴是最早使用的除草剂之一，1942年由美国Amchem公司合成，1945年后许多国家投入生产，得到广泛应用。一般情况下，2,4-滴是以钠盐、铵盐或酯的

形式使用。低浓度应用时起到调节植物生长的作用。主要用于苗后茎叶处理，防除小麦、大麦、玉米、谷子、高粱等禾本科作物田杂草，如播娘蒿、藜、芥菜、繁缕、刺儿菜、苍耳、马齿苋等阔叶杂草，对禾本科杂草无效。

2. 2,4-滴异辛酯

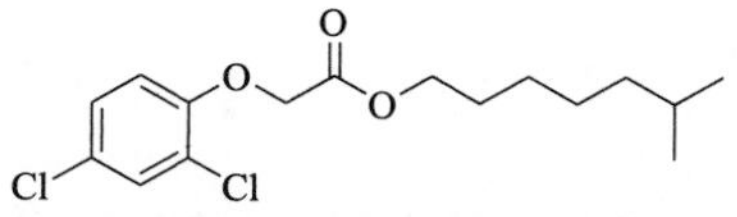

$C_{16}H_{22}Cl_2O_3$, 333.25, 25168-26-7

化学名称　2,4-二氯苯氧乙酸异辛酯

理化性质　纯品2,4-滴异辛酯为无色油状液体，原油为褐色液体，沸点为449.5℃。溶解性（25℃）：水中溶解度小于0.1g/100mL，可溶于乙醇、丙酮、乙酸乙酯等有机溶剂中，挥发性强，遇水分解。

开发与应用　适用于玉米、大豆、谷子、高粱、水稻。可以防除藜、蓼、反枝苋、铁苋菜、马齿苋、问荆、苦菜花、小蓟、苍耳、苘麻、田旋花、野慈姑、雨久花、鸭舌草等。对播娘蒿、荠菜、离蕊荠、泽漆防除效果特别好。对麦家公、婆婆纳、猪殃殃、米瓦罐等有抑制作用。可以与异丙甲草胺、异丙草胺、唑嘧磺草胺、乙草胺等混用。

三、合成路线

1. 2,4-滴

分为先氯化后缩合和先缩合后氯化两种路线：

（1）先氯化后缩合　以苯酚为原料，用氯气于50～60℃下进行氯化，氯化产物在氢氧化钠存在下于100～110℃下与氯乙酸缩合。该路线氯化终点不易控制，产品中有一氯苯酚或三氯苯酚。缩合时2,4-二氯苯酚反应不完全，产品中酚含量较高，需要用溶剂萃取，同时2,4-二氯苯酚容易树脂化，产品纯度偏低。

（2）先缩合后氯化　苯酚与氯乙酸和氢氧化钠的混合溶液于100～110℃下反应生成苯氧乙酸，然后用氯气于50～60℃下氯化，即可制得2,4-滴。氯化时可用少量碘粉作催化剂，如图2-18所示。

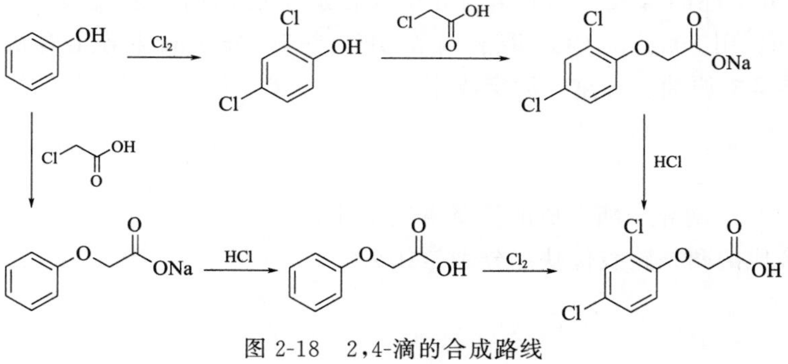

图2-18　2,4-滴的合成路线

2. 2,4-滴异辛酯合成路线

2,4-滴与异辛醇在回流条件下，即可发生酯化反应制得2,4-滴异辛酯，注意反应必须充分脱水（图2-19）。

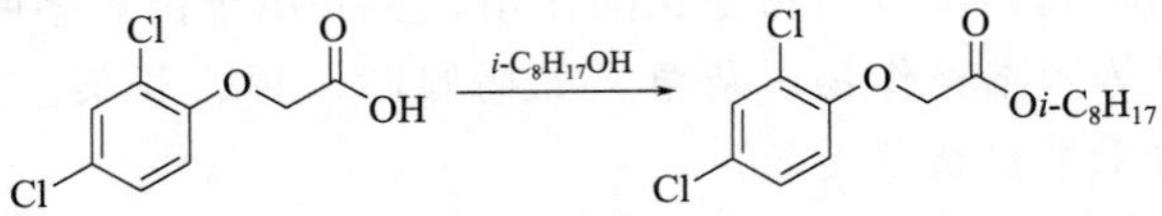

图 2-19　2,4-滴异辛酯的合成路线

四、实验原理

2,4-二氯苯酚与氯乙酸在碱性条件下缩合得 2,4-滴，再与异辛醇发生酯化反应得 2,4-滴异辛酯。反应方程式为：

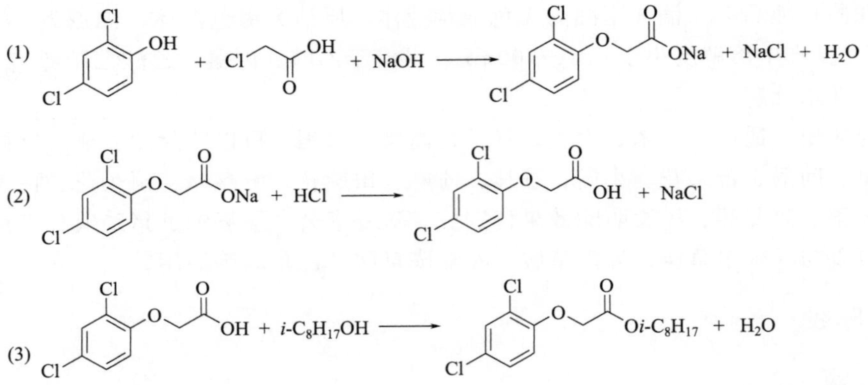

(1) 2,4-二氯苯酚 + $ClCH_2COOH$ + NaOH ⟶ 2,4-滴钠盐（ONa） + NaCl + H_2O

(2) 2,4-滴钠盐（ONa） + HCl ⟶ 2,4-滴（OH） + NaCl

(3) 2,4-滴（OH） + $i\text{-}C_8H_{17}OH$ ⟶ 2,4-滴异辛酯（$Oi\text{-}C_8H_{17}$） + H_2O

五、实验操作

（1）配制氯乙酸钠溶液　于 100mL 烧杯中，将 28.4g（0.30mol）氯乙酸用 50mL 水溶解，滴加 30% NaOH 溶液至 pH 8～9。

（2）2,4-滴合成　向带有机械搅拌器、温度计、恒压漏斗、回流管的 250mL 四口瓶中，加入 2,4-二氯苯酚 40.75g（0.25mol），滴加 30%NaOH 溶液至 pH 为 11，直至 2,4-二氯苯酚完全溶解，滴加氯乙酸钠溶液，升温至（105±5)℃，搅拌反应 3h。反应终止，抽滤，依次用 30mL 氯仿、水洗涤。调节 pH 为 1，再抽滤、水洗、真空干燥、称重，测定含量。

（3）2,4-滴异辛酯的合成　2,4-滴与异辛醇在适量催化剂（浓硫酸）存在下，于 90～95℃回流反应 3h。用 30%Na_2CO_3 溶液调节 pH 4～5，分液漏斗分出有机相，$MgSO_4$ 干燥，得 2,4-滴异辛酯原油。称重，测定收率。

六、思考题

① 2,4-滴和 2,4-滴异辛酯合成的注意事项是什么？

② 2,4-滴合成的两条路线优缺点分别是什么？

实验 16　莠去津的合成

一、实验目的

1. 熟悉比较复杂的综合实验方法与注意事项，学会通常状况下综合实验的设计与控制。
2. 掌握莠去津的性质与合成方法以及合成过程中的注意事项。
3. 了解莠去津工业生产流程与“三废”处理方法。

二、相关知识

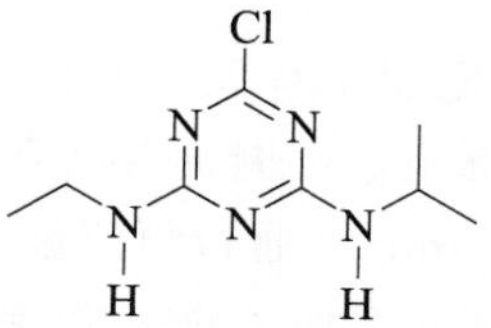

$C_{18}H_{14}ClN_5$, 215.7, 1912-24-9

化学名称　2-氯-4-乙氨基-6-异丙氨基-1,3,5-三嗪

其他名称　阿特拉津，盖萨普林，莠去尽，阿特拉嗪，园保净，Atrasol，Atratol，Gesaprim，Primatol-A。

理化性质　纯品为无色结晶，m. p. 173～175℃，蒸气压 4×10^{-2}mPa。25℃时溶解度(mg/L)：水 33、甲醇 18000、氯仿 52000。在中性、微酸性及微碱性介质中稳定，但在强碱或强酸中，高温条件下可水解成无除草活性的羟基衍生物。无腐蚀性。

毒性　大鼠急性经口 LD_{50} 3080mg/kg，小鼠为 1750mg/kg，兔急性经皮 LD_{50} 7500mg/kg，以含 1000mg/kg 的饲料喂养大鼠 2 年，未见异常情况。致畸、致癌试验呈阴性。对鸟类和鱼类低毒，对眼睛无刺激性，对皮肤有轻微刺激。

开发与应用　莠去津是继西玛津之后，1958 年由瑞士嘉基（Geigy）公司开发的均三嗪类除草剂。它是旱地除草剂主要品种之一，为内吸传导型，对玉米安全，对玉米田的杂草除草效果好，持效期较长。用于玉米、高粱、甘蔗、茶树及果园林地防除一年生禾本科杂草和阔叶杂草。对由根茎或根芽繁殖的多年生杂草有抑制作用，如用于玉米地除草。使用时药量根据土质有机质含量、杂草种类和密度而定，豆类对药剂敏感，易产生药害。

三、合成路线

图 2-20 为莠去津的合成路线。

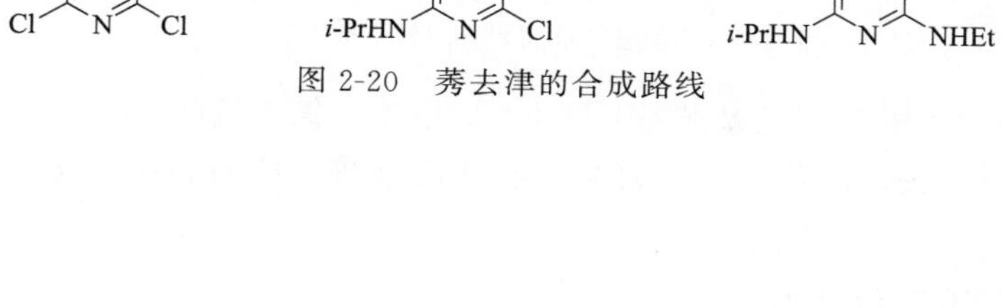

图 2-20　莠去津的合成路线

四、实验原理

以三聚氯氰为原料，依次与异丙胺、乙胺缩合制得莠去津。反应方程式为：

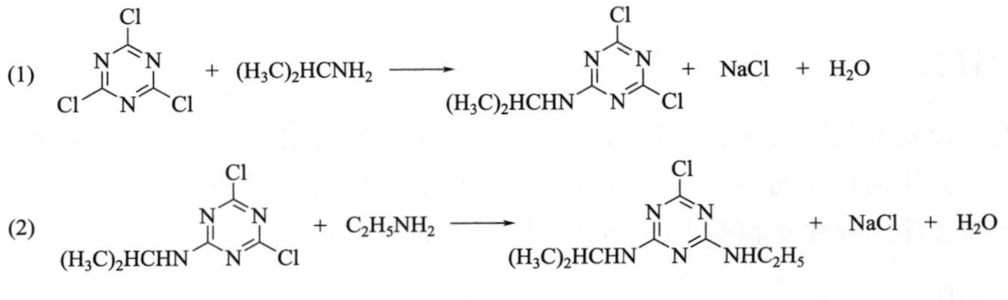

$$(1)\quad \text{三聚氯氰 (2,4,6-三氯-1,3,5-三嗪)} + (H_3C)_2HCNH_2 \longrightarrow \text{2-}(H_3C)_2HCHN\text{-4,6-二氯-1,3,5-三嗪} + NaCl + H_2O$$

$$(2)\quad \text{2-}(H_3C)_2HCHN\text{-4,6-二氯-1,3,5-三嗪} + C_2H_5NH_2 \longrightarrow \text{2-}(H_3C)_2HCHN\text{-4-}NHC_2H_5\text{-6-氯-1,3,5-三嗪} + NaCl + H_2O$$

五、实验操作

向带有机械搅拌器、温度计、恒压漏斗的 250mL 四口瓶中，加入溶剂三氯乙烯，搅拌的同时加入三聚氯氰并降温，$NaNO_2$ 催化。于规定温度下开始通过恒压漏斗滴加异丙胺，控制反应温度≤10℃，继续搅拌反应 30min。通过恒压漏斗滴加液碱，控制反应温度≤20℃，继续搅拌反应 30min。通过恒压漏斗滴加乙胺，控制反应温度≤30℃，继续搅拌反应 30min。滴加液碱，控制反应温度≤60℃，继续搅拌反应 90min。反应终止，控制 pH 8～10，进行共沸蒸馏，回收三氯乙烯。抽滤、水洗、干燥、得莠去津原药粗品，用石油醚和乙醚混合物重结晶。称重，测定含量。

六、思考题

① 莠去津生产注意事项是什么？

② 莠去津生产“三废”有哪些？如何处理？

实验 17　乙草胺的合成

一、实验目的

熟悉酰基苯胺类除草剂的合成方法。

二、相关知识

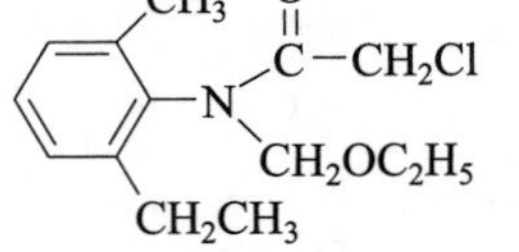

（结构式：2-甲基-6-乙基苯基上的 N 连接 $C(=O)-CH_2Cl$ 和 $CH_2OC_2H_5$；苯环上取代基 CH_3、CH_2CH_3）

$C_{14}H_{20}ClNO_2$, 269.70, 34256-82-1

化学名称　*N*-(2-甲基-6-乙基苯基)-*N*-(乙氧甲基) 氯乙酰胺

其他名称　刈草胺，消草胺，禾耐斯，乙基乙草胺，Harness，Sacemid，Acenit，acetochlore。

理化性质　纯品乙草胺为淡黄色液体，b. p. 176～180℃（76Pa）；溶解度（25℃，mg/L）：水 223，溶于乙酸乙酯、丙酮、乙腈等有机溶剂。

毒性　乙草胺原药急性 LD_{50}（mg/kg）：大鼠经口 2148；兔经皮 4166；对兔皮肤和眼睛有轻微刺激性；以 10mg/(kg·d) 剂量饲喂大鼠两年，未发现异常现象。

开发与应用　乙草胺为选择性除草剂，1969 年由美国孟山都（Monsanto）公司开发。属于蛋白质合成抑制剂，适用于玉米、棉花、花生、甘蔗、大豆、蔬菜田防除一年生禾本科杂草和某些一年生阔叶杂草如稗草、狗尾草、马唐、牛筋草、早熟禾、看麦娘、碎米莎草、秋稷、藜、马齿苋、菟丝子、黄香附子、紫香附子、双色高粱、春蓼等。

三、合成路线

主要有氯代醚法和亚甲基苯胺法，如图 2-21 所示。

（1）氯代醚法　2-甲基-6-乙基苯胺与氯乙酸和三氯化磷反应，生成 2-甲基-6-乙基氯代乙酰（替）苯胺，再与氯甲基乙基醚在碱性介质中反应。

（2）亚甲基苯胺法　以 2-甲基-6-乙基苯胺为原料，依次与多聚甲醛、氯乙酰氯、乙醇反应。目前生产上多用该方法制备乙草胺。

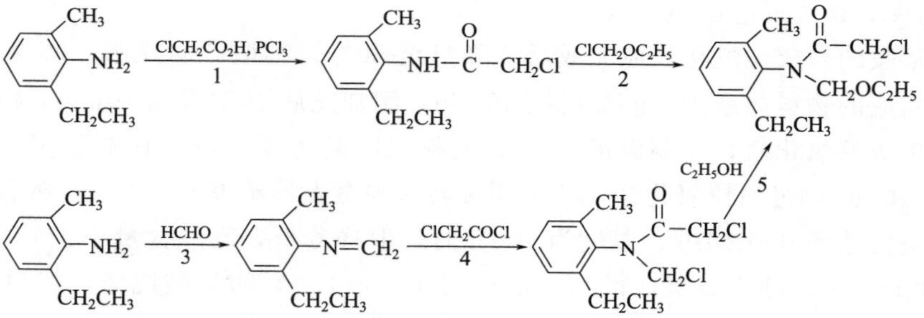

图 2-21　乙草胺的两种合成路线

四、实验原理

以 2-甲基-6-乙基苯胺为原料，依次与多聚甲醛、氯乙酰氯、乙醇反应制得乙草胺。

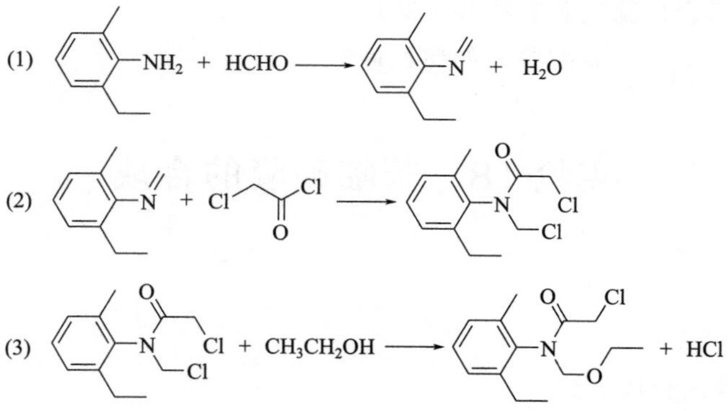

五、实验操作

(1) 多聚甲醛解聚　称取多聚甲醛 9.8g、无水乙醇 13.9g、三乙胺 0.3g 投入 500mL 四口瓶中，升温至回流，回流温度为 90℃，回流 30min 后，瓶内为澄清透明液体，将该澄清透明液体冷却至室温无固体析出，该解聚物可以合成 *N*-(2-甲基-6-乙基苯胺)甲亚胺。

(2) 2-甲基-6-乙基甲亚胺的合成　称取多聚甲醛的解聚物 24g 投入 500mL 四口瓶中，加入 22.08g 二甲苯，开始搅拌，升温至回流，在回流状态下滴加 27.6g 2-甲基-6-乙基苯胺，10min 滴加完毕，滴完后回流 20min，然后开始常压蒸馏，随着蒸馏的进行，温度也不断上升，当温度到达 120℃，开始减压蒸馏，缓慢调整真空度，控制温度在 100～120℃之间。减压蒸馏 15min，真空度达到 0.065MPa，取样分析流出液的水分含量，当水分小于 150mg/kg 时，停止蒸馏，取瓶内反应液分析 2-甲基-6-乙基苯胺的转化率，当转化率大于 99%时，认为该步反应已经结束。

(3) 2′-甲基-6′-乙基-*N*-氯甲基-2-氯乙酰苯胺的合成　称取氯乙酰氯 24.4g、二甲苯 35.7g 一起投入 500mL 四口瓶中，开始搅拌，降温至 20℃，控制温度在 20～40℃滴加刚刚合成的 2-甲基-6-乙基甲亚胺，滴加时间为 15min，滴加完毕，在 20～40℃保持 15min。然后升高温度至 100℃，在该温度下保持 20min，采用 TLC 跟踪监控，至 *N*-(2-甲基-6-乙基苯基)甲亚胺消失，认为反应已经完成。

(4) 乙草胺的合成　酰化反应完成后，降温至 50℃，称取 56g 无水乙醇保持在 50℃下滴加到酰化完成的物料体系中，滴加时间 10min，滴加完后 50℃保温 10min，然后开始通氨气中和反应生成的氯化氢，控制温度 50℃，通氨气时间为 30min，中和至 pH 为 7～8，再在 50℃保持 10min，过滤掉氯化铵，滤液用旋转薄膜蒸发器蒸发至 100℃，然后逐渐增大真空度，当真空度达到 0.07MPa、温度为 100℃时，取样分析，乙醇含量小于 0.2%，停止蒸发。加入 100mL 水，静止分层，得到的油层再用 10mL 2%的盐酸洗涤，然后再用 100mL 水洗涤。将洗涤后的油层用旋转薄膜蒸发器真空蒸出溶剂二甲苯，真空度为 0.098MPa，得到乙草胺 52.4g，用气相色谱分析含量为 95.2%，收率为 92.5%（以 2-甲基-6-乙基苯胺计）。

六、思考题

① 乙草胺的两条合成路线各有哪些优缺点？

② 乙草胺生产“三废”有哪些？如何处理？

实验 18　苄嘧磺隆的合成

一、实验目的

1. 掌握苄嘧磺隆的合成方法。
2. 掌握减压蒸馏的操作技术。
3. 掌握异氰酸酯的合成方法。

二、相关知识

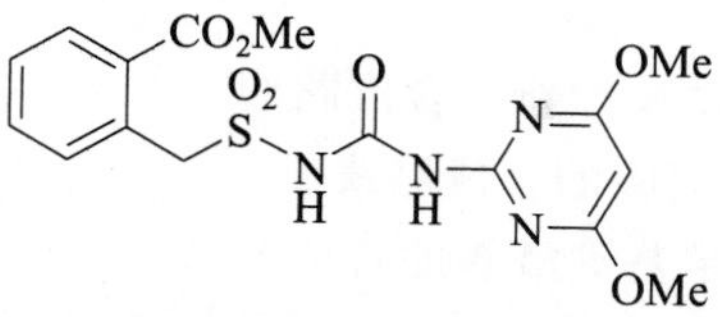

$C_{16}H_{18}N_4O_7S$, 410.4,83055-99-6

化学名称　*N*-(4,6-二甲氧基嘧啶-2-基)-*N'*-(邻甲酯基苄基磺酰基)脲

其他名称　农得时，稻无草，苄磺隆，便磺隆，超农，威农，免速隆，Londax 等。

理化性质　纯品苄嘧磺隆为白色固体，熔点 185～188℃。20℃时溶解度为：二氯甲烷 11.7g/L，乙酸乙酯 1.66g/L，乙腈 5.38g/L，二甲苯 0.28g/L，丙酮 1.38g/L，水 120mg/L。在微碱性介质中特别稳定，在酸性介质中缓慢分解。

应用　苄嘧磺隆属于新型、高效、广谱、低毒、安全的选择性内吸传导型磺酰脲类水田除草剂，美国杜邦公司开发，1980 年申请专利。有效成分可在水中迅速扩散，由杂草根部和叶片吸收并转移到杂草各部位，阻碍氨基酸的生物合成，阻止细胞分裂和生长；适用于水稻田、直播田、移栽田，防除一年生及多年生阔叶杂草和莎草科杂草，如鸭舌草、节节菜、水苋菜、四叶萍、异形莎草等。

毒性　原药急性 LD_{50}：大鼠经口＞5000mg/kg（雄），兔经皮＞2000mg/kg；对兔眼睛和皮肤无刺激性；以 750mg/(kg・d) 剂量饲喂大鼠，未发现异常现象；对动物无致畸、致突变、致癌作用。

三、合成路线

图 2-22 为苄嘧磺隆的合成路线。

图 2-22　苄嘧磺隆的合成路线

四、实验操作

（1）将 81g 邻甲酸甲酯苄基磺酰氯投入配有搅拌器、温度计的 500mL 四口反应瓶中，加入二氯甲烷 300mL，控制反应温度＜ 20℃。通入氨气直至不再吸收，蒸出有机溶剂后洗涤、过滤、干燥得邻甲酸甲酯苄基磺酰胺固体 67g，收率 90％。

（2）在配有搅拌器、冷凝器、温度计的 500mL 反应瓶中投入邻甲酸甲酯苄基磺酰胺 50g、二甲苯 350mL、计量的正丁胺和 1,4-二氮杂二环[2,2,2] 辛烷，先搅拌加热回流半小时，控制温度 120℃，通入光气 3h，然后蒸出二甲苯和异氰酸正丁酯，得邻甲酸甲酯苯磺酰异氰酸酯 50g，收率 90％。

（3）将含有 50g 邻甲酸甲酯磺酰异氰酸酯的二甲苯溶液投入配有搅拌器、冷凝管、温度计的 500mL 反应瓶中，再加入 31g 2-氨基-2,6-二氯嘧啶，在室温下搅拌反应 8～10h，蒸出二甲苯后，用氯丁烷洗涤并干燥，得苄嘧磺隆 73g，收率 91%。

五、思考题

① 根据苄嘧磺隆的结构，试设计新的合成路线。

② 试写出 2-氨基-2,6-二氯嘧啶的合成路线。

③ 试写出三种邻甲酸甲酯苄基磺酰氯的合成方法。

实验 19　硝磺草酮的合成

一、实验目的

1. 掌握硝磺草酮的合成方法。
2. 掌握苄溴的合成方法。
3. 掌握重结晶的实验操作技术。

二、相关知识

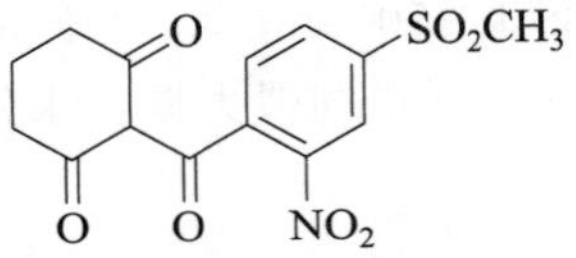

$C_{14}H_{13}NO_7S$, 339.3, 104206-82-8

化学名称　2-(4-甲磺酰基-2-硝基苯酰基)环己烷-1,3-二酮

其他名称　甲基磺草酮，米斯通，Callisto 等。

理化性质　纯品硝磺草酮为固体，熔点 165℃，20℃时在水中溶解度为 15g/L。

应用　硝磺草酮属于 HPPD 抑制剂，为广谱苯胺类除草剂，由捷利康（现先正达）公司开发，于 1984 年申请专利。主要用于玉米田防除苍耳、藜、荠菜、稗草、龙葵、繁缕、马唐等杂草，对磺酰脲类除草剂产生抗性的杂草有效。使用剂量为 70～150g(a. i.)/hm^2。

毒性　原药急性 LD_{50}：大鼠经口＞5000mg/kg、经皮＞2000mg/kg；对动物无致畸、致突变、致癌作用；对鱼类低毒。

三、合成路线

图 2-23 为硝磺草酮的合成路线。

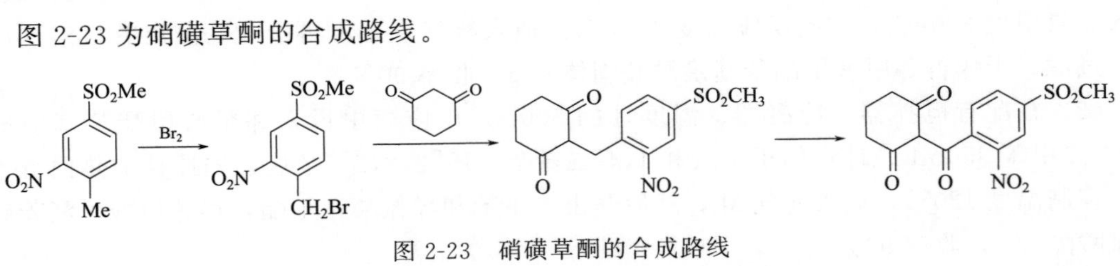

Br_2

图 2-23　硝磺草酮的合成路线

四、实验操作

（1）将 43g（0.2mol）2-硝基-4-甲磺酰基甲苯和 500mL 2-甲基四氢呋喃加入反应瓶中，加热至回流，慢慢滴加 32g（0.2mol）无水溴素，加毕再搅拌 1h。冷却，静置过夜，过滤，得到的粗品用乙醇重结晶，干燥，得纯品 60g，收率 86%。

（2）将 44.1g（0.15mol）2-硝基-4-甲磺酰基苄溴、23g（0.2mol）1，3-环己二酮、27.6g（0.2mol）碳酸钾和 250mL DMF 加入反应瓶中，开启搅拌器，升温到 120℃，TLC 跟踪，直至 2-硝基-4-甲磺酰基苄溴完全转化为中间体 2-(2-硝基-4-甲磺酰基苄基)环己烷-1,3-二酮，然后加入 64.5g（0.3mol）氧化剂 PCC，继续搅拌 2h，冷却至室温，将反应液倾入 1000mL 冰水中，过滤出黄色固体，用甲醇重结晶，过滤、干燥，得到目标产物 33.5g（黄色固体），收率 82%。

五、思考题

① 试设计新的反应路线合成硝磺草酮。

② 使用溴素时有哪些注意事项？

③ 试写出由环己二酮制备 2-(2-硝基-4-甲磺酰基苄基)环己烷-1,3-二酮的反应机理。

实验 20　草甘膦的合成

一、实验目的

1. 熟悉比较复杂的综合实验方法与注意事项，学会通常状况下综合实验的设计与控制。

2. 掌握草甘膦的性质与合成方法及合成过程中的注意事项。

3. 了解草甘膦工业生产流程与“三废”处理方法。

二、相关知识

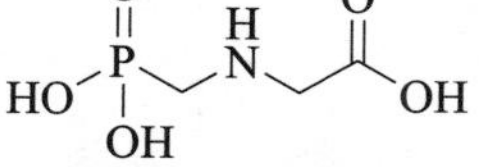

$C_3H_8NO_5P$, 169.08, 1071-83-6

化学名称　*N*-(磷酰基甲基)-甘氨酸

其他名称　农达、镇草宁。

理化性质　纯品（95%）为白色结晶固体，熔点 230℃（分解），在 25℃水中溶解度为 12g/L。它不溶于一般有机溶剂，微溶于乙醇、乙醚，其异丙胺盐/铵盐完全溶解于水。不可燃，不爆炸，常温下稳定，挥发性低。

毒性　原药大鼠急性 LD_{50}（mg/kg）：4320，对鱼、蜜蜂较安全。

开发与应用　草甘膦是一种高效、低毒、低残留、杀草谱广的苗后灭生性除草剂，具有良好的内吸性、传导性，由美国 Monsanto 开发，1974 年商品化，是当代除草剂产量最大、销售量最高的品种。草甘膦能防除一二年生杂草，而且对多年生、深根性杂草有特效，对小灌木也有防效。主要应用于免耕种植的玉米、大豆田；亦可用于牧草、林业、橡胶园等热带及亚热带经济林以及各种果园、茶园、桑园除草；也可用于机场、仓储室、铁路和公路、输电线路沿线、变电站等非耕作地除草；还可以用于河道、田埂等地除草；亦能防除江、河、湖泊中的水生杂草和藻类。常用剂量为 0.3～0.5kg/hm^2。

三、合成路线

采用甘氨酸-烷基酯法和亚氨基二乙酸法两种路线进行合成。

(1) 甘氨酸-烷基酯法　以甘氨酸为原料，与多聚甲醛在三乙胺中缩合生成二羟甲基甘氨酸，然后再与亚磷酸二甲酯缩合，缩合产物在酸性条件下水解得到草甘膦。过程产生“三废”较少，其流程也比较简单，并且得到的白色草甘膦固体的纯度高达 95%。如图 2-24 所示。

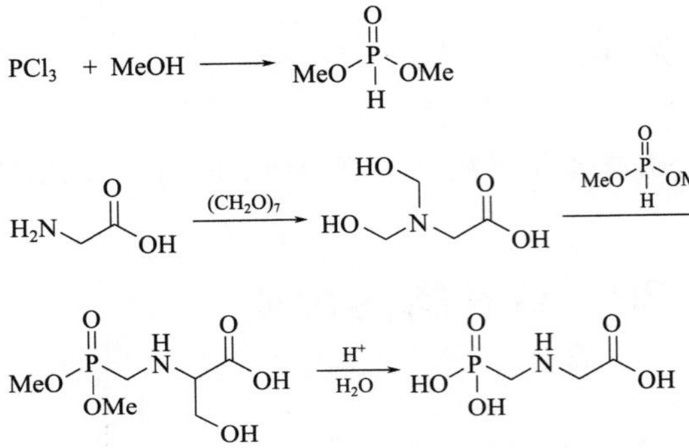

图 2-24　甘氨酸-烷基酯法合成草甘膦的路线

(2) 亚氨基二乙酸法　以氢氰酸为原料，与甲醛、六亚甲基四胺经催化反应制得亚氨基二乙腈。亚氨基二乙腈在氢氧化钠的作用下水解为亚氨基二乙酸，同时生成副产物氨，收率为 90%。再与亚磷酸反应生成双甘膦，最后经过氧化得到草甘膦。另外也可以使用氯乙酸、氢氧化钙和氨水生成亚氨基二乙酸钙，酸化之后得到亚氨基二乙酸，但是原料价格较高，路线较长，生产周期较长，操作环境差，工艺过程中产生大量含酸废水，因此在工业上并没有大规模应用。如图 2-25 所示。

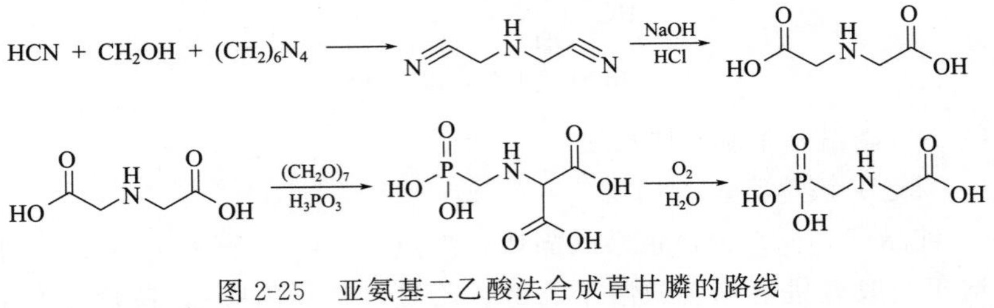

图 2-25　亚氨基二乙酸法合成草甘膦的路线

四、实验操作

(1) 亚磷酸二甲酯的合成　将 50mL 苯及 40.1mL 甲醇混合后倒入 250mL 三颈瓶中，另把 50mL 苯和 13mL 三氯化磷加入滴液漏斗中。冰水混合物冷却至 5～6℃，搅拌下滴加三氯化磷和苯的混合液，约1h滴加完毕。

待反应完后减压排除HCl近1h，再减压蒸出溶剂。亚磷酸二甲酯为无色油状液体，易溶于醇、醚等有机溶剂，沸点265℃。

（2）草甘膦的制备　在装有电动搅拌器、回流冷凝器和温度计的250mL四口烧瓶中，分别加入多聚甲醛6.3g（0.21mol）、甲醇60mL和三乙胺10.1g（0.1mol）。开始搅拌，并将反应物水浴加热至60℃，保温至反应物完全溶解，加入7.8g（0.1mol）甘氨酸，保温搅拌至反应液澄清透明，然后加入11.55g（0.105mol）亚磷酸二甲酯，加完后，在回流温度下反应30min～1h，缩合反应完成。

在冷水浴冷却下（<40℃），滴加一定量盐酸（使反应混合物pH至2～3），进行水解。加完后，常压蒸馏除去缩甲醛及甲醇等低熔点溶剂（控制馏出液温度低于90℃），然后在100～110℃下回流反应1h，减压蒸馏脱酸。在残液中加入少量水，振摇后转入烧杯中，用少量水洗涤反应瓶，洗涤液并入烧杯中。冷却、静置、自然结晶、抽滤、烘干，得草甘膦原粉，称重并计算产率。

五、思考题

① 试解释甘氨酸-亚磷酸二甲酯法合成草甘膦的反应机理。

② 甘氨酸-亚磷酸二甲酯法的副反应有哪些？生产“三废”有哪些？如何处理？

③ 为实现安全、有效反应，需注意哪些事项？

实验21　氟节胺的合成

一、实验目的

1. 掌握氟节胺的合成方法。

2. 掌握还原胺化反应机理及实验操作。

二、相关知识

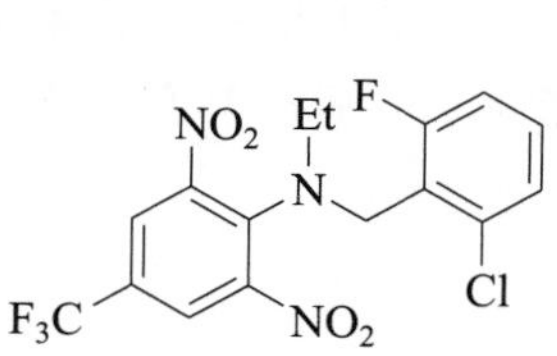

$C_{16}H_{12}ClF_4N_3O_4$, 421.7, 62924-70-3

化学名称　*N*-(2′-氯-6′-氟苄基)-*N*-乙基-2,6-二硝基-4-三氟甲基苯胺

其他名称　抑芽敏，Prime，Primier，CAG41065等。

理化性质　纯品氟节胺为黄色至橘黄色结晶固体，熔点101～103℃；溶解度（20℃，g/L）：难溶于水，二氯甲烷大于80%、甲醇25%、苯55%、正己烷1.3%。

应用　氟节胺是高效烟草侧芽抑制剂，具有接触兼局部内吸性，适用于烤烟、明火烤烟、马里兰烟、晒烟、雪茄烟。在烟草上部花蕾伸长期至始花期，先进行人工打顶，24h内施药，采用喷雾法、杯淋法或涂抹法均可。施药一次在整个生长季节内不用抹芽，由于具有局部内吸活性，施药 2h 后降雨对药效无影响。每亩（1 亩＝666.7m^2）用 25%氟节胺乳油 60～70mL，兑水稀释 300～400 倍，每株用稀释液 15mL，药剂接触完全伸展的叶片不会产生药害，不含有害残留物。使用氟节胺可以节省大量抹芽工人，提高烟叶级别、增加产量，还可减轻田间花叶病的接触传染，对预防花叶病有一定作用。

毒性　原药急性 LD_{50}：大鼠经口＞5000mg/kg、经皮＞2000mg/kg；对动物无致畸、致突变、致癌作用。

三、合成路线

图 2-26 为氟节胺的合成路线。

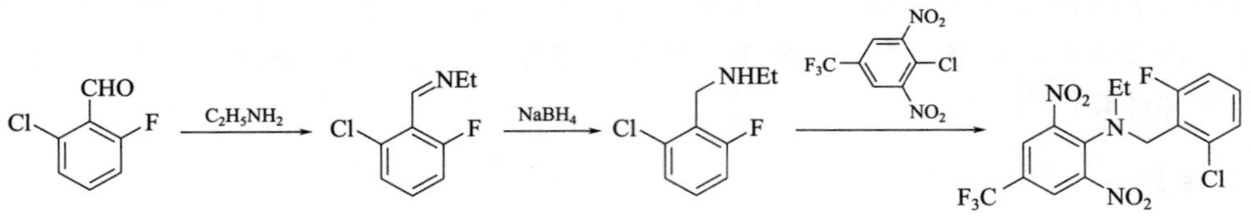

$C_2H_5NH_2$　$NaBH_4$

图 2-26　氟节胺的合成路线

四、实验操作

（1）在装有温度计、搅拌器、冷却装置的 500mL 三口烧瓶中加入 79.3g 2-氯-6-氟苯甲醛、250mL 甲醇和 34g 乙胺，控制温度 20～25℃，反应 0.5～1h，生成亚胺。少量分批加入 10～11g 硼氢化钠，保持温度 20～25℃，TLC 监测反应进程。当亚胺完全转化后，用旋转蒸发器蒸出甲醇，加入 300mL 水和 50mL 二氯甲烷，然后置于分液漏斗中分层。分出有机层，水层每次用 50mL 二氯甲烷萃取两次，将萃取液和有机层合并，用旋转蒸发器脱除二氯甲烷，得到 93g *N*-乙基-2-氯-6-氟苄胺，收率为 94%。

（2）在装有回流冷凝器、搅拌装置、温度计、滴液漏斗的三口烧瓶中，加入定量的 *N*-乙基-2-氯-6-氟苄胺、水、4-氯-3，5-二硝基三氟甲苯。加热至 90℃，开始滴加 30%碱液，控制滴加时间约 1h。滴加完毕后在 90℃保温反应 1.5h，TLC 监测反应进程。反应结束后停止搅拌，静置 30min 后趁热熔融分离，将下层粗产物氟节胺分到已装有乙醇的三口烧瓶中精制。控制温度在 60～70℃，搅拌 30min 后冷却至 35℃。停止搅拌，过滤，滤饼用乙醇淋洗，抽干、干燥得氟节胺原药。

五、思考题

① 试设计新的反应路线合成氟节胺。

② 写出还原胺化的反应机理。

③ 使用硼氢化钠还原时的注意事项有哪些？

实验 22　蜜蜂警戒信息素-2-庚酮的合成

一、实验目的

1.学习乙酰乙酸乙酯（三乙）在药物合成中的应用。

2.进一步熟练掌握蒸馏、减压蒸馏、萃取、水蒸气蒸馏等基本操作技术。

3.了解生物信息素的作用及应用。

二、相关知识

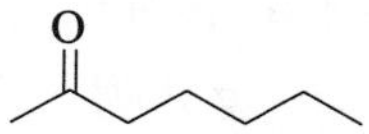

$C_7H_{14}O$, 114.2, 110-43-0

化学名称　2-庚酮，甲基戊基酮。

理化性质：无色、具有新鲜乳脂香味、稳定的液体。熔点－35℃，凝固点－35.5℃，沸点 151.5℃、111℃（2.8kPa），折射率 1.4067，闪点 47℃。溶于乙醇、乙醚等有机溶剂，微溶于水。

开发与应用　2-庚酮是一种昆虫警戒信息素，由守卫工蜂和采集工蜂分泌。雄蜂、蜂王和未成年工蜂体内没有这种报警信息素。蜜蜂常用上颚咬住入侵者，使 2-庚酮标记在敌体上，引导其他蜜蜂攻击。它还可用作一些有害蜂类和某些蚂蚁、昆虫的驱避剂。由于某些蚜虫和蚂蚁有共生关系，极稀的 2-庚酮水溶液也可用来防治一些蔬菜和经济作物的蚜虫。

三、合成路线

以乙酰乙酸乙酯为原料，经过缩合、脱羧制得 2-庚酮（图 2-27）。

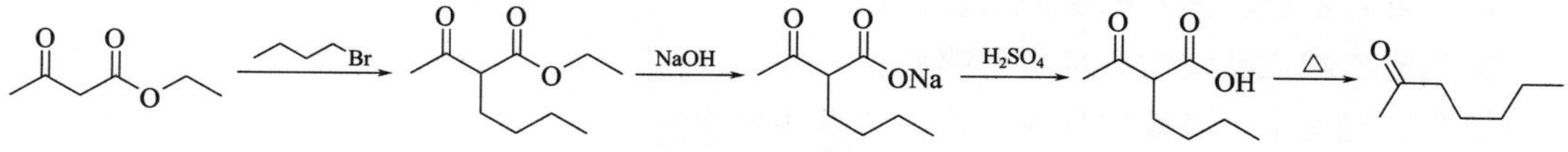

图 2-27　2-庚酮合成路线

四、实验原理

以乙酰乙酸乙酯为起始原料，在醇钠作用下与正丁基溴反应制成正丁基乙酰乙酸乙酯再经碱性水解脱羧制得。

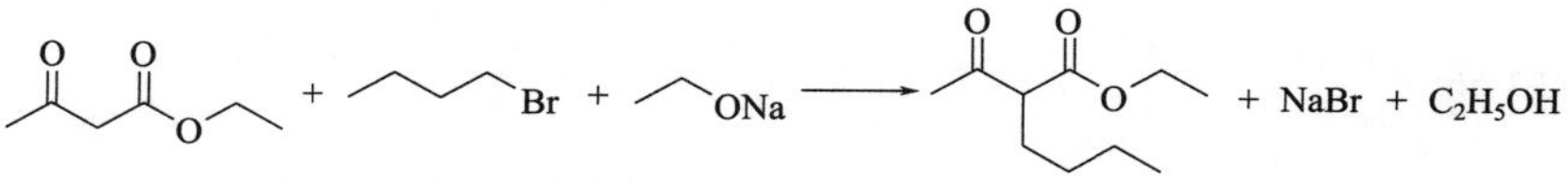

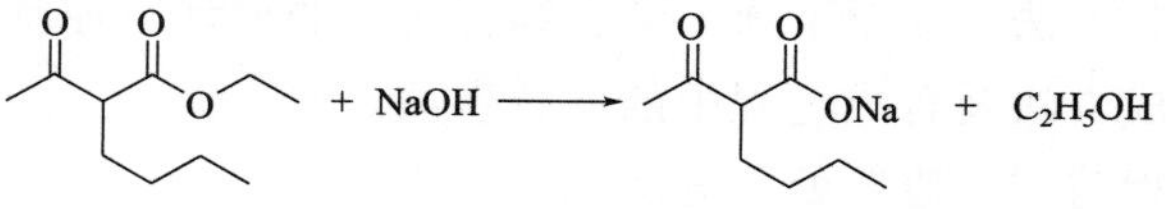

(3) 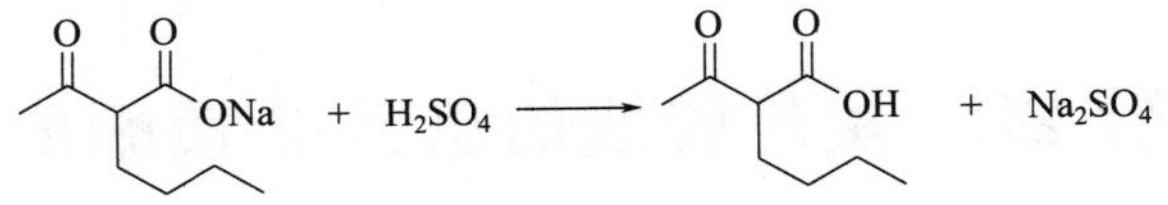 O O ONa + H_2SO_4 ⟶ O O OH + Na_2SO_4

(4) O O OH $\xrightarrow{\triangle}$ O + CO_2 + H_2O

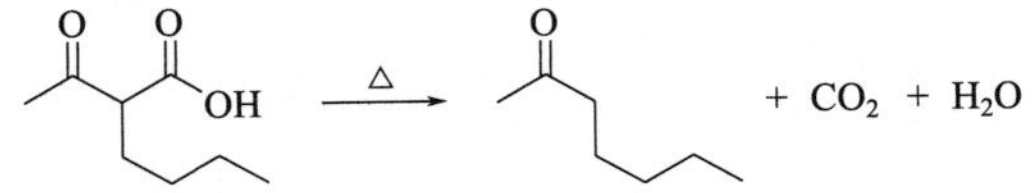

五、实验操作

（1）正丁基乙酰乙酸乙酯的合成　在 250mL 三颈圆底烧瓶上，装回流冷凝管和滴液漏斗，在冷凝管的顶端装上无水氯化钙的干燥管。瓶中加入 2.5g 切成细条的新鲜金属钠，由滴液漏斗逐渐加入 55mL 干燥过的乙醇，反应立即开始。控制加入速度使乙醇保持微沸。待钠反应毕，加入 1g 粉状碘化钾，并在水浴上加热至沸，直至固体溶解，然后一次性加入 14g 乙酰乙酸乙酯。在加热回流下加入 16.5g 正溴丁烷，继续搅拌下回流 3～4h。待反应溶液冷却后，过滤溶液以除去溴化钠固体，并用少量乙醇洗涤，常压蒸去乙醇。粗产物用 10mL 1%盐酸洗涤，水层用 10mL 二氯甲烷萃取 2 次，将二氯甲烷萃取液与油层合并。用无水硫酸镁干燥后，蒸去二氯甲烷，减压蒸馏收集 105℃（8mmHg）、112～115℃（16mmHg）或 124～130℃（20mmHg）的馏分。

（2）2-庚酮的合成　在 250mL 三颈瓶中加入 40mL 5%氢氧化钠水溶液及 7.3g 正丁基乙酰乙酸乙酯，室温搅拌约 3～4h，至有机层消失。然后在搅拌下慢慢滴加 13mL 20%硫酸溶液。当二氧化碳气泡不再逃出，停止搅拌，改成蒸馏装置，进行水蒸气蒸馏，直至无油状物蒸出，收集馏出物。分出油层，水层每次用 10mL 二氯甲烷萃取两次，萃取液与油层合并后，再用 10mL 40%氯化钙溶液洗涤一次，用无水硫酸镁干燥，蒸馏收集 146～152℃的馏分。

六、思考题

① 试解释乙酰乙酸乙酯法的反应机理。

② 乙酰乙酸乙酯法的副反应有哪些？

③ 为实现安全、有效的反应，需注意哪些事项？

④ 试讲述 2-庚酮合成的其他方法。

实验 23　抑食肼的合成（设计性实验）

一、实验目的

1. 熟悉比较复杂的综合实验方法与注意事项，学会综合实验的设计与控制。

2. 掌握抑食肼的性质与合成方法及合成过程中的注意事项。

3. 了解抑食肼工业生产流程与“三废”处理方法。

二、相关知识

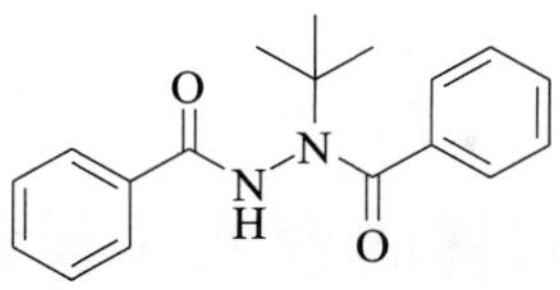

$C_{18}H_{20}N_2O_2$, 296.40, 112225-87-3

化学名称　1,2-二苯甲酰基-1-叔丁基肼

其他名称　虫死净。

理化性质　抑食肼工业品为白色粉末状固体，纯品为白色结晶。m.p. 174～176℃，无味，蒸气压 2.4×10^{-4} Pa（25℃）。溶解度（g/L）：水 5×10^{-2}、环己酮 50、异丙基丙酮 150。正辛醇/水分配系数为 212。在正常贮存条件下稳定。

毒性　抑食肼原药属中等毒性，大鼠急性 LD_{50}（mg/kg）：435（经口）、500（经皮）。对眼睛和皮肤无刺激。

开发与应用　抑食肼是一种非甾类、具有蜕皮激素活性的昆虫生长调节剂。1987 年由美国 Rhom & Hass 公司研究开发。对害虫以胃毒为主，还具有较强的内吸性，作用迅速，持效期长，无残留。对鳞翅目、鞘翅目、双翅目幼虫具有抑制进食、加快蜕皮和产卵作用。对水稻、蔬菜、茶叶、果树的多种害虫，如二化螟、舞毒蛾、卷叶蛾、苹果蛾有良好的防治效果。应用时可采用叶面喷雾或其他施药方法。

三、合成路线

图 2-28 为抑食肼的合成路线。

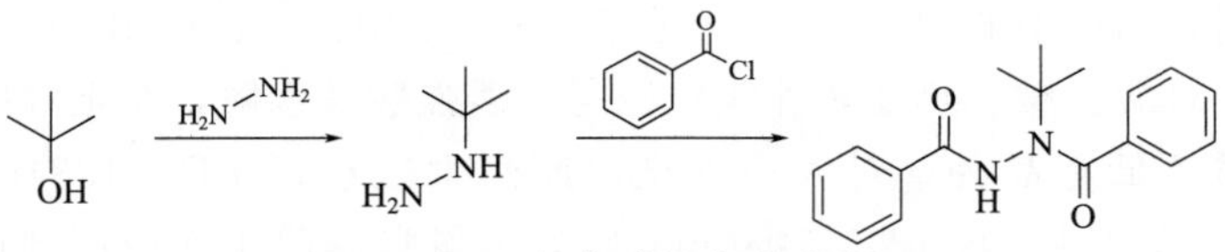

图 2-28　抑食肼的合成路线

四、实验原理

水合肼与叔丁醇在盐酸存在下缩合得叔丁基肼盐酸盐，再在碱性条件下与 2 分子苯甲酰氯缩合制得抑食肼。

反应方程式为：

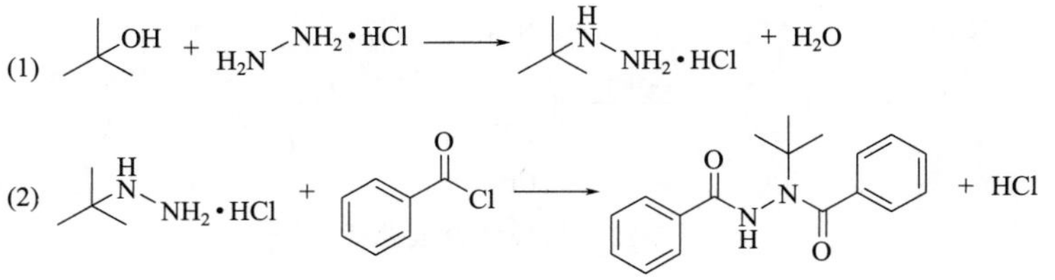

(1) 叔丁醇 + $H_2N{-}NH_2\cdot HCl$ ⟶ 叔丁基肼盐酸盐（$NH_2\cdot HCl$）+ H_2O

(2) 叔丁基肼盐酸盐 + 苯甲酰氯 ⟶ 抑食肼 + HCl

五、作业与思考题

① 抑食肼合成注意事项有哪些？

② 抑食肼生产“三废”有哪些？如何处理？

③ 根据上述实验原理和相关资料自我设计实验操作，要求结合实验室实际条件、可操作性强。

实验 24 敌稗的合成（设计性实验）

一、实验目的

学习敌稗的性质和合成方法，巩固、提高自我设计实验的能力。

二、相关知识

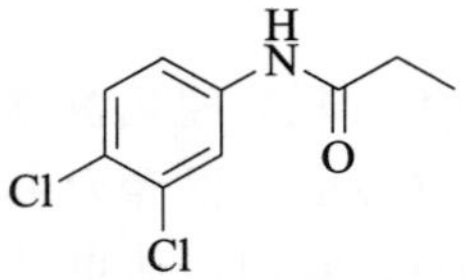

$C_9H_9Cl_2NO$, 218.08, 709-98-8

化学名称　3,4-二氯苯基丙酰胺

其他名称　斯达姆，Stam，Suercopur，Rogue，DCPA，Supernox，Stam F34，FW 734。

理化性质　纯品为白色无味的针状结晶，m. p. 92～93℃。工业品为浅棕色至灰褐色固体，m. p. 85～89℃，60℃时蒸气压 12×10^{-6}mPa，相对密度 1.25，20℃时水中溶解度 225mg/L，在下列溶剂中溶解度（%）：环己酮 35、二甲苯 3、DMF 60、甲苯 3、甲乙酮 25。一般情况下，对酸、碱、热及紫外线较稳定，遇强酸易水解，在土壤中较易分解。

毒性　敌稗属于低毒品种，对人畜安全。原药大鼠经口 LD_{50} 1384mg/kg，小鼠经口 LD_{50} 4000mg/kg，兔急性经皮 LD_{50} 7080mg/kg，大鼠喂养两年无作用剂量为 400mg/kg 饲料，对鲤鱼 LC_{50} 13mg/L（48h）。

应用　敌稗是具有属间选择性的酰胺类稻田除草剂。敌稗对稗草有特效，对水稻安全，适用于秧田、插秧田及直播田防除多种单子叶及阔叶杂草。常用剂量 3～4kg(a. i.)/hm^2。

三、合成路线

图 2-29 为敌稗的合成路线。

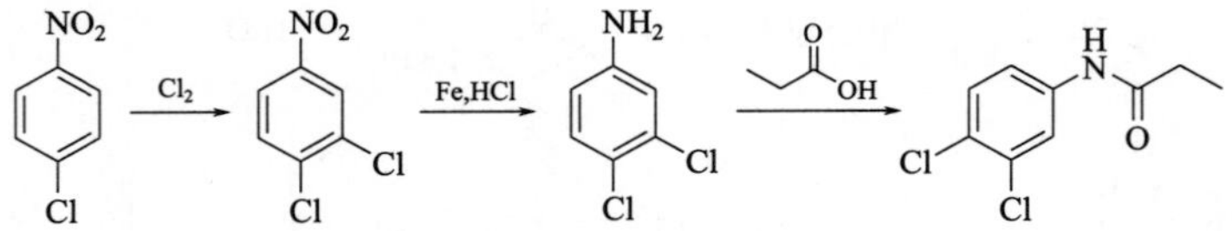

Cl_2　Fe,HCl

图 2-29　敌稗的合成路线

四、实验原理

3,4-二氯苯胺与丙酸在碱及三氯化磷存在下缩合制得敌稗。反应方程式为：

$$\text{(O, OH)} + \text{(}H_2N\text{, Cl, Cl)} \xrightarrow{PCl_3或SOCl_2} \text{(H, N, O, Cl, Cl)} + H_2O$$

五、作业与思考题

① 敌稗合成注意事项有哪些？

② 敌稗生产“三废”有哪些？如何处理？

③ 根据上述实验原理和相关资料自我设计实验操作，要求结合实验室实际条件、可操作性强。

3

农药分析与残留测定

3.1 农药分析实验室特殊要求

3.1.1 分析实验室基本配置

3.1.1.1 功能室配置

（1）仪器室　存放仪器设备的场所。专用高档仪器应由专门人员管理和维护。

（2）储气室　放置气体钢瓶的场所。通常设在一楼，应将空瓶区、重瓶区分开布置，并有明显标志。该室应通风、干燥，避免阳光直射。不准堆放其他易燃、易爆物品。室内照明设备应设防爆装置，电器开关应设在室外。室内应留有通道、有明显的“严禁烟火”的标识，应配备消防灭火器材。

（3）分析室　实验中原材料、辅材料及实验结果分析检验的场所。具有常规化学分析、常规仪器分析的条件，能够满足精细化工实验分析检测的要求。

（4）样品室　存放样品的场所。一般情况下，样品接受和储存应在单独的房间，并与样品制备、提取和净化以及仪器分析等测定步骤相分离。

（5）化学试剂室　存放化学试剂的场所。应注意化学试剂的保存：固体药品应该保存在广口瓶中，液体药物保存在细口瓶中，气体保存在储气瓶中，见光易分解的物质保存在棕色瓶中。

3.1.1.2 公用设施配置

（1）实验功能　实验室应具备多功能实验台，水、电应齐全，在需要的情况下还要安装煤气等，学生实验室应该将水、电管路铺设到实验台面，压缩空气或真空系统铺设到桌面（或备有压缩机、真空泵）。

（2）安全　实验室应该通风、排风良好，备有冲洗器（洗眼器）、医药柜等，并确保冲洗器能正常使用，医药柜内的药品应该定期更换，确保药不过期，还要配备适量的安全帽及防毒面具等。

（3）环保　实验室应备有废物箱，三废（废气、废液、废渣）处理有相应措施，做到科学合理；要注意消音，噪声应小于 70dB。

3.1.2　常用仪器清洗和干燥

常用的清洗方法是用试管刷和自来水清洗，必要时可以使用洗涤粉或去垢剂。两者均含有表面活性剂，去垢剂中还含有细小的研磨料微粒，它们对清洗过程均有帮助。但微粒会黏附在玻璃器皿壁上，不易被水冲走，此时可用 2%的盐酸洗涤一次，再用自来水清洗。最后用蒸馏水冲净后进行干燥处理。

如果器皿壁上存在有机杂物，可用有机溶剂洗涤。丙酮是洗涤玻璃仪器时常用的溶剂。

玻璃仪器干燥最简便的方法是放置过夜。一般洗净的仪器倒置一段时间后，若没有水迹，即可使用。若要求严格无水，可将仪器放在烘箱中烘干。若需快速干燥，可用乙醇或丙酮淋洗玻璃仪器，最后可用少量乙醚淋洗，然后用电吹风吹干，吹干后用冷风使仪器逐渐冷却。

3.2　农药制剂与残留分析样品制备

样品制备是为了使试样中的干扰物质相对除净，减小对测定的干扰。

样品预处理要注意如下事项。

① 样品的收集要有代表性；

② 样品的储藏与保存宜用适宜的惰性、密封容器；

③ 样品应进行初加工，如干燥、过筛、碾细等；

④ 衍生化主要用于提高被测物的检测灵敏度，有时也用于改善分离。

3.2.1　农药制剂分析的样品制备

（1）取样　对于乳油、悬浮剂、水乳剂等液体样品，取样前先将样品摇匀，并且取样量一般大于 100mg；而像颗粒剂、可湿性粉剂等固体样品，取样时要注意样品的均匀度，同时可适当加大取样量，以保证样品具有代表性。

（2）样品溶解、提取和过滤对溶剂的要求　选择的溶剂对有效成分的溶解度要尽可能大，同时对测定不造成干扰；固体制剂可选用超声波提取或过夜浸泡提取；对于含有不溶性杂质的固体样品，如可湿性粉剂、颗粒剂，将样品溶解后用 0.45μm 的滤膜过滤，或离心后取上清液，以防止杂质堵塞进样针和色谱柱。

（3）样品稀释　选用气相色谱法进行样品分析时，若样品浓度太小，样品的稀释次数增加，会使误差增大；样品浓度太大，则会污染色谱柱和检测器。

（4）样品保存　样品测定后若需保存，可用封口膜将试剂瓶封口，以防溶剂挥发，然后放入 4℃冰箱中保存。

3.2.2 农药残留分析的样品制备

近20年农产品农药残留样品制备排前几位的技术是固相萃取（SPE）、液液萃取（LLE）、基质固相分散萃取（MSPDE）、超临界流体萃取（SFE）、凝胶渗透色谱（GPC）、衍生化（derivatisation）、QuEChERS技术、加速溶剂萃取（ASE）、固相微萃取（SPME）、免疫亲和色谱（IAC）、微波辅助萃取（MAE）、超声辅助萃取（UAE）。

（1）固相萃取（solid phase extraction，SPE）利用固相吸附剂对样品溶液中目标化合物进行选择性吸附和解吸附，实现目标化合物与样品基质化合物的分离和富集，可近似认为是一种简单的色谱分离。自1978年商品化SPE产品问世以来，这项技术已经得到了迅速的发展。反相十八烷基硅烷键合硅胶（C_{18}）和弗罗里硅土固相萃取法是目前最常用的农药残留净化方法。反相C_{18}固相萃取操作时，样品溶液需为水或溶于水的有机溶剂。

固相萃取通常包含四个基本操作步骤：固定相活化、样品上柱、淋洗和洗脱。活化的目的，一是创造一个与样品溶剂相溶的环境并除去柱内杂质，净化固定相；二是用溶剂润湿吸附剂，建立一个合适的固定相环境。一般甲醇为常用的活化溶剂。样品上柱是将样品加入到固相萃取柱上并使样品溶液通过固定相。此时，根据固定相和目标化合物的性质，有三种分离富集过程：一是目标化合物被保留在固定相中，通过淋洗洗掉吸附在柱上的不需要的组分和杂质，再通过洗脱从固定相中将目标化合物洗下来；二是固定相同时吸附目标化合物和杂质，再使用适当的溶剂选择性洗脱目标化合物；三是固定相选择性吸附杂质，而让目标化合物流出，达到净化目的。

在农药多残留分析领域常用的SPE填料多为硅胶键合吸附剂（如C_{18}吸附剂）、硅藻土吸附剂、活性炭吸附剂、硅酸镁吸附剂（弗罗里硅土）等。

（2）液液萃取（liquid-liquid extraction，LLE）是一种较早使用的提取净化技术。利用相似相溶原理，化合物在两种互不相溶（或微溶）的溶剂中溶解度或分配系数的差异，达到分离和净化的目的。选择合适的溶剂是该方法的关键。常用溶剂有甲醇、乙腈、丙酮、二氯甲烷、乙醚、甲苯和正己烷等。LLE中一相通常为水相，而另一相为有机溶剂。亲水性强的化合物进入水相的多，而疏水化合物将主要溶于有机溶剂中。萃取进入有机相的被测物经溶剂挥发容易回收，而提取进入水相中的被测物经常能够直接注入反相HPLC色谱柱中进行分析。

该方法具有操作简单、不需要配套仪器等特点。溶剂极性、盐、pH是液液萃取溶剂选择的三个重要因素。例如，非极性的正己烷不能有效萃取极性农药，加入丙酮可以增加萃取溶剂的极性，完成极性目标物的定量萃取；液液萃取过程中加入硫酸钠、氯化钠等无机盐试剂，可以使农药残留析出而易于萃取；对分子结构中带酸碱基团的离子型农药而言，萃取溶剂pH是影响该类农药溶解性的关键。另外，该方法溶剂使用量较大，还应考虑溶剂的毒性，尽量使用毒性小的溶剂以减少对操作者和环境的危害。

（3）超临界流体萃取（supercritical fluid extraction，SFE）是指某种气体（液体）或气体（液体）混合物在操作压力和温度均高于临界点时，使其密度接近液体，而其扩散系数和黏度均接近气体，成为性质介于气体和液体之间的流体，从固体或液体中萃取出有效组分并进行分离的一种技术。超临界流体（SF）具有气体质量传递的性质和液体溶解的性质，且有比液态溶剂高得多的溶剂萃取效率和速度，一般CO_2最常用。影响CO_2-SFE的主要参数包括压力、温度、流速、助溶剂和提取时间。临界态的 CO_2 萃取非极性或中等极性化合物时效率最高，萃取极性化合物时，可以通过添加少量的极性有机修饰溶剂提高萃取效率。SFE 具有简单、高效、无有机溶剂残留、无环境污染等优点。

（4）QuEChERS（quick，easy，cheap，effective，rugged and safe）技术是 2003 年美国农业部 Lehotay 等建立的果蔬中农药多残留快速分析检测方法，即快速、简便、廉价、有效、耐用、安全。QuEChERS 方法是分散固相萃取技术的衍生和发展，其主要步骤是用乙腈对放入聚四氟乙烯离心管的样品进行浸提，再加入无水硫酸镁与氯化钠振荡，离心促使其分层，随后进行分散固相萃取，即将浸提液转移至含有 *N*-丙基乙二胺（PSA）吸附剂、硫酸镁的聚四氟乙烯离心管中，离心后取上清液进行 GC-MS/MS 或 LC-MS/MS 分析。

（5）固相微萃取（solid phase microextraction，SPME）是 20 世纪 90 年代开发和应用的在固相萃取技术基础上发展起来的一种萃取分离技术。固相微萃取包括吸附和解吸附两个过程，即样品中待测物在石英纤维上的涂层与样品间扩散、吸附、浓缩的过程和浓缩的待测物解吸附进入分析仪器完成分析的过程，是一种无溶剂，集采样、浓缩和进样于一体的样品前处理技术。

固相微萃取装置类似普通样品注射器，由手柄和萃取头两部分组成。萃取头是一根涂有不同固定相或吸附剂的熔融石英纤维，石英纤维接不锈钢针，外套不锈钢管，纤维头可在不锈钢内伸缩。SPME 是一种从溶液中直接萃取分析物的技术，该技术将提取、分离和浓缩集于一体，具有操作简便、不需提取溶剂等特点。

（6）超声辅助萃取（ultrasound-assisted extraction，UAE）是利用超声波辐射压强，增大物质分子运动频率和速度，增加溶剂穿透力，从而加速目标成分进入溶剂，促进提取进行的技术。UAE 是一种简单、廉价的方法，能更好地溶解和提取样品中的挥发性残留农药。

3.3 农药分析中的标准样品制备

目前国外的农药标准样品有国际标准样品，以及美国、德国、日本、英国等国的国家标准样品，这些国家对农药标准样品都十分重视，并建立了农药标准样品的研制、鉴定、审查、批准和发放体系，保证了农药标准样品的准确性和权威性。

3.3.1 标准样品的重要性和类别

农药标样是具有高纯度和准确含量的农药样品，在农药分析中用以确定该同一农药量值的参比物质。一种仪器分析方法的准确与否，与所使用的农药“参比物质”纯度的准确性有关。国际农药分析协作委员会（Collaborative International Pesticides Analytical Council，CIPAC）指出，农药分析中参比物质分为两类：①基准参比物（primary reference standard）。其是高度纯化的、对各项特性有详细描述的合格参比物，用于标定工作标样的含量及测定其理化参数。②工作标样（working standard）。其是经纯化的、用于日常分析工作的参比物。其纯度和性质是与基准参比物在相同条件下比较而确定的。工作标样可用于农药常量分析、稳定性实验和残留分析。目前在日常工作中应用的是工作标样。

3.3.2 原料选择

原料应尽可能直接从国内产品市场、生产厂、研究机构实验室获取。为降低制备标准样品提纯操作的技术难度，所选取的原料不宜含乳化剂、助剂及其他添加成分。

一般的农药工业品（原药）即可作为制备农药标准品的原料，也称候选物。

① 含量较高的精细工业品可以直接用来作为农药标准品。在定值前应使物料均匀。固体物料应加以粉碎并混匀；黏稠状液体在定值前应先加温使其成流动性液体并使其均匀。

② 非精细工业品一般不作候选物用，但在必要时可对此类工业品做有效的提纯。

3.3.3 标准样品的定性

经分离纯化制得的农药标准样品，需对其纯度进行测定，在进行定量测定前，必须定性确证。目前，国内外对标准农药质量控制有以下要求。

(1) 物理常数的测定　①熔点测定。纯固体农药有恒定的熔点，其熔程<0.5℃，含有杂质的农药，其熔点不符，熔程加宽。②沸点测定。纯液体农药在一定大气压力下，具有恒定的沸点，其沸程为0.5～1℃。其他如密度等所测的各项物理常数必须与文献记载的数据完全一致。③折射率等物理常数也应该符合文献规定。

(2) 光谱法　①紫外光谱法能有效地定性和定量测定双键、芳烃或有共轭体系的化合物。②红外光谱法能快速测定化合物的骨架和官能团。③核磁共振谱法能精细地测定化合物的微细结构。提纯样品的谱图应与标准图谱完全一致，且无杂峰。

(3) 色谱法　①薄层色谱法，两种展开条件检查，均为单个斑点。②用气相色谱或液相色谱法定性，样品保留时间应与标准样品一致，均可作为定性的依据，且杂质总量低于1%。

(4) 质谱法　高效地测定分子量及化学组成，图谱与标准图谱完全一致。

3.3.4 标准样品的定量

原则上采用化学法和仪器法两种定量方法，以弥补两者各自的缺陷，得到准确的纯度。农药标准品是一级标准的，不能用另一标准品来标定它的含量。采用直接化学法进行定量，常用碘量法、银量法、中和法、非水滴定法、重量法等。仪器法常用气相色谱法、液相色谱法、薄层色谱法、极谱分析法、分光光度法等，以色谱、光谱两类为主。

(1) 色谱法　采用气相色谱法或液相色谱法测定，纯化合物一般在谱图上只出现一个单峰，或除单峰外只出现极微量的杂峰。可根据测试样品，与选定的内标或外标峰面积或峰高进行比较，准确计算其纯度。

(2) 光谱法　紫外光谱或红外光谱图上有适宜的吸收峰时，亦可采用光谱法，以峰面积或峰高计算进行定量。

3.3.5 确证方法

在残留分析和制剂分析中，对待测农药的确证方法基本相同，都是以定性确证为主。可用于确证的方法主要有色-质联用法、气相色谱法、薄层色谱法、高效液相色谱法等。化学处理法是使检测对象进行一些专一性的化学反应，根据生成物的化学性质和色谱特性的变化进行确证，有时需各法联用。以下为常用有机氯和有机磷农药的定性确证示例。

（1）有机氯农药确证　常用气相色谱法和化学处理法。

① 气相色谱法　常采用不同极性色谱柱和电子捕获检测器，根据相对保留时间加以确证。

② 化学处理法　有机氯农药经处理后，可分解或转化为另一种化合物，使其在色谱图上不出峰，或产生另一色谱峰，从而得到确证。

（2）有机磷农药确证　常采用薄层色谱法、气相色谱法及化学处理法。

① 薄层色谱法　其中以薄层-酶抑制法（TLC-EI）灵敏度最高，可广泛用于各种有机磷农药。

② 气相色谱法　利用不同极性色谱柱，使用火焰光度检测器，根据相对保留时间进行确证。

③ 化学处理法　有机磷农药是品种和结构类型最多的一类农药，确证方法各异。

此外元素分析也可作为鉴定农药标准品的内容之一，比对实验值与理论值是否一致。

3.3.6 均匀性和稳定性

3.3.6.1 均匀性

在制备的样品中，选一基本“对比点”取 6 份样品；另选择 6 个取样点为“检查点”，经测定两个样品组数据无统计上的显著差异，证明产品均匀。表 3-1 为涕灭威均匀性测定结果。

表 3-1　涕灭威均匀性测定结果　　单位：%

检查点	99.26	99.09	99.34	99.16	99.31	99.06
对比点	98.97	98.99	99.15	99.20	99.25	99.08

计算值 $F(1.19)$ 小于查得值 $F_x(5.05)$，计算值 $t(1.35)$ 小于查得值 t_x，表明两组数据无显著性差异。

3.3.6.2 稳定性

样品在规定条件下储存，以两年为期，第一年每两个月、第二年每三个月测定一次含量（每次测定 6 个数据，取其平均值）。测定值的偏差不超过测定方法的精密度时，确定样品稳定性符合要求。

3.4 柱色谱和薄层色谱

3.4.1 柱色谱分离技术

淋洗剂的选择则是通过薄层色谱（TLC）确定的。TLC 除了跟踪反应进程，以及检测试剂和原料纯度外，另一个重要的用途就是为柱色谱选择适当的淋洗剂。柱色谱分离的关键在于柱子是否装好以及淋洗剂选择是否恰当。

(1) 装柱　装柱分湿法装柱和干法装柱。硅胶（固定相）的上表面一定要平整，装好柱后可以在硅胶的最上层填上一小层石英砂，防止添加溶剂的时候破坏表层。硅胶（固定相）的高度一般为 15cm 左右，太短了可能分离效果不好，太长了也会由于扩散或拖尾导致分离效果不好。

湿法装柱是先把硅胶用适当的溶剂拌匀后再填入柱子中，然后再加压用淋洗剂“走柱子”，本法最大的优点是柱子装得比较结实，没有气泡。

干法装柱则是直接往柱子中填入硅胶，然后再轻轻敲打柱子两侧，至硅胶界面不再下降为止，然后再填入硅胶至合适高度。接着是用淋洗剂淋洗柱子，一般淋洗剂是采用 TLC 分析得到的展开剂的比例再稀释一倍后的溶剂。

(2) 加样　也叫上样。用少量溶剂（最好就是展开剂，如果展开剂的溶解度不好，则可以用一极性较大的溶剂，但必须少量）将样品溶解后，再用胶头滴管转移得到的溶液，将其沿着色谱柱内壁均匀加入。上样完毕后，接着即用淋洗剂淋洗。

3.4.2 薄层色谱技术

3.4.2.1 注意事项

选择适当的展开剂是首要任务。通常使用一种高极性和低极性溶剂组成的混合溶剂。展开剂的选择要靠不断变换展开剂的组成来达到最佳效果。一般把两种溶剂混合时，采用高极性/低极性的体积比为 1∶3 的混合溶剂，如果有分开的迹象，再调整比例，以达到最佳效果，如果没有分开的迹象，最好是更换溶剂。

一般以目标产物的 R_f 值在 0.3 左右为最佳。板上点的展开的清晰程度与溶剂的极性以及被分离物质在该溶剂中的溶解性有关。

TLC 所用的硅胶板一定要保存在干燥器中，或使用前在红外烘箱里干燥。另外点样量不能太大，否则容易重叠，不易判断，因为如果两个物质相近，则会造成无法分离。点样带应尽可能狭窄，以获得更好的分离效果。

3.4.2.2 操作规程

(1) 点样　①点样一般为圆点；②点样基线距底边 1.0～1.5 cm；③样点直径一般不大于 3mm，点间距一般为 1.0～1.5 cm；④点样时必须注意勿损伤薄层表面。

(2) 展开　①展开缸应能密封，薄层板浸入展开剂中的深度为距原点 5mm 为宜；②展距除另有规定外，一般为 8～15cm；③展开缸如需先用展开剂预平衡，可在缸中加入适量展开剂，必要时在壁上贴上滤纸条，一端浸入展开剂中，盖严，使展开缸平衡；④如需控制温度，可置冰箱中展开或在空调室中展开，如需控制湿度，可用一定浓度硫酸装在小烧杯中置于展开缸中或使用其他方法调节。

(3) 显色定位　薄层色谱分离无色农药物质的混合试样时，展开后需要对待测成分确认和检出。

① 紫外灯下显色　硅胶 GF_{254} 制成薄板在展开后将溶剂挥发后放在紫外灯（254nm）下照射，在紫外光区有吸收的农药（具有芳香环、杂环及共轭双键结构）可形成色谱带。多数农药可用此法。

② 碘显色　元素碘是一种非破坏性显色剂，展开后的薄层板在除去溶剂以后，放入盛

碘容器内，由于碘蒸气可溶入许多有机化合物，致使斑点呈淡黄色或褐色。然后取出薄层板，用小针划出斑点轮廓，在空气中放置一段时间，碘挥发。

（4）定量　分直接测定法和溶出定量法。直接测定法是测定面积，测定的准确度稍差。溶出定量法是将色斑处的薄层取下，用溶剂将组分萃取出来，再测定其含量。

3.5 气相色谱与高效液相色谱技术

3.5.1 气相色谱技术

3.5.1.1 色谱柱的选择与保护

气相色谱仪的核心部分就是色谱柱，色谱柱要有高的分离度，且具有足够的理论塔板数。

在改变柱温也达不到基线分离的目的时，就应更换更长的色谱柱，甚至更换不同固定相的色谱柱，色谱柱是分离成败的关键。

每次新安装了色谱柱后，都要在进样前进行老化。具体办法是：先接通载气，然后将柱温从 60℃左右以 5～10℃/min 的速率程序升温到色谱柱的最高使用温度以下 30℃，或者实际分析操作温度以上 30℃（如分析时用 240℃，老化温度应为 270℃），并在高温时恒温 30～120min，直到所记录的基线稳定为止。

注意一定要等到基线稳定后，才可做空白运行或进样分析。色谱柱使用一段时间后，柱内会滞留一些高沸点组分，这时基线可能出现波动或出现鬼峰。解决此问题的办法也是老化。

每次关机前都应将柱箱温度降到 50℃以下，然后再关电源和载气。温度高时切断载气，可能会因空气（氧气）扩散进入柱管而造成固定液的氧化降解。

3.5.1.2 检测器选择与注意事项

色谱柱是色谱分离的关键，而检测器也很重要。氢火焰离子化检测器（FID）应用最为普遍，一般实验室均要配置。测定农药残留物的实验室应选择电子捕获检测器（ECD）、氮磷检测器（NPD）和火焰光度检测器（FPD）。

（1）FID 使用注意事项

① FID 虽然是通用型检测器，但有些物质在此检测器上的响应值很小或无响应。这些物质包括永久气体、卤代硅烷、H_2O、NH_3、CO、CO_2、CS_2、CCl_4 等。检测这些物质时不应使用 FID。

② 为防止检测器被污染，检测器温度设置不应低于色谱柱实际工作的最高温度。

（2）ECD 使用注意事项

① ECD 的操作温度　一般要高一些，常用温度范围为 250～300℃。无论色谱柱温度多低，ECD 的温度均不应低于 250℃。这是因为温度低时，检测器很难平衡。载气与尾吹气的流速之和一般为 30～60mL/min。流量太小会使峰拖尾严重，而流量太大又会降低灵敏度。

② 防止 ECD 过载　在用 ECD 做环境样品中痕量污染物分析时，每峰样品量为 10^{-13}～10^{-8}g，对线性范围窄的 ECD，则很容易达到响应饱和。其表现为峰高不再增加（或增加减小），而半峰宽增大。

③ 注意安全　放射性 ECD 中有放射性源，为防止放射性危害，使用中应注意：a. 检测器出口应用金属或聚乙烯管通至室外，于避风、避雨及非人行道处；b. 经培训并有处理放射性物质许可证者，才可拆卸 ECD，否则不得拆卸；c. 按正规要求，至少每 6 个月要进行一次放射性泄漏检测。

（3）FPD 使用注意事项

① 线性化关系的正确使用　a. 为了得到准确线性关系值，务必将放大器的输出调至恰为 0，有的仪器需手工调，自动调时注意要开启“自动调零”开关；b. 因线性化电路无处理负输入信号的能力，故分析过程中，如出现基线负漂移，则得到的结果不可取；c. 因线性化电路内已将信号放大约 10 倍，故相对于未经此装置的信号，积分仪或记录器的衰减也要加大相应倍数。

② 安全　a. 防氢气泄漏。FPD 同 FID 一样要用氢作燃气，使用中切勿让氢气漏入柱恒温箱内，以防爆炸。注意：未接色谱柱前勿通氢气；卸柱前一定关氢气；两套 FPD 仅用一套时，务必将另一套用闷头螺丝堵死。b. 防烫伤。FPD 外壳十分热，切勿触及其表面，以防烫伤。

3.5.1.3　确定操作条件

主要包括进样量、进样口温度、色谱柱温度、检测器温度和载气流速等。

（1）进样量　进样量要根据样品浓度、色谱柱容量和检测器灵敏度来确定。样品浓度不超过 1mg/mL 时填充柱的进样量通常为 1～5μL，而对于毛细管柱，若分流比为 50：1 时，进样量一般不超过 2μL。如果这样的进样量不能满足检测灵敏度的要求，可考虑加大进样量。

（2）进样口温度　进样口温度首先要保证待测样品全部气化，其次要保证气化的样品组分能够全部流出色谱柱，而不会在柱中冷凝。原则上讲，进样口温度高一些有利，一般要接近样品中沸点最高的组分的沸点，但要低于易分解组分的分解温度，农药分析常用 200～280℃。气化温度比柱温高 10～50℃左右。

（3）色谱柱温度　色谱柱温度的确定主要由样品的复杂程度和气化温度决定。原则是既要保证待测物的完全分离，又要保证所有组分能流出色谱柱，且分析时间越短越好。组成简单的样品最好用恒温分析，这样分析周期会短一些。对于组成复杂的样品，常需要用程序升温分离，因为在恒温条件下，如果柱温较低，则低沸点组分分离得好，而高沸点组分的流出时间会太长，造成峰展宽，甚至滞留在色谱柱中造成柱污染；反之，当柱温太高时，低沸点组分又难以分离。

毛细管柱可在较宽的温度范围内操作，这样既保证了待测组分的良好分离，又能实现尽可能短的分析时间。当样品和仪器配置确定之后，一个色谱技术人员最经常的工作除了更换色谱柱外，就是改变色谱柱温，以期达到最优化的分离。柱温对分离结果的影响要比载气的影响大。

（4）检测器温度　检测器温度的设置原则是保证流出色谱柱的组分不会冷凝，同时满足检测器灵敏度的要求。检测器温度可参照色谱柱的最高温度提高 20～50℃设定。

（5）载气流速　一般设为 30～60mL/min。用毛细管柱时，氮气（尾吹气）为 30～40mL/min。

3.5.1.4 定性定量分析

（1）定性　对于简单的样品，可通过标准物质对照来定性：在相同的色谱条件下，分别注射标准样品和实际样品，根据保留值即可确定色谱图上哪个峰是要分析的组分。定性时必须注意，在同一色谱柱上，不同化合物可能有相同的保留值，所以，对未知样品的定性仅仅用一个保留数据是不够的。

（2）定量　外标法是采用最广泛的方法，只要用一系列浓度的标准样品作出工作曲线（样品量或浓度对峰面积或峰高作图），就可在完全一致的条件下对未知样品进行定量分析。只要待测组分出峰且分离完全即可，而不考虑其他组分是否出峰和是否分离完全。

相比而言，内标法的定量精度最高，因为它是用相对于标准物（叫内标物）的响应值来定量的，而内标物要分别加到标准样品和未知样品中，这样就可抵消由于操作条件（包括进样量）的波动带来的误差。与外标法类似，内标法只要求待测组分出峰且分离完全即可，其余组分则可用快速升温使其流出，这样就可达到缩短分析时间的目的。内标物的保留时间和响应因子应该与待测物尽可能接近，且要完全分离。此外，用内标法定量时，样品制备过程要多一个定量加入内标物的步骤，标准样品和未知样品均要加入同一定量的内标物。

（3）定量误差的来源　色谱中误差的主要来源是取样及样品制备、色谱过程、信号处理或数据处理。

① 样品和样品处理　样品的性质是产生准确度和精密度误差的基本原因。色谱中的样品处理牵涉到制备进样溶液。简单稀释的液体样品通常精度可高于 0.5%，应尽量减少所需转移及稀释的次数。样品应当用流动相或用极性比流动相弱的溶剂制备，以保证好的峰形。自动进样的进样重复性好，手工进样的误差一般为 2%～3%。样品预处理往往是色谱方法精确度差的主要来源。

② 色谱过程的影响　色谱方法和相关的仪器操作是定量误差的又一来源，如样品是否瞬间完全气化无分解，分流是否有歧视效应，样品经过的色谱系统是否有吸附、分解。形状不好的峰（前展或拖尾）是定量不好的主要因素。判断和测量峰面积或峰高的准确性，检测器的工作条件及色谱条件的稳定性，这些都会影响定量的结果。

3.5.1.5 方法的验证

所谓方法验证（validation，又叫认证）就是要证明所开发方法的实用性和可靠性。实用性一般指所用样品处理方法是否简单易操作，分析时间是否合理，分析成本是否可被接受等。可靠性则包括定量的线性范围、检测限、方法回收率、重复性、重现性和准确度等。下面就这几个可靠性参数简单介绍。

（1）方法的线性范围　即检测器响应值与样品量（浓度）呈正比的线性范围，它主要由检测器的特性所决定。原则上，这一线性范围应覆盖样品组分浓度整个变化范围。线性范围的确定通常是采用一系列（多于 3 个）不同浓度的样品进行分析，以峰面积（或峰高）对浓度进行线性回归。当相关系数大于 0.99 时，就可认为是线性的，小于 0.99 时，就超出了线性范围。一个好的 GC 定量方法，其线性范围（以 FID 检测器为例）可达 10^7，线性相关系数等于或大于 0.9999。

（2）方法的检测限　检测限（DL）是指方法可检测到的最小样品量（浓度），一般的原则是按照3倍信噪比计算，即当样品组分的响应值等于基线噪声的3倍时，该样品的浓度就被作为最小检测限，与此对应的该组分的进样量就叫作最小检测量。

农药残留试验中，农药残留量信噪比≥3时的添加浓度确定为本方法的最小检出限（LOD），信噪比≥10时的添加浓度确定为本方法的最低定量限。

（3）方法回收率　即方法测得的样品组分浓度与原来样品中实际浓度的比率。空白样品（不含待测物）中添加准确定量的标准样品，用同样方法进行检测，检测量除以添加量即为回收率。农药常量分析方法的回收率要求在98%～102%之间，农药残留分析要求在70%～110%之间。

（4）方法重复性和重现性　重现性是指同一方法在不同时间、地点以及不同操作人员使用不同型号仪器时所得结果的一致性，用多次分析所得结果的相对标准偏差（RSD）来表示。即在相同条件下连续进样5～10次，统计待测组分的保留时间和峰面积（或峰高）的RSD，一般要求保留时间的RSD不大于1%，峰面积的RSD不大于2%。

3.5.1.6　气相色谱仪的维护保养

（1）气源部分　气源部分主要由载气、燃气及助燃气三部分组成。载气净化一般采用化学处理的方法除氧；采用硅胶、分子筛等吸附剂去除水分。载气流速要平稳，常用流速范围在10～100mL/min。氢气钢瓶应特别注意防爆，现基本上已改用氢气发生器和空气压缩机（必须无油），对氢气发生器的维护还应注意经常更换去离子水或碱液等。

（2）进样装置　进样装置中，用密封垫（硅橡胶）作为进样口与气化室的连接并起到气化室的密闭作用。针刺破密封垫是常见的故障。一般表现为进样后基线漂移一段距离，而且常伴有峰面积的减小，严重的漏气会使基线不稳。轻微的漏气可以再拧紧气化室压密封垫的螺帽，严重时必须更换密封垫。注意：更换密封垫不要拧得太紧，一般在常温下更换，温度升高后会因膨胀而更紧，密封垫拧得太紧会造成进样困难，常常会使注射器弯曲。要及时清洗注射器，干净的注射器能避免样品记忆效应的干扰。更换样品时要彻底清洗，用同一样品多次进样时也要用样品本身清洗注射器。

进样装置中玻璃衬管的主要作用是提供一个温度均匀的气化室，经常拆换清洗以保持其表面的清洁。进样时应注意：手不要拿注射器的针头，不要有气泡，吸样时要慢，快速排出再慢吸，反复几次；进样速度要快，但不宜太快，每次进样保持相同的速度。

（3）色谱柱　①装卸色谱柱时，必须事先将气路关闭。②样品应经过较好的净化处理，否则会污染柱子，降低分离度，甚至使柱子报废。③应注意更换入口柱头的载体和玻璃棉。柱子使用一段时间后，分离度会降低，在柱头可见黄色残留杂质，这时应将黄色残留物除去，换上新的载体和玻璃棉，经过1～2h的“老化”处理则可继续使用。④操作中应保持条件稳定，不超过固定液的最高使用温度，以避免固定液流失；应注意使柱子处于饱和状态，然后再正式分析样品。⑤分析高沸点样品时，为防止残留物在柱子和检测器中冷凝，停机前应继续升温至高于操作温度20℃以上，通载气1～2h。

（4）检测器　在氢火焰检测器的使用中，由于氢燃烧产生大量水蒸气，若检测器温度低于100℃点火，水蒸气不能以蒸汽状态从检测器中排出，冷凝成水，使灵敏度下降，噪声增加。为防止水和其他柱流出物冷凝在氢火焰检测器中，关机时一般先关氢气、空气，降低气化室温度和柱温等，最后停止FID加热和关氮气。

3.5.2 高效液相色谱技术

高效液相色谱仪是农药分析中常用的分析仪器，以下就泵、色谱柱、检测器的使用技术和流动相的选择与处理以及高效液相色谱仪的应用五方面进行介绍。

3.5.2.1 泵的使用和维护注意事项

为了延长泵的使用寿命和维持其输液的稳定性，必须按照下列注意事项进行操作。

① 防止任何固体微粒进入泵体，因为尘埃或其他任何杂质微粒都会磨损柱塞、密封环、缸体和单向阀，因此应预先除去流动相中的所有固体微粒。常用的方法是滤过，可采用微孔滤膜（0.22μm 或 0.45μm）等滤器。泵的入口均应连接砂滤棒（或片）。输液泵的滤器应经常清洗或更换。

② 流动相不应含有任何腐蚀性物质，含有缓冲液的流动相不应保留在泵内，尤其是在停泵过夜或更长时间的情况下。如果将含缓冲液的流动相留在泵内，由于蒸发或泄漏，甚至只是由于溶液的静置，就可能析出盐的微细晶体，这些晶体将和上述固体微粒一样损坏密封环和柱塞等。因此，必须泵入纯水将泵充分清洗后，再换成适合于色谱柱保存和有利于泵维护的溶剂（对于反相键合硅胶固定相，可以是甲醇或甲醇-水）。

③ 泵工作时要留心防止溶剂瓶内的流动相被用完，否则空泵运转也会磨损柱塞、缸体或密封环，最终产生漏液。

④ 输液泵的工作压力不能超过规定的最高压力，否则会使高压密封环变形，产生漏液。

⑤ 流动相应先脱气，以免在泵内产生气泡，影响流量的稳定性，如果有大量气泡，泵则无法正常工作。

3.5.2.2 色谱柱的使用和维护

（1）色谱柱的使用方法

① 避免压力和温度的急剧变化及任何机械振动。温度的突然变化或者色谱柱从高处掉下都会影响柱内的填充状况；柱压的突然升高或降低也会冲动柱内填料，因此在调节流速时应该缓慢进行，在进样时阀的转动不能过缓。

② 应逐渐改变溶剂的组成，特别是在反相色谱中，不应直接从有机溶剂改变为全部是水，反之亦然。

③ 一般来说色谱柱不能反冲，只有特别指明该柱可以反冲时，才可以反冲除去留在柱头的杂质。否则反冲会迅速降低柱效。

④ 选择使用适宜的流动相（尤其是 pH），以避免固定相被破坏。有时可以在进样器前面连接一预柱，分析柱是键合硅胶时，预柱为硅胶，可使流动相在进入分析柱之前预先被硅胶“饱和”，避免分析柱中的硅胶基质被溶解。

⑤ 避免将基质复杂样品尤其是生物样品直接注入柱内，需要对样品进行预处理或者在进样器和色谱柱之间连接一保护柱。保护柱一般是填有相似固定相的短柱。保护柱可以而且应该经常更换。

⑥ 经常用强溶剂冲洗色谱柱，清除保留在柱内的杂质。在进行清洗时，对流动系统中流动相的置换应以相混溶的溶剂逐渐过渡，每种流动相的体积应是柱体积的 20 倍左右，即常规分析需要 50～75mL。

⑦ 保存色谱柱时应将柱内充满乙腈或甲醇，柱接头要拧紧，防止溶剂挥发干燥。绝对

禁止将缓冲溶液留在柱内静置过夜或更长时间。

⑧ 色谱柱使用过程中，如果压力升高，一种可能是烧结滤片被堵塞，这时应更换滤片或将其取出进行清洗；另一种可能是大分子进入柱内，使柱头被污染；如果柱效降低或色谱峰变形，则可能是柱头出现塌陷，死体积增大。

每次工作完毕，最好用洗脱能力强的洗脱液冲洗，例如 ODS 柱宜用甲醇冲洗至基线平稳。当采用盐缓冲溶液作流动相时，使用完后应用无盐流动相冲洗。含卤族元素（氟、氯、溴）的化合物可能会腐蚀不锈钢管道，不宜长期与之接触。装在 HPLC 仪上的柱子如不经常使用，应每隔 4～5 天开机冲洗 15min。

（2）高效液相色谱柱保护措施

① 溶剂应使用 HPLC 级，样品和流动相用前先以微孔滤膜过滤。

② 较昂贵的色谱柱，可以在柱前加一个保护柱，对于制备柱，因其进样量大，用保护柱尤为重要。

③ 当在流动相缓冲液中加入与水混溶的有机溶剂时，其中的盐类溶解度下降，可析出盐类沉淀堵塞柱子，所以缓冲液中盐的浓度宜低，样品溶液的组成应和流动相匹配。

④ 柱子的储存。柱子不能储存于水或水性溶剂中，否则会引起细菌在柱中生长或产生盐类沉淀。储存前应先用适当的溶剂（如甲醇）将柱子冲洗干净，再将柱子两头密封，以防溶剂蒸发使柱子干燥而引起柱子结构的几何学改变。

3.5.2.3 紫外检测器使用技术

紫外检测器简称 UV 检测器，是 HPLC 中应用最广泛的检测器，也是农药分析中最常用的检测器，当检测波长范围包括可见光时，又称为紫外-可见检测器。它灵敏度高、噪声低、线性范围宽、对流速和温度均不敏感，可用于制备色谱。由于灵敏度高，因此即使是那些光吸收小、消光系数低的物质也可用 UV 检测器进行微量分析。

检测器有关的故障及其排除方法如下所述。

① 流动池内有气泡　如果有气泡连续不断地通过流动池，将使噪声增大，如果气泡较大，则会在基线上出现许多线状“峰”，这是由于系统内有气泡，需要对流动相进行充分除气，检查整个色谱系统是否漏气，再加大流量驱除系统内的气泡。如果气泡停留在流动池内，也可能使噪声增大，可采用突然增大流量的办法除去气泡（最好不连接色谱柱）。

② 流动池被污染　参比池或样品池被污染，都可能产生噪声或基线漂移。可以使用适当溶剂清洗检测池，要注意溶剂的互溶性；如果污染严重，则需要依次采用 1mol/L 硝酸、水和新鲜溶剂冲洗，或者取出池体进行清洗、更换窗口。

3.5.2.4 流动相的选择和处理

（1）流动相的性质要求　①流动相应不改变填料的任何性质。②纯度高。色谱柱的寿命与大量流动相通过有关，特别是当溶剂所含杂质在柱上积累时。③必须与检测器匹配。使用 UV 检测器时，所用流动相在检测波长下应无吸收，或吸收很小。当使用示差折光检测器时，应选择折光系数与样品差别较大的溶剂作流动相，以提高灵敏度。④黏度要低（应小于 2cP）。高黏度溶剂会影响溶质的扩散、传质，降低柱效，还会使柱压增加，使分离时间延长。最好选择沸点在 100℃以下的流动相。⑤对样品的溶解度要适宜。如果溶解度欠佳，样品会在柱头沉淀，不但影响纯化分离，且会使柱子恶化。⑥易于回收，且毒性低。

（2）流动相的选择　农药分析中大多采用反相色谱，其流动相通常以水作基础溶剂，再加入一定量的能与水互溶的极性调整剂，如甲醇、乙腈、四氢呋喃等。极性调整剂的性质及其所占比例对溶质的保留值和分离选择性有显著影响。一般情况下，甲醇-水系统已能满足多数样品的分离要求，且流动相黏度小、价格低，是反相色谱最常用的流动相。

（3）流动相的pH值　采用反相色谱法分离弱酸（$3 \leqslant pK_a \leqslant 7$）或弱碱（$7 \leqslant pK_a \leqslant 8$）样品时，通过调节流动相的pH值，以抑制样品组分的解离，增加组分在固定相上的保留，并改善峰形的技术称为反相离子抑制技术。分析弱酸样品时，通常在流动相中加入少量弱酸，常用50mmol/L磷酸盐缓冲液和1%醋酸溶液；分析弱碱样品时，通常在流动相中加入少量弱碱，常用50mmol/L磷酸盐缓冲液和30mmol/L三乙胺溶液。流动相中加入有机胺可以减弱碱性溶质与残余硅醇基的强相互作用，减轻或消除峰拖尾现象。所以在这种情况下有机胺（如三乙胺）又称为减尾剂或除尾剂。

（4）流动相的脱气　HPLC所用流动相必须预先脱气，否则容易在系统内逸出气泡，影响泵的工作。气泡还会影响柱的分离效率，影响检测器的灵敏度、基线稳定性，甚至使无法检测（噪声增大，基线不稳，突然跳动）。此外，溶解在流动相中的氧还可能与样品、流动相甚至固定相（如烷基胺）反应。溶解气体还会引起溶剂pH变化，给分离或分析结果带来误差。

常用的脱气方法有加热煮沸、抽真空、超声、吹氦等。对混合溶剂，超声脱气比较好，10～20min的超声处理，可使许多有机溶剂或有机溶剂/水混合液充分脱气（一般500mL溶液需超声20～30min），此法不影响溶剂组成。超声时应注意避免溶剂瓶与超声槽底部或壁接触，以免玻璃瓶破裂，容器内液面不要高出水面太多。

离线（系统外）脱气法不能维持溶剂的脱气状态，停止脱气后，气体立即开始回到溶剂中。在1～4h内，溶剂又将被环境气体所饱和。在线（系统内）脱气法无此缺点。最常用的在线脱气法为鼓泡，即在色谱操作前和进行时，将惰性气体喷入溶剂中。严格来说，此方法不能将溶剂脱气，它只是用一种低溶解度的惰性气体（通常是氦）将空气替换出来。一般说来有机溶剂中的气体易脱除，而水溶液中的气体较顽固。

（5）流动相的滤过　所有溶剂使用前都必须经0.45μm（或0.22μm）滤膜滤过，以除去杂质微粒，色谱纯试剂也不例外（除非在标签上标明“已滤过”）。

用滤膜过滤时，特别要注意分清有机相（脂溶性）滤膜和水相（水溶性）滤膜。有机相滤膜一般用于过滤有机溶剂，过滤水溶液时流速低或不能滤过。水相滤膜只能用于过滤水溶液，严禁用于有机溶剂，否则滤膜会被溶解。溶有滤膜的溶剂不得用于HPLC。对于混合流动相，可在混合前分别滤过，如需混合后滤过，首选有机相滤膜。现在已有混合型滤膜出售。

（6）流动相的储存　流动相一般储存于玻璃、聚四氟乙烯或不锈钢容器内，不能储存在塑料容器中，因许多有机溶剂如甲醇、乙酸等可浸出塑料表面的增塑剂会导致溶剂受污染。这种被污染的溶剂如用于HPLC系统，可能造成柱效降低。储存容器一定要盖严，防止溶剂挥发引起组成变化，也防止氧和二氧化碳溶入流动相。

磷酸盐、乙酸盐缓冲液很易长霉，应尽量新鲜配制使用。如确需储存，可在冰箱内冷藏，并在3天内使用，用前应重新滤过。容器应定期清洗，特别是盛水、缓冲液和混合溶液的瓶子，以除去底部的杂质沉淀和可能生长的微生物。因甲醇有防腐作用，所以盛甲醇的瓶子无此现象。

（7）HPLC用水　HPLC应用中要求用二次蒸馏水或超纯水，HPLC级水的吸收特性为：在1cm池中，用超纯水作空白，在190nm、200nm和250～400nm的吸光度分别不超过0.01、0.01和0.05。

3.5.2.5 高效液相色谱仪应用方法

（1）方法研究

① 色谱柱选择　首选填料为十八烷基键合硅胶柱。

② 波长选择　首先在可见紫外分光光度计上测量样品液的吸收光谱，以选择合适的测量波长，如最灵敏的测量波长并避开其他物质的干扰。从紫外光谱中还可大体了解在HPLC中的响应值，如吸光度小于0.5时，HPLC测定的面积将会很小。

③ 流动相选择　首选甲醇-水系统，应尽可能少用含有缓冲液的流动相，如为碱性样品，流动相的pH应为7～8；如为酸性样品，流动相的pH应为3～4。

④ 定量时一般采用外标法　标准品与供试品应各取样两份，进行定量，计算相对标准偏差（RSD应不得大于1.5%）。

（2）样品测定

① 流动相比例调整　对于内径为4.6mm的色谱柱流速一般选择1mL/min，根据保留时间调整流动相（按经验，主峰一般应调至保留时间为6～15min为宜），对于C_{18}柱，若保留时间过长可提高流动相中甲醇或乙腈的含量，所以建议第一次检验时少配流动相，以免浪费。弱电解质的流动相其重现性更不容易达到，应注意充分平衡色谱柱。

② 样品配制　样品配制应注意溶剂和容器的选择。塑料容器常含有高沸点增塑剂，可能释放到样品液中造成污染，引起分析误差。

③ 记录时间　第一次测定时，应先将空白溶剂、标准样品溶液及供试品溶液各进一针，并尽量收集较长时间的图谱（如30min以上），以便确定样品中被分析组分峰的位置、分离度、理论塔板数以及是否还有杂质峰在较长时间内才洗脱出来，确定是否会影响主峰的测定。

④ 进样量　农药标准中常标明注入10μL，而目前多数HPLC系统采用定量环（10μL、20μL和50μL），因此应注意进样量是否一致（可改变样液浓度）。

⑤ 计算　由于有些标准样品标示含量的方式与样品标示量不同，有些是复合盐、有些是含水量不同、有些是盐基不同或有些是采用有效部位标识，检验时要注意。

⑥ 仪器的使用　a. 流动相滤过后，注意观察有无肉眼能看到的微粒、纤维，有则需重新滤过。b. 柱在线时，增加流速应以0.1mL/min的增量逐步进行，一般不超过1mL/min，反之亦然。否则会使柱床下塌，叉峰。柱不在线时，要加快流速也需以每次0.5mL/min的速率递增上去（或下来），勿急升（降），以免泵损坏。c. 安装柱时，要注意流向，接口处不要留有空隙。d. 样品液要注意滤过，若有肉眼可见的杂质则先过滤后再进样，注意样品溶剂的挥发性。

3.5.3 气相色谱-质谱联用技术

近10年，农产品农药残留检测仪器使用频率排序为：液相色谱-串联质谱（LC-MS/MS）、气相色谱-串联质谱（GC-MS/MS）、气相色谱-质谱（GC-MS）、液相色谱-紫外检测（LC-UV）、气相色谱-电子捕获检测（GC-ECD）、液相色谱-质谱（LC-MS）、液相色谱-荧光检测（LC-FLD）、酶联免疫（ELISA）、液相色谱-二极管阵列检测（LC-DAD）、气相色谱-氮磷检测（GC-NPD）、气相色谱-火焰光度检测（GC-FPD）。下降最快的技术是 LC-UV、GC-NPD。发展最快的技术是 LC-MS/MS、GC-MS/MS，在农药残留检测技术方面，色谱-质谱检测技术已迎来了空前发展的时期。准确、快速和高通量检测技术是研究开发的总趋势。

GC 是以气体为流动相的色谱分离过程，主要用于一定温度下可挥发性物质的检测。在 GC 中，各种高灵敏度、选择性强的检测器如电子捕获检测器（ECD）、氮磷检测器（NPD）、火焰光度检测器（FPD）的使用解决了痕量残留物的分析问题。GC 对分析物的定性是根据保留时间来判定的，但往往由于样品基质复杂，加上样品前处理过程并不能完全去除干扰物，在色谱分析时可能会出现许多干扰杂质峰，造成误判或定量不准确。气相色谱与质谱联用（GC-MS）技术的出现较好地解决了这一问题。GC 的分离功能加上质谱对特征离子强大的鉴别功能，克服了单纯 GC 检测时以保留时间定性的缺点，并可以给出化合物的结构信息。

MS 作为一种高灵敏度的通用型检测器，可以克服选择性检测器如 ECD、FPD 等在多残留组分分析上的不足，满足不同性质的多残留组分同时测定的需求。SIM 模式可有效提高检测灵敏度，减少干扰，有效避免假阳性结果。

就目前的样品前处理技术而言，在保留目标化合物的同时完全去除基质杂质干扰仍有相当难度。对传统的与 GC 联用的单极质谱（GC-MS）而言，由于只能采用选择离子扫描方式进行分析，采集质谱信息少，定性存在很大的不准确性，样品中存在的杂质还会造成进样衬管及色谱柱甚至离子源等污染，导致保留时间漂移和信号强度衰减或增大，干扰定量准确性。三重四极杆气相色谱-质谱（GC-MS/MS）通过空间上串联可实现多通道的二级质谱扫描分析，二级质谱功能还能有效提高分析灵敏度，更适用于多种类农药残留的检测。

3.5.3.1 气相色谱-质谱联用系统的构成及工作原理

（1）仪器组成　气相色谱-质谱联用仪主要由四部分组成：气相色谱仪、接口（GC 和 MS 之间的连接装置）、质谱检测器和计算机（图 3-1）。

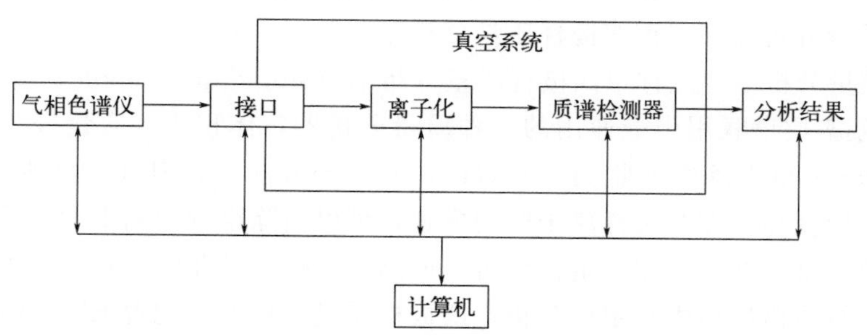

图 3-1　气相色谱-质谱联用系统的仪器组成

（2）工作原理　进样系统引入待测化合物，气相色谱对待测化合物进行分离，化合物分子经高能电子流离子化，生成分子离子和碎片离子，然后利用电磁学原理使离子按不同质荷比分离并记录各种离子强度，得到质谱图。每种化合物都具有像指纹一样的独特质谱图，将被测物的质谱图与已知物的质谱图对照，就可对被测物进行定性、定量。随着信息化技术的进步以及色谱-质谱仪器分辨率和灵敏度等性能的不断提高，只需要纳克级甚至皮克级样品，就可得到满意的质谱图。高分辨质谱测定的分子量精度可以达到百万分之五（m/z 可精确到小数点后第 4 位，即 0.0001），加之质谱能提供化合物的元素组成以及官能团等结构信息，其对化合物定性、定量的准确度和灵敏度无与伦比。

（3）质谱系统主要结构及特点

① 离子源　其功能是提供能量将待分析的样品电离，形成由不同质荷比（m/z）离子组成的离子束。质谱仪的离子源种类很多，主要有电子轰击离子源（electron impact ion source，EI）、化学电离源（chemical ionization，CI）、场致电离源（field ionization，FI）、快原子轰击离子源（fast atom bombardment ion source，FAB）、电喷雾电离源（electron spray ionization，ESI）、大气压化学电离源（atmospheric pressure chemical ionization，APCI）等。其中EI和CI源适用于易气化的有机物样品分析，主要用于气相色谱-质谱联用仪。

a. 电子轰击离子源　电子轰击离子源（EI）是应用最为广泛的离子源，它主要用于易挥发有机物的电离，GC-MS联用仪中都配有这种离子源，其优点是方法的重现性好，离子化效率高，检测灵敏度也高，有标准质谱图可以检索，碎片离子可提供丰富的结构信息。缺点是只适用于能气化的有机化合物的分析，并且仅形成正离子，对一些稳定性差的化合物得不到分子离子。

b. 化学电离源　化学电离源（CI）结构和EI源很相似。CI工作过程中要引进一种反应气体，根据被分析样品的性质，可选择不同的反应气试剂，常用甲烷、异丁烷、氨气等，多数化学电离源是以甲烷为反应气。

因为化学电离源采用能量较低的二次离子，是一种软电离方式，化学键断裂的可能性小，碎片峰的数量随之减少。由于CI得到的质谱不是标准质谱，所以不能进行标准谱库检索。有些用EI方式得不到分子离子的样品，改用CI可以得到准分子离子，因而可以求得分子量，用CI获得分子量信息结合EI源获得碎片信息，使CI/EI获得的信息非常全面。对含有很强吸电子基团的化合物，检测负离子的灵敏度远高于正离子的灵敏度，因此CI源一般都有正CI（PCI）和负CI（NCI）模式，可以根据样品情况进行选择。

② 质量分析器　质量分析器（mass analyzer）的作用是将离子源产生的离子按其质荷比（m/z）顺序分离。不同类型质谱的区别在于质量分析器部分，重点介绍四极杆、离子肼、飞行时间质量分析器和三重四极杆质量分析器。

a. 四极杆质量分析器　又称单四极杆质量分析器（single quadrupole，Q）。四极杆质量分析器是气相色谱-质谱联用中最通用的一种质量分析器，体积小、质量轻、性能稳定。有全扫描（full scan）和选择离子监测（selected ion monitoring，SIM）两种不同扫描模式，扫描速度快，灵敏度高，尤其选择离子监测模式，可以消除组分间的干扰，降低信噪比，提高灵敏度几个数量级，特别适用于定量分析，但因为选择离子监测方式得到的质谱图不是全谱，因此不能进行质谱库检索和定性分析。四极杆质量分析器多配置EI和正负CI离子源。

b. 离子肼质量分析器（ion trap）　也称为“四极离子肼”，离子肼的主体是由一个环形电极和上、下两个端盖电极构成的三维四极场。同四级杆质谱相似，离子肼质谱也有全扫描和选择离子扫描功能，但离子肼与其他质量分析器最大的不同是它可以将各种离子保存在离子肼中，为实现多级质谱分析提供了前提条件，这就是离子存储技术。离子肼可配置EI和正负CI离子源。

c. 飞行时间质量分析器（time of flight analyzer，TOF）　是最简单的质量分析器，主要部分是一个离子漂移管。离子束被高压加速以脉冲方式推出离子源进入飞行管，“自由漂移”到检测器，由于离子的质量不同，获得加速度不同，即对于能量相同的离子，离子质量越大，到达检测器的时间越长，质量越小，所用时间越短。根据这一原理，可把不同质量的离子分开，同时适当增加漂移管的长度可以提高分辨率。TOF 可配置 EI、正负 CI 和 FI 源。

d. 三重四极杆质量分析器（triple quadrupole analyzer，QQQ）是将三组四极杆串接起来的质量分析器，第一组和第三组是质量分析器，中间一组四极杆是碰撞活化室。两个质量分析器在不同的操作条件下可以协同完成子离子扫描（product ion mode）、母离子扫描（precursor ion mode）、中兴丢失扫描（neutral loss mode）和多反应选择监测（multiple reaction monitoring，MRM）或选择反应监测（selected reaction monitoring，SRM）。子离子、母离子、中兴丢失三种扫描方式主要用于化合物的结构分析，多反应监测方式主要用于定量分析，比单四极杆质量分析器的 SIM 方式选择性更好，排除干扰能力更强，信噪比更低，检测限更低。三重四极杆质谱多配置 ESI 和 APCI 源。

③ 离子检测器　离子检测器的功能是接受经质量分析器分离的离子，将离子流转化成电信号放大输出，经计算机采集、处理得到按不同 m/z 排列及对应离子丰度的质谱图。质谱仪多用电子倍增器作为离子检测器。经质量分析器分离的离子打在表面涂有特殊材料的金属倍增电极上，产生若干电子，而后通过逐级倍增，最后检测到倍增后的电子流。这种检测器响应快、灵敏度高。

3.5.3.2　气相色谱-质谱仪简要操作步骤

① 开启计算机和仪器，设置如载气流速、温度、真空度等仪器运行参数。

② 待仪器稳定后，进行气相色谱条件的选择。

③ 待仪器稳定后，用待测样品标准品进行质谱参数调谐，得到最佳的质谱分析条件，确保峰形平滑对称，灵敏度高。

④ 选择最优的气相色谱条件和质谱分析条件，编辑完整的仪器分析方法。

⑤ 待仪器方法运行基线稳定后，进行实时分析。样品运行期间可以利用工作站前台对运行情况进行观察，异常时需进行调整。

⑥ 样品运行结束后进行数据处理，化合物的质谱是以测得离子的质荷比（m/z）为横坐标，以离子强度为纵坐标的谱图。采用 scan 方式，气相色谱-质谱联用分析可以获得不同组分的质谱图；以色谱保留时间为横坐标，以各时间点测得的总离子强度为纵坐标，可以测得待测混合物的总离子流色谱图（total ion current chromatogram，TIC）。当固定检测某离子或某些的质荷比，对整个色谱流出物进行选择性检测时，将得到选择离子监测色谱图（selected-ion monitoring chromatogram，SIMC）（见图 3-2、图 3-3）。

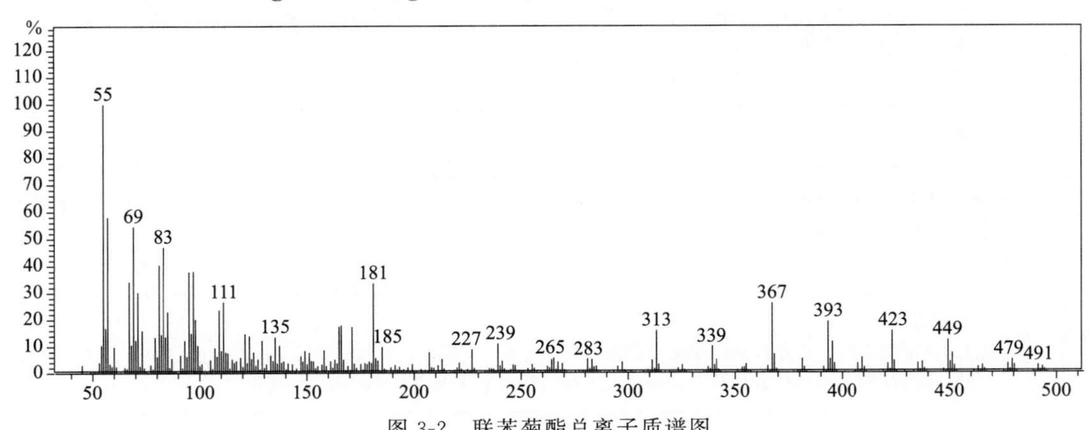

图 3-2　联苯菊酯总离子质谱图

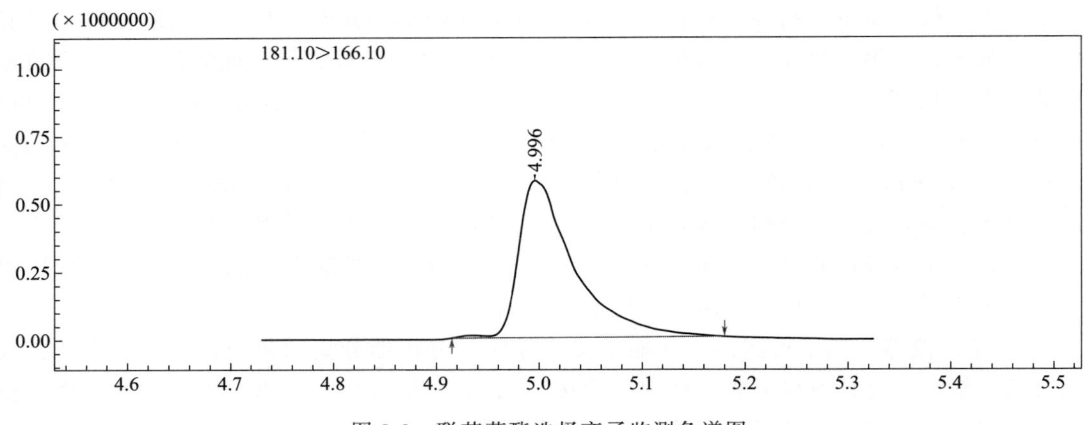

图 3-3　联苯菊酯选择离子监测色谱图

3.5.3.3　常见仪器故障排除与维护

（1）故障现象与排除　GC-MS 常见故障现象及解决方案见表 3-2。

表 3-2　GC-MS 故障现象及解决方案

GC-MS 故障排除	
故障现象	解决方案
质谱仪的质量标尺无法校准	① 质谱仪调谐未达到最佳状态，排除方法是重新调谐质谱仪； ② 离子源温度过高或过低，排除方法是将离子源温度设在 180～220℃； ③ 空气泄漏，排除方法是检查空气峰 m/z 28 的高度，若大于 10%氦气峰 m/z 4 的高度，表明有空气泄漏，用注射器将丙酮滴在各接口处，通过观察丙酮的分子离子峰 m/z 58 的强度变化，进一步查明泄漏的确切位置； ④ 发射电子的能量不合适，排除方法是将发射电子的能量设定为 70eV
灵敏度低	① 质谱仪调谐未达到最佳状态，排除方法是重新调谐质谱仪； ② 质谱仪的质量标尺校准不精确，排除方法是重新校准质谱仪的质量标尺； ③ 离子源被污染，排除方法是对离子源依次用甲醇、丙酮超声清洗各 15min； ④ 离子源温度过高或过低，导致样品分解或吸附在离子源内，排除方法是调节离子源温度； ⑤ 柱子伸入离子源内的深度不合适，排除方法是调整柱子进入离子源的深度； ⑥ 分流进样器和阀有故障，排除方法是检查进样器和阀； ⑦ 柱效降低，排除方法是更换柱子； ⑧ 进样器被污染，排除方法是对衬管依次用甲醇、丙酮超声清洗各 15min 或更换衬管； ⑨ 检测器电压太低，排除方法是检测器电压应为 350～450V； ⑩ 空气泄漏，排除方法是检查空气峰 m/z 28 的高度，若大于 10%氦气峰 m/z 4 的高度，表明有空气泄漏，用注射器将丙酮滴在各接口处，通过观察丙酮的分子离子峰 m/z 58 的强度变化，进一步查明泄漏的确切位置
出现歪斜峰或变形峰	① 扫描速度太低，致使每个色谱峰的扫描次数不够，排除方法是提高扫描速度，尽可能使每个色谱峰的扫描次数大于 6； ② 色谱峰太窄，排除方法是改变色谱条件； ③ 质谱仪调谐未达到最佳状态，排除方法是重新调谐质谱仪

GC-MS 故障排除	
故障现象	解决方案
质谱的重现性不好	① 离子源被污染，排除方法是对离子源依次用甲醇、丙酮超声清洗各 15min； ② 离子源加热器不稳定，排除方法是更换离子源加热器； ③ 灯丝损坏，排除方法是更换灯丝； ④ 质谱仪调谐未达到最佳状态，排除方法是重新调谐质谱仪； ⑤ 质谱仪的质量标尺校准不精确，排除方法是重新校准质谱仪的质量标尺； ⑥ 空气泄漏，排除方法是检查空气峰 m/z 28 的高度，若大于 10%氦气峰 m/z 4 的高度，表明有空气泄漏，用注射器将丙酮滴在各接口处，通过观察丙酮的分子离子峰 m/z 58 的强度变化，进一步查明泄漏的确切位置
高沸点化合物灵敏度低、峰形差	① 离子源温度太低、导致样品被吸附，排除方法是提高离子源温度； ② 气相色谱接口的温度太低，排除方法是提高气相色谱接口的温度，使之与升温程序的终温一致
噪声过多	① 离子源被污染，排除方法是对离子源依次用甲醇、丙酮超声清洗各 15min； ② 供电系统产生杂峰，排除方法是安装电源净化装置
质谱图中同位素峰丢失	① 质谱仪的质量标尺校准不精确，排除方法是重新校准质谱仪的质量标尺； ② 质谱仪调谐未达到最佳状态，排除方法是重新调谐质谱仪； ③ 离子源被污染，排除方法是对离子源依次用甲醇、丙酮超声清洗各 15min； ④ 检测器电压太低，排除方法是提高检测器电压； ⑤ 检测器故障，排除方法是检查检测器的灵敏度； ⑥ 衬管、柱子被污染，排除方法是对衬管依次用甲醇、丙酮超声清洗各 15min，老化柱子

（2）仪器的保养与维护

① 仪器涉及的密闭性问题　气质联用仪是一个气体运行的系统，因而仪器的密封性相当重要。a. 换柱。毛细管柱进入质谱腔中的长度不适当，太长或太短都不行。b. 垫圈要松紧合适，太松会有漏气的隐患，太紧则会压碎垫圈，每次更换色谱柱时需要更换新的密封垫圈。c. 清洗离子源时打开腔体后要注意其密封性。

② 色谱柱的使用与保存　a. 色谱柱使用时应注意说明书中标明的最低和最高温度，不能超过色谱柱的温度使用上限，否则会造成固定液流失，还可造成对检测器的污染。要设定最高允许使用温度，如遇人为或不明原因的突然升温，GC 会自动停止升温以保护色谱柱。氧气、无机酸碱和矿物酸都会对色谱柱固定液造成损伤，应杜绝这几类物质进入色谱柱。b. 色谱柱拆下后通常将色谱柱的两端插在不用的进样垫上，如果只是暂时拆下数日则可放于干燥器中。c. 色谱柱的安装应按照说明书操作，切割时应用专用的陶瓷切片，切割面要平整。不同规格的毛细管柱选用不同大小的石墨垫圈，注意接进样口一端和接质谱一端所用的石墨垫圈是不同的，不要混用。进入进样口一端的毛细管长度要根据所使用的衬管而定，仪器公司提供了专门的比对工具，同样，进入质谱一端的毛细管长度也需要用仪器公司提供的专门工具比对。柱接头螺帽不要上得太紧，太紧了压碎石墨圈反而容易造成漏气，一般用手拧紧后再用扳手紧四分之一圈即可。接质谱前先开机让柱末端插入盛有有机溶剂的小烧杯，看是否有气泡溢出且流速与设定值相当。严禁无载气通过时高温烘烤色谱柱，以免造成固定液被氧化流失而损坏色谱柱。

③ 离子源和预杆的清洗　清洗前先准备好相关的工具及试剂，然后打开机箱，小心地拔开与离子源连接的电缆，拧松螺丝，取下离子源。取预杆之前先取下主四极杆，竖放在无尘纸上，再取下预杆待洗。注意整个操作过程一要小心谨慎，二要避免灰尘进入腔体。将离子源各组件分离，在离子源的所有组件中，灯丝、线路板和黑色陶瓷圈是不能清洗的。而离子盒及其支架、三个透镜、不锈钢加热块以及预杆需要用氧化铝擦洗，将600目的氧化铝粉用甘油或去离子水调成糊状，用棉签蘸着擦洗，重点擦洗上述组件的内表面，即离子的通道。氧化铝擦洗完毕后，用水冲净，然后分别用去离子水、甲醇、丙酮浸泡，超声清洗，待干后组合好离子源，先安装好预杆、四极杆，最后小心装回离子源，盖好机箱，清洗完毕。

3.5.4　液相色谱-质谱联用技术

液相色谱（LC）是以液体为流动相的色谱分离过程。高效液相色谱（HPLC）是在经典的液相色谱法基础上发展起来的。通过引入GC的理论和技术，发展了高分离高效能的色谱柱和高灵敏度的检测器，传统的HPLC检测器包括紫外检测器（UVD）、二极管阵列检测器（DAD）、荧光检测器（FLD）、示差折光检测器及蒸发光散射检测器等。在残留分析中应用较多的检测器有UVD、DAD及FLD。HPLC方法适用于高沸点、大分子、强极性和热稳定性差的化合物的分析，阿维菌素类（AVM）农药残留分析就是一个较好的应用实例。

对农产品中农药残留检测来说，由于可采用HPLC分析的农药大多在紫外光区才有吸收，而在此光谱区众多内源性物质如皮质激素、维生素、脂类、核酸等均在吸收，干扰严重，难以获得满足残留要求的灵敏度。荧光检测器是少数可满足残留分析要求的HPLC检测器之一，同样是对阿维菌素类药物残留的分析，采用HPLC-FLD的检测限比HPLC-UV或HPLC-DAD要低约一个数量级。但大部分农药不能发射荧光，只能通过化学反应将荧光物质结合到被检测农药上，这又引入一个反应程度的问题，而LC-MS/MS可有效地解决此问题。而且LC-MS/MS灵敏度高、性能稳定，在准确定量的同时可以确证，成为残留分析中重要的分析仪器。近年来，随着技术的发展，多种质量分析器组成的串联质谱不断涌现，如四极杆-飞行时间串联质谱（Q-TOF）和飞行时间-飞行时间（TOF-TOF）串联质谱等。这些设备与液相色谱的联用，大大扩展了应用范围。此外，液相色谱的发展如超高效液相色谱（UPLC）的出现，也使得联用技术有了新的发展。与常规HPLC与质谱联用仪相比，采用超高效液相色谱的联用系统具有更锐的色谱峰形、更佳的信噪比和更高的灵敏度，单位时间样品通量也大幅提高，为残留分析带来了技术上的进步。与HPLC相比，HPLC-MS/MS定性功能强大，对前处理的要求较少，分析灵敏度远高于HPLC。在HPLC-MS/MS分析中，乙腈是最常使用的提取溶剂，适用于多种农药残留分析的提取，而且大多数的提取液仅需简单前处理即可上机检测。

当质谱与色谱联用时，若色谱未能将化合物完全分离，串联质谱法可以通过选择性地测定某组分的特征性离子，获取该组分的结构和质量的信息，而不会受到共存组分的干扰。串联质谱的性质决定其对所分析物具有更高的选择性和灵敏性，甚至对较“脏”的样品也能够很好地分析。总体上液相色谱-串联质谱方法的定量限明显要低于GC-MS方法。LC-MS/MS方法中80%的农药的定量限在10μg/kg以下，这与串联质谱技术优异的灵敏性有关，显示了LC-MS/MS在定量方面的优势。

3.5.4.1 液相色谱-质谱联用主要结构组成及原理

（1）仪器组成　高效液相色谱-质谱联用仪器由高效液相色谱系统（进样系统）、色谱-质谱接口（离子源和真空接口）、质量分析器等部分组成。后两部分组成质谱仪（图 3-4）。

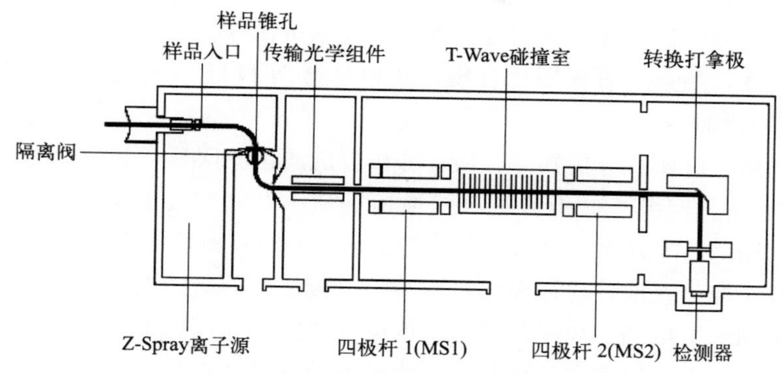

图 3-4　串联四极杆质谱仪结构图

（2）仪器原理　进样系统引入待测化合物，液相色谱对待测化合物进行分离，在离子源中生成各种气态正离子（或负离子）；这些离子经真空接口进入质量分析器，按质荷比（m/z）分离后，被离子检测器检测，检测信号经转化、计算机系统处理后，获得待测化合物的质谱图。

（3）液相色谱-质谱联用中质谱系统的主要结构和技术

① 接口技术　液相色谱中的流动相是液体，而质谱检测的是气体离子，所以"接口"技术必须要解决液体离子化难题。接口同时兼做了质谱仪的电离部分，接口和色谱仪共同组成了质谱的进样系统。在接口技术方面发展了多种接口，目前在农药分析方面广泛使用的接口技术有电喷雾（ESI）、大气压化学电离（APCI）、大气压光电离（APPI）等，也有使用组合源的仪器。

大气压离子化（API）技术是一种常压电离技术，不需要真空，使用方便，因而近年来得到了迅速的发展。API 主要包括电喷雾离子化（ESI）和大气压化学离子化（APCI）等模式。它们的共同点是样品的离子化处在大气压下的离子化室内完成，离子化效率高，增强了分析的灵敏度和稳定性。

API 是一种很温和的离子化技术，多用于极性、不挥发性、质量数较大、热不稳定的化合物。ESI 尤其适合用于生物分子聚合物的分析。ESI/MS 测定具有较高的分辨率，测量精密度可达 0.005%，从而可对经液相色谱纯化的生物分子等直接进行质谱分析。APCI 对分子量不大的弱极性化合物的定性、定量比较准确。

② 目标物离子化　液质联用中最常用的电离源有大气压电喷雾电离源（ESI）、大气压化学电离源（APCI）和光电电离（PI）等。API 电离模式下离子化的效率与化合物的质子亲和势有关，非极性化合物响应通常较差；而高亲和势的化合物可抑制被分析目标物的离子化（产生减弱效应），或形成加和离子使基线信号变得复杂。

③ 液相色谱-质谱联用的质量分析器　在高真空状态下，质量分析器将离子按质荷比分离。根据作用原理不同，常用的质量分析器有扇形磁场分析器、四极杆分析器、离子肼分析器、飞行时间分析器和傅里叶变换分析器。与 LC 联用的质量分析器主要有：四极杆、离子

阱、飞行时间等。为了提高定性的准确度，常将多重四极杆串联使用，有时也用四极杆与离子阱串联使用。飞行时间质谱（TOF）可以增加定性的精确性。由于采用单重四极杆质谱分析存在较大的基体干扰及共流出等问题，实际应用中多使用多级质谱，如三重四极（TQ，QQQ）、四极杆离子阱（QIF）及四极杆-飞行时间质谱（Q-TOF）等。质量分析器的选择主要取决于分析的选择性、灵敏度和目的性、实验室条件等。分析已知目标化合物时，三重四级杆是最佳选择，如果分析未知化合物，液相色谱-四极杆-飞行时间质谱联用仪（LC-Q-TOF）可能是较好的选择。

a. 四极杆和离子阱质量分析器　四极杆分析器的质量上限通常是4000Da，分辨率为1×10^3，属低分辨质谱。四极杆分析器具有扫描速度快、对真空度要求低的特点。采用扫描、选择离子监测（SIM）等方式，单四极杆分析器可以获得待测物的定性和定量结果。离子阱质量分析器由三个电极组成，通过环电极和端帽电极之间的高频电势差，可以产生一个四极电场。离子阱采用交变电场，离子阱在三维或两维空间中存储离子，因而实现时间上两级以上质量分析的结合，即多级串联质谱分析。离子阱的主要缺点是低分辨率、不能进行前体离子扫描和中性丢失扫描、定量效果不如四极杆准确。

b. 三重四极杆（QQQ）　三重四极杆为三级四极式构造，其中一个四极杆用于质量分离，另一个四极杆用于质谱检测，两个四极杆之间设计为碰撞室。与单四极杆相比，三重四极杆的主要优点是操作方式灵活、高的选择性和灵敏度，QQQ可以有几种不同的MS/MS扫描方式：母离子扫描、产物离子扫描、恒定中性丢失和多反应监测模式（MRM），其中多反应监测模式常用于农药残留分析。MRM可以提供很高的选择性和灵敏度。与离子阱质谱相比QQQ的另一个优点是它的扫描速度快，QQQ可以用作单四极杆质谱还可以用作串联质谱。

c. 飞行时间质谱（TOF-MS）　飞行时间质谱原理是具有相同功能、不同质量的离子因飞行速度不同而实现分离。当飞行距离一定时，离子飞行需要的时间与质荷比的平方根成正比，质量小的离子在较短时间到达检测器。TOF-MS具有质量分析范围宽（上限约为15000Da)、离子传输效率高、检测能力多重、仪器设计和操作简便、质量分辨率高（1×10^4）的特点，可以进行准确质量测定。由准确质量数能够进一步获得分子离子或碎片离子的元素组成，是该质量分析器的一个特别优势。飞行时间质谱仪已成为生物大分子分析的主流技术。

④ 液相色谱-质谱联用其他重要单元

a. 离子检测器　通常为光电倍增器或电子倍增器。电子倍增器首先将离子流转化为电流，再将信号多级放大后转化为数字信号，计算机获得质谱图。

b. 真空系统　离子的质量分析必须在高真空状态下进行。质谱仪的真空系统一般为机械泵和涡流分子泵组合构成差分抽气高真空系统，真空度需达到$1\times10^{-6}\sim1\times10^{-3}$Pa。

3.5.3.2　超高效液相色谱-质谱联用仪操作步骤

① 流动相的准备　流动相应避免使用非挥发性添加剂、无机酸、金属碱、盐及表面活性剂等试剂。色谱流动相一般选择色谱纯级的甲醇、乙腈、异丙醇等；水应充分除盐，如超纯水或多次石英器皿重蒸水。流动相的添加剂，如甲酸铵、乙酸铵、甲酸、乙酸、氨水、碳酸氢铵应选择分析纯级以上的试剂，慎用三氟乙酸。挥发性酸、碱的浓度应控制在0.01%～1%（V/V）之间，盐的浓度最好保持在20mmol/L以下。

② 样品的准备　所有样品必须过滤，盐浓度高的样品应预先进行脱盐处理。鉴于高浓度和离子化能力很强的样品容易在管道残留形成污染，难以消除，未知样品分析时应遵循浓度宁稀勿浓、由低到高的规律。采用直接进样方式时，样品溶液的浓度一般不宜高于1μg/mL，若浓度高于5μg/mL时信号值仍偏小，应考虑所用条件、参数、离子检测模式等是否合适，仪器状态是否正常等。混合样品一般不宜采用直接进样方式分析。

③ 离子源的准备　根据待测样品的性质选择合适的离子源、检测离子的极性和模式及参数。在开机前完成离子源的更换和安装。

④ 流速的选择　应根据离子化方式的不同，选择导入离子源的液体流速，并采用恰当的接口参数辅助流动相挥发，减少对质谱的污染，提高检测灵敏度。尽管电喷雾离子化可在1μL/min～1mL/min流速下进行，大气压化学离子化容许的流速可达2mL/min，常规ESI分析的适宜流速为0.1～0.3mL/min，APCI为0.2～1.0mL/min。当色谱分离因采用常规柱而使用较大的流动相流速时，需在色谱柱后对洗脱液分流，仅将一定比例的液体引入离子源分析。

⑤ 气体的要求　碰撞气应为惰性气体（如氩气）；氮气主要作为雾化气。

⑥ 开机测定　打开稳压电源，检查输出电压在220V±10V，频率为50Hz，稳定15min，同时检查碰撞气及氮气出口压力，应符合规定值。

⑦ 按照仪器的使用要求，启动计算机、液相色谱、质谱仪，注意质谱仪应先抽真空至仪器真空度达到要求后方能进行测定。为确保质谱真空系统良好的工作状态，真空泵泵油以及涡轮分子泵油芯需定期更换。仪器稳定后，质谱仪采集质量校准用标准物质的质谱图，检查仪器质量数标定的可靠性。

⑧ 仪器工作条件的选择　色谱条件的确定：根据样品情况，选择合适的色谱柱；确定正相或反相的流动相体系、梯度洗脱条件及洗脱速度；优化液相色谱条件，实现混合样品的良好分离。质谱条件的确定：根据样品性质，选择适宜的离子源及离子化参数。将确定的色谱条件及质谱条件贮存为计算机文件。

⑨ 上机检测　a.定性分析：单级质谱分析通过选择合适的scan参数来测定待测物的质谱图。串联质谱分析则选择化合物的准分子离子峰，通过优化质谱参数，进行二级或多级质谱扫描，获得待测物的质谱。高分辨质谱可以通过准确质量测定获得分子离子的元素组成，低分辨质谱信息结合待测化合物的其他分子结构的信息，可以推测出未知待测物的分子结构。b.定量分析：采用选择离子监测（SIM）或选择反应监测（SRM）、多反应监测（MRM）等方式，通过测定某一特定离子或多个离子的丰度，并与已知标准物质的响应比较，质谱法可以实现高专属性、高灵敏度的定量分析。外标法和内标法是质谱常用的定量方法，内标法具有更高的准确度。质谱法所用的内标化合物可以是待测化合物的结构类似物或稳定同位素标记物。

⑩ 分析报告　完成液质分析后，除按要求提供待测样品的不同色谱图、质谱图、定性分析及定量分析数据外，还应记录以下项目：a.分析日期、时间、温度；b.仪器厂商及型号；c.样品、名称、来源、溶剂、浓度及进样量；d.液相色谱柱参数、流动相组成及液相色谱操作参数；e.接口及质谱操作参数；f.操作人员签名。

3.5.4.3 常见仪器故障排除与维护

（1）故障现象与排除　LC/MS故障排除现象及解决方案见表3-3。

表 3-3 LC/MS 故障排除现象及解决方案

LC/MS 故障排除	
故障现象	解决方案
无峰	① 确保雾化器喷雾 ② 保证毛细管电压设置正确 ③ 保证 MS 调谐正确 ④ 保证检测器压力在正常范围 ⑤ 检查干燥气流量和温度 ⑥ 确保碰撞诱导解离电压设置正确
质量准确度差	① 重新校正质量轴 ② 确定调谐用的离子；估计样品的质量范围并显示强稳定的信号
信号低	① 检查溶液化学性质，确保样品溶剂是合适的 ② 保证用新样品并且是正确储存的样品 ③ 保证 MS 调谐正确 ④ 检查雾化器条件 ⑤ 清洁毛细管入口 ⑥ 检查毛细管有无损坏和污染
信号不稳定	① 保证干燥气流量和温度对溶剂流动是正确的 ② 保证溶剂彻底脱气 ③ 保证液相柱压稳定
雾化器出口是小液滴不喷雾	① 确保雾化气压设定足够高以利于液相色谱流动相气化 ② 检查雾化器中针头的位置 ③ 检查雾化器末端是否损坏

（2）仪器维护与保养

① 实验完毕要清洗进样针、进样阀等，用过含酸的流动相后，色谱柱、离子源都要用甲醇/水冲洗，延长使用寿命。

② 定期振气（对于 ESI 源，至少每星期做一次；对于 APCI 源，每天做一次），逆时针方向拧开机械泵上的 Gas Ballast 阀（先关闭离子源隔断阀），运行 20min。定期检查机械泵的油的状态，如果发现浑浊、缺油等状况，或者已经累计运行超过 3000h，要及时更换机械泵油。

③ 定期清洗样品锥孔，关闭隔断阀，取下样品锥孔，先用甲醇∶水∶甲酸（45∶45∶10）的溶液超声清洗 10min，然后再分别用超纯水和甲醇各溶液超声清洗 10min，待晾干后再安装到仪器上。当灵敏度下降时，需要清洗离子源、二级锥孔和四级杆。

3.6 实验部分

实验 1　农药水分测定方法

一、实验目的

学习并掌握使用卡尔·费休法和共沸蒸馏法测定农药中的水分含量。

二、卡尔·费休法

1.实验原理

卡尔·费休法属碘量法，其基本原理是利用碘氧化二氧化硫时，需要一定量的水参加反应。卡尔·费休试剂与水的反应式如下。

$$I_2+SO_2+3C_5H_5N+H_2O \longrightarrow 2C_5H_5N \cdot HI+C_5H_5N \cdot SO_3$$

$$C_5H_5N \cdot SO_3+CH_3OH \longrightarrow C_5H_5N \cdot HSO_4CH_3$$

反应生成的 $2I^- - 2e \longrightarrow I_2$

由上式可知，参加反应的 I_2 物质的量等于 H_2O 的物质的量。

2.实验方法

(1) 试剂和溶液

① 无水甲醇　水的质量分数应≤0.03%。取 5～6g 表面光洁的镁（或镁条）及 0.5g 碘，置于圆底烧瓶中，加 70～80mL 甲醇，在水浴上加热回流至镁全部生成絮状的甲醇镁，此时加入 900mL 甲醇，继续回流 30min，然后进行分馏，在 64.5～65℃收集无水甲醇。所用仪器应预先干燥，与大气相通的部分应连接装有氯化钙或硅胶的干燥管。

② 无水吡啶　水的质量分数应≤0.1%。吡啶通过装有粒状氢氧化钾的玻璃管（管长 40～50cm，直径 1.5～2.0cm，氢氧化钾高度为 30cm 左右）处理后进行分馏，收集 114～116℃的馏分。

③ 碘　重升华，并放在硫酸干燥器内 48h 后再用。

④ 硅胶　含变色指示剂。

⑤ 二氧化硫　将浓硫酸滴加到盛有亚硫酸钠（或亚硫酸氢钠）糊状水溶液的支管烧瓶中，生成的二氧化硫经冷阱（图 3-5）冷却液化（冷阱外部加干冰和乙醇或冰和食盐混合）。使用前把盛有液体二氧化硫的冷阱放于空气中气化，并经浓硫酸和氯化钙干燥塔进行干燥。

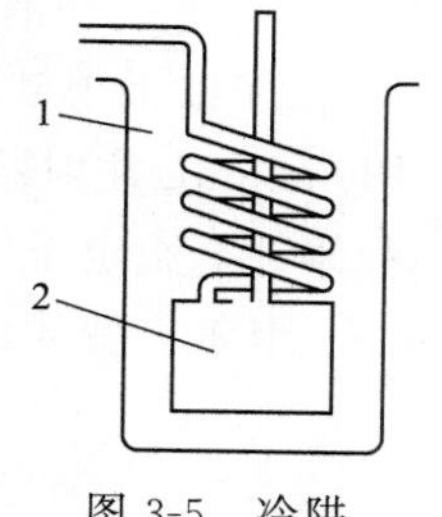

图 3-5　冷阱
1—广口烧瓶；
2—250mL 冷片

⑥ 卡尔·费休试剂（有吡啶）　将 63g 碘溶解在干燥的 100mL 无水吡啶中，置于冰中冷却，向溶液中通入二氧化硫直至增重 32.3g 为止，避免吸收环境潮气，补充无水甲醇至 500mL 后，放置 24h。此时卡尔·费休试剂的水含量约为 5.2mg/mL，也可使用市售的无水吡啶卡尔·费休试剂。

(2) 仪器　滴定装置如图 3-6 所示。

试剂瓶 250mL，配有 10mL 自动滴定管，用吸耳球将卡尔·费休试剂压入滴定管中，通过安放适当的干燥管防止吸潮。

反应瓶约 60mL，装有两个铂电极、一个调节滴定管尖的瓶塞、一个用干燥剂保护的放空管，待滴定的样品通过入口管或从磨口塞开闭的侧口加入，在滴定过程中，用电磁搅拌。

1.5V 或 2.0V 电池组同一个约 2000Ω 的可变电阻并联。铂电极上串联一个微安表。调节可变电阻，使 0.2mL 过量的卡尔·费休试剂流过铂电极的初始电流不超过 20mV 产生的电流。每加一次卡尔·费休试剂，电流表指针偏转一次，但很快恢复到原来的位置，到达终点时，偏转的时间持续较长。电流表满刻度偏转不大于 100μA。

(3) 卡尔·费休试剂的标定

① 以二水酒石酸钠为基准物　加 20mL 甲醇于滴定容器中，用卡尔·费休试剂滴定至

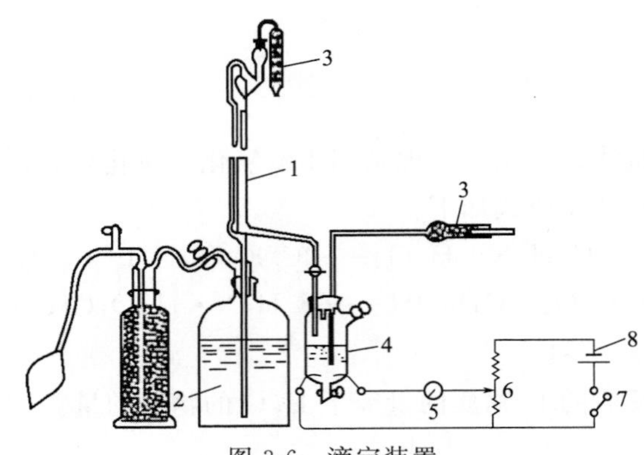

图 3-6　滴定装置

1—10mL 自动滴定管；2—试剂瓶；3—干燥管；4—滴定瓶；5—电流计或检流计；6—可变电阻；7—开关；8—1.5～2.0V 电池组

终点，不记录需要的体积，此时迅速加入 0.15～0.20g（精确至 0.002g）酒石酸钠，搅拌至完全溶解（约 3min），然后以 1mL/min 的速度滴加卡尔・费休试剂至终点。

卡尔・费休试剂的水含量 c_1(mg/mL) 按式（3-1）计算：

$$c_1=\frac{36m\times1000}{230V} \tag{3-1}$$

式中　230——酒石酸的分子量；

36——水的分子量的 2 倍；

m——酒石酸钠的质量，g；

V——消耗卡尔・费休试剂的体积，mL。

② 以水为基准物　加 20mL 甲醇于滴定容器中，用卡尔・费休试剂滴定至终点，迅速用 0.25mL 注射器向滴定瓶中加入 35～40mg（精确至 0.0002g）水，搅拌 1min 后，用卡尔・费休试剂滴定至终点。

卡尔・费休试剂的水含量 c_2(mg/mL) 按式（3-2）计算：

$$c_2=\frac{m\times1000}{V} \tag{3-2}$$

式中　m——水的质量，g；

V——消耗卡尔・费休试剂的体积，mL。

（4）测定步骤　加 20mL 甲醇于滴定瓶中，用卡尔・费休试剂滴定到终点，迅速加入已称量的试样（精确至 0.01g，含水约 5～15mg），搅拌 1min，然后以 1mL/min 的速度滴加卡尔・费休试剂至终点。

试样中水的质量分数为：

$$X_1(\%)=\frac{cV}{m\times1000}\times100\% \tag{3-3}$$

式中　c——卡尔・费休试剂的水含量，mg/mL；

V——消耗卡尔・费休试剂的体积，mL；

m——试样的质量，g。

（5）卡尔・费休库仑滴定仪器测定法

① 试剂和溶液　卡尔・费休试剂（包括有吡啶和无吡啶）取自市售。

② 仪器　微量水分测定仪（与化学滴定法精度相当）。

③ 测定步骤　按具体仪器使用说明书进行。

三、共沸蒸馏法

（1）方法提要　试样中的水与甲苯形成共沸二元混合物，一起被蒸馏出来，根据蒸出水的体积，计算水含量。

（2）试剂　甲苯。

（3）仪器　水分测定器（图 3-7），包括 2mL 接收器，分刻度为 0.05mL；500mL 圆底烧瓶。

（4）测定步骤　称取含水约 0.3～1.0g 的试样（精确至 0.01g），置于圆底烧瓶中，加入 100mL 甲苯和数支长 1cm 左右的毛细管，按图 3-7 所示安装仪器，在冷凝器顶部塞一个疏松的棉花团，以防大气中水分的冷凝，加热回流速度为 2～5 滴每秒，继续蒸馏直到在仪器的任何部位，除刻度管底部以外，不再见到冷凝水，而且接收器内水的体积不再增加时再保持 5min 后，停止加热。用甲苯冲洗冷凝器，直至没有水珠落下为止，冷却至室温，读取接收器内水的体积。其中水的质量分数 X_2（%）按式（3-4）计算。

$$X_2\ (\%) = \frac{V}{m} \times 100\% \tag{3-4}$$

式中　V——接收器中水的体积，mL；

m——试样的质量，g。

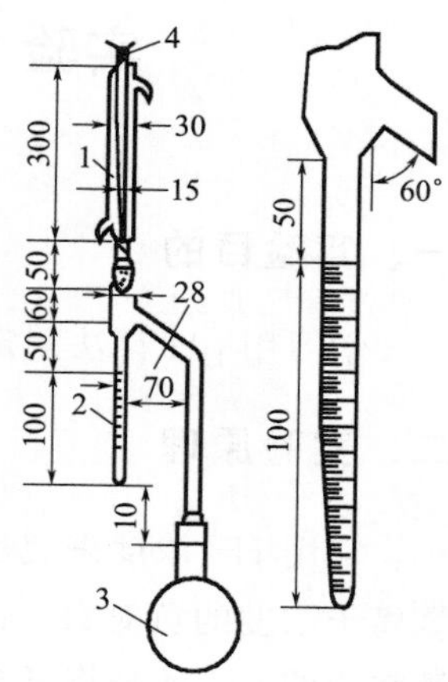

图 3-7　水分测定器

（单位：mm）

1—直形冷凝器；2—接收器；3—圆底烧瓶；4—棉花团

四、卡尔·费休法注意事项

① 样品如为固体可用称量瓶或称量纸称取；如为液体可取少量放置于 10mL 干燥三角瓶中，用干燥滴管取样。均以减量法称出取样量。

② 如供试样品在溶剂中溶解速度较慢，则需先进行搅拌，待供试样品溶解后方可进行测定。

③ 测定全部结束后，须用甲醇清洗滴定池和电极，且用甲醇浸没滴定管的滴头，以防滴头被析出的结晶堵塞。

④ 供试品应取 3 份进行测定，取其平均值。测定结果保留至小数点后一位即可。

⑤ 费休氏试液应密封，避光，并于干燥处保存，滴定装置中的干燥剂应定期调换。

⑥ 水分测定所用的容器均应干燥，所用的试剂均应无水。

⑦ 每次水分测定前费休氏试液应重新标定。

⑧ 应根据供试品水分含量，适量取样。参考表 3-4。

表 3-4　样品取样量参考

预计样品含水量/%	取样量/mg	预计样品含水量/%	取样量/mg
0.1～0.5	500～1000	5～10	100
0～2	200	10～25	100
2～5	100	>25	100

⑨ 避免搅拌棒碰撞电极。如果电极钝化，终点指示不灵敏，应用丙酮浸洗。

五、思考题

① 卡尔·费休滴定测定水的终点判别方法有哪几种？

② 在进行卡尔·费休滴定过程中会出现终点提前现象，原因是什么？如何避免？

③ 共沸蒸馏法中如何选择共沸有机溶剂？

实验2　农药氢离子浓度测定（pH计法）

一、实验目的

学习用pH计法测定农药氢离子浓度。

二、实验原理

常用H^+浓度来表示溶液的酸碱性，当$[H^+]$小于1mol/L时，为了使用方便，常用氢离子浓度的负对数，即$-\lg[H^+]$来表示溶液的酸度，并称为pH，即$pH=-\lg[H^+]$。最常用的pH计是将复合电极和温度传感器插入标准溶液校正后对被测样品进行测量。

三、实验材料

1. 试剂和溶液

蒸馏水pH 6～8，标准缓冲溶液的配制：取一包缓冲试剂用蒸馏水定容至250mL。

标准溶液的pH值与温度关系对照见表3-5。

2. 仪器

PHSJ-4A型实验室pH计、容量瓶（250mL）、烧杯（250mL）、玻璃棒、吸水纸、量筒（100mL）。

表3-5　标准溶液的pH值与温度之间的关系表

温度/℃	邻苯二甲酸氢钾（0.05mol/L）	混合磷酸盐（0.025mol/L）	四硼酸钠（0.01mol/L）
0	4.000	6.984	9.464
5	3.998	6.951	9.395
10	3.997	6.923	9.332
20	4.001	6.881	9.225
25	4.005	6.865	9.180
30	4.011	6.853	9.139
40	4.027	6.838	9.068
50	4.050	6.833	9.011
55	4.065	6.835	8.986

3. 药剂

可湿性粉剂、乳油。

四、仪器及校正

（1）PHSJ-4A 型实验室 pH 计　需要有温度补偿或温度校正图表。

（2）pH 复合电极　电极的室腔中需注满饱和氯化钾溶液，并需保证在任何温度下都有少量的氯化钾晶体存在，实验前浸泡一天方可使用。

（3）电极标定

① 将 pH 复合电极和温度传感器分别插入仪器的测量电极插座和温度传感器插座内，并将该电极用蒸馏水清洗干净，选择一种与被测溶液 pH 相近的 pH 标准缓冲溶液进行标定。

② 仪器开机后，在仪器处于任何工作状态下，按下“校准”键，仪器即进入“标定 1”工作状态，此时，仪器显示“标定 1”以及当前测得的 pH 值和温度值。

③ 当显示屏上的 pH 值读数趋于稳定后，按下“确认”键，仪器显示“标定 1 结束!”以及 pH 值和斜率，说明仪器已完成一点标定。如按下其中某一键，则仪器进入相应的工作状态。

④ 如果有必要进行两点标定（即用两种缓冲液对电极进行标定），需要将电极取出用蒸馏水清洗干净，放入另一种缓冲液中进行标定，步骤同上。

五、实验步骤

（1）可湿性粉剂 pH 值测定　在 250mL 三角瓶中加入 1.000g 样品，然后再加 100mL 蒸馏水，充分振荡混匀，静置，待沉淀完全后，将上清液倒入 250mL 的烧杯中，将洗干净的复合电极和温度传感器放入其中，按下 pH 键进行测定。当读数在 2min 内变化不超过 0.1 时，此读数即为样品的 pH 值。

（2）乳油 pH 值测定　在 250mL 三角瓶中加入 1.000g 乳油，然后再加 100mL 蒸馏水，充分搅拌混匀，将其倒入 250mL 烧杯中，再将冲洗干净的复合电极和温度传感器插入其中，按下 pH 键进行测定。如读数在 2min 内变化不超过 0.1，此读数即为样品的 pH 值。

六、注意事项

① 电极标定时，选择一种与被测溶液 pH 相近的 pH 标准溶液进行标定。

② 测定样品的 pH 时，电极及温度传感器不能碰到烧杯壁。

③ 在测试每种药剂时电极都要用蒸馏水清洗干净。

④ 实验完毕后，电极要冲洗干净并妥善保存。

实验 3　农药酸度的测定（滴定法）

一、实验目的

学习酸碱滴定的方法测定农药酸度。

二、实验原理

很多农药的分解与 H^+ 或 OH^- 的浓度直接相关，可通过酸碱滴定的方法来测定制剂或原药的氢离子浓度。

三、实验材料

1.试剂和溶液

氢氧化钠：分析纯，0.02mol/L 标准溶液；盐酸：分析纯，0.02mol/L 标准溶液；甲基红：0.2%无水乙醇溶液；蒸馏水、无水乙醇（分析纯）、丙酮（分析纯）等。

2.仪器

万分之一电子天平，酸式滴定管（25mL），碱式滴定管（25mL），烧杯（250mL），容量瓶（1000mL、100mL），三角瓶（250mL），量筒（100mL），胶头滴管，药匙，玻璃棒，滴瓶，白纸，标签纸等。

3.药剂

杀虫单可溶粉剂、百菌清可湿性粉剂、异丙威原药。

四、实验步骤

（1）杀虫单可溶粉剂　称取 5g（精确至 0.002g）样品，置于 250mL 三角瓶中，加 50mL 蒸馏水，塞紧盖子剧烈摇动使其溶解，加 6 滴甲基红作指示剂，用 0.02mol/L NaOH 标准溶液滴定，同时用不加样品的 50mL 蒸馏水加 6 滴甲基红指示剂做空白测定［甲基红的变色范围是 pH 4.2(红)～6.2(黄)］。计算公式如下所述。

如果空白消耗少量的碱则应按式（3-5）、式（3-6）计算。

$$\text{酸度（以 HCl 计,\%）}=\frac{c_1\ (V_1-V_2)\ \times 0.03646}{m}\times 100\% \quad (3\text{-}5)$$

$$\text{酸度（以 }H_2SO_4\text{ 计,\%）}=\frac{c_1\ (V_1-V_2)\ \times 0.049}{m}\times 100\% \quad (3\text{-}6)$$

如果空白消耗少量的酸则应按式（3-7）、式（3-8）计算。

$$\text{酸度（以 HCl 计,\%）}=\frac{(c_1V_1+c_2V_2)\ \times 0.03646}{m}\times 100\% \quad (3\text{-}7)$$

$$\text{酸度（以 }H_2SO_4\text{ 计,\%）}=\frac{(c_1V_1+c_2V_3)\ \times 0.049}{m}\times 100\% \quad (3\text{-}8)$$

式中　c_1——NaOH 标准溶液的浓度，mol/L；

c_2——HCl 标准溶液的浓度，mol/L；

V_1——滴定样品时消耗 NaOH 标准溶液的体积，mL；

V_2——滴定空白时消耗 NaOH 标准溶液的体积，mL；

V_3——滴定空白时消耗 HCl 标准溶液的体积，mL；

m——样品的质量，g；

0.049——1/2 硫酸分子摩尔质量，kg/mol；

0.03646——HCl 分子摩尔质量，kg/mol。

（2）百菌清可湿性粉剂　称取 5g（精确至 0.002g）药剂，溶解步骤同上。

加入 6 滴甲基红作指示剂，用 0.02mol/L NaOH 标准溶液滴定，同时用不加样品的 50mL 蒸馏水加 8 滴甲基红指示剂做空白测定，计算公式同上。

（3）97%的异丙威原药　5g（精确至 0.002g）原药用 50mL 95%的丙酮溶解，加 6 滴甲基红做指示剂，用 0.02mol/LNaOH 标准溶液滴定，同时用不加样品的 50mL 95％的丙酮加 6 滴甲基红指示剂做空白测定，计算公式同上。

五、注意事项

① 滴定时，实验前如果未做预试，速度要尽量慢一些，否则很容易就会滴过而错过滴定终点的判断。

② 滴定时用一张白纸做背景，以便于判断滴定终点。

③ 滴定管使用前应进行润洗并先赶尽气泡。

④ 测定乳油等液体剂型的酸度时，所用样品要称取而不能量取。

六、思考题

pH 与酸度有何不同？

实验 4　薄层-溴化法测定辛硫磷含量

一、实验目的

1. 掌握薄板制作、点样、色谱、分离、溴化滴定定量分析技术。

2. 利用薄层色谱法净化辛硫磷乳油，并对有效成分定量。

二、实验原理

辛硫磷（phoxim）结构式：

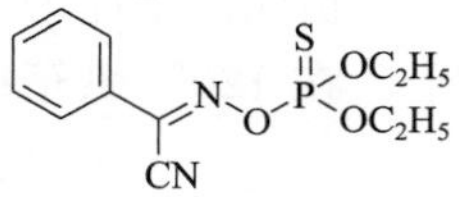

S ‖ OC₂H₅ — N—O—P — OC₂H₅ ; CN

① 溴化钾-溴酸钾溶液在酸性溶液中析出溴。

$$5KBr+KBrO_3+3H_2SO_4 \longrightarrow 3Br_2+3K_2SO_4+3H_2O$$

② 辛硫磷被溴分解氧化。

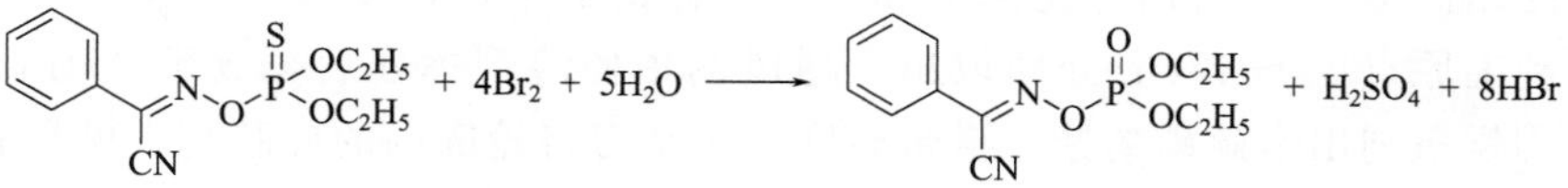

$$(\text{辛硫磷}) + 4Br_2 + 5H_2O \longrightarrow (\text{P=O 产物}) + H_2SO_4 + 8HBr$$

③ 碘化钾在酸性溶液中释放出碘化氢。

$$2KI+H_2SO_4 \longrightarrow 2HI+K_2SO_4$$

④ 剩余的溴被碘化氢还原成溴化氢，并析出碘。

$$Br_2+2HI \longrightarrow 2HBr+I_2$$

⑤ 析出的碘用新鲜的淀粉溶液作指示液，用 0.1mol/L 硫代硫酸钠标准溶液滴定。

$$I_2+2Na_2S_2O_3 \longrightarrow 2NaI+Na_2S_4O_6$$

三、实验材料

1. 仪器

水浴锅、紫外分析仪、通风橱、烘箱、玻璃仪器烘干机。

2. 其他实验物品

碘量瓶，玻璃板，100μL 微量进样针，碱式滴定管，量筒，移液管，烧杯，吸耳球，瓷盘，试剂瓶，滴瓶，容量瓶，洗瓶，玻璃棒，药匙，天平，镊子，脱脂棉，白纸，标签纸。

3. 试剂和溶液

（1）0.15mol/L（1/6$KBrO_3$）的溴酸钾-溴化钾溶液　称取 4.2g 溴酸钾、14.88g 溴化钾溶于 1000mL 水中，摇匀。

（2）15%的碘化钾溶液　分析纯，称取 150g 碘化钾溶于 850mL 蒸馏水中，混匀。

（3）0.5%淀粉指示剂　称取 0.5g 淀粉溶于 100mL 蒸馏水中，煮沸，冷却。

（4）0.04mol/L 硫代硫酸钠溶液　分析纯，称取 6.33g 硫代硫酸钠溶于 1000mL 蒸馏水中，混匀。

（5）1∶4（体积比）硫酸　分析纯，量取 100mL 浓硫酸沿烧杯内壁慢慢注入 400mL 蒸馏水中，边注入边搅拌。

（6）无水乙醇　分析纯。

（7）石油醚　分析纯。

（8）乙酸乙酯　分析纯。

（9）硅胶 GF_{254}　色谱用。

四、实验操作

硅胶板制备：称取约 10g 硅胶 GF_{254}，于 100mL 烧杯中加蒸馏水约 25mL，用玻璃棒一个方向搅拌为均匀糊状，均匀地倒在一块预先洗干净的（并用乙醇擦过的）玻璃板上，并轻轻振动，以赶除气泡，放于水平处晾干。在 120℃烘箱中干燥 0.5h 取出，在干燥器中放冷备用。

称取辛硫磷乳油样品 1.5～1.8g（准确至 0.2mg）于 10mL 容量瓶中，用丙酮稀释至刻度后摇匀，吸取上述丙酮溶液 0.1mL，在一块活化好的硅胶板上离底边 2.5cm、离两侧各 1cm 处将试样点成直线，并用少量丙酮洗涤移液管尖端，待溶液挥发后，将板直立于盛有石油醚-乙酸乙酯（8∶2）溶剂并充满饱和蒸气的色谱缸中，板浸入溶剂深度 5～7mm，当色谱液上升到离原点 13～14cm 处即取出，通风橱中使溶剂挥发后，放于 254nm 紫外分析仪下显色，用锯条划出辛硫磷的紫色谱带轮廓，用刮刀将轮廓内的硅胶刮入碘量瓶中，再用少量水湿润过的脱脂棉擦洗该谱带处的玻璃板，一并投入，加少量水冲洗瓶壁，加水至总体积约 50mL，准确加入溴酸钾-溴化钾溶液 5mL，加入 1∶4（体积比）硫酸 5mL，塞紧瓶塞，摇匀，并用少量蒸馏水密封，于（25±2)℃下放置 15min，加入 15%的碘化钾 10mL，振摇放置 1～2min，用硫代硫酸钠标准溶液滴至淡黄色，加入 0.5%淀粉指示剂 1mL，继续滴至溶液褪色，即为终点，并在同样条件下做空白试验。

辛硫磷的百分含量（X）按式（3-9）计算。

$$X=\frac{(V_1-V_2)\ c\times 0.3729\times 100}{m} \tag{3-9}$$

式中 V_1——空白试验耗用硫代硫酸钠标准溶液的体积，mL；

V_2——样品耗用硫代硫酸钠标准溶液的体积，mL；

c——硫代硫酸钠标准溶液的浓度，mol/L；

m——样品称样量，g；

0.3729——辛硫磷分子摩尔质量，kg/mol。

五、实验操作注意事项

① 向硅胶中加水后要充分搅拌，搅匀即可，不需长时间搅动，并且要顺一个方向搅拌，以防产生气泡。

② 点样成线，越细越好，可半滴半滴地加，针头不得碰到硅胶板，以免影响效果和堵塞针头。

③ 晾板时应尽量保持避光环境，因为辛硫磷见光易分解，容易引起实验误差。

④ 在紫外分析仪下显色前，应保证薄板已经晾干，若无法显色或不清晰，应再进行晾干处理然后显色。

⑤ 擦硅胶板用的脱脂棉要尽量小，以减少其对样品的吸附。

⑥ 水浴前要对碘量瓶进行水封，并检查确实不漏气后（瓶口没有气泡冒出）再进行水浴加热。水浴完成后不要急于打开瓶塞，应先让其冷却，慢慢转动瓶塞，使水封用的水流入瓶中，然后用水冲洗瓶口，以尽量避免 Br_2 的损失。

⑦ 点样针使用后必须用丙酮反复冲洗干净。

六、思考题

① 写出辛硫磷和溴反应的化学方程式。

② 讨论空白组所用硫代硫酸钠标准溶液体积大还是样品组所用硫代硫酸钠标准溶液体积大，为什么？

③ 溴酸钾-溴化钾溶液是否需要准确定量？为什么？

④ 碘化钾溶液是否需要准确定量？为什么？

⑤ 空白薄板是否需要放入色谱缸中进行色谱？应该刮取哪些部分进行滴定？

⑥ 色谱缸内如何充满饱和的色谱液蒸气？

⑦ $2KI + H_2SO_4 \longrightarrow 2HI + K_2SO_4$ 这一步是否多余？

⑧ 怎样清洗微量进样针？

实验5　直接碘量法测定代森锌含量

一、实验目的

1. 理解直接碘量法测定代森锌含量的原理。

2. 学会使用直接碘量法测定代森锌含量。

二、实验原理

试样于煮沸的硫酸溶液中分解，生成二硫化碳及干扰分析的硫化氢气体，先用乙酸镉溶液吸收硫化氢，继之以氢氧化钾-乙醇溶液吸收二硫化碳，并生成乙基磺原酸钾。二硫化碳吸收液用乙酸中和后立即以碘标准滴定溶液滴定。反应式如下：

$$C_4H_6N_2S_4Zn + 4H^+ + SO_4^{2-} \longrightarrow (NH_2CH_2CH_2NH_2) \cdot H_2SO_4 + 2CS_2 + Zn^{2+}$$

$$CS_2 + C_2H_5OK \longrightarrow C_2H_5OCSSK$$

$$2C_2H_5OCSSK + I_2 \longrightarrow C_2H_5OC(S)SS(S)COC_2H_5 + 2KI$$

三、实验材料

1. 样品

代森锌可湿性粉剂。

2. 试剂和溶液

（1）氢氧化钾乙醇溶液　110g/L，使用前现配制。

（2）碘标准滴定溶液　$c(1/2I_2)=0.1mol/L$，按 GB/T 601—2016《化学试剂　标准滴定溶液的制备》配制和标定。

（3）其他　硫酸溶液（0.55mol/L），乙酸镉溶液（100g/L），冰乙酸溶液（冰乙酸∶水＝30∶70），淀粉指示液（5g/L），酚酞指示液（10g/L 酚酞乙醇溶液）。

3. 仪器、设备

代森锌分解和吸收装置如图 3-8 所示。

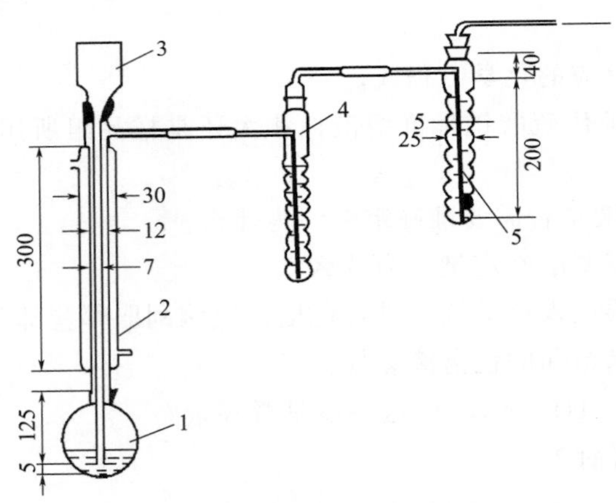

图 3-8　代森锌分解和吸收装置（单位：mm）

1—反应瓶（容量 250mL）；2—直形冷凝器；3—长颈漏斗；4—第一吸收管；5—第二吸收管

四、实验操作

1. 测定步骤

称取代森锌试样 0.4g（精确至 0.0002g），置于干净的反应瓶中，在第一吸收管中加 50mL 乙酸镉溶液，第二吸收管加 60mL 氢氧化钾-乙醇溶液，按图 3-8 连接分解和吸收装置，检查装置的密封性。打开冷却水，开启抽气源，控制抽气速度以每秒 2～4 个气泡均匀稳定地通过吸收管。通过长颈漏斗向反应瓶中加入 50mL 硫酸溶液，摇动均匀。立即加热，小心控制，防止反应液冲出，保持微沸 45min，停止加热。将第二吸收管中的溶液定量地移入 500mL 三角瓶中，并用 200mL 水洗涤，洗液并入 500mL 三角瓶中，加酚酞指示液检查吸收管，洗至管内无残留物，用乙酸溶液中和至酚酞褪色，再过量 4～5 滴，立即用碘标准滴定溶液滴定，同时不断摇动，近终点时加 10mL 淀粉指示液，继续滴定至试液刚呈现蓝色即为终点。

同时做空白测定。

2. 计算

以质量分数表示的试样中代森锌的含量 X_1(%) 按式 (3-10) 计算。

$$X_1(\%)=\frac{c(V_1-V_0)\times 0.1379}{m}\times 100\% \tag{3-10}$$

式中 c——碘标准滴定溶液的实际浓度，mol/L；

V_1——滴定试样溶液消耗碘标准滴定溶液的体积，mL；

V_0——滴定空白溶液消耗碘标准滴定溶液的体积，mL；

m——样品称样量，g；

0.1379——与 1.00mL 碘标准滴定溶液 [$c(1/2I_2)=1.000$mol/L] 相当的以 g 表示的代森锌质量。

3. 允许差

两次平行测定结果之差，对 80%代森锌可湿性粉剂应不大于 1.2%，对 65%可湿性粉剂应不大于 1.0%。取其算术平均值作为测定结果。

五、思考题

① 为什么要做空白测定？

② 反应中为什么要均匀地抽气？

实验 6　紫外分光光度法测定噁霉灵原药含量

一、实验目的

1. 学习 UV-2000 型紫外可见分光光度计的使用。

2. 学习使用紫外分光光度法测定噁霉灵的含量。

二、实验原理

许多农药在紫外区具有特征吸收光谱，若农药结构中含有共轭多烯系统、含有未成键电子对的双键结构或基团，以及芳香基团和部分含有未成键电子对的杂原子的基团，其在紫外区有明显吸收，其定量的依据是光吸收定律 (Lambert beer's Law)，吸光度公式见式 (3-11)。

$$A=-\lg T=KcL \tag{3-11}$$

式中，T 为透射比；K 为样品溶液的吸光系数；L 为样品溶液的厚度，cm；c 为样品溶液的浓度，mol/L。即在吸收池厚度一定，波长一定的情况下，吸光度与浓度呈正比。

三、实验材料

1. 仪器和实验用品

紫外可见分光光度计，万分之一天平，容量瓶，烧杯，移液管，吸耳球，计算器，擦镜纸，标签纸。

2. 试剂和溶液

甲醇，噁霉灵标样，噁霉灵原药样品。

四、实验步骤

1. 标准溶液的配制

准确称取 0.2g 99.1%噁霉灵纯品于 100mL 容量瓶中，甲醇稀释定容，每组取 1mL 稀释到 50mL 容量瓶中，再依次取 5mL 甲醇稀释定容至 10mL 容量瓶中，分别配成 40μg/mL、20μg/mL、10μg/mL、5μg/mL、2.5μg/mL、1.25μg/mL 的噁霉灵甲醇标准溶液。

2. 吸收曲线绘制

配制 5～10μg/mL 噁霉灵甲醇标准溶液，在 200～280nm 波长范围（分别在 200nm、205nm、210nm、215nm、220nm、225nm、230nm、235nm、240nm、245nm、250nm、255nm、260nm、265nm、270nm 处）读 λ 值，画出噁霉灵的吸收曲线，可以先粗测再细测。

3. 工作曲线绘制

用上述溶液在最大吸收波长下检测吸光值（220nm），以浓度为横坐标、吸光值作纵坐标，画出吸收曲线，确定线性范围，计算线性方程。

4. 样品测定

准确称取 0.1g 噁霉灵样品，甲醇稀释定容到 100mL，再取 1mL 甲醇稀释定容到 100mL 容量瓶中，测定方法同标准样品测定方法。吸光值代入方程，计算噁霉灵含量。

五、思考题

① 什么样结构的农药可以用紫外分光光度法测定其含量?

② 简述紫外分光光度法测定农药的步骤。

③ 农药制剂分析中吸收波长是否一定选择最大吸收波长，为什么?

实验 7　非水电位滴定测定多菌灵含量

一、实验目的

理解非水电位滴定法进行农药定量分析的原理，并学会使用非水电位滴定法测定多菌灵的含量。

二、实验原理

多菌灵原药有效成分为 *N*-(2-苯并咪唑基)氨基甲酸甲酯，结构式如下。

$C_9H_9N_3O_2$, 191.19, 10605-21-7

样品经水洗除去邻苯二胺等干扰物，经干燥后在非水介质中用高氯酸-冰醋酸标准溶液滴定。

三、实验材料

1. 样品

多菌灵原药。

2. 试剂和溶液

高氯酸（GB/T 623—2011）分析纯，冰乙酸（GB/T 676—2007）分析纯，乙酸酐（GB/T 677—2011）分析纯，苯二甲酸氢钾（GB1257—77）基准试剂，0.1mol/L 高氯酸标准溶液。

3. 仪器

电位滴定计 ZD-2，DZ-1 型；玻璃电极；饱和甘汞电极；微量滴定管 10mL，分度值为 0.05mL；烧杯 100mL。

四、实验操作步骤

1. 高氯酸标准溶液（0.1mol/L）的配制

（1）配制　取 8.5mL70%～72%高氯酸与 500mL 冰醋酸混合，加 20mL 乙酸酐（小心地分几份加入），并用冰醋酸稀释至 1L 混匀，放置过夜、备用。

（2）标定　称取在 150℃烘至恒重的苯二甲酸氢钾 0.2g（准确至 0.0002g）于干燥的 100mL 烧杯中，加 40mL 冰醋酸，充分搅拌使其溶解，用高氯酸标准溶液进行电位滴定，记录增量比的最大值（$-\Delta mV/\Delta mL$），即为突跃点。

取 40mL 冰醋酸，以同样方法，做一空白试验。

（3）计算　高氯酸标准溶液浓度（c），按式（3-12）计算。

$$c=\frac{4.897m}{V_1-V_2} \tag{3-12}$$

式中　m——苯二甲酸氢钾的质量，g；

V_1——滴定苯二甲酸氢钾所耗高氯酸标准溶液的体积，mL；

V_2——空白试验所耗高氯酸标准溶液的体积，mL；

4.897——换算系数。

2. 测定步骤

称取约 0.15g 样品（准确至 0.0002g），置于 G3（图 3-7）过滤漏斗中，将该漏斗放在 500mL 抽滤瓶上，往漏斗中加入 20mL 蒸馏水，用玻璃棒搅拌洗涤 2min，将抽滤瓶接上抽滤泵，抽干，然后再重复洗涤 3 次，每次用蒸馏水 10mL，而后将抽干的样品连同 G3 漏斗置于 120℃烘箱中，干燥 30min，取出冷却，用不锈钢铲刀将过滤漏斗中干燥的样品转移至 100mL 烧杯中，用 40mL 冰醋酸分 4 次洗涤漏斗，用双连球鼓气加压，将洗涤液经过滤漏斗

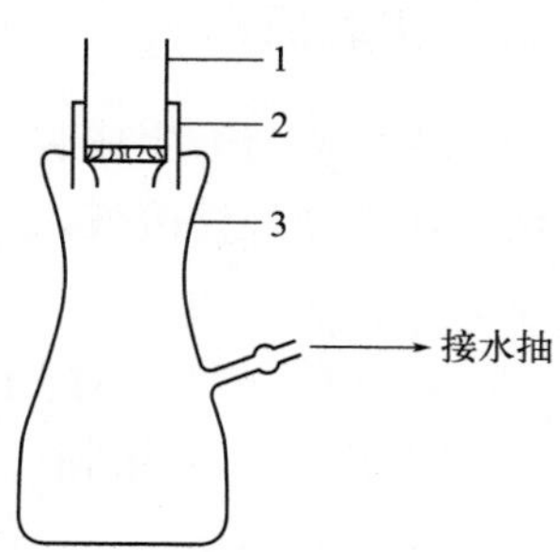

图 3-9　抽滤装置

1—砂心漏斗［25mL(G3)］；2—橡皮套（自行车内胎）；3—吸滤瓶（500mL）

收集到100mL烧杯中，在电磁搅拌下使样品完全溶解，以玻璃电极作指示电极，饱和甘汞电极作参比电极，用0.1mol/L高氯酸标准溶液进行电位滴定，记录每次所加的体积（mL）和毫伏计所示的电压变化数，求得增量比最大值（$-\Delta mV/\Delta mL$），即为滴定终点。同时做一空白测定。

3. 计算

多菌灵含量（X_1,%）按式（3-13）计算。

$$X_1(\%)=\frac{V_1-V_2}{mc\times 0.1912}\times 100\% \tag{3-13}$$

式中 c——高氯酸标准溶液的浓度，mol/L；

V_1——滴定样品所耗高氯酸标准溶液的体积，mL；

V_2——滴定空白所耗高氯酸标准溶液的体积，mL；

m——样品质量，g；

0.1912——多菌灵的摩尔质量，g/mmol。

4. 方法偏差

本方法的相对偏差不得大于±0.7%。

五、思考题

① 非水电位滴定中确定滴定终点有几种方法？分别给予说明。

② 非水电位滴定法的原理是什么？什么样的农药适合非水电位滴定？

③ 在非水电位滴定中是否要选择合适的电极，依据是什么？

实验8 返滴定法测定磷化铝含量

一、实验目的

1. 理解返滴定法测定磷化铝含量的原理。
2. 学会使用返滴定法测定磷化铝含量。

二、实验原理

磷化铝与酸生成磷化氢气体，用过量的高锰酸钾溶液氧化吸收，再加入过量的草酸溶液，用高锰酸钾溶液回滴草酸。反应方程式如下：

$$AlP+3H^+\longrightarrow H_3P\uparrow+Al^{3+}$$

$$5H_3P+8MnO_4^-+9H^+\longrightarrow 5PO_4^{3-}+8Mn^{2+}+12H_2O$$

$$2MnO_4^-+5C_2O_4^{2-}+16H^+\longrightarrow 2Mn^{2+}+10CO_2\uparrow+8H_2O$$

三、实验材料

1. 样品

56%磷化铝片剂。

2. 试剂和溶液

① 高锰酸钾标准滴定溶液　$c(1/5\ KMnO_4)=0.5mol/L$ 溶液，按 GB/T 601—2016 配制；

② 草酸标准溶液　$c(1/2\ H_2C_2O_4)=0.5mol/L$ 溶液，按 GB/T 601—2016 配制；

③ 硫酸溶液　$\omega(H_2SO_4)=40\%$，按 GB/T 603—2002 配制。

3. 仪器

电动振荡机：国际型，100 次/min。

四、实验操作步骤

1. 测定步骤

将抽取的试样全部倒出，轻轻混匀，用四分法快速选取试样约 100g，装入塑料袋中，将样品砸碎至粒径不超过 3mm，过筛后转入 250mL 磨口瓶中，混匀。选取约 10g 试样置于研钵中迅速研细，装入磨口瓶中。用称量瓶迅速称量试样 0.14～0.16g（精确至 0.0002g），置于预先准确加入 50mL 高锰酸钾标准滴定溶液的 500mL 具有磨口塞的三角瓶中，加入硫酸溶液 25mL，立即严密盖好，放于振荡机上，振荡 25min 将瓶取下，准确滴加 30mL 草酸标准溶液至紫色消失，立即用高锰酸钾标准滴定溶液滴定过量的草酸，近终点时加热至 70℃，继续滴定至微红色即为终点。

残渣和空白测定方法为：在相同条件下，迅速称量研细的磷化铝 0.14～0.16g（精确至 0.0002g），置于 200mL 烧杯中，在通风橱中加入 5mL 水，再缓慢加入硫酸溶液 25mL，搅拌至无气泡发生后，加热微沸 2～3min 取出冷却，全部移入预先准确加入 50mL 高锰酸钾标准滴定溶液的 500mL 具有磨口塞的三角瓶中，其他操作同试样测定，准确加入草酸标准溶液 60mL。

2. 计算

试样中磷化铝的质量分数 X_1（%）按式（3-14）计算。

$$X_1\ (\%)=\left(\frac{c_1V_1-c_2V_2}{m_1}-\frac{c_1V_3-c_2V_4}{m_2}\right)\times 0.007244\times 100\% \tag{3-14}$$

式中　c_1——高锰酸钾标准滴定溶液的实际浓度，mol/L；

c_2——草酸标准溶液的实际浓度，mol/L；

V_1——测定试样时加入和滴定消耗高锰酸钾标准滴定溶液的总体积，mL；

V_2——测定试样时加入草酸标准溶液的体积，mL；

V_3——滴定残渣和空白时加入和滴定消耗高锰酸钾溶液的总体积，mL；

V_4——滴定残渣和空白时加入草酸溶液的体积，mL；

m_1——试样质量，g；

m_2——残渣和空白试样质量，g；

0.007244——与 1.00mL 高锰酸钾标准滴定溶液［$c(1/5KMnO_4)=1.000mol/L$］相当的以 g 表示的磷化铝的质量。

3. 允许差

两次平行测定结果之差不大于 0.80%，取其算术平均值作为测定结果。

五、实验操作注意事项

① 磷化铝是高毒杀虫剂，吸潮或遇水自行分解，释放出的磷化氢气体对人有剧毒，空

气中磷化氢气体含量达 0.14g/L 时，使人呼吸困难，以致死亡。磷化氢气体爆炸极限量为 26.1～27.1g/L。因此操作时务必注意安全。

② 发生火灾时，应使用泡沫二氧化碳灭火剂。禁止使用含水的灭火剂。

六、思考题

① 农药分析中，抽样的方法有哪些？分别给予介绍。

② 实验中怎样避免误差的产生或减小误差值？

实验 9　气相色谱柱的装填与老化方法

一、实验目的

学习气相色谱填充柱的清洗、固定液的涂抹，以及固定相的装填和色谱柱的老化。

二、实验材料

1.色谱柱特征

材料：硬质玻璃。尺寸：长 0.8～1.0m，内径 2～3mm。色谱柱类型：螺旋状填充柱。

2.载体

Chromosorb WAW-DMCS 或者 Chromosorb WAW-DMCS-HP，80～100 目。

3.固定液

硅油，液相载荷 5%；最高使用温度 350℃。

4.实验器材

表面皿，玻璃棒，漏斗，纱布，吸耳球，小漏斗，胶皮管，三氯甲烷，石英棉，标记用铝片，称量杯，天平，镊子，药匙，真空泵，红外干燥器。

三、实验步骤

1.色谱柱面处理

经水冲洗后，在玻璃柱管内注满热洗液（60～70℃），浸泡 4h，然后用水冲至中性，再用蒸馏水冲洗，清洁的玻璃管内壁不应挂有水珠，否则还要用温热的洗液洗涤，洗后用自来水冲至中性，再用蒸馏水清洗，烘干后备用。烘干后进行硅烷化处理，将 6%～10%的二氯二甲基硅烷甲醇溶液注满玻璃柱管，浸泡 2h，然后用甲醇清洗至中性烘干备用。

2.涂渍固定液的方法

为在担体上涂渍一层薄膜，首先要选好能溶解固定液的溶剂，确保固定液完全溶解，不能有悬浮物，溶剂本身不应造成检测器的污染；其次，由于担体强度不高，需避免在涂渍中因搅拌或过筛损坏液膜。

对配比小于 5%以上（所谓配比，即固定液与担体的质量比）的固定液，可用“常规”法涂渍。其方法是：按欲配制的浓度称量固定液和担体，称取 5g 担体于表面皿上，再称取 0.15g 固定液于称量杯中，溶在 11mL 三氯甲烷中，待完全溶解后，倒入盛有担体的表面皿中，使担体正好被固定液溶液所浸没，摇匀后浸 2h。然后在红外灯下将溶剂挥发干或在旋转蒸发器上慢速蒸干，固定液在溶剂的作用下涂敷在载体表面上，再置于120℃烘箱中，干燥2h后备用。一般要求烘干后的固定相基本上不应有溶剂气味，这样才可装入色谱柱老化后使用。

3. 色谱柱的填充方法

通常采用泵抽填充法，将色谱柱的一端（接检测器）用硅烷化玻璃棉塞住，接真空泵，色谱柱的前端（即接气化室的那一端）接上一个漏斗，开动真空泵后在真空泵的抽吸下不间断地从漏斗中倒入要装的固定相，并不断轻轻敲打色谱柱管，使填充物均匀紧密地填满色谱柱，直到固定相不再进入柱为止。用硅烷化玻璃棉塞住色谱柱另一端。装好的色谱柱两头均应按要求堵塞石英棉或硅烷化的玻璃棉，并适当压紧，以保持填充物不被移动。

4. 色谱柱的老化

将填充好的色谱柱进口按正常接在气化室上，出口空着不接检测器，先用较低载气流速，根据不同固定液的最高使用温度逐步升温，在略高于实际使用温度10～20℃而不超过固定液的使用温度下处理4～6h，然后逐渐提高载气流速老化24～48h，再降低至使用温度，接上检测器后，如基线稳定即可使用。

5. 其他处理

老化后还需开动真空泵，在真空泵的抽吸下，不断轻轻敲打色谱柱管，使固定相装填均匀，不出现断层。

四、实验说明及注意事项

① 涂上固定液的担体应放在红外灯下轻轻搅拌，动作不能过猛，因为担体抗机械损失能力差。

② 装柱时整个系统要保持干燥，尤其在玻璃管与漏斗上的橡胶管连接时不得沾水。

③ 装柱时用吸耳球膨大端不断敲打，敲打处用手垫在另一侧缓冲，以免损坏色谱柱。

④ 填充完成后，用橡皮圈套在柱两端，作为缓冲，以免重物滑下损坏色谱柱。

⑤ 装完柱后要将填充物名称刻在铝片上并分别在色谱柱上进行标识，以免不同色谱柱混淆。

⑥ 老化过程中不得接检测器。

⑦ 不锈钢柱与玻璃柱的优缺点比较如下所述。

a. 不锈钢柱的化学性质活泼，易与被测物质反应；而玻璃柱惰性较好。

b. 不锈钢柱延展性好，不易损坏，可接多个检测器；玻璃柱延展性差，且易损坏，不可接多个检测器。

c. 不锈钢柱不透明，老化时出现断层不易发现，而玻璃柱透明，易观察。

五、思考题

① 老化的目的是什么？

② 简述老化时的步骤和注意事项。

③ 老化过程中为什么不能接检测器？

④ 老化完成的标准是什么？

实验 10　气相色谱内标法测定莠去津含量

一、实验目的

1. 测定不同溶剂在色谱柱中的保留时间。

2. 选择合适的内标物，采用内标法测定莠去津的含量。

二、实验材料

莠去津农药纯品，莠去津样品，三氯甲烷，丙酮，甲醇，二氯甲烷，乙酸乙酯，石油醚，环己酮，内标物（包括邻苯二甲酸二甲酯、邻苯二甲酸二乙酯、邻苯二甲酸二丁酯、邻苯二甲酸二戊酯、十八烷、二十烷、二十二烷、二十四烷），色谱柱，5μL 进样针，容量瓶，滤纸，标签纸，试管架，具塞试管，具塞三角瓶，移液管，吸耳球。

三、仪器与操作条件

气相色谱仪：带氢火焰离子化检测器；色谱柱：1000mm×3mm 玻璃柱；固定相：5% OV-17/Gas Chrom Q，60～80 目；柱温：175℃；检测温：200℃；气化温：200℃；载气：氮气 40～60mL/min，氢气 50mL/min，空气 500mL/min。

四、实验步骤

① 分别取三氯甲烷、丙酮、甲醇、二氯甲烷、乙酸乙酯、石油醚、环己酮 2μL 进样，比较色谱峰回基线快慢。

② 分别称取邻苯二甲酸二甲酯、邻苯二甲酸二乙酯、邻苯二甲酸二丁酯、邻苯二甲酸二戊酯、十八烷、二十烷、二十二烷、二十四烷溶解在三氯甲烷中，分别进样，记录保留时间，确定内标物。

③ 准确称取莠去津纯品 0.05g 和样品 1g（准确至 0.0002g），分别置于具塞玻璃瓶中，准确加入 10mL 内标溶液溶解，摇匀，在上述色谱条件下，待仪器稳定后分别进样，并计算莠去津峰面积与内标物峰面积。

样品中莠去津百分含量（X）按式（3-15）计算。

$$X(\%)=\frac{A_1 m_2 P}{A_2 m_1}\times 100\% \tag{3-15}$$

式中　A_1——样品峰面积与内标物峰面积比值；

A_2——标样峰面积与内标物峰面积比值；

m_1——样品质量；

m_2——标样质量；

P——标样纯度。

五、思考题

① 用内标法计算莠去津的含量。

② 简述实验中对溶剂的要求。

③ 比较 $CHCl_3$、CH_2Cl_2、甲醇、丙酮、乙酸乙酯、石油醚、环己酮在 OV-17 色谱柱上回基线的快慢。

④ 简述对内标物的要求。

⑤ 比较外标法与内标法的优缺点。

⑥ 外标法与内标法哪个精确度更高？

实验 11　气相色谱外标法测定毒死蜱乳油含量

一、实验目的

1. 熟悉气相色谱仪结构和仪器组成。

2. 掌握气相色谱仪的操作、调试方法。

3. 学习用气相色谱保留时间和峰面积比值定性和定量分析农药有效成分的测定方法。

二、实验原理

在相同色谱条件下，同一物质具有相同的保留时间，通过未知农药样品与标准农药样品对照可以定性。相同色谱条件下，在一定进样量范围内，进样量与峰面积或峰高呈正比，以此为定量依据。

三、实验材料

1. 实验仪器和实验用品

气相色谱仪，天平，5μL 进样针，色谱柱，容量瓶，试管架，具塞试管，具塞三角瓶，移液管，吸耳球等。

2. 药品及试剂

毒死蜱纯品 99.3%，未知含量的毒死蜱乳油样品，三氯甲烷。

四、实验步骤

1. 色谱条件

气相色谱仪：带氢火焰离子化检测器；色谱柱：1000mm×3mm 不锈钢柱；固定相：5%OV-101/Gas Chrom Q，60～80 目；柱温：220℃；检测温：240℃；气化温：240℃；载气：氮气 40～60mL/min，氢气 50mL/min，空气 500mL/min。

2. 仪器操作具体步骤

① 打开 N_2 钢瓶、空气压缩机和氢气发生器，注意观察 N_2 钢瓶压力，当压力小于 2 个大气压力时，应及时换钢瓶。注意氢气发生器的水位，当低于警戒水位时应及时加双蒸水。

② 检查各接口是否漏气。

③ 打开主机电源，设定气化室和检测室的温度，使之高于柱温 20～50℃。

④ 打开工作站。

⑤ 待仪器稳定后，即流出图为基线状态后进样。

⑥ 试验结束后，将柱温升高 20～30℃，烧色谱柱 30min 以去除色谱柱中吸附杂质。

⑦ 当柱温、气化温、检测室温度降至 100℃以下时，关上主机电源，半小时再将 N_2 关闭。

⑧ 详细记录仪器使用人、使用时间及仪器状况等。

3.样品配制及测定

（1）样品配制　准确称取纯品 0.05g、0.08g、0.10g、0.15g、0.25g（准确至 0.0002g），分别置于 500mL 容量瓶中，用三氯甲烷溶解，定容摇匀，在上述色谱条件下，待仪器稳定后分别进样，记录纯品峰面积。以峰面积作纵坐标，质量作横坐标，绘制曲线图，计算回归方程 $y=a+bx$。

（2）样品测定　准确称取样品置于 500mL 容量瓶中，用三氯甲烷溶解、定容，在上述色谱条件下，待仪器稳定后，进样，按式（3-16）计算样品含量（单点校正）或用回归方程计算含量。

样品中毒死蜱的百分含量（X）计算公式（单点校正法）为：

$$X(\%)=\frac{A_1 m_2 P}{A_2 m_1}\times 100\% \tag{3-16}$$

式中　A_1——样品峰面积；

A_2——标样峰面积；

m_1——样品质量；

m_2——标样质量；

P——标样纯度。

4.其他

同一浓度标样连续进样 5 次，计算其峰面积的变异系数。

五、实验说明及注意事项

① N_2 钢瓶阀门不能开太大，及时检测各接口是否漏气，经常更换色谱柱入口处的石英棉，防止出怪峰。

② 微量进样器在使用前和使用后应反复清洗。

③ 由于是外标法，进样量必须准确，注意排出进样针中的气泡。注意用滤纸将针头擦净。进样时，一只手握住进样器上部，并用食指轻轻放在活塞上方（不得用力，或将食指悬于活塞上方，原因是内部气压很大，防止活塞冲出），另一只手捏住针头中部（防止把针头压弯损坏），两手协调向下用力，使针头完全扎入，迅速将活塞推下，完成进样，迅速拔出进样器，整个过程一定要快，尤其是当针头已经有一部分扎入时不要做过多逗留，否则一部分样品会先被气化，造成误差。

六、思考题

① 用回归方程和单点校正计算未知样品中毒死蜱的含量。

② 在使用 FPD 检测器时，当打开燃烧口盖时，为什么务必关闭检测器？在使用 ECD 检测器时，为什么溶剂不能为 $CHCl_3$、CH_2Cl_2 或 CCl_4 等？

③ 使用微量进样针如何排气泡？

实验 12 气相色谱法测定土壤中二甲戊灵农药残留量

一、实验目的

1. 学习土壤样品中农药残留的提取方法。

2. 学习并掌握利用气相色谱法测定土壤中二甲戊灵的残留量。

二、实验原理

在相同色谱条件下，同一物质具有相同的保留时间，通过未知农药样品与标准农药样品对照可以定性。相同色谱条件下，在一定进样量范围内，进样量与峰面积或峰高呈正比，以此为定量依据。

三、实验材料

1. 实验仪器

气相色谱仪，电子天平（感量 0.1mg），移液管或移液器，水浴恒温振荡器，循环水式真空泵，旋转浓缩仪，玻璃层吸柱，梨形抽滤瓶，具塞三角瓶，分液漏斗，布氏漏斗等。

2. 药品及试剂

二甲戊灵标准品，丙酮，石油醚，乙酸乙酯，无水硫酸钠，氯化钠，弗罗里硅土（用前在 550℃烘 4h，待冷却后以 2%蒸馏水激活）。

3. 供试农药

33%二甲戊灵乳油。

四、实验步骤

1. 施药

按推荐使用剂量 1500g/hm^2 和高剂量 3000g/hm^2，在棉花播种前喷施 33%二甲戊灵乳油。在棉花采收期采集棉田 0～10cm 深的土壤样品。采集的土样先去除其中的石块、动植物残体等杂物，充分混匀后，以四分法缩分、粉碎、过筛（1mm 孔径），贮存在－20℃的冰柜中待检测。

2. 色谱条件

气相色谱仪：HP-5 色谱柱，30.0m × 320μm × 0.25μm；进样口温度 280℃，柱温 200℃，检测器 300℃；柱箱程序升温：250℃保持 0.5min，5℃/min 升到 280℃保持 1min；载气流速：氮气 30mL/min，氢气 25mL/min，空气 300mL/min；进样量：1.0 μL。

3. 仪器操作具体步骤

① 打开 N_2 钢瓶、空气压缩机和氢气发生器，注意观察 N_2 钢瓶压力，当压力小于 2 个大气压力时，应及时换钢瓶。注意氢气发生器的水位，当低于警戒水位时应及时加双蒸水。

② 检查各接口是否漏气。

③ 打开主机电源，设定气化室和检测室的温度，使之高于柱温 20～50℃。

④ 打开工作站。

⑤ 待仪器稳定后，即流出图为基线状态后进样。

⑥ 试验结束后，将柱温升高 20～30℃，烧色谱柱 30min 以去除色谱柱中吸附杂质。

⑦ 当柱温、气化温、检测室温度降至 100℃以下时，关上主机电源，半小时再将 N_2 关闭。

⑧ 详细记录仪器使用人、使用时间及仪器状况等。

4. 样品处理

准确称取 10.0g 土壤，放入 50mL 的离心管中，加入 20mL 乙腈，振荡提取 30min；加入 4.0g 氯化钠，涡旋 1min，在 4000r/min 下离心 5min；取离心后上清液 10mL 置于圆底烧瓶中，并加入无水硫酸钠去除有机相中水分；40℃旋蒸浓缩近干，丙酮定容至 5mL，过 0.22μm 滤膜，待气相色谱检测。

5. 标准曲线的制作

将二甲戊灵原药用三氯甲烷溶解，配制成 10000mg/L 的母液。按照等比或等差的方法用三氯甲烷分别稀释成 5～7 个系列浓度。在上述色谱条件下，待仪器稳定后分别进样，记录标准品峰面积。以峰面积作纵坐标、浓度作横坐标，绘制曲线图，计算回归方程 $y=a+bx$。

6. 添加回收率与精密度

在蘑菇空白样品中添加二甲戊灵标准工作溶液，分别设 0.05mg/kg、0.20mg/kg、1.00mg/kg 3 个添加水平，平衡 30min 后，分别按上述方法进行前处理和测定，求出添加回收率和相对标准偏差。

五、实验说明及注意事项

① N_2 钢瓶阀门不能开太大，及时检测各接口是否漏气，经常更换色谱柱入口处的石英棉，防止出怪峰。

② 微量进样器在使用前和使用后应反复清洗。

③ 由于是外标法，进样量必须准确，注意排出进样针中的气泡。注意用滤纸将针头擦净。进样时，一只手握住进样器上部，并用食指轻轻放在活塞上方（不得用力或将食指悬于活塞上方，原因是内部气压很大，防止活塞冲出）；另一只手捏住针头中部（防止把针头压弯损坏），两手协调向下用力，使针头完全扎入，迅速将活塞推下，完成进样，迅速拔出进样器，整个过程一定要快，尤其是当针头已经有一部分扎入时不要做过多逗留，否则一部分样品会先被气化，造成误差。

六、思考题

① 简述土壤样品预处理的方法及内容。

② 简述 ECD 和 FPD 检测器检测农药残留的原理。

实验13 气相色谱法测定黄瓜和土壤中腐霉利的残留量

一、实验目的

1. 练习匀浆法振荡和柱色谱净化及液-液分配净化法的操作。

2. 了解 GC-ECD 和 GC-NPD 检测农药残留量的要求及特点。

二、方法原理

腐霉利易溶于丙酮、氯仿、二氯甲烷等溶剂，而样本中水分含量很高，弱极性溶剂很难把待测物有效地提取出来，因此选择丙酮作提取剂。提取出的样品经过液-液分配和柱色谱净化，除去对检测有干扰的大部分杂质，最后用气相色谱对待测组分进行定性定量测定。

三、主要仪器及试剂

1. 仪器

气相色谱仪，带 ECD 检测器；组织捣碎机；玻璃色谱柱 20cm×0.8cm。

2. 试剂

丙酮、色谱用氧化镁、活性炭、腐霉利标样等。

四、实验方法

1. 提取

称 20g 黄瓜样本（10g 土壤），加 100mL 丙酮，经组织捣碎，过滤，滤渣用少量丙酮洗 3 次，合并滤液于一量筒中，定量到一定体积。取部分（相当于 5g 瓜样，2g 土样）提取液转入分液漏斗中，加入等体积 5%氯化钠溶液，用 30mL 石油醚萃取 2 次，合并石油醚液，于旋转蒸发器上浓缩至近干。

2. 柱色谱净化

玻璃柱依次加入 2cm 厚无水硫酸钠，1g 酸洗活性炭、氧化镁、Celite 545 的混合物（1：2：4，质量之比），上面再铺一层无水硫酸钠。先用石油醚润湿柱子，再用少量石油醚-丙酮（8：2）混合溶剂溶解浓缩物，分 3 次转入到柱头，用 100mL 上述混合溶剂淋洗柱床，并收集淋洗液，于旋转蒸发器上浓缩至体积不大于 0.5mL，再用丙酮少量多次转入刻度试管中定容，待测。

3. 气相色谱条件

检测器：电子捕获检测器（ECD，^{63}Ni）；色谱柱：1m × 3mm 玻璃柱；担体：Gas Chrom Q（60～80 目）；固定液：3%OV-17；检测温度：色谱柱 240℃，检测器 260℃，进样口 260℃；载气流速：氮气（≥99.9%）40mL/min。

4. 结果计算

以外标法（峰高）定量。

5. 方法灵敏度、准确度、精确度

最小检出量：2.0×10^{-11}g；最低检出浓度：0.02mg/kg；回收率：黄瓜添加 0.1～

2.0mg/kg，回收率为80.0%～101.0%，土壤添加0.1～5.0mg/kg，回收率为72.8%～89.4%；变异系数：黄瓜<11.4%，土壤<11.4%。

五、注意事项

任何时候，均不能将净化过的提取液蒸发至干。在残留分析中，农药残留量损失最大的操作很可能发生在蒸发至小体积或蒸干的过程中。安全的方法是蒸发至小体积（0.5mL），避免蒸发至干。

六、思考题

① 从含水量大的样本中提取脂溶性农药，选择溶剂时应考虑什么问题？

② 说明ECD检测器对所用溶剂有何要求。

实验14　毛细管气相色谱法测定小麦面粉中有机氯农药残留量

一、实验目的

采用毛细管气相色谱法测定小麦面粉中有机氯农药的残留量。

二、实验原理

本实验采用振荡法提取样品，用浓硫酸磺化法、柱色谱法对小麦面粉中的有机氯农药进行净化分析，然后选用大口径弱极性的OV-1701毛细管柱，在柱温210℃的情况下对11种有机氯农药进行分离测定。

柱色谱法是利用色谱原理在开放式柱中将农药与杂质分离的净化方法，常用的是吸附柱色谱法。柱内装有吸附剂作为固定相，淋洗液作为流动相，将样本提取液浓缩至一定体积后加进柱中使其被吸附剂吸附，再向柱中加入适当极性淋洗溶剂，样本组分随淋洗剂移动，从而使待测农药与脂肪、色素和蜡质等物质分离。

三、实验材料

1. 材料

市售面粉。

2. 试剂

甲体-六六六（α-HCH）、乙体-六六六（β-HCH）、丙体-六六六（γ-HCH）、丁体-六六六（δ-HCH）、七氯、艾氏剂、狄氏剂、p,p'-滴滴伊（p,p'-DDE）、o,p'-滴滴涕（o,p'-DDT）、p,p'-滴滴滴（p,p'-DDD）、p,p'-滴滴涕（p,p'-DDT）标准储备液，浓度均为100μg/mL，由农业农村部环境保护科研监测所提供。使用时，用石油醚稀释为所需浓度的标准混合工作液。

弗罗里硅土：进口分装，粒径为74～150μm，经650℃灼烧4h，置于干燥器中冷却。使用前于130℃干燥2h，每100g加5mL蒸馏水脱活并充分摇匀，放置过夜后使用。

无水硫酸钠：分析纯，于650℃灼烧4h，冷却后储藏于干燥器中备用。

石油醚（30～60℃）：分析纯，使用时重蒸。

实验所用试剂均为分析纯，实验用水为蒸馏水。

3. 仪器与设备

气相色谱仪，电子捕获检测器（ECD），双通道色谱工作站，旋转蒸发器，离心机。

四、实验步骤

1. 样品提取

称取 10g 面粉置于 100mL 三角瓶中，加入 30mL 石油醚于电动振荡器上振荡 60min 取下，待沉淀后，将上清液减压过滤到全玻璃浓缩器中，然后向残渣中再加 20mL 石油醚振荡 30min，减压过滤，再用 20mL 石油醚分 3 次洗三角瓶和瓶内残渣，收集全部滤液，50℃减压浓缩至 5mL。

2. 净化方法一：浓硫酸磺化法

将步骤 1 中浓缩的样品移入 10mL 离心管中，以石油醚 5mL 分数次洗涤蒸发瓶，合并洗涤液于管中。向离心管中小心加入浓硫酸约 1mL，振摇 1min，3000r/min 离心 15min。将上清液移入具塞试管中，以石油醚洗涤离心管 2 次，合并洗涤液，将溶液定容至 10mL，上机进行气相色谱测定。

3. 净化方法二：柱色谱净化法

取制备色谱柱（20cm×1.2cm i. d. 玻璃柱），自下而上依次加入少量脱脂棉、2g 无水硫酸钠、4g 弗罗里硅土、2g 无水硫酸钠。采用湿法装柱，用 30mL 石油醚预淋洗，弃掉淋洗液。将浓缩的样品液移入色谱柱中，用 10mL 淋洗液（$V_{石油醚}:V_{无水乙醚}=96:4$）分 2 次洗涤浓缩瓶，洗涤液移入色谱柱中，再用 70mL 淋洗液淋洗，流速为 4mL/min。收集全部淋洗液，减压浓缩，定容至 10mL，上机进行气相色谱测定。

4. 色谱条件

色谱柱为 OV-1701 弹性石英毛细管柱（30m×0.53mm×1.0μm），柱温 210℃，进样口检测器温度 250℃，载气、尾吹气均为高纯氮，纯度为 99.999%，柱前压 65kPa，载气流速 4mL/min，尾吹 40mL/min；进样方式：不分流进样；进样量：2μL。

5. 结果分析

① 标准曲线的绘制。将标准混合工作液分别用石油醚稀释为 0.0005μg/mL、0.001μg/mL、0.005μg/mL、0.01μg/mL、0.05μg/mL、0.1μg/mL 的工作液进行 GC-ECD 检测，分别以各自的峰面积（y）对浓度（x）进行回归计算。

② 根据样品峰面积或峰高计算农药残留量。

五、注意事项

① 柱色谱法要选择合适极性的混合溶液作为洗脱液才能收到满意的结果。

② 浓硫酸磺化法会使狄氏剂等对酸不稳定成分分解，检测不到狄氏剂，且杂质干扰大，回收率偏低；柱色谱法是一种较理想的净化方法，只要选择极性合适的混合溶液作为洗脱液，就能收到满意的结果，本实验采用石油醚-乙醚混合溶液（$V_{石油醚}:V_{无水乙醚}=96:4$）为洗脱液，洗脱液用量为 80mL，样品净化效果良好。

六、思考题

① 什么是柱色谱净化法？

② 吸附柱色谱法常用的吸附剂有哪些？

③ 用弗罗里硅土（Florisil）作为吸附剂的好处是什么？

实验15 气相色谱法测定牛乳中有机磷类农药残留量

一、实验目的

1. 学习牛乳中有机磷类农药的提取净化方法。

2. 用气相色谱法测定牛乳中有机磷类农药的残留量。

二、实验原理

气相色谱法可同时快速灵敏分析多种组分，适合农药残留分析。常用的检测器有电子捕获检测器（ECD）和火焰光度检测器（FPD）。对于DDT、溴氰菊酯这类含卤素的农药可以采用ECD检测器，其对强电负性元素响应值高，而对于有机磷类则可以采用FPD检测器。

由于牛乳组成复杂且同时检测多种有机磷农药，所以使用程序升温进行分离，确保在不同阶段有不同的温度，使待测物在适当的温度下流出，用较短的分析时间达到了较好的分离效果。

三、实验材料

1. 材料

纯牛奶。

2. 试剂

敌敌畏（dichlorvos）、甲胺磷（methamidophos）、久效磷（monocrotophos）、甲拌磷（phorate）、杀扑磷（methidathion）、倍硫磷（fenthion）标样。

丙酮、乙腈、二氯甲烷、氯化钠、甲醇、无水硫酸钠、三氯甲烷均为国产分析纯。

3. 仪器与设备

气相色谱仪，配火焰光度检测器；色谱柱：30m×0.25mm×0.25μm；超速离心机；旋转蒸发仪；三角瓶振荡器；无油真空泵。

四、实验步骤

1. 牛乳中有机磷农药的提取净化

用移液管移取10mL纯牛奶样品，在牛乳样品中加入1mL丙酮，混匀后加入14mL有机提取液（丙酮-乙腈1∶4），静置20min，然后振摇30s混匀，在离心机上以4500r/min离心5min，将离心机中的上清液收集到150mL的分液漏斗中，再向离心管中加入1mL水及10mL的有机提取液（丙酮-乙腈1∶4）按上述方法提取，重复3次，收集上清液。

在收集了提取液的分液漏斗中加入25mL二氯甲烷，剧烈振摇，注意放气，振摇完毕后在分液漏斗中加入 2mL 甲醇，静置、分层，将分液漏斗中有机相收集至 100mL 比色管中。在分液漏斗中的上层水相中分别加入 20mL、10mL 二氯甲烷，再提取 2 次，将提取的有机溶液均收集在 100mL 比色管中，并用二氯甲烷将比色管定容至 100mL。

在定容后的比色管中加入 10g 无水硫酸钠，振摇、静置，移取 50mL 提取液经少量无水硫酸钠过滤至圆底烧瓶中，在旋转蒸发仪上 60℃氮吹旋转浓缩至干，用丙酮定容至 5mL，待测，外标法定量。

2. 色谱条件

毛细管柱：30m×0.25mm×0.25μm；进样温度：220℃；检测温度：250℃；柱箱：100℃起以 35℃/min 升至 250℃保留 10min；载气：高纯氮气，纯度 99.999%，流速 10mL/min；燃气：氢气，纯度 99.999%，流速 75mL/min；助燃气：空气，流速 100mL/min；进样方式：不分流进样，进样体积 1.0μL，以保留时间定性，峰面积定量。

3. 有机磷标准曲线的制作

精确称取甲胺磷 0.00705g、久效磷 0.00863g、杀扑磷 0.00864g，分别吸取 7μL 的敌敌畏、甲拌磷及倍硫磷，用丙酮溶解，各自定容于 10mL 的容量瓶中，配成高浓度的单标液体。分别移取 1mL 单标液于 25mL 容量瓶中用丙酮定容，配制成混标。

分别移取 1mL 混标，将其定容于 25mL、50mL、100mL、200mL 容量瓶中，编号为 7、6、5、3 号。移取 1mL、7mL 的 6 号标液，分别定容于 10mL 的容量瓶中，编号为 2、4 号。移取 1mL 的 5 号标液，定容于 10mL 的容量瓶中，编号为 1 号。共稀释了 7 个浓度梯度，按照上述的色谱条件上机测定。

以标准样品的质量浓度为横坐标、相应的峰面积为纵坐标，获得多种不同类型的农药标准曲线、相关系数及检出限。

4. 计算结果

气相测定结果计算公式如式 (3-17)。

$$X=\frac{V_1V_3S_1}{V_2mS_0}\times c \tag{3-17}$$

式中 X——样品中农药的含量，mg/kg；

c——标准溶液中农药含量，mg/L；

m——样品质量，g；

V_1——提取溶剂的总体积，mL；

V_2——吸取出用于检测的提取溶液的体积，mL；

V_3——样品最后定容体积，mL；

S_1——样品中被测农药峰面积；

S_0——农药标准溶液中被测农药的峰面积。

回收率计算公式如式 (3-18)。

$$R(\%)=\frac{X}{X_0}\times 100\% \tag{3-18}$$

式中 X——样品检测出农药的含量，mg/kg；

X_0——样品加标的农药含量，mg/kg；

R——样品加标回收率。

检测限计算公式如式 (3-19)。

$$DL=\frac{3Nc}{H} \quad (3\text{-}19)$$

式中 DL——检出限，mg/kg；

N——基线噪声；

c——样品浓度，mg/kg；

H——样品峰高。

五、实验操作注意事项

① 选择与待测农药极性相近的溶剂，要求提取溶剂不能与样本发生作用，毒性低。

② 针对不同的样品及不同种类的农药，选择不同的提取条件和溶剂。对于含水率较高的牛乳样品，可使用乙腈作为提取溶剂。乙腈极性中等，可以有效地提取目标农药且干扰物少。

③ 由于样品成分复杂因而易对色谱仪的进样口造成污染，分析时应注意及时对进样口的隔垫或衬管进行更换。

六、思考题

① 本实验为什么使用火焰光度检测器（FPD）？

② 本实验为什么采用程序升温对样品进行分离？

③ 残留分析实验对提取溶剂的要求是什么？提取目的是什么？

④ 在程序升温过程中，有时不进样也会出现色谱峰，请分析原因。

实验 16 高效液相色谱法测定黄瓜样品中毒死蜱残留量

一、实验目的

1. 掌握农药残留测定中样品（黄瓜）的前处理技术。

2. 学习使用液相色谱仪进行农药定量分析的方法，掌握液相色谱仪的操作和外标法的定量方法。

二、实验原理

试样中农药经过乙腈提取，提取液经过滤、净化，然后通过高效液相色谱仪分析检测，外标法定量。

三、实验材料

1. 实验仪器

样品捣碎机（料理机）、万分之一天平、百分之一天平、超声波清洗器、高效液相色谱仪、通风柜、旋蒸仪、玻璃仪器烘干机、高速离心机、50μL 微量进样针等。

2. 实验用品

具塞试管、离心管、量筒、烧杯、移液管、吸耳球、玻璃棒、药匙、标签纸、过滤用针管、封口膜、注射器、0.22μm 有机滤头。

3.实验药品及试剂

乙腈（100mL 每组）、无水硫酸钠（30g 每组）、氯化钠（50g 每组）、甲醇（20mL 每组），试剂均为色谱纯。

四、实验步骤

1.仪器与操作条件

液相色谱柱：C_{18}；流动相：甲醇-水（体积比 75：25）；检测波长：265nm；柱温：室温；流速：1mL/min；进样量：20μL。在上述条件下，毒死蜱的保留时间约为 10min。

2.具体操作步骤

① 试材制备，抽取蔬菜、水果样品，取可食部分，用剪子剪碎，料理机打碎，充分混匀制成待测样，备用。

② 提取，准确称取 10.0g 试样于 50mL 离心管，加入 10.0mL 乙腈和 5g 无水硫酸钠，置于涡旋混合仪振荡提取 3min，于离心机 4000r/min 下离心 3min，待净化。

③ 取 1.5ml 上清液倒入 1.5mL QuEChERS（含 50mg PSA）离心管中，在高速离心机 12000r/min 下离心 2min，取上清液过 0.22μm 有机滤膜，用液相色谱检测、外标法定量。

3.数据处理

将测得的两针样品溶液和标样溶液中毒死蜱的峰面积分别进行平均，以浓度表示的样品中毒死蜱含量（X）按式（3-20）计算：

$$X=\frac{S_1C_2}{S_2} \tag{3-20}$$

式中 S_1——样品溶液中毒死蜱峰面积的平均值；

S_2——标准样品溶液中毒死蜱面积的平均值；

C_2——标准样品溶液毒死蜱的浓度，mg/L。

黄瓜样品中毒死蜱的含量(mg/kg 黄瓜)＝

$$\frac{最终测定含量(mg/L)\times 定容体积(mL)\times 0.001\times 前处理过程中的倍数}{黄瓜样品质量(g)\times 0.001}$$

五、实验说明及注意事项

高速离心前各管样品必须严格配平。

六、思考题

① 黄瓜样品提取的前处理中无水硫酸钠和氯化钠的作用是什么？二者需要准确定量吗？为什么？

② 样品前处理方法还有哪些，请列举 3 种。

实验 17　高效液相色谱法测定吡虫啉含量

一、实验目的

1. 学习使用液相色谱仪进行农药定量分析的方法。

2. 掌握液相色谱仪的操作和外标法的定量方法。

3. 熟悉液相色谱仪结构、流程以及调试方法和检测方法。

二、实验材料

1. 药品及试剂

吡虫啉纯品、吡虫啉样品、色谱甲醇、二次重蒸水。

2. 仪器

液相色谱仪，电脑，超声波，大干燥皿，溶剂过滤器，具塞三角瓶，量筒，具塞试管，试管架，烧杯，水-油滤膜，抽气针，C_{18} 色谱柱，移液管，吸耳球，容量瓶，滤纸。

三、实验操作步骤和注意事项

① 样品必须过滤，必须澄清透明后进样。

② 过滤流动相包括色谱甲醇、重蒸水，配制流动相后用超声波脱气 10min。

③ 打开主机，设定流速，观察压力是否稳定，并注意排气。

④ 打开检测器和数据处理机，待仪器稳定后，开始进样测定。

⑤ 每次试验必须记录流动相组成、流速、压力，以确定是否污染。

⑥ 色谱条件。高效液相色谱仪，具有可变波长紫外检测器；色谱柱：150mm×4.6mm (i. d.) 不锈钢柱，C_{18} 键合固定相；流动相：甲醇/水＝40/60（体积比）；检测波长：254nm；流速：0.8mL/min。

⑦ 用平头针常压进样，然后转动六通阀使样品进入系统。

⑧ 标准曲线绘制。准确称取吡虫啉纯品 0.05g（准确至 0.0002g）于 10mL 容量瓶中，用流动相定容，分别取 0.2mL、0.5mL、0.8mL、1.0mL、1.5mL 于 10mL 容量瓶中，用流动相定容，在上述色谱条件下，待仪器稳定后，分别进样，进样顺序为标样、样品、样品、标样。计算峰面积。以纯品质量为横坐标、峰面积为纵坐标，做出标准曲线。计算出线性方程：$y=a+bx$ 及相关系数 r。

⑨ 样品测定。准确称取吡虫啉样品 0.3g（准确至 0.0002）于 10mL 容量瓶中，流动相定容，再稀释到相应浓度，在上述色谱条件下，待仪器稳定后，分别进样。计算峰面积，代入线性方程，求出样品中吡虫啉含量。

⑩ 用单点校正法测定未知样品含量，要求标样峰高与样品峰高尽量接近。

⑪ 进样口使用完毕后，必须用可溶性溶剂反复冲洗 30 次。

⑫ 测定结束后用甲醇冲 1h，记录仪显示不再出峰后，方可关机。若使用缓冲液作流动相时，仪器使用完毕后必须用重蒸水冲洗 2h 后，再用甲醇冲 1h，不再出峰后，方可关机。

⑬ 对含糖量高、可溶性蛋白含量高的样品，必须先进行必要的前处理再进样。

⑭ 仪器使用完毕后，认真做好试验记录，包括试验人、试验时间、试验内容和仪器运转状况等。

四、思考题

① 计算未知样品的含量。

② 开机后何时开始进样?

③ 当用缓冲液作流动相时，为什么使用完毕后必须用重蒸水冲洗 2h，再用甲醇冲 1h?

④ 分析柱压升高的原因，并提出解决方案。

⑤ 简述超声波脱气与采用 He 脱气设备进行脱气的优缺点。

实验 18　高效液相色谱法测定草甘膦含量

一、实验目的

1. 学习使用液相色谱仪进行农药定量分析的方法。

2. 掌握液相色谱仪的操作步骤。

二、实验原理

试样用流动相溶解，以 pH 1.9 的磷酸二氢钾水溶液和甲醇为流动相，使用以 Agilent ZORBAX SAX 为填料的不锈钢柱（强阴离子交换柱）和紫外检测器（195nm），对试样中的草甘膦进行高效液相色谱分离和测定。

三、实验材料

1. 样品

草甘膦水剂。

2. 试剂和溶液

色谱级甲醇；色谱级磷酸二氢钾；新蒸二次蒸馏水；质量分数 50%的磷酸水溶液；草甘膦标样：已知草甘膦质量分数≥99.0%（称量前在 105℃干燥 2h，研细）。

3. 仪器

高效液相色谱仪，具有可变波长紫外检测器；色谱数据处理机；色谱柱：150mm×4.6mm（i.d.），Agilent ZORBAX SAX 不锈钢柱（或与其相当的其他强阴离子交换柱）；过滤器：滤膜孔径约 0.45μm；微量进样器：100μL；定量进样管：20μL；超声波清洗器。

四、实验操作步骤

1. 高效液相色谱操作条件

流动相：称取 0.27g 磷酸二氢钾，用 970mL 水溶解，加入 30mL 甲醇，用磷酸溶液调 pH 至 1.9，超声波振荡 10min；流速：1.0mL/min；柱温：室温（温差变化应不大于 2℃）；检测波长：195nm；进样体积：20μL；保留时间：草甘膦约 5.0min。

上述操作参数是典型的，可根据不同仪器特点，对给定的操作参数作适当调整，以期获得最佳效果。

2. 标样溶液的制备

称取 0.1g 草甘膦标样（精确至 0.0002g），置于 50mL 容量瓶中，用流动相稀释至刻度，超声波振荡 10min 使试样溶解，冷却至室温，摇匀。

3. 试样溶液的制备

称取草甘膦样品 0.25g（精确至 0.0002g）置于 50mL 容量瓶中，用流动相稀释至刻度，摇匀。

4. 测定

在上述操作条件下，待仪器稳定后，连续注入数针标样溶液，直至相邻两针草甘膦峰面积相对变化小于 1.5%后，按照标样溶液、试样溶液、试样溶液、标样溶液的顺序进行测定。

5. 计算

试样中草甘膦的质量分数 w_1（%），按式（3-21）计算。

$$w_1=\frac{A_2 m_1 w}{A_1 m_2} \tag{3-21}$$

式中 A_1——标样溶液中，草甘膦峰面积的平均值；

A_2——试样溶液中，草甘膦峰面积的平均值；

m_1——标样的质量，g；

m_2——试样的质量，g；

w——标样中草甘膦的质量分数，%。

6. 允许差

草甘膦质量分数两次平行测定结果之相对差应不大于 2%，取其算术平均值作为测定结果。

五、思考题

① 在每次进样过程中，是否都要按照标样溶液、试样溶液、试样溶液、标样溶液的顺序进行测定？

② 当用缓冲液作流动相时，对柱子会造成较大压力，实验过程中应注意哪些问题？

实验 19　高效液相色谱法测定噻嗪酮-杀扑磷乳油含量

一、实验目的

1. 掌握液相色谱分析农药的基本原理与操作方法。

2. 掌握混配农药的分析测定方法。

二、实验原理

噻嗪酮和杀扑磷两种农药均可以用液相色谱来进行分析测定，但其在同一色谱条件下的保留时间不同，因此可以通过改变其色谱条件来达到分离两种农药的目的，利用峰高或峰面积进行定量。

三、仪器与试剂

日本岛津高效液相色谱仪，配备 SPD-10AVP UV 检测器；VP-ODS 150mm×4.6mm 不锈钢色谱柱；色谱工作站；进样器；甲醇（色谱纯）；水（二次重蒸馏）；噻嗪酮标准品（已知质量分数≥99%）、杀扑磷标准品（已知质量分数≥99%）；20%噻嗪酮-杀扑磷乳油。

四、实验内容

1. 色谱条件

以甲醇-水 78∶22（体积比）作为流动相；流速 1.0mL/min；柱温为室温；检测波长为 266nm；进样量 20μL；保留时间：噻嗪酮约 18.9min，杀扑磷约 3.8min。

2. 标样溶液的配制

称取噻嗪酮标样 0.1g（精确至 0.0002g）于 50mL 容量瓶中，用甲醇溶解、定容后摇匀（为标样 A 溶液）。用移液管准确移取 5mL 该溶液于 50mL 容量瓶中，用甲醇稀释至刻度，摇匀。称取杀扑磷标样 0.03g（精确至 0.0002g），同法配制杀扑磷标准溶液。

3. 试样溶液的配制

称取 0.6g 的乳油试样（精确至 0.0002g）于 50mL 容量瓶中，用甲醇溶解，定容后摇匀。用移液管准确取 5mL 该溶液于 50mL 容量瓶中，用甲醇稀释至刻度，摇匀。

4. 测定

在上述色谱条件下，待仪器基线稳定后，连续注入数针标准溶液，计算各针相对响应值的重复性，待相邻两针的相对响应值变化小于 1.5%时，按照标准溶液、试样溶液、试样溶液、标准溶液的顺序进行测定。

5. 计算

将测得的两针试样溶液及试样溶液前后两针标样溶液噻嗪酮和杀扑磷的峰面积分别进行平均。试样中的噻嗪酮（杀扑磷）质量分数（X）按式（3-22）计算。

$$X=\frac{A_2 m_1 P}{A_1 m_2} \tag{3-22}$$

式中 A_1——标样溶液中，噻嗪酮（杀扑磷）峰面积的平均值；

A_2——试样溶液中，噻嗪酮（杀扑磷）峰面积的平均值；

m_1——噻嗪酮（杀扑磷）标样的质量，g；

m_2——试样的质量，g；

P——标准品中噻嗪酮（杀扑磷）质量分数，%。

五、思考题

① 分析测定混配农药中各单剂方法的确定需要考虑哪些因素？

② 选择利用峰高或峰面积定量的依据是什么？

实验20　固相萃取-高效液相色谱法测定蘑菇中咪鲜胺残留量

一、实验目的

1. 学习蘑菇中咪鲜胺的提取净化方法。

2. 用液相色谱法测定蘑菇中咪鲜胺的残留量。

二、实验原理

实验以丙酮-石油醚（4∶1）为提取剂，采用超声波提取蘑菇中农药残留，经固相萃取柱净化，吹干后用乙腈定容，供液相色谱仪进行测定。

1. 超声波提取法

超声波是一种高频率的声波，超声波在液体中振动时，产生一种空化作用，当发生空化现象时，液体中空气被赶出而形成真空，这些空化气泡具有巨大的破坏作用，利用这种能量，用溶剂将各类样品中残留的农药提取出来。超声波提取法一次可同时提取多个样品，具有简便、快速的特点。

2. 固相萃取法

固相萃取法（SPE）是利用固体吸附剂将液体样品中的目标化合物吸附，达到分离和富集目标化合物的目的。该方法克服了液-液分配和一般柱色谱的缺点，具有分离效率高、使用方便、快速、重复性好、操作安全等优点，因而在农药残留，特别是在脂肪和蛋白质含量高的复杂样品中的农药残留物以及农药多残留的分离、提取、净化和浓缩等方面得到广泛应用。

三、实验材料

1. 样品

市售蘑菇。

2. 试剂

咪鲜胺标准品（prochloraz，99.0%）、乙腈（色谱纯）、丙酮（色谱纯）、二氯甲烷（色谱纯）、氯化钠、氨水（分析纯）、石油醚（重蒸），所有用水均为超纯水。

3. 仪器与设备

高效液相色谱（带UV检测器）、分散器、旋转蒸发仪、氮吹仪、固相萃取系统、C_{18} SPE小柱和PSA小柱、实验室玻璃仪器。

四、实验步骤

1. 标准工作溶液的配制

准确称取咪鲜胺标准品100mg，用适量乙腈溶解，25℃下以乙腈定容至100mL，即配制成1000mg/L的储备液，于冰箱中4℃冷藏备用。

2. 样品的前处理

称取切碎的蘑菇样品25g于250mL烧杯中，加入乙腈50mL超声波提取10～15min，以及加入 Celite 545 助滤剂 1g，抽滤，以 20mL 乙腈分次洗涤烧杯和滤渣，合并滤液后将其转入分液漏斗，加 5%NaCl 溶液 80mL，以二氯甲烷 30mL×2 萃取，合并后的有机相 50℃下减压浓缩至近干，以乙腈 1mL 复溶。

PSA 小柱以 10mL 乙腈预淋洗；C_{18} 小柱先以 5mL 石油醚预淋洗，再以 5mL 乙腈预淋洗。经过活化的两小柱以接头连接（PSA 小柱在上，C_{18} 小柱在下），将小柱装于固相萃取装置。取浓缩液过柱，再以乙腈 2mL+3mL 洗脱，流出液收集于 10mL 试管中，于 40℃氮吹仪上以 N_2 吹至 5mL 以下，以乙腈定容至 5mL，备测。

3. 色谱条件

高效液相色谱，带 320-UV 检测器；色谱柱：250mm×4.6mm（i. d.）不锈钢柱，内填 C_{18}，填充物粒径 5μm；流动相：0.5%的氨水-乙腈 20∶80（体积比）；流速：1.0mL/min；检测波长：225nm；进样体积：2μL；柱温：室温。

五、实验操作注意事项

① 根据待测农药性质、样品种类等，选用合适的微型柱和淋洗剂。

② 高效液相色谱法（HPLC）可以分离检测极性强、分子量大及离子型农药，尤其对不易气化或受热易分解的化合物更能显示其突出优点。

③ HPLC 分析农药残留一般采用 C_{18} 或 C_8 填充柱，以甲醇、乙腈等水溶性有机溶剂作流动相，选择紫外吸收、质谱、荧光或二极管矩阵为检测器。

六、思考题

① 超声波提取法的优点是什么？

② 一个完整的固相萃取操作包括哪几个步骤？

③ 与液-液萃取等传统的分离浓缩方法比较，固相萃取具有哪些优点？

④ 根据固相萃取柱中填料的不同，SPE 可分为哪几种类型？

实验 21　气相色谱-串联质谱法测定联苯菊酯含量

一、实验目的

1. 了解气相色谱-质谱联用仪原理和结构组成。

2. 学习气相色谱-质谱联用仪的操作步骤。

3. 学习使用气相色谱-质谱联用仪测定联苯菊酯含量。

二、实验原理

在相同色谱-质谱条件下，同一物质具有相同的保留时间和离子信息，通过未知农药样品与标准农药样品对照进行定性。相同色谱-质谱条件下，在一定进样量范围内，进样量与峰面积或峰高呈正比，以此为定量依据。

三、实验材料

1. 实验仪器和实验用品

岛津 GCMS-TQ8030、十万分之一电子天平、移液器、数控超声波清洗器、玻璃棒、烧杯、容量瓶、滴管、移液管、量筒等。

2. 药品及试剂

99.0%联苯菊酯标准样品，未知含量的联苯菊酯样品，甲醇、乙腈、甲酸、二氯甲烷均为色谱纯，水（新蒸二次蒸馏水）。

四、实验步骤

1. 气相色谱-质谱分析条件

离子源：EI；离子源温度：260℃；接口温度：260℃；采集方式：MRM；溶剂延迟 2min。检测器电压：0.3kV；监测离子（m/z）为 153.10、166.10、179.10，以 181.10/166.10 为定量离子对。毛细管色谱柱为 Rtx-5Ms 柱（30.0m×0.25mm，0.25μm）；载气：He，纯度为 99.999%；柱流量（恒流）：1.0mL/min；进样口温度：250℃；进样方式：不分流进样；程序升温：初温 230℃，从 10℃升至 290℃，保留时间 5.0min 左右，总程序时间：7min，进样量：5μL。

2. 仪器操作具体步骤

① 开启计算机和仪器，设置仪器参数如载气流速、温度、真空度等仪器运行参数。

② 待仪器稳定后，进行气相色谱条件的选择。

③ 待仪器稳定后，用待测样品标准品进行质谱参数调谐，得到最佳的质谱分析条件，确保峰形平滑对称，灵敏度高。

④ 选择最优的气相色谱条件和质谱分析条件，编辑完整的仪器分析方法。

⑤ 待仪器方法运行基线稳定后进样，进行实时分析。样品运行期间可以利用工作站前台对运行情况进行观察，异常时需进行调整。

⑥ 样品运行结束后进行数据处理，化合物的质谱是以测得离子的质荷比（m/z）为横坐标，以离子强度为纵坐标的谱图。采用 scan 方式，色谱-质谱联用分析可以获得不同组分的质谱图；以色谱保留时间为横坐标，以各时间点测得的总离子强度为纵坐标，可以测得待测混合物的总离子流色谱图。当固定检测某离子或某些的质荷比，对整个色谱流出物进行选择性检测时，将得到选择离子检测色谱图。

3. 样品配制及测定

（1）样品配制　准确称取 99.0%联苯菊酯标准样品 0.02525g 于小烧杯中，加入二氯甲烷，定容至 50mL，得到 5.00×10^2 mg(a.i.)/L 联苯菊酯母液，用二氯甲烷稀释成浓度为 1mg(a.i.)/L、0.5mg(a.i.)/L、0.25mg(a.i.)/L、0.05mg(a.i.)/L、0.005mg(a.i.)/L 和 0.001mg(a.i.)/L 的标准溶液。在上述色谱条件下，待仪器稳定后分别进样，记录纯品峰面积。以峰面积作纵坐标，浓度作横坐标，绘制曲线图，计算回归方程 $y=a+bx$。

（2）样品测定　准确称取样品 0.2g 置于 50mL 容量瓶中，用二氯甲烷溶解、定容、稀释，在上述色谱条件下，待仪器稳定后，进样，按式（3-23）计算样品含量（单点校正法）或用回归方程计算含量。

样品中联苯菊酯的有效含量（X）计算公式（单点校正法）为：

$$X=\frac{S_1C_2}{S_2} \tag{3-23}$$

式中 X——待测样品溶液中有效成分含量，mg(a. i.)/L；

C_2——标准样品溶液中有效成分含量，mg(a. i.)/L；

S_1——待测样品溶液峰面积值；

S_2——标准样品溶液峰面积值。

4.其他

同一浓度标样连续进样 5 次，计算其峰面积的变异系数。

五、实验说明及注意事项

① N_2 钢瓶阀门不能开太大，及时检测各接口是否漏气，经常更换色谱柱入口处的石英棉，防止出怪峰。

② 进样完成后，升高柱温对色谱柱进行老化保护，及时清理离子源。

③ 记录好仪器使用记录。

六、思考题

① 用回归方程和单点校正法计算未知样品中联苯菊酯的含量。

② 气质联用法的基本原理与气相色谱法有什么不同之处。

③ 气相色谱-质谱联用仪是否要求色谱柱必须将目标峰与杂质峰分开？为什么？

实验 22 超高效液相色谱-串联质谱法测定吡虫啉含量

一、实验目的

1.熟悉超高效液相色谱仪-串联质谱仪结构、仪器操作流程以及调试方法和检测方法。

2.掌握超高效液相色谱-串联质谱仪的操作和外标法的定量方法。

二、实验材料

1.药品及试剂

98.2%吡虫啉标准样品，未知吡虫啉样品，甲醇、乙腈、甲酸均为色谱纯，水（新蒸二次蒸馏水）。

2.仪器及用品

超高效液相色谱-串联质谱（UPLC-MS/MS）、十万分之一电子天平、移液器、数控超声波清洗器、玻璃棒、烧杯、容量瓶、滴管、移液管、量筒等。

三、实验操作步骤和注意事项

① 样品必须过 0.22um 有机滤膜，必须澄清透明后方可进样。

② 过滤流动相包括色谱甲醇、重蒸水，配制流动相后用超声波脱气 10min。

③ 打开主机，设定流速、温度，观察真空度和压力是否稳定，并注意排气。

④ 每次试验必须记录流动相组成、流速、压力，以确定是否污染。

⑤ 色谱-质谱条件。超高效液相色谱-串联质谱（UPLC-MS）条件：采用电喷雾（ESI+）模式测定，多离子反应监测（MRM）模式扫描。吡虫啉母离子特征峰（$m/z=256.00$），二级质谱后得离子特征峰 209.13 和 175.07，以 256.00/209.00 作为定量离子对，锥孔电压 DP=60 V，碰撞池能量 CE=8eV，保留时间 1.3min 左右。安捷伦 Eclipse plus C_{18} 柱（10mm×5.5mm，1.8μm），流动相 A：0.2%甲酸水溶液，流动相 B：乙腈，梯度洗脱程序见表 3-6；柱温：30℃，进样体积：5μL。

表 3-6 梯度洗脱程序

时间/min	流速/(mL/min)	流动相百分比/%	
		0.2%甲酸水溶液	乙腈
0	0.3	70	30
0.5	0.3	20	80
2.0	0.3	0	100
3.0	0.3	0	100
4.01	0.3	70	30
5	0.3	70	30

⑥ 标准曲线绘制。准确称取 98.2%吡虫啉标准样品 0.02545g 于小烧杯中，加入甲醇，定容至 50mL，得到 5.00×10^2mg(a.i.)/L 吡虫啉母液；准确移取上述吡虫啉母液各 1.000mL 于 25mL 容量瓶中，用甲醇定容，配成吡虫啉 20mg(a.i.)/L 的标准溶液母液，用甲醇稀释成各自浓度为 2mg(a.i.)/L、1mg(a.i.)/L、0.1mg(a.i.)/L、0.01mg(a.i.)/L、0.001mg(a.i.)/L 和 0.0001mg(a.i.)/L 的标准溶液。

⑦ 在上述色谱条件下，待仪器稳定后，分别进样，进样顺序为标样、样品、样品、标样。计算面积。以纯品浓度为横坐标、峰面积为纵坐标，做出标准曲线。计算出线性方程：$y=a+bx$ 及相关系数 r。

⑧ 样品测定。准确称取吡虫啉样品 0.2g（准确至 0.0002）于 50mL 容量瓶中，流动相定容，再稀释到相应浓度，在上述色谱条件下，待仪器稳定后，分别进样。计算峰面积，代入线性方程，求出样品中吡虫啉含量。

⑨ 实验完毕要清洗进样针、进样阀等，用过含酸的流动相后，色谱柱、离子源都要用甲醇/水冲洗，延长仪器使用寿命。

⑩ 仪器使用完毕后，认真做好试验记录，包括试验人、试验时间、试验内容和仪器运转状况等。

四、思考题

① 计算未知样品的含量。

② 开机后何时开始进样？

③ 液相色谱-串联质谱联用仪对流动相缓冲盐有什么要求？

④ 液相色谱-串联质谱联用仪对待测样品的浓度和进样体积有什么要求？

实验 23　农药残留快速检测

一、实验目的

1. 练习使用农药残留快速检测仪，掌握其操作过程。

2. 掌握酶抑制法的实验原理。

二、实验原理

本实验采用酶抑制法，有机磷或氨基甲酸酯类农药能抑制酶活性，使由酶参与的显色反应不显色。

正常情况下，酶催化神经传导代谢产物（乙酰胆碱）水解，其水解产物与显色剂反应，产生黄色物质，用分光光度计在 412nm 处测定吸光度随时间的变化值。在一定条件下，有机磷和氨基甲酸酯类农药对胆碱酯酶正常功能有抑制作用，可用比色法定量抑制程度，其抑制率与农药的浓度呈正相关。通过抑制率可以判断出样品中是否含有高剂量有机磷和氨基甲酸酯类农药。

三、实验材料

1. 实验仪器和实验用品

农药残留速测仪，擦镜纸，烧杯（50mL），自动萃取仪，玻璃棒，移液枪，移液管，吸耳球，果蔬样品，菜刀，砧板。

2. 试剂盒

农药残留速测仪配套试剂盒。

四、实验步骤

1. 参数设置

根据仪器操作指南选择对照管通道和样品管通道（不同厂家或不同型号设备的设置方法略有不同），如无选择对照管通道和样品管通道选项，一般默认通道 1 为对照管通道，可根据需要设置相关样品信息（非必要步骤）。

2. 试剂配制

从农药残留速测仪配套试剂盒中取出相应固体试剂，参照说明书或如下方法配制各试剂溶液。

缓冲液的配制（试剂一）：取 1 包缓冲剂倒入 500mL 蒸馏水中溶解摇匀制成磷酸盐缓冲液，常温保存。

胆碱酯酶的配制（试剂二）：取 1 瓶酶粉加入 10mL 缓冲液摇匀溶解，0～5℃冷藏保存。

显色剂的配制（试剂三）：取 1 瓶显色剂加入 10mL 缓冲液摇匀溶解，0～5℃冷藏保存。

底物（乙酰胆碱）的配制（试剂四）：取 1 瓶底物加入 10mL 蒸馏水溶解摇匀，0～5℃冷藏保存。

3. 校准测量

选择校准菜单后，取 2.5mL 试剂一移入比色瓶后，各取 100μL 试剂二和试剂三倒入比色瓶中，盖紧摇匀，于比色槽中放置 10min，按校准键，仪器显示正在预热，仪器发出嘀嘀嘀三声后，表示校准完毕。

4. 空白测量

接上步，按空白测量键，仪器显示正在预热，发出嘀嘀嘀三声后，提示加入试剂四，取出比色瓶加入 100μL 试剂四，盖好摇匀，放入比色瓶中，按回车键继续，仪器显示正在测量，倒计时 3min，结束后同样发出嘀嘀嘀三声。并显示吸光度值 A_1、A_2。

5. 样品测量

① 样品制备　选取有代表性的果蔬样品，擦去表面泥土，叶菜用叶菜取样器取叶片部分，果实蔬菜可切割。然后切成 1cm×1cm 左右的碎片，称取 2.0g 样品。

② 样品中农药的提取　将 6 个样品提取瓶放在支架上，各放入 2.0g 样品，各加 10.0mL 试剂一，用搅拌针使样品全部浸入液体中，放入提取仪中萃取 6min。之后放回支架，取 2.5mL 注入比色瓶中。

③ 样品测量　选择测量键，各加 100μL 试剂二和试剂三，混合摇匀。按确认键进行测量，预热结束后，仪器显示正在培养。10min 后培养结束，提示音后加入试剂四，按确认键，从屏幕上读取结果。

五、实验结果与分析

1. 抑制率计算公式

$$E(\%)=\frac{(A_2-A_1)-(A_4-A_3)}{A_2-A_1}\times100\%$$

式中　E——抑制率；

A_1——空白测量 3min 前吸光度值；

A_2——空白测量 3min 后吸光度值；

A_3——样品测量 3min 前吸光度值；

A_4——样品测量 3min 后吸光度值。

2. 结果判定：

合格：抑制率≤40%。

超标：抑制率≥50%。

可疑：40%<抑制率<50%。

当被测样品 40%<抑制率<50%时，需要进行两次以上重复检测。

六、思考题

① 实验中应注意哪些问题？

② 简述农药残留速测仪在使用过程中的优点和局限性。

实验 24　乙草胺含量分析方法（设计性实验）

一、实验目的

通过查文献，结合已有农药分析知识设计乙草胺分析方法的实验方案。

二、要求

① 写出实验原理。

② 列出实验材料，包括仪器、试剂等实验用品。

③ 列出实验详细步骤，包括色谱条件、仪器操作具体步骤、样品配制方法和样品含量计算公式等。

④ 说明实验中的注意事项。

4

农药剂型加工与使用技术

4.1 农药制剂配制

4.1.1 农药助剂使用技术基础

农药助剂是农药制剂加工和应用中使用的除农药有效成分以外的其他辅助物，分为配方助剂和喷雾助剂两类。本篇主要介绍配方助剂。

4.1.1.1 乳化剂

使用乳化剂的农药加工剂型主要有乳油、水乳剂、微乳剂、可分散油悬剂和悬乳剂等，其中乳油是最基本的农药剂型。

配制农药乳油时一般要考虑乳化剂的以下指标。

① 乳化性能 即乳油用不同硬度的水稀释时，在一定条件下乳液的稳定程度。一般要求用较少量的乳化剂而能达到使农药较好乳化的效果。

② 与原药及溶剂的相容性 即调配的乳油储存前后均能够清澈透明，无颗粒和絮状物，乳化性能良好，农药的分解率低。

③ 水分含量 一般视农药品种的要求越低越好。

④ 酸碱度 最好呈中性和微酸性。

⑤ 流动性 用凝固点来衡量，越低越好，主要是方便使用。

⑥ 外观 色泽浅、透明度好，不分层。此外要求成本低，无毒害和药害，环境友好。

乳化剂主要分为单体乳化剂和复配乳化剂两种。复配乳化剂一般由两种或两种以上的单体乳化剂混合而成，其中为了调节其流动性、便于使用，常含有一定量溶剂。我国目前现有的复配乳化剂大多是针对乳油开发的，多由非离子单体乳化剂和阴离子单体乳化剂（钙盐）

复配而成，因此一般不适于水乳剂、微乳剂、可分散油悬剂和悬乳剂等剂型，筛选后者制剂配方时最好以单体乳化剂进行配伍试验。因此，了解并掌握单体乳化剂的性质和性能是非常必要的。

对于非离子乳化剂来讲，浊点是重要的质量指标。某种具有一定聚合度的非离子单体乳化剂都有一个规定的浊点范围，若浊点偏离较大则表明产品的质量不好。在低于室温无法测定浊点时，可采用测定浊点指数（水数）的方法。

（1）浊点的测定方法　称取 0.5g（精确至 0.01g）样品于小烧杯中，加入蒸馏水 50mL，用玻璃棒搅动使其溶解，溶解后倒入大试管内，使液面高度为 5cm，然后将温度计插入大试管内，再将大试管放入水浴中缓慢升温，一面搅动样品，一面观察，当溶液刚出现浑浊时，可搅动使其恢复透明。待再次出现浑浊而经搅拌并不消失时，立即记下温度。然后重新倒入新的溶液进行测定，这样连续 3 次，所求得的平均温度即该样品的浊点。如果样品水溶液超过 100℃还不出现浑浊，样品可改用含 3%氯化钠的水溶液来测定。如果样品水溶液在常温下已浑浊，则可改用含 25%乙醇的水溶液来测定。需要说明的是两种情况下测得的浊点必须注明测定条件。

（2）浊点指数的测定方法（GB/T 11277—2012）　称取（1.0±0.1）g（精确至 0.001g）样品置于高 80mm、直径 50mm、带有双层壁、质量小于 200g 的烧杯（图 4-1）中，加入 10mL 正丙醇，放入磁棒，在烧杯上加盖。将烧杯放在磁力搅拌器上，插入温度计，烧杯与水浴接通，开动循环水和搅拌器（开始慢慢搅拌，以免液体溅到烧杯壁上），温度为（30±0.1)℃。当试样完全溶解（溶液呈透明状）后，用滴定管逐滴加入蒸馏水（注意控制加水的时间应该在 20～30min 之间），直至液体浑浊为终点。到达终点后，让溶液平衡 5min，以保证浑浊不消失。记录所消耗水的体积（mL）即为水数。水数不但可用来测定乳化剂的亲水性，也可测定农药及溶剂的亲水性。

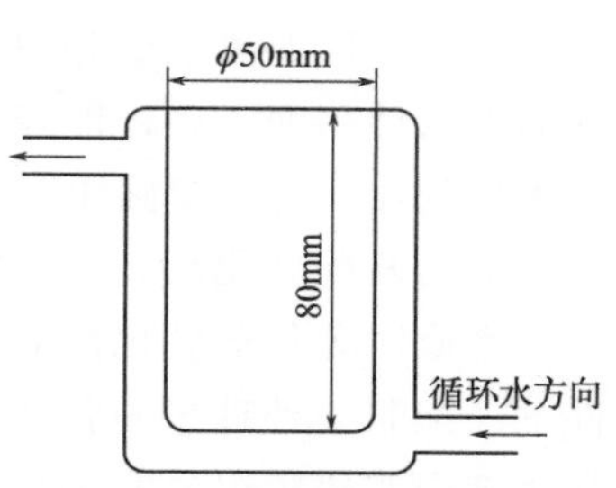

图 4-1　浊点指数测定装置

在各制剂配方中选择乳化剂的关键是确定乳化剂的单体种类和各种单体的比例。乳化剂的选择方法主要有亲水亲油平衡值法（HLB 值法）、相转变温度法（PIT 法）及乳液转变点法（EIP 法）等。

（1）HLB 值法　HLB 值法的要点包括：①每个乳化剂（单体或复配物）都有一个特定的 HLB 值范围。② 油/水（O/W）型乳状液需要的乳化剂 HLB 值通常在 8～18；水/油（W/O）型需要的乳化剂 HLB 值在 3～6。③ 被乳化系统（农药和农药-溶剂系统）的 HLB 值与所选乳化剂系统的 HLB 值相等时，通常可获得理想的乳化效果。目前对于已知结构的乳化剂可采用相应的经验公式进行计算获得，而对于未知结构的乳化剂或复配乳化剂可采用乳化试验法进行测定。Griffin 提出将已知 HLB 值的乳化剂、未知 HLB 值的乳化剂和已知所需 HLB 值的油相掺和，采用代数加和法配成一系列不同组成的乳状液，找出其中稳定性最好的一种即可计算出未知乳化剂的 HLB 值。

（2）PIT 法　该法适用于选择聚氧乙烯型非离子表面活性剂。其原理是乳状液的类型与温度有关，温度变化时，乳液类型 O/W 和 W/O 可以相互转变。利用相转变温度可以判断乳状液的稳定性，也可以说明乳状液中乳化剂的性质。PIT 测定方法是将等量的油和水与 3%～5%的聚氧乙烯非离子乳化剂制成乳液，加热搅拌，通过电导仪测定电导率或用其他方法观察是否发生转相，继续升温直到电导率突然降低说明发生 O/W 型向 W/O 型的转变，此时的温度即为相转变温度。PIT 法选择聚氧乙烯型非离子乳化剂的原则是配制 O/W 型乳液时乳化剂的 PIT 应高于储存温度 20～60℃，配制 W/O 型乳液时，乳化剂的 PIT 应比储存温度低 10～40℃，才能保证储存过程中不因温度变化而发生乳状液的转型。

(3) EIP 法　EIP 是指乳液从 W/O 型转变为 O/W 型的转折点，是在相同浓度不同乳化剂配成的 W/O 型乳液中加入水并记录发生转相时加入水的体积，即发生转相时单位体积油相所需加入的水体积。其测定方法是在 200cm^3 硬质烧杯中加入液体石蜡 50cm^3 和 2%浓度的壬基酚聚氧乙烯醚乳化剂，在 600r/min 转速下充分搅拌，使乳化剂溶解分散，然后向烧杯中滴入水，每加 1cm^3 水用 600r/min 速度搅拌 15s。测定溶液的电导率，从电导率判断是否发生 W/O 型向 O/W 型乳状液的转变，记录发生转型时加入水的体积（cm^3）。一般 EIP 低的乳化剂有利于配制成稳定的 O/W 型乳液。

上述方法在选择乳化剂时都存在局限性，受油相和乳化剂种类、性质、浓度以及相互配比不同的影响而有变化，同时还因外界条件如温度、水质、稀释倍数、添加剂的加入等而改变。

一般地讲，在水温较低时，要求乳化剂的亲油性稍强一些，即提高乳化剂中钙盐的比例或提高亲油性非离子组分的比例或降低亲水性非离子组分的比例；在水温较高时，要求乳化剂的亲水性稍强一些，即降低钙盐的比例或降低亲油性非离子组分的比例或提高亲水性非离子组分的比例。在实践中，为了配制一种适应较宽温度条件的乳化剂，有时会选用三元或三元以上的复配乳化剂。

水质对乳化剂乳化性能的影响主要表现在所形成乳状液的稳定性。实践表明，在相同条件下、配制某种理想的乳状液时，如水的硬度较高，应适当地增加乳化剂的亲水性，即增加乳化剂中非离子组分的亲水性或比例或者降低钙盐的用量；反之，如水硬度较低，应适当地提高乳化剂的亲油性，即降低乳化剂中非离子组分的亲水性或增加钙盐的用量，否则很难获得较理想的乳状液。在选择农药乳化剂配方时，为了使选定的乳化剂能更好地适应不同水质的要求，在试验中通常选用以碳酸钙计硬度分别为如 100mg/L、342mg/L、500mg/L 和 1000mg/L 等不同硬度的水质进行乳液稳定性试验。这样选定的乳化剂能较好地满足农药使用时对水质的要求。

稀释倍数指用水稀释乳油时的用水量为乳油体积的倍数。不同的乳油或不同的应用技术采用的稀释倍数不同。在选择乳化剂配方时，应重点研究在低稀释倍数下对乳化剂的性能要求。

4.1.1.2　润湿剂与渗透剂

润湿和渗透作用是农药表面活性剂的基本应用性能之一。农药制剂加工及应用中提供这两种作用的助剂是农药润湿剂和渗透剂。它既可作为农药制剂的配方组分，也可用作农药喷雾使用时所添加的各种喷雾助剂。

(1) 农药可湿性粉剂中润湿剂的应用　可湿性粉剂是最基本的农药加工剂型之一，其基本助剂组分是润湿剂和分散剂。可湿性粉剂润湿剂几乎包括了所有农药润湿剂品种。近年开发的新型润湿剂、渗透剂大都与可湿性粉剂相关。各类可湿性粉剂润湿剂在制剂性能方面，特别是润湿性和再润湿性与分子结构之间的关系，现在尚未发现明确且普遍适用的规律。有时单体助剂的润湿性较好，而用在可湿性粉剂配方中表现的实际效果常常相差很大。所以至今很大程度上有赖于实践经验的积累和配方试验筛选。

(2) 农药可溶液剂加工中润湿剂与渗透剂的使用　原来认为水溶性较好的农药制成以水

为介质的可溶液剂不需要加润湿剂、渗透剂也能对植物、虫体有好的润湿性和渗透性，但实际上这完全是误解。多数水基可溶液剂农药如没有适当助剂，则药效一般发挥不好，特别是某些除草剂和植物生长调节剂。

（3）流点法确定润湿剂品种　用蒸馏水将各润湿剂配制成5%的水溶液，称取5g粉碎至200目的原药样品（精确至0.01g）于50mL烧杯中，然后连同不锈钢小铲一起称重，用胶头滴管将配制好的润湿分散剂的水溶液逐滴加入烧杯，边滴加边搅拌，不时将小铲提起直至有液滴刚好开始滴下时停止滴加，再将烧杯和不锈钢铲一起称重，记录滴加溶液的质量（精确至0.01g），重复4次。一般水溶液用量低的润湿剂润湿效率高。

（4）润湿剂溶液表面张力测定方法　测定表面张力方法有铂金环法、毛细升高法、液体积法（滴重法）、吊片法、泡压法（气泡最大压力法）、停滴法、悬滴法等。

4.1.1.3　分散剂

使用分散剂的主要剂型有可湿性粉剂、悬浮剂、水分散粒剂等，对分散剂性能的共同要求包括：①使产品有良好流动性，不结块；②有一定的润湿性和分散悬浮性；③储存稳定性和化学稳定性；④制剂良好的稀释性及与其他剂型产品的相容性；⑤适度起泡性；⑥适应加工工艺性能。

当然，分散剂也必须满足农药助剂的一般性能要求。

分散剂的选择：在多数情况下，制备农药分散体的中心环节始终是选择以分散剂为中心的助剂和配方。农药品种和剂型一经指定，则对助剂系统的性能要求也就基本上确定了。

分散剂的一般选择原则如下所述。

① 分散能力强的表面活性剂，一般具有较强吸附能力，例如某些嵌段或接枝聚合物表面活性剂。

② 高分子分散剂，特别是分子或链节上具有较多分枝的亲油基和亲水基，并带有足够电荷，其分散力较强、适应性较广。例如木质素磺酸盐类、烷基萘和萘磺酸甲醛缩合物，还有聚合羧酸盐、烷基酚聚氧乙烯醚甲醛缩合物硫酸盐、烷基酚聚氧乙烯醚甲醛缩合物丁二酸酯硝酸盐等。

③ 根据吸附作用原理，对非极性固体农药，宜选非离子分散剂或弱极性离子分散剂。若分散农药固体粒子表面具有官能团，显示明显极性，那么宜选用具极性亲和力吸附型阴离子，尤其是高分子阴离子分散剂。

④ 化学结构相似原理。例如有机磷酸酯类农药，其所需分散剂和乳化剂，由经验可知，具有多芳核聚氧乙烯或聚氧丙烯醚类以及它们的甲醛缩合物，或者有机磷酸酯类表面活性剂，往往效果较好。

⑤ 分散剂协同效应的应用。实践和理论证明在多数农药分散系统中，选用两种或多种适当的分散剂或润湿-分散剂，往往比用单一的效果好。一方面，农药制剂要求性能是多方面的；另一方面，连用复配助剂系统往往可提供的性能较为全面。这一点在整个农药助剂领域都很重要。但要指出的是，绝不是任何两种或多种分散剂混合使用均会产生所希望的效果。恰恰相反，连用不当有时会产生相反效果。因此，通过试验检验是必要的，有时则是唯一可靠的方法。

⑥ 分散剂的掺和性。农药制剂的桶混或混用是化学农药应用技术的重要方式。现代化农业要求和正在推行的农药-化肥联用技术，也对农药制剂性能，特别是对助剂系统要求有

好的相容性，对强而浓的化肥电解质有好的掺和性。

在悬浮剂配方研究过程中，一般采用以下方法筛选和确定润湿分散剂的用量。

(1) 流点法确定润湿分散剂品种

流点与润湿分散剂的活性和固体物的细度有关，活性越高，流点越低；固体活性物越细，流点越高。另外需要注意的是，由于分散剂单独使用时通常润湿性能不足，所以用流点法筛选分散剂时，最好先确定润湿剂品种，再在使用相同润湿剂的体系中进行分散剂品种的筛选。

(2) 黏度曲线法筛选润湿分散剂及其用量　确定分散剂的品种后可以进一步测定同一悬浮剂中不同含量分散剂的黏度值，以黏度为纵坐标，分散剂含量为横坐标，绘制黏度-分散剂含量曲线（如图 4-2）。以曲线中黏度最低点对应的分散剂含量为制剂中分散剂的最适含量。

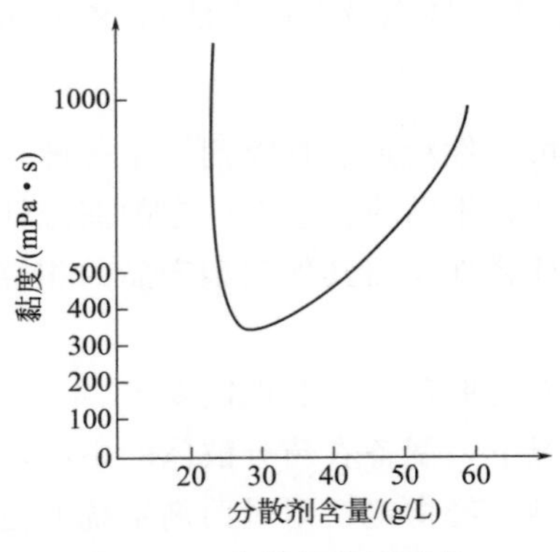

图 4-2　分散剂含量测定

4.1.1.4　溶剂与助溶剂

农药溶剂是溶解或稀释农药有效成分的液体。农药溶剂通常分为有机溶剂和无机溶剂。有机溶剂在农药乳油、水乳剂、微乳剂、油剂等液体剂型中广泛使用，是固体有效成分制备液体制剂所必需的农药助剂，起溶解和调节制剂含量作用。而有效成分为液体时，其作用主要为稀释和调节含量。

溶剂应具有以下基本性能。

① 溶解能力强。首先要对制剂活性组分（原药）有较高的溶解性。

② 与制剂其他组分相容性好。溶解后形成的溶液不分层、无沉淀，低温下无结晶析出，不与原药发生不利的化学反应。

③ 挥发性适中。配制乳油用的溶剂闪点一般不低于 27℃，特殊制剂和应用技术另有要求。以确保生产、储运和使用安全。

④ 对植物无药害，对环境安全。

⑤ 对人、畜毒性低，低刺激性或无刺激性。多核芳烃化合物含量低于规定量。

⑥ 要求货源充足，质量稳定，价格适中，以保证制剂质量和控制成本。

助溶剂又称为共溶剂，是辅助性溶剂。一般用量不多，但往往具有特殊作用即专用性。助溶剂选用技术比较高，基本依靠配方试验，经验比重较大。应用助溶剂的剂型也在增多，主要还是某些乳油加工，乳化剂中有时也需要助溶剂。

(1) 溶剂对原药溶解度测定方法　取 5 只 20mL 具塞试管，每支试管中放入 (1.20±0.02) g 待测原药样品，用移液管取 2mL 溶剂分别放入每支试管中，盖上塞子，在室温下轻轻摇动，必要时在 50～60℃水浴中加热以加速溶解。如果不能全部溶解，再加 2mL 溶剂，再次加热溶解；如果还不能完全溶解，再加 2mL，重复上述操作，直至加入 10mL 溶剂还不能完全溶解时，可弃之，选择另一种溶剂进行试验。如果某一溶剂完全溶解时，将其放入 0℃冰箱，4h 后观察有无沉淀（结晶）或分层。如没有沉淀或分层，仍能完全溶解，则可加入少量原药继续观察；如果有沉淀或分层时，则再加 2mL 溶剂，继续试验下去，直到加至 10mL 溶剂为止。按每毫升溶剂所溶解的原药质量计算溶解度。

（2）闪点及其测定方法　可燃性液体挥发出的蒸气和空气的混合物与火源接触能闪燃的最低温度即为闪点。含有可燃性溶剂或因分解作用而产生可燃性气体的农药产品应规定闪点的质量指标。其目的是评估农药产品在储存、运输过程中引起燃烧的危险程度。例如联合国粮农组织（FAO）公布的超低容量农药制剂的质量标准中，规定以密闭式闪点试验器测试，其闪点不应低于 22.8℃。我国对各种农药制剂未规定闪点限制，但其测定可参照国家标准（GB/T 21775—2008）方法进行。

4.1.1.5　填料或载体

农药填料或载体是荷载或稀释农药的惰性成分，主要用于各种固体剂型，有时也用在悬浮剂、悬乳剂、可分散油悬浮剂等液体制剂中。在制造农药粉剂、可湿性粉剂时一般将可用于制造高浓度固体制剂的、吸附性能强的硅藻土、凹凸棒土、膨润土、白炭黑等称为载体，而将具有低的或中等吸附能力的滑石、叶蜡石、黏土、轻质碳酸钙等称为填料。在制造悬浮剂及悬浮乳剂时，主要是利用某些填料或载体在液体介质中所具有的流变性和增稠性，这些性质有助于制剂的物理稳定，如凹凸棒土、膨润土等。

配制相应的农药制剂选择载体或填料时一般首要考虑原药的物理状态以及载体与药剂的相容性，储存和使用过程中不应导致药剂分解，其次考虑填料或载体的物理性能如纯度、密度、细度、硬度、pH 值、比表面积、吸附性能、流动性能以及水分含量、Fe_2O_3 含量、阳离子交换容量和价格等因素。

加工粉剂时应考虑如下几点。

① 稳定性好的农药如卤代烃类农药可只要求填料或载体的物理性能（易粉碎、流动性等），不稳定的农药如有机磷类农药则首先考虑选择活性小不宜引起药剂分解的填料或载体。

② 蒸气压高、易挥发的农药应选择吸附性能强的载体，易光解的农药应选择具有微孔结构的载体，以减少药剂损失。

③ 固体原药和高熔点原药的载体易于选择，而液体原药和低熔点原药应选择吸附性能强的载体，以保证制剂的流动性和分散性。

加工可湿性粉剂时还应考虑载体自身的润湿性、分散性、悬浮性良好，硬度低，易于加工。加工粒剂时则应对载体的吸附性、流动性、耐磨性、粉尘大小等因素加以考虑。

4.1.2　农药制剂配制技术

4.1.2.1　液体制剂

（1）乳油的配制　农药乳油主要由农药原药、溶剂和乳化剂组成。在某些乳油中还需要加入适当的助溶剂以及稳定剂和增效剂等其他助剂。乳油配方研究主要包括农药有效成分含量、溶剂和乳化剂的选择，以及乳油的化学稳定性和理化性能等内容。

① 农药原药　其为乳油中有效成分的主体，对最终配成的乳油有很大的限制和影响。在配制之前首先要全面地了解原药本身的各种理化性质、生物活性及毒性等。

原药的物理性质主要是物理状态，有效成分及杂质的含量，在有机溶剂和水中的溶解度，挥发性，熔点和沸点等。

化学性质主要是有效成分的化学稳定性，包括在酸、碱条件下的水解性（半衰期），光化学和热敏稳定性；与溶剂、乳化剂和其他助剂之间的相互作用等。生物活性包括有效成分的作用方式、活性谱、活性大小、选择性和作用机制等。毒性主要指急性毒性，包括急性经口、经皮和吸入毒性。在配制混合乳油时，还需了解两种（或多种）有效成分的相互作用，包括毒性和毒力。

在上述各项性能中，原药纯度、在有机溶剂中的溶解度和化学稳定性最重要，在配制之前必须通过相应的试验获得可靠的数据，任何资料只能作为参考，不能作为依据。

② 有效成分含量的选择　一般来讲，乳油中的有效成分含量高可以降低溶剂的用量、节省包装材料、减少运输量和减轻对生态环境的影响，从而降低乳油的生产成本。乳油中有效成分含量的高低主要取决于农药原药的物理状态、在溶剂中的溶解度和施药要求。其基本要求是乳油在变化的温度范围内，仍能保持均相的透明溶液。有时为了提高乳油的稳定性，对某些在主溶剂中溶解度不够理想的农药品种，可以选用合适的助溶剂。

③ 溶剂　乳油中的溶剂主要对原药起溶解和稀释作用，帮助乳油在水中乳化分散，改善乳油的流动性，使乳油中有效成分有一个固定的含量，便于使用。根据乳油的理化性能、储运和使用要求，乳油中的溶剂应具备如下条件：对原药有足够大的溶解度；不导致有效成分的分解；对人、畜毒性低，对作物安全；资源丰富，价格便宜；挥发性小，闪点高；对环境和储运安全等。溶剂的选择主要依据是原药在溶剂中的溶解度和溶剂对原药化学稳定性的影响，其次是溶剂的来源和价格。乳油用常规溶剂主要有各种芳烃、醇类，其次是脂肪烃和酮类，以及它们的混合溶剂。其他酯类、卤代烷烃类应用较少。如果溶解度不够理想，再选用适当的助溶剂，即使用混合溶剂。

乳油设计和生产中，溶剂品种和性能规格是经常变化的因素之一，为此需要对乳化剂及乳油配方进行检验和及时调整。当选用较亲水溶剂时，乳化剂为亲油性组分，通常钙盐的比例需适当降低；而亲水性乳化剂，通常是各类非离子组分，比例要相应提高。反之，采用较亲油溶剂时，如重质芳烃和脂肪烃溶剂，乳化剂亲油性组分比例要提高而亲水性组分比例相应降低。

④ 乳化剂　乳化剂是配制农药乳油的关键组分。乳化剂能否使乳油兑水稀释后形成相对稳定的乳状液是选择乳化剂的首要原则，其次是乳化剂对农药原药化学稳定性的影响。即乳化剂首先能使乳油在水中形成相对稳定的乳状液，喷洒到作物或有害生物体表面能很好地润湿、展着，加速药剂对作物的渗透性，对作物安全。然后对农药原药化学稳定性无影响，不应因储存日久而分解失效；耐酸，耐碱，不易分解；对温度、水质适应性广泛。此外，不应增加原药对哺乳类动物的毒性或降低对有害生物的毒力。

配制农药乳油所使用的乳化剂主要是复合型的，即一种阴离子型乳化剂和一种或几种非离子型乳化剂混配而成的混合物。复合型乳化剂可以产生比原来各自性能更优良的协同效应，可以降低乳化剂用量，使之对农药的适应性更宽，配成的乳状液更稳定。在混配型乳化剂中，最常用的阴离子型乳化剂是十二烷基苯磺酸钙（简称钙盐，常用 ABS-Ca 表示），而常用的非离子型乳化剂品种型号繁多。乳化剂的筛选实际上是确定非离子乳化剂的品种、非离子乳化剂与阴离子乳化剂的配比以及乳化剂用量的过程。

a. 非离子型乳化剂单体的选择　一是乳化剂与原药在化学结构上的适应性，即非离子乳化剂品种的选择；二是乳化剂的 HLB 值与农药要求的 HLB 值的适应性，即非离子乳化剂单体聚合度的选择。

b. 农药品种选择　根据实践经验，对大多数有机磷酸酯类农药品种，选用多苯核类非离子单体如 BP、农乳 600 号、BC、BS 等品种与钙盐搭配效果较为理想，烷醇类或 By 型非离子单体不太理想；对拟除虫菊酯类农药品种，选用以 By 型为主体，By 类与 OP 类的混合物再与钙盐搭配效果比较好，而选用多苯核类或烷醇类不太理想；对大多数有机氯类农药品种，选用 By 类和 OP 类乳化剂单体为好；对杂环类或其他类农药品种，选用以 By 型乳化剂为主体，与其他酯醚型乳化剂单体配合为好。

c. 聚合度的选择　非离子乳化剂单体的聚合度或 HLB 值随农药品种的不同而有不同的要求。对亲水性较强或要求 HLB 值较高的农药品种，如乐果、敌敌畏等，要求聚合度或 HLB 值高一些；对亲油性较强或要求 HLB 值较低的农药品种，如对硫磷、甲拌磷等，要求用聚合度或 HLB 值较低的乳化剂单体。根据实践经验，无论选用一种或几种非离子乳化剂单体与钙盐搭配，非离子组分（一种或几种）的 HLB 值一般为 14～18，即平均聚合度为 2.5 以上。

d. 钙盐的用量　在复合型乳化剂中，钙盐的用量主要取决于农药品种，其次是非离子乳化剂的聚合度。根据经验，在混配型乳化剂中，钙盐的用量一般为 20%～50%（以乳化剂总质量计），非离子乳化剂的用量为 50%～80%。

e. 利用 HLB 值选择乳化剂　根据被乳化物所要求的 HLB 值与乳化剂所具有的 HLB 值相同或相近的原则，筛选农药乳化剂时，若事先知道该种农药所要求的 HLB 值，然后再选择与这种农药要求的 HLB 值相同或相近的乳化剂进行配制是非常方便的。

⑤ 其他助剂　主要是助溶剂、稳定剂、增效剂等，根据农药的品种和施药要求选用。

⑥ 乳油的工业生产　工艺流程图如图 4-3 所示。

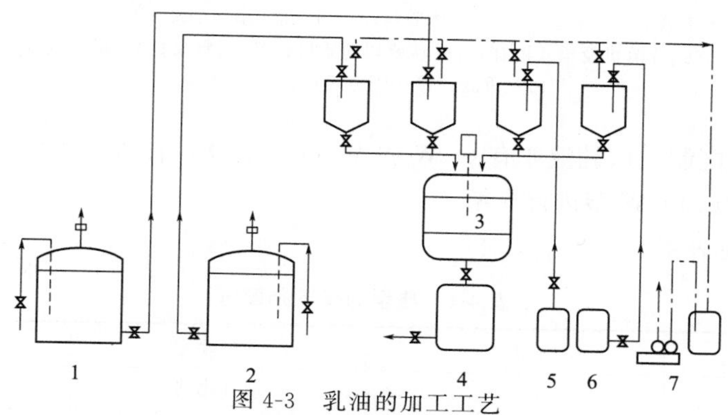

图 4-3　乳油的加工工艺

1—助溶剂储罐；2—溶剂储罐；3—复配罐；4—成品罐；5—原药；6—乳化剂；7—真空系统

（2）水乳剂的配制　微乳液分为 O/W 和 W/O 型两类，O/W 型在生产上具有实用价值。

① 水乳剂的配方组成　水乳剂主要由有效成分、溶剂、乳化剂、共乳化剂、防冻剂、消泡剂、增稠剂和水组成。

② 水乳剂的配方要求　水乳剂中有效成分含量一般低于 50%。是否使用溶剂根据原药的物理状态而定，种类与乳油相似，但尽量不用极性溶剂。

③ 水乳剂常用实验室设备及使用　高剪切乳化均质机是制备水乳剂的常用设备，还可用于悬浮剂等制剂样品。

④ 水乳剂工业生产　工艺流程如图 4-4 所示，主要设备如下所述：

a. 高剪切均质机　由电动机通过皮带传动带动转齿（或称为转子）与相配的定齿（或称为定子）作相对的高速旋转，被加工物料通过本身的质量或外部压力（可由泵产生）加压产生向下的螺旋冲击力，透过定齿、转齿之间的间隙（间隙可调）时受到强大的剪切力、摩擦力以及高频振动等物理作用，使物料被有效地乳化、分散和粉碎，从而达到物料超细粉碎及乳化的效果。

b. 高剪切混合乳化机　高剪切混合乳化就是高效、快速、均匀地将一个相或多个相分布到另一个连续相中，而在通常情况下各个相是互不相溶的。由于转子高速旋转所产生的高切线速度和高频机械效应带来的强劲支能，使物料在定子、转子狭窄的间隙中受到强烈的机械及液力剪切、离心挤压、液层摩擦、撞击撕裂和湍流等综合作用，从而使不相溶的固相、液相、气相在相应成熟工艺和适量添加剂的共同作用下，瞬间均匀精细地分散乳化，经过高频的循环往复工作，最终得到稳定的高品质产品。

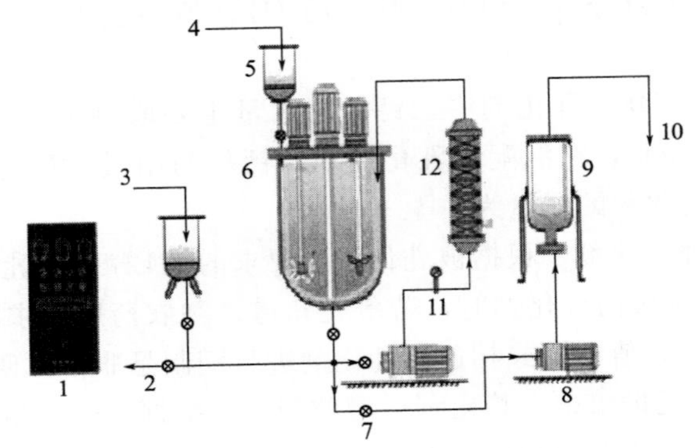

图 4-4　水乳剂加工工艺流程

1—电器柜控制系统；2—排污口；3—液体原料加入口；4—添加剂加入口；5—立式乳化剂储槽；6—立式分散机及锚式搅拌；7—高剪切均质机；8—出料泵；9—精细过滤器；10—成品；11—压力表；12—冷凝器

（3）微乳剂的配制　微乳液亦有 O/W 和 W/O 型之分，农药微乳剂所采用的多是 O/W 型，以下微乳液均以 O/W 型进行介绍。

① 基本配方见表 4-1。

表 4-1　典型的微乳剂配方

组分	含量/%	组分	含量/%
有效成分	1～20	助乳化剂	3～10
溶剂	不用或根据需要添加	防冻剂	5
乳化剂	5～20	去离子水	余量

② 微乳剂的组分

a. 微乳剂中农药有效成分含量一般低于 20%，有效成分应该在水中稳定，熔点在 70℃以下的相对容易配制微乳剂。在常温下为固体的农药原药必须选择适当的溶剂，配制成溶液后方可使用，需指出的是若使用与水不混溶的溶剂来溶解原药，其使用量越大，则制剂所耗费的乳化剂量也相应增加。

b. 微乳剂的溶剂选择范围比水乳剂宽，可使用非极性溶剂如芳烃、重芳烃、石蜡烃、脂肪酸的酯化物等，也可根据需要选择某些极性溶剂，如醇类、酮类、二甲基甲酰胺等。

c. 对乳化剂的选择，其基本原则与水乳剂一样，可在 HLB 8～18 范围内选择。离子型或非离子型的均可，实际应用中更多的是两种类型乳化剂复配。

d. 在微乳剂制剂中乳化剂和助乳化剂统称为增溶剂，助乳化剂的作用是提高乳化剂对农药活性物的增溶量，或促使油水界面张力下降。一般选择低分子量的醇类如丁醇、辛醇、异丙醇、异戊醇、甲醇、乙醇、乙二醇、丙三醇或低级二元醇的聚合物等，但助乳化剂并非微乳剂必需组分，实际制备过程中根据需要添加。

e. 防冻剂一般选择二元醇或水溶性非极性物固体，如尿素、蔗糖、葡萄糖类等。

③ 微乳剂属于热力学稳定体系，一般不需添加增稠剂、触变剂等进行流变学性能调节。其制备工艺简单，生产中按配方从原辅料储罐中抽取物料，添加到调制釜中调配，配以一般框式或浆式搅拌器，边搅拌边进料，自发形成透明制剂。

④ 农药微乳剂工业生产　工艺流程如图 4-5 所示，主要设备参见乳油设备。此外，母液调制可用一般的搪瓷反应釜或日用化工、食品工业用的不锈钢搅拌桶。搅拌装置可以使用高剪切混合乳化机。

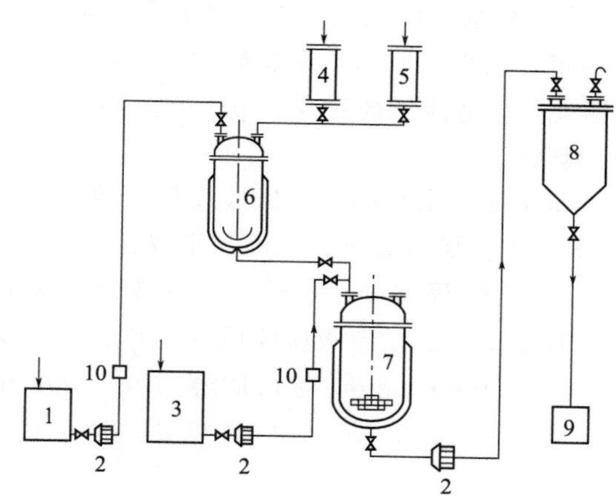

图 4-5　微乳剂加工工艺流程

1—乳化剂储槽；2—齿轮泵；3—去离子水储槽；4—液态农药计量槽；5—溶剂计量槽；6—母液调制釜；7—产品调制釜；8—产品储槽；9—包装；10—计量表

(4) 悬浮剂的配制

① 悬浮剂的配方组成　悬浮剂（SC）主要由农药原药、润湿剂、分散剂、增稠剂、防冻剂、pH 调整剂、消泡剂和水等组成。但不同品种、不同规格的制剂配方各有不同，筛选合理的制剂配方是悬浮剂开发的重要工作。水悬浮剂的基本配方组成为：有效成分 40%～50%，润湿分散剂 3%～7%，增稠剂 0.1%～0.5%，防冻剂 3%～5%，水加至 100%。pH 调整剂和消泡剂根据需要添加。

② 悬浮剂的组分要求

a. 有效成分需符合的条件　在水中的溶解度一般不大于 100mg/L，最好不溶，否则在制剂储存时易产生结晶。但也有在液相中的溶解度超过 100mg/L 的原药制得稳定性好的悬浮剂的例子，如吡虫啉、灭多威等。通过选择合适的润湿分散剂和增稠剂，可使制剂的保质期达到 3 年以上。在水中的化学稳定性好，对某些稳定性不太好的有效成分通常使用缓冲剂、抗氧化剂来改善其化学稳定性。熔点一般在 60℃ 以上，以免在研磨时熔化，引起粒子凝聚，影响制剂的稳定性。对于复配制剂来说，还要考虑以两原药增效不增毒、相容稳定性好为原则确定其最佳配比和最佳浓度。

b. 润湿分散剂　农药悬浮剂的润湿分散剂具有润湿和分散双重作用，多选用阴离子表面活性剂，有时根据需要与非离子表面活性剂（乳化剂）配合使用。润湿分散剂的用量一般不超过10%，要求其与所分散的农药有效成分结合能力强，不易脱落。

c. 防冻剂　农药悬浮剂在低温环境中能稳定储存需要加入防冻剂。选用防冻剂一般要求在较低用量下防冻性能好、挥发性低、对有效成分不溶解。如用乙二醇作防冻剂，一般加入5%左右，最多不超过10%。若农药悬浮剂在气温高于0℃的地区储存和使用，则在配方中可以不加防冻剂。

d. 增稠剂　增稠剂是农药悬浮剂的重要组分。对增稠剂的要求一般是用量少、增稠作用强而又不影响制剂稀释稳定性。一般用量为0.1%～0.5%，最多不超过3%。

e. 消泡剂　农药悬浮剂在加工过程中容易产生大量气泡，影响制剂的加工、计量、包装和使用。一般选用有机硅类、有机硅酮类，也可根据需要在长链醇、脂肪酸、聚氧丙烯、甘油醚中选择。

f. pH调整剂　加入pH调整剂是保证制剂中有效成分化学稳定性的重要手段。绝大多数原药在中性介质条件下稳定，而少数原药则需要酸性或碱性介质条件，因此，必须通过加入pH调整剂调节介质酸碱性，以适应原药对介质pH的需要。一般用硫酸或有机酸调节酸性；而用有机胺调节介质的碱性。

g. 防腐剂　可在甲醛、苯甲酸、山梨酸、柠檬酸及其盐类中选择。

③ 悬浮剂主要实验设备主要包括砂磨机、粒度测定仪器、黏度测定仪器等。

④ 悬浮剂工业化生产　工艺流程如图4-6所示。超微粉碎法的主要加工设备有三种。一是预粉碎设备：球磨机或胶体磨；二是超微粉碎设备：砂磨机，以立式开放式砂磨机最常用；三是高速混合机（1000～15000r/min）和均质器（>8000r/min），主要起均匀均化作用。

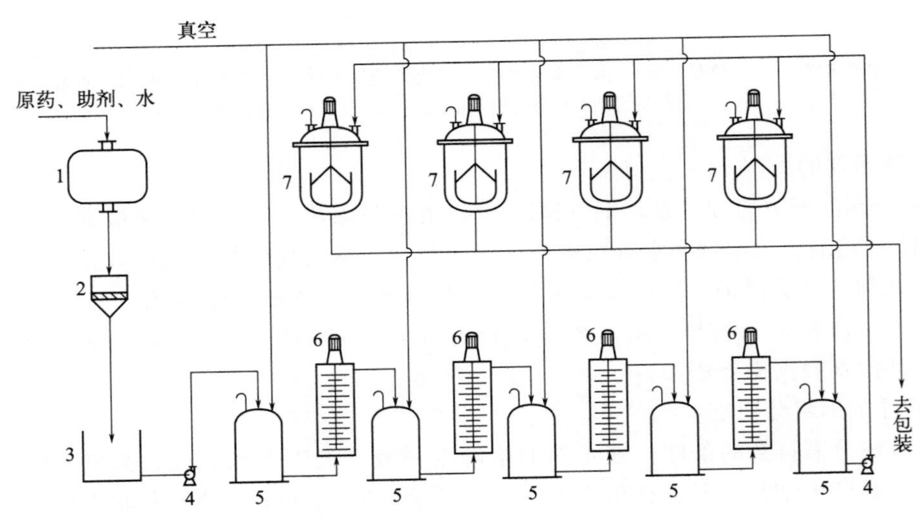

图4-6　悬浮剂加工工艺流程

1—球磨机；2—过滤器；3—料浆受槽；4—打浆料泵；5—砂磨压力罐受罐；6—砂磨机；7—成品罐

连续法生产农药悬浮剂的生产工艺已经形成了一套基本模式，即配料—预粉料—砂磨粉碎—调配混合—包装。这一工艺的主要特点包括：多个砂磨机串联、空气压缩管道送料连续化生产工艺流程；比间歇式操作缩短了三分之一操作时间；采用湿法工艺，污染小或无污染；减少了操作工序，减轻了工人劳动强度，大大改善了操作条件。

农药悬浮剂生产工艺基本模式有许多优点，采用连续式超微粉碎，生产效率高、粒子均匀度好、产品质量好。但是该工艺并不是对所有的原药都适用，因此应该从实际出发，根据原药的性质特点具体选用其制剂的加工工艺流程。

（5）液体制剂生产单元操作　液体制剂通常是将药物以不同的分散方法和不同的分散程度分散在适宜的分散介质中制成的液体分散体系，如乳油、水乳剂、悬浮剂等。液体制剂按分散系统可分为均匀相液体制剂和非均匀相液体制剂。前者如乳油、微乳剂、水剂、可溶液剂等；后者又分为水乳剂、水悬浮剂、油悬浮剂等。液体制剂生产的单元操作主要有溶解、过滤与粉碎等。

① 溶解　乳油、水剂配制中原药的溶解和溶解度是至关重要的。有时需要增加溶解度，增加溶解度的方法有制成可溶性盐、引入亲水基团、加入助溶剂、使用混合溶剂和加入增溶剂。制备均相液体制剂时，液体组分常用量取法，量取体积单位常用 mL 或 L，固体组分常用称取法，单位常用 g 或 kg。组分加入的次序，一般溶剂、助溶剂、稳定剂等先加入；固体组分中难溶性的应先加入溶解；易溶组分、液体组分及挥发性药物后加入；为了加速溶解，可将各组分研细，以配方溶剂的 1/2～3/4 量来溶解，必要时可搅拌或加热，但受热不稳定的组分以及遇热反而难溶解的组分则不应加热。

② 过滤　溶解后通常需要过滤，特别是固体组分，原则上应另用容器溶解，以便必要时加以过滤，以防有异物混入或者为了避免溶液间发生配比变化。过滤系将固液混合物强制通过多孔性介质，使液体通过而固体沉积或截留在多孔性介质上的操作。多孔性介质称滤过介质或滤材，直接影响过滤的速度和效果，是各种滤过器的关键组成部分。粗滤时常用的滤过介质有滤纸、棉、绸布、尼龙布、涤纶布等；精滤时常用的滤过介质有垂熔玻璃、砂滤棒、石棉板、微孔滤膜等。常用的滤过器有砂滤棒、垂熔玻璃滤器、微孔滤膜滤过器、板框压滤机、板框压滤器等。

③ 砂磨粉碎　此即为使用砂磨机进行粉碎的工艺。砂磨机是由球磨机发展而来的一种用于细粉碎和超微粉碎的研磨机械。用于农药水悬浮剂、油悬浮剂加工。砂磨粉碎的优点为：湿式生产的生产效率高。与相同规模的干式粉碎机械相比，其处理能力可增大 20%～30%；产品颗粒细而匀；便于连续化生产，可与分级设备组成闭路粉碎系统；生产成本低于其他干式粉碎；闭路设备只需用管道及泵，所需其他辅助设备少，投资省；没有粉尘污染，有利于环境保护。

用于砂磨的设备称为砂磨机（图 4-7），有立式和卧式之分。在规定容量的桶状容器内，有一旋转主轴，轴上装有若干个形状不同的分散盘。容器内预先装有占容积 50%～60%的研磨介质，由送料泵将经过高速分散机预先分散润湿调制好的物料浆液从容器底部送入砂磨机内。由主轴带动分散盘旋转（线速 610m/min）产生离心力，使研磨介质与物料克服黏性阻力，向容器内壁冲击。由于研磨介质与物料流动速度的不同固体颗粒与研磨介质之间产生强剪切力、摩擦力、冲击力而使物料逐级粉碎。这种粉碎是在两个研磨介质（如玻璃珠）之间或研磨介质与容器内壁之间互相撞击的点上进行的，大颗粒先被粉碎成小颗粒，而小颗粒不被粉碎，直至都成为一样大小的颗粒后，才一起被粉碎成更细小的颗粒。随着浆液上升至容器上部的分离机构（立筛或狭缝），将研磨介质与浆液分离，只有浆液可以流出，而研磨介质仍留在容器内。容器外面有夹套可通冷水控制温度，粉碎作业控制在40～50℃之间。

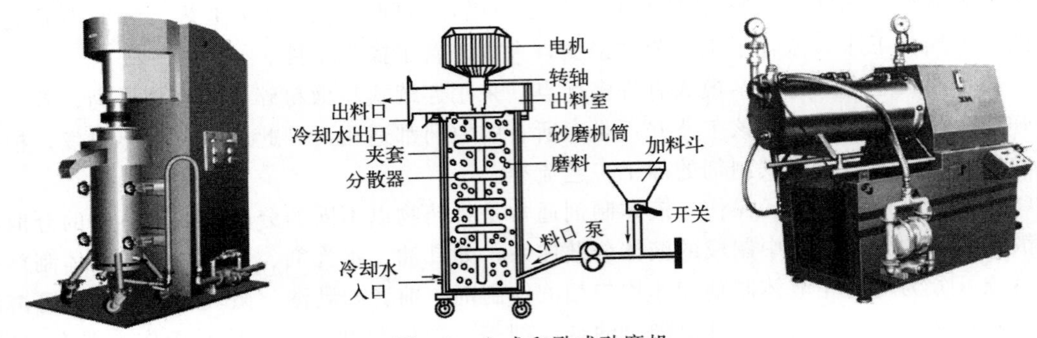

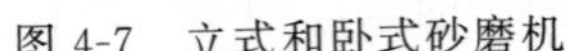
图 4-7　立式和卧式砂磨机

图 4-8　胶体磨

砂磨粉碎效率与分散盘形状、数量、组合方式及研磨介质有关。a. 研磨介质中，玻璃珠、陶瓷珠、锆珠均为球形，球形介质在接触点上粉碎。b. 分散盘结构。根据浆料的性质，选择分散盘的形状、数量并确定排列组合。分散盘有多种形状，基本形状有圆盘状、藕片状、风车状三种类型，各有不同效用，须适当配合、及时调整，特别要与浆料的黏度、浓度相适应。

④ 胶体磨粉碎　胶体磨（图 4-8）是流体超微粉碎机械，兼备粉碎、乳化、分散、均质、搅拌等功能。胶体磨可以代替石磨、砂磨机、球磨机、组织捣碎机等。胶体磨工作原理同前述高剪切均质机。

4.1.2.2　固体制剂

（1）可湿性粉剂的配制　可湿性粉剂由原药、润湿分散剂、载体（或填料）以及必要的稳定剂组成。配方筛选的关键是润湿分散剂和载体（填料）。

① 可湿性粉剂配方设计和助剂选择。可湿性粉剂配方设计的基本参数来自农药品种规格和特性，助剂和载体填料的市场供应，特别是用户对产品质量的要求、工艺技术水平以及特定地区的法规等。通常明确了加工的农药类别、品种、有效成分含量以及公认的制剂质量指标之后，选好助剂是完成目标的关键技术。配方研究过程中润湿性和分散悬浮性是最重要的性能考察指标。

以下几点是通常考虑的因素。

a. 所得到的产品必须达到有关标准（国标、行标或企标），所选的载体、助剂等应价廉、易得、资源丰富，以提高最终产品在市场上的竞争力。

b. 载体或填料系统　可湿性粉剂中的载体（填料），特别是中、低有效成分含量，因载体（填料）量大，对制剂性能影响较大。若非限定载体，为了制剂优质和减少或避免助剂性能评价的差错或掩盖性能差异，最好选用商品化填料或性能好的填料。此外，还应考虑原药的物理状态——液态或固体，制剂中有效成分含量的高低，再根据载体的性能拟出载体的种类和名称，若原药为液态并要求配制高含量时，则一定要选吸油率高的载体，反之，则选吸油率中低等及价格较低的载体。

c. 选择润湿分散剂　载体初步选定后需选择润湿分散助剂，选择程序一般是先选润湿剂，再选分散剂，或直接选复配助剂。无论选何种助剂，宜先选常用的。

d. 助剂用量　影响可湿性粉剂配方中助剂用量的主要因素是助剂本身性能、制剂含量和质量要求以及成本。一般设计配方时，农药纯度高、含量高、载体质量好，助剂用量与原药之比例较低；相反的则用量稍多。总的讲，目前多数可湿性粉剂制剂的助剂用量水平在1%～5%，很少超过10%。这里着重指出，对同一制剂并不是助剂用量越多越好。

e. 制剂有效成分含量　如果没有指定制剂的有效成分含量，通常设计时的主要考虑因素是实用性和经济性。

f. 性能测试条件的选择　表面上看性能测试条件与配方设计关系不大，但实际上却是关系设计配方质量水平的重要条件。现在已有国际（FAO 或 WHO）质量标准及标准测试方法。除了测试仪器设备有专门规定外，对可湿性粉剂配方性能主要的测试条件有两个：一是水温，二是稀释倍数。

② 小样配制、加工及设备　根据拟定的不同载体、助剂，进行不同配方的小样加工试制，以测定样品的润湿性和悬浮率。在测定指标合格的前提下，根据原料易得、经济等综合平衡、比较，以确定合理的配方。小样加工设备根据加工样品的数量而定。

a. 若原药量较少，拟在实验室进行小样加工。最简单的设备是研钵（玻璃或瓷质），将配方各组分称样后转入研钵中进行手工研磨。研磨到一定细度的样品用标准筛进行筛分，未通过标准筛的残留物倒入研钵中再次进行研磨筛分。如此反复多次，直至全部通过规定的标准筛（一般为200～325目），即得到小样加工品，然后进行润湿性、悬浮率等有关指标的测定。为减轻劳动强度，也可使用每次可加工20g左右的实验室用小型气流粉碎机。必须指出的是，这样制得的样品并不能代表生产上的产品。因此，所测定的指标也只是筛选配方时作为相对比较的指标。

b. 若原药量较大，拟定的配方可直接在实验室小型气流粉碎机上进行加工（宜先混合均匀，预粉碎到一定细度）。当然，在上述 a. 种情况下所选定的初步配方，为了进一步验证，也可在这种小型气流机上加工。毕竟通过小型气流粉碎机加工的样品更接近于生产性加工的产品，即更具有代表性，在生产上应用成功的可能性更大。

经过上述筛选出的配方即可作为进一步扩大、试产或生产性配方。为慎重起见，经扩大、试产的产品尚需通过有关指标测定进一步验证配方的准确性和合理性。

③ 可湿性粉剂主要实验室设备　可湿性粉剂对物料的细度有较高的要求，因此万能粉碎机是常用的设备。需要注意的是，万能粉碎机短时间内产生热量较大，有些熔点低的农药不宜使用；此外，连续使用时间不能超过3min，间歇5min再继续使用。取试样前先断电源，以防发生危险，一次粉碎试样勿超量，以免因负荷过大烧毁电机。

④ 可湿性粉剂的工业化生产 工艺流程如图4-9所示。

（2）固体制剂生产单元操作

① 粉碎　粉碎是借机械力将大块固体物质破碎成适宜大小的颗粒或细粉的操作，包括破碎和磨碎两个过程，前者将大块物料破成小块，后者是将小块物料磨成粉末。粉碎度指粉碎前的粒度与粉碎后的粒度之比。粉碎度的大小由剂型、生产要求、用途、药剂的性质等决定，过度粉碎不一定合适。粉碎在农药工业中用以使载体和原药减小粒径，增加粉粒数目，扩大比表面积，便于分散施用，增加覆盖面积，以便使粉粒附着均匀，提高防效，节约用药量，降低防治费用。粉碎机械主要有研钵、球磨机、锤击式粉碎机、冲击式粉碎机、流能磨等。农药加工粉碎设备主要有以下4大类。

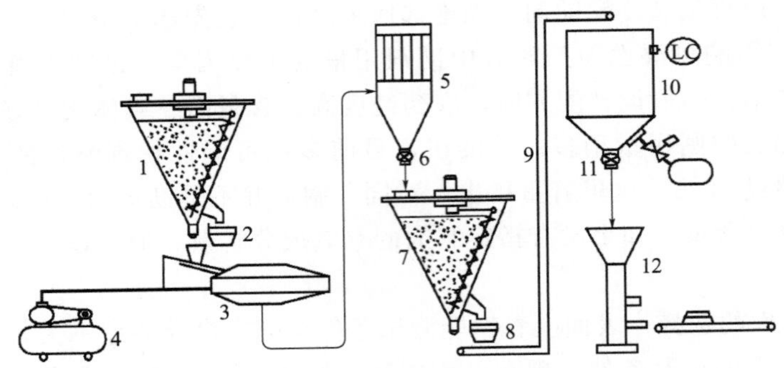

图 4-9 可湿性粉剂生产工艺流程

1，7—混合机；2，8—缓冲斗；3—气流粉碎机；4—空压机；5—袋式收集器；6，11—旋转阀；9—提升机；10—成品储槽；12—包装机

a. 通用粉碎机 一种用途广泛的细粉碎机，又名爪式粉碎机、万能粉碎机、自由粉碎机、奈良式粉碎机（图 4-10）。

b. 悬辊式磨粉机 一种大规模生产用细粉碎机（图 4-11），又名雷蒙磨粉机，简称雷蒙机。进料粒度 15～20mm，出料细度 44～125μm（120～325 目），主机功率 22～75kW，台时产量 0.3～6.3t。

图 4-10 通用粉碎机

图 4-11 悬辊式磨粉机

c. 超细粉碎机 一种加工费用较低的超细粉碎设备（图 4-12）。

d. 气流粉碎机 一种可粉碎热敏性、低熔点物料的超细粉碎机（图 4-13）。

图 4-12 超细粉碎机

图 4-13 气流粉碎机

② 筛分　借助筛网孔径大小将粒度不同的松散物料分离为2种或2种以上粒级的操作过程，对药剂的质量及制剂生产的顺利进行有重要意义。工业筛常用“目”表示筛号。

$$筛孔宽度(\mu m)=\frac{\sqrt{2.2}\times 1000}{筛目号数}$$

药筛的筛面可分为冲制筛和编织筛。冲制筛筛孔坚硬，不易变形，多用于高速旋转粉碎机的筛板及药丸等粗颗粒的筛分。编织筛筛分效率高，主要用于细粉的筛选，尼龙丝做的编织筛因对药物稳定，在制剂生产中应用较广。但编织筛筛线易发生位移，导致筛孔变形。

制药工业筛分设备常用粉碎、筛粉、空气离析、集尘联动装置；小批量生产常用振动筛、旋动筛、摇动筛等。振动筛利用机械或电磁方法使筛或筛网产生振动，分机械振动筛和电磁振动筛。机械振动筛是在旋转轴下配置不平衡重锤和设置具有棱角的凸轮使筛产生振动。振动筛具有分离效率高、单位筛面处理物料能力大、对细粉处理能力强、占地小、质量轻、维修费用低等优点而被广泛应用。

常用筛分装置的工作参数主要有以下几种。

a. 筛面的倾角。倾角加大，物料在筛面上运动速度加快，可提高筛的处理量。但倾角过大时，筛孔的有效尺寸减小，颗粒通过筛孔困难，过筛效率降低。

b. 振动筛的振动频率及振幅。

c. 筛网的面积及料层的厚度。筛网上的料层不宜太厚，否则影响过筛效率。

实验室筛分可用干法，即用振荡、轻敲和刷扫的方法进行；也可用水流冲洗筛上物的方法进行。如果有必要，可用润湿剂处理样品，以便于筛分过程顺利进行。以下对成套分级装置进行简单介绍。

成套分级装置由涡轮式分级机、旋风分离器、捕集器、引风机等组成，流程示意如图4-14所示。

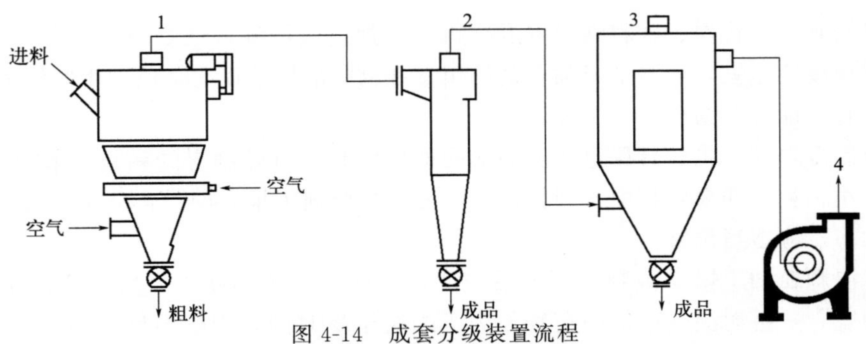

图4-14　成套分级装置流程

1—涡轮式分级机；2—旋风分离器；3—捕集器；4—引风机

该类装置的特点是：a. 可配合各类干式粉磨机械（气流磨、气旋磨、行星磨、球磨机、雷蒙磨、振动磨等）组成闭路系统。b. 分级精度高，在 $d_{97}=2\sim15\mu m$，只需调节分级转子转速，即可调节分级粒径并实现无级分级，整个分级过程采用进口变频仪操作，实现自动化控制。c. 分级效率高，物料在卸出前受到旋流冲击，将混杂或附于粗粒的细粒子进一步分离，从而提高分级效率和分级精度，粒度分布窄，可获得97%小于5μm的超细粉产品。

③ 混合　混合是把两种以上组分的物质混合均匀的操作，以含量均匀一致为目的。固体的混合以固体粒子为分散单元，需借助机械作用才能进行。混合的均匀程度常用标准偏差或方差及混合度表示。混合设备主要有容器旋转型和容器固定型两类。容器旋转型主要有水

平圆筒形混合机、V形混合机、双锥混合机、高效三维混合机等；容器固定型主要有搅拌槽型混合机、锥形垂直螺旋混合机等，如图4-15所示。高效三维混合机具有一个主动轴和一个被动轴，每个轴带有一个万向节，能使物料在三维空间轨迹中运动，由于强烈的湍动运动和缓慢的翻转运动，使物料得以充分混合，混合均匀度可达99.9%，装载系数达80%。

图4-15　高效三维混合机（左）和双螺旋混合机（右）

④ 制粒　制粒是把粉末、熔融液、水溶液等状态的物料经加工制成具有一定形状与大小粒状物的操作，是使细粒物料团聚成较大粒度的加工过程。制粒的方法主要有湿法和干法两种。湿法制粒是物料粉粒表面被黏合剂中的液体所润湿，使粉粒间产生黏着力，并在液体架桥与外加机械力的作用下形成一定形状和大小的颗粒，经干燥后以固体架桥的形式固结。湿法制粒主要有挤压制粒、高速搅拌制粒、流化制粒、喷雾制粒等。湿法制得的颗粒由于外形美观、流动性好、压缩成型性好，在制剂生产中广泛应用。

a. 挤压制粒

第一步制软材　将原、辅料细粉置混合机中，加适量润湿剂或黏合剂，混匀即成软材。软材的干湿程度应适宜，润湿剂或黏合剂的用量视物料的性质而定，以用手紧握成团而不粘手、用手指轻压能裂开为度。

第二步制湿颗粒　将软材压过适宜的筛网即成颗粒。过筛制得的颗粒一般要求较完整，可有一部分小颗粒。如果颗粒中含细粉过多，说明黏合剂用量太少；若呈现条状，则说明黏合剂用量太多，应适当调整。

第三步湿颗粒的干燥　湿颗粒制成后应立即干燥。干燥温度由原料性质而定，一般以50～60℃为宜。一些对湿热稳定的药物，为了缩短干燥时间，干燥温度可适当增高到80～100℃。颗粒的干燥程度可通过测定含水量进行控制，也可凭经验掌握，方法是用手紧握干颗粒，放手后颗粒不应黏成团，手掌也不应有细粉黏附；或以食指和拇指捻搓时应立即粉碎，无潮湿感即可。

第四步整粒与混合　即湿颗粒在干燥过程中发生结块、粘连等。整粒的目的是使这些颗粒分开，得到大小均匀的颗粒，一般采用过筛的方法。

b. 高速搅拌制粒　将粉状原药、辅料和黏合剂加入容器中，靠高速旋转的搅拌器迅速混合而制成颗粒的方法。操作时先将药粉和各种辅料倒入容器中，把物料混合均匀后加入黏合剂，在搅拌桨的作用下使物料混合、翻动、分散，甩向器壁后向上运动，以切割刀将大块颗粒搅碎、切割，在搅拌桨的作用下颗粒得以挤压、滚动，从而形成致密均匀的颗粒。制粒完成后倾倒出湿颗粒或由安装于容器底部的出料口放出干燥。影响搅拌制粒的因素有黏合剂的种类、加入量与加入方式，原料粉末的粒度，搅拌速度，搅拌器的形状、角度与切割刀的位置等。

c. 喷雾制粒　喷雾制粒是将药物溶液或混悬液用雾化器于干燥室内的热气流中使水分迅速蒸发以直接制成球状干燥细颗粒的方法。该法在数秒内即可完成料液的浓缩、干燥、制粒过程。以干燥为目的的过程称喷雾干燥；以制粒为目的的过程称喷雾制粒。喷雾制粒法的特点有：由液体直接得到粉状固体颗粒；热风温度高，雾滴比表面积大，干燥速度非常快；物料受热时间极短，适合于热敏性物料的处理；产品粒度范围约 30μm 至数百微米，以堆密度约 200～600 kg/m^3 的中空球状微粒居多，具有良好的溶解性、分散性和流动性。

⑤ 干燥　干燥是利用热能使物料中的水分汽化除去，获得干燥物品的工艺操作。按加热方式分为传导干燥、对流干燥、辐射干燥、介电加热干燥。制剂生产中被干燥的物料多为湿法制粒物，以对流干燥应用较广，热能以对流的方式由热空气传递给物料，控制气流的温度、湿度、流速达到干燥的目的。热空气温度调节方便，物料不致过热。

常用的干燥设备有厢式干燥器、流化床干燥器、喷雾干燥器等。物料干燥后水分含量的测定常用干燥失重测定法。干燥的方法有干燥器干燥法（干燥剂常用无水氯化钙、硅胶、五氧化二磷）、常压加热干燥法、减压干燥法等。多功能红外水分仪与电子天平联机使用，用于颗粒等样品的含水量测定。该仪器利用红外辐射元件所发出的红外线对物料直接照射加热，红外线穿透力强，物料表面及内部分子同时吸收红外线，干燥速度快，受热均匀。与电子天平连用，显示水分（%）、干重（%）、比值（%）、质量（g），可进行全自动或半自动定时测定、温度范围及加热速度设置，并可进行打印和统计。

⑥ 压片　用压片机将原药与适宜辅料压制加工成片状制剂的过程。压片机直接影响片剂的质量。压片机种类很多，但工艺过程和原理相似。

单冲压片机（图 4-16）结构的主要部件为冲模（包括上冲、下冲和模圈）、冲模平台、饲料靴、加料斗、出片调节器、片重调节器和压力调节器。

⑦ 包衣　包衣指在颗粒、种子等的表面包裹上适宜材料的衣层。包衣片的质量要求为：衣层均匀、牢固、光洁、美观、色泽一致、无裂片，不影响药物的崩解、溶出和吸收。包衣的方法有滚转包衣法（锅包衣法）、流化包衣法等。包衣机（图 4-17）由包衣锅、加热器、鼓风装置等组成，被包颗粒在包衣锅中作滚转运动，包衣材料一层层均匀黏附于片剂表面上。

图 4-16　单冲压片机

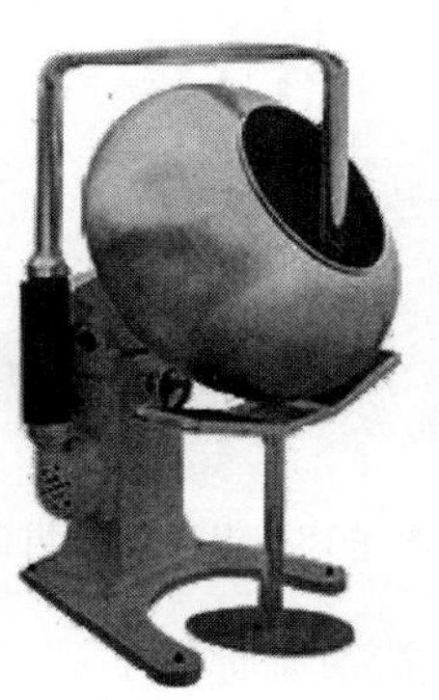

图 4-17　包衣机

4.1.2.3 农药制剂的储存稳定性

此为农药加工制剂质量指标之一，指各种剂型的制剂在储存期间其物理、化学性能变化的程度。变化越小，储存稳定性越好；反之，储存稳定性越差。通常又分为物理性能稳定性和化学性能稳定性。

（1）物理性能稳定性　产品在存放过程中，其物理状态的变化，如粉剂、可湿性粉剂的结块、发黏，流动性、悬浮率的降低；乳油的分层、沉淀的产生，乳化性能变坏等。一般外观状态的变化靠目测，悬浮率、流动性、乳化性能按常规方法测定。世界卫生组织（WHO）对乳油类制剂还规定了低温储藏试验，即一定量乳油样品冷却到0℃，在0℃下用玻璃棒慢慢地搅拌1h，没有固体物或油状物析出为合格。

（2）化学性能稳定性　产品在存放过程中农药的分解可降低制剂的有效成分含量。分解率大，则储存稳定性差。评价农药加工制剂储存期的化学性能稳定性应在常温下经过1～2年时间的储藏后再测定其有效成分含量下降情况。但使用中，常通过测出高温储藏时的分解率来预测常温下储存的分解率。有机磷粉剂常温储存1年的分解率约相当于50℃储存两周分解率的1.25倍，常温储存2年的分解率约相当于50℃储存两周的2倍。联合国粮农组织（FAO）的标准为：大多数有机磷粉剂热贮存条件是54℃时7天，其他类型的农药一般规定(54±2)℃储存14d，有效成分含量与储前含量相差在允许范围内，分解率一般不得超过5%，但也因农药品种而异，原药本身易分解的，其分解率标准可稍高一点。试样经测定含量后，分别密封于安瓿或磨口瓶内，在(54±2)℃恒温箱中储存14天（或按其自身标准），取出样品测定含量。按式（4-1）计算分解率。

$$分解率（\%）=\frac{X_1-X_2}{X_1}\times 100\% \tag{4-1}$$

式中　X_1——试样储存前有效成分含量；

X_2——试样储存后有效成分含量。

恒温水浴（图4-18、图4-19）是储存试验中常用的实验室设备。玻璃恒温水浴槽可用于水浴恒温加热和其他温度试验，其具有的特点为：①工作室透明利于操作者观察内部试验情况；②温度数字显示，自动控温；③带有电动搅拌，加温时水温均匀上升。

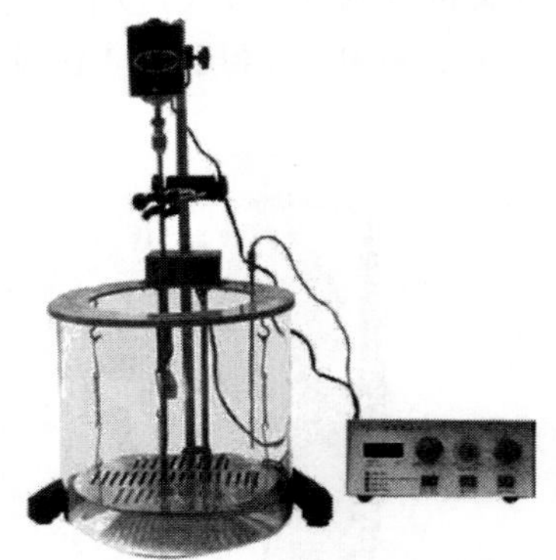

图4-18　电动玻璃恒温水浴

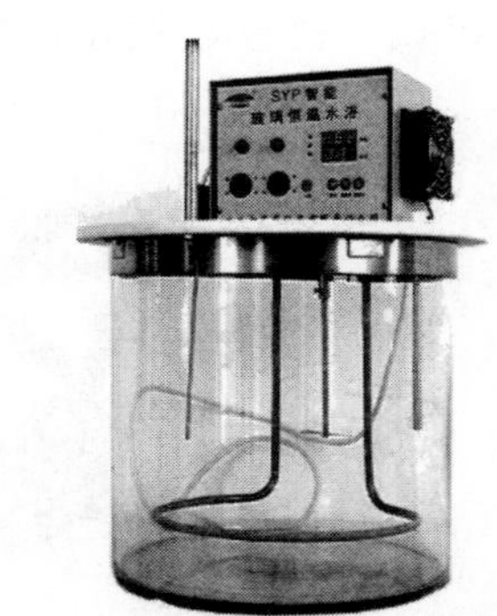

图4-19　SYP智能玻璃恒温水浴

其使用方法与维护如下。

① 向工作室水箱注入适量纯净水。

② 将加热线、搅拌电机线、温度传感器插入相应插孔内。

③ 接通电源。

④ 选择温度。a. 当温度“设定—测量”选择开关拨向“设定”时，调节控温旋钮，选择所需温度；b. 将温度“设定—测量”选择开关拨向“测量”时，显示工作室的实际温度（红灯亮表示加热工作）。

⑤ 打开搅拌开关，缓慢调节搅拌速度。

⑥ 工作完毕，将“温控旋钮”置于最小位置，关闭电源开关，切断电源。

⑦ 长期不用，应将工作水箱排净擦干。

4.2 实验部分

实验 1 常见农药制剂标签识别及质量的简易鉴别

一、实验目的

1. 了解并掌握农药标签的编制要求与规则。

2. 认识农药的常见剂型，观察不同制剂的外观特点，了解使用方面的基本特征。

3. 掌握常见的农药质量简易鉴别方法。

二、实验材料

1. 药品及试剂

50%吡蚜酮可湿性粉剂、70%吡虫啉水分散粒剂、50%苯甲·丙环唑水乳剂、30%毒死蜱微乳剂、30%戊唑醇悬浮剂、40%辛硫磷乳油、20%吡虫·氟虫腈悬浮种衣剂、41%草甘膦可溶液剂。

2. 实验仪器和实验用品

烧杯、量筒、移液管、滴管、药勺、吸耳球。

三、实验方法和步骤

（1）依据《农药标签和说明书管理办法》（农业部令 2017 年第 7 号）的规定，学习农药标签的主要内容、形式及各项要求，正确识别除草剂、杀虫剂、杀菌剂和植物生长调节剂等包装标签。学习《农药标签二维码管理规定》（中华人民共和国农业部公告第 2579 号）的相关内容。

（2）检查外包装是否正规，标签打印是否清晰，是否标注农药登记证号、农药生产批准文件号、生产厂家、保质期、生产日期、使用方法、农药有效成分、含量、剂型等基本信息。

登录“中国农药信息网”，在“数据中心”/“登记信息”栏目下，输入农药登记证号，查询并核实相关信息，从而判断该农药是否为正规农药厂家登记产品。

(3) 观察不同农药剂型的物理形态、使用方法以及在水中稀释前后外观有何变化。

① 可湿性粉剂的简易鉴别

a. 外观：细腻疏松粉末，无团块。

b. 润湿法：称取 1g 药剂，放在 200mL 水面上，1min 内分散入水为合格。

c. 悬浮法：在 b. 基础上，分散后以玻璃棒搅拌均匀，静置 20～30min，观察药品悬浮情况。

② 乳油、微乳剂、水乳剂、悬浮剂的简易鉴别。

① 振荡法：首先看清瓶子内有无分层现象，如有分层现象，说明乳化或分散性能已经降低，可用力振荡均匀，静置一小时，如果仍然分层，说明农药已经变质。

② 兑水法：取 3～4 滴农药加入盛有清水的试管中，轻摇振荡，观察药液的分散状况，1min 内能均匀分散为合格；静置 10min 后稀释液不出现分层、析油、沉淀等现象为合格，若乳油稀释液有少许油层，表明乳化性尚好，若出现大量油层，乳油被破坏，则表示该制剂质量不合格。

③ 悬浮法：针对悬浮剂，将 1mL 农药加入盛有 100mL 水的量筒中，搅拌均匀后静置 30min，检查稀释液悬浮率，悬浮率在 90%以上为合格。

四、注意事项

① 上述各种方法可简便地鉴别各农药剂型是否变质失效，如要进一步了解各农药制剂的真实含量（有效成分）则需将样品送到农药专门研究机构或农药检测机构进行分析鉴定。

② 实验过程中，需注意农药的毒性，不要把农药弄到手上。对于粉剂农药，先用水冲洗，再用肥皂洗净；对于乳油农药，尽快用清水冲洗，再用碱水洗，最后用肥皂洗净。

③ 如果误触或误食农药，简单处理后仍感觉恶心，要及时去医院请医生检查。

④ 接触过农药的器具要妥善处理，不要再做其他用途，尤其不能用作与饮食有关的用途。

五、作业

① 比较不同农药剂型的特点，填入表 4-2。

表 4-2 不同农药剂型的特点

剂型	物理形态	使用方法	水稀释前外观特点	水稀释后外观特点
可湿性粉剂				
水分散粒剂				
乳油				
微乳剂				
水乳剂				
悬浮剂				

② 观察记录可湿性粉剂和悬浮剂稀释液的悬浮率。

③ 标准的农药标签由几部分组成？都含有哪些内容？

④ 常见农药按防治对象分为几类？列举各类农药的有效成分、含量、剂型及防治范围。

⑤ 列举农药标签象形图的意义。

实验2　表面张力（铂金板法）、接触角的测定

一、实验目的

1. 掌握液体农药表面张力和接触角的测定方法。

2. 了解液体农药表面张力与润湿性能的关系。

二、相关知识及原理

1. 表面张力的定义

在液体和气体的分界处，即液体表面及两种不能混合的液体之间的界面处，由于分子之间的吸引力，产生了极其微小的拉力。假想在表面处存在一个薄膜层，它承受着此表面的拉伸力，液体的这一拉力称为表面张力（如图 4-20 所示）。

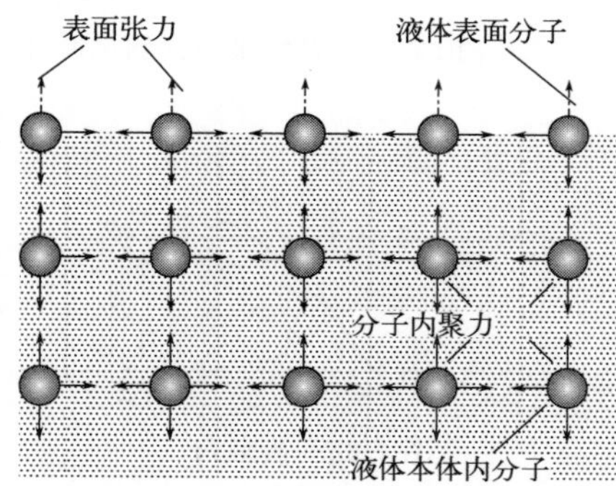

图 4-20　表面张力形成示意图

2. 表面活性剂的定义

表面活性剂具有在较低用量的情况下，显著降低药液表面张力的作用，因此，在农药剂型加工或喷雾施用的过程中，会添加适量表面活性剂，用以降低体系表面张力，改善药液的润湿性，提高农药的有效利用率。

3. 表面张力的测试方法

表面张力的测试方法有铂金板法、铂金环法、大气泡法、悬滴法、滴体积法以及滴重法等，其中铂金板法是当前较为重要的一种方法。

当感测到铂金板浸入到被测液体后，铂金板周围就会受到表面张力的作用，液体的表面张力会将铂金尽量地往下拉。当液体表面张力及其他相关的力与平衡力达到均衡时，感测铂金板就会停止向液体内部浸入。这时候，仪器的平衡感应器就会测量浸入深度，并将它转化为液体的表面张力值。其测试原理如图 4-21 所示。

4. 接触角的定义

当液滴自由地处于不受力场影响的空间时，由于界面张力的存在而呈圆球状。但是，当液滴与固体平面接触时，其最终形状取决于液滴内部的内聚力和液滴与固体间的黏附力的相对大小。当一液滴放置在固体平面上时，液滴能自动地在固体表面铺展开来，或以与固体表面成一定接触角的液滴存在，如图 4-22 所示。

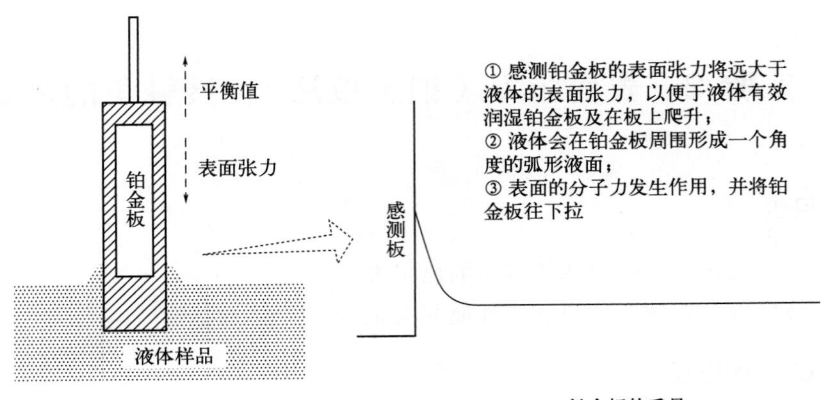
平衡值
表面张力
铂金板
液体样品
感测板
① 感测铂金板的表面张力将远大于液体的表面张力，以便于液体有效润湿铂金板及在板上爬升；
② 液体会在铂金板周围形成一个角度的弧形液面；
③ 表面的分子力发生作用，并将铂金板往下拉

$$P = mg + L\gamma \cdot \cos\theta - sh\rho g$$

平衡力 = 铂金板的重力 + 表面张力总和 − 铂金板受到的浮力
(向上)　(向下)　(向上)

m：铂金板的重量
g：重力(9.8N/kg)
L：铂金板的周长
γ：液体的表面张力
θ：液体与铂金板间的接触角
s：铂金板横切面面积
h：铂金板浸入的深度
ρ：液体的密度

图 4-21　铂金板法表面张力仪测试原理

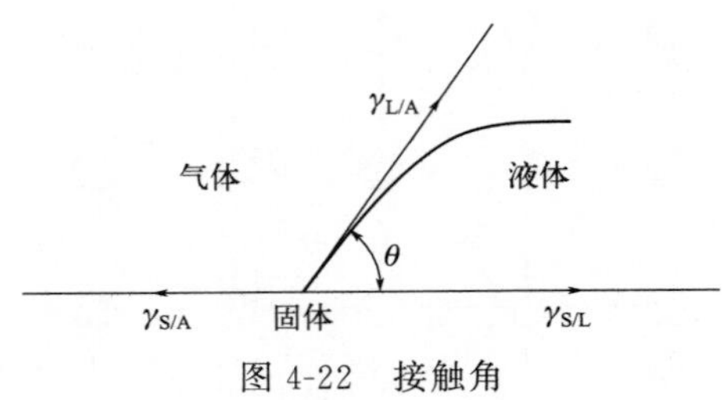
$\gamma_{L/A}$
气体
液体
θ
$\gamma_{S/A}$
固体
$\gamma_{S/L}$

图 4-22　接触角

假定不同的界面间的力可用作用在界面方向的界面张力来表示，则当液滴在固体平面上处于平衡位置时，这些界面张力在水平方向上的分力之和应等于零，即：

$$\gamma_{S/A} = \gamma_{S/L} + \gamma_{L/A}\cos\theta \tag{4-2}$$

式中，$\gamma_{S/A}$、$\gamma_{L/A}$、$\gamma_{S/L}$分别为固-气、液-气和固-液界面张力；θ 为液体与固体间的界面和液体表面的切线所夹（包含液体）的角度，称为接触角（contact angle），θ 在 0°～180°之间。接触角是反映物质与液体润湿性关系的重要尺度，$\theta = 90°$可作为润湿与不润湿的界限，$\theta < 90°$时可润湿，$\theta > 90°$时不润湿。

三、实验材料

1. 实验药品和试剂

25%苯甲·25%丙环唑水乳剂、30%毒死蜱微乳剂、30%戊唑醇悬浮剂、40%辛硫磷乳油、水。

2. 实验仪器及实验用品

全自动表面张力仪、光学接触角测量仪、天平、烧杯、量筒。

四、实验方法和步骤

1. 农药稀释液的配制

用蒸馏水按表4-3分别配制各农药的稀释液。

表4-3 农药稀释液配制方法

药剂	30%毒死蜱ME	30%戊唑醇SC	40%辛硫磷EC	25%苯甲·25%丙环唑EW
稀释倍数及方法	300倍 称取1.667g药剂，加蒸馏水稀释至500g	300倍 称取1.667g药剂，加蒸馏水稀释至500g	400倍 称取1.250g药剂，加蒸馏水稀释至500g	500倍 称取1.000g药剂，加蒸馏水稀释至500g
	3000倍 称取0.167g药剂，加蒸馏水稀释至500g	3000倍 称取0.167g药剂，加蒸馏水稀释至500g	4000倍 称取0.125g药剂，加蒸馏水稀释至500g	5000倍 称取0.100g药剂，加蒸馏水稀释至500g

注：ME为微乳剂；SC为悬浮剂；EC为乳油；EW为水乳剂。

2.农药稀释液表面张力的测定（参考NY / T 1860.31—2016）

操作流程（不同厂家仪器操作方法略有不同）：

（1）开始正式测试之前，先打开张力仪电源。确保主机已经预热15min以上，等系统稳定后方可使用。

（2）每次测试前应确保铂金板、环及玻璃皿干净。确保铂金板干净的方法：在通常情况下先用流水（最好蒸馏水）清洗再用酒精灯烧铂金板，当整个板微红时结束（时间为20～30s左右）并挂好待用。

注意事项：

① 通常情况用水清洗即可，但遇有机液体或其他污染物用水无法清洗时请用丙酮清洗或用20%HCl加热15min进行清洗。然后再用水冲洗，烧干即可。

② 确保玻璃皿干净的方法：在测试前应将玻璃皿清洗并烘干，测试时应先取被测样品进行预润湿，以保持所测数据的有效性。

③ 铂金板、环未冷却下来之前请不要将它与任何物体接触，以免弯曲变形影响测量值准确性。

（3）打开电脑，打开张力仪应用程序。选择要使用的方法页面，点击“开始”按钮。

（4）测试 将铂金板挂在挂钩上，查看设置的参数是否正常。按“测试”开始记录，仪器会自动绘制整个表面张力值的变化曲线。因板法需要预润湿，所以第一次值不准确，从第二次测试开始记录数据。按“停止”键，点“平台下降”按钮。等样品台下降一定距离点“停止”按钮，再次按“测试”键进行正式测试。

（5）单次完成后，点击报告输入测试员所需的测试数据。

（6）全部测试完成后，关闭电源，依次用蒸馏水和无水乙醇进行清洗。测试结果记入表4-4。

表4-4 表面张力测试结果

药剂	稀释倍数	表面张力/(mN/m)				
		重复				平均值
		1	2	3	4	
去离子水						
30%毒死蜱ME	300					
	3000					

续表

药剂	稀释倍数	表面张力/(mN/m)				
		重复				平均值
		1	2	3	4	
30%戊唑醇 SC	300					
	3000					
40%辛硫磷 EC	400					
	4000					
25%苯甲·25%丙环唑 EW	500					
	5000					

3. 农药稀释液的接触角测定：

操作步骤（不同厂家仪器操作方法略有不同）：

（1）先打开仪器控制箱和光源，再打开电脑。

（2）打开桌面上的接触角软件 Contact Angle. exe，进入仪器测量程序，并点击“连接”按钮和控制箱沟通连接，连接成功，程序会弹出连接成功对话框。如弹出连接不到设备对话框，请检查控制箱和电脑的连线。

（3）再点击“live”按钮，看到活动图像。如弹出找不到设备对话框，请查看摄像头连线是否连接到电脑上。如黑屏请检查光源和光路。检查镜头盖是否取下。

（4）点击“设置”按钮，进入软件设置界面。选择采集分析模式（单次采集分析、定时分析、瞬时分析三选一），查看加样设置的参数，勾选基准线选框。可以进行图片存盘路径选择。

（5）根据需要进行数据库的设置，如要把测试数据保存到数据库，则请勾选分析数据保存到数据库选项。

（6）将载玻片或植物叶片平铺于载物台上，调节载物台高低，使样品高度和基准线重合。

（7）点击“抽样”按钮后，用微量进样器抽取一定量稀释后的药液，然后把进液器装载到加样器上。固定牢固，调节旋钮，使其和进液器活塞推杆接触（如果更换了进液器，需点击主界面下降按钮，确保针尖不会碰触到样品。如果碰到了，则需用手动高度旋钮调节高度）。

（8）调节镜头座下的左右前后旋钮，使微量进液器的针头图像在屏幕中间并且清晰。

（9）点击“go”按钮进行自动测试。进液器会自动打出设定好大小的液滴，并转移到样品上。软件会根据分析框和设定的延时时间进行接触角的自动分析，并且把结果显示出来。

（10）测试结束后，点击“close”按钮冻结图像。然后可以到数据库中查看存储的数据。

（11）可以根据需求查询相应的数据，并在数据库中显示。也可把查询结果导出成 EXCEL 文件进行保存。

（12）在数据库中选中相应的记录进行再次分析，可以选择自动的方法和手动的方法，并且能够标注图片。

（13）在数据库中按记录号或样品名可以进行批量图片的标注。

（14）测试结束后，请先关闭软件，然后关闭控制箱和光源的电源。测试结果记入表 4-5。

表 4-5　接触角测试结果

药剂	稀释倍数	接触角/°				
		重复				平均值
		1	2	3	4	
去离子水						
30%毒死蜱 ME	300					
	3000					
30%戊唑醇 SC	300					
	3000					
40%辛硫磷 EC	400					
	4000					
25%苯甲·25%丙环唑 EW	500					
	5000					

五、思考题

① 药液表面张力的影响因素有哪些？

② 药液表面张力与其润湿展着性能有何关联？

实验 3　表面张力（滴重法）与临界有效浓度的测定

一、实验目的

学习表面张力的测定，掌握表面活性剂对水表面张力降低的临界有效浓度的测定方法。

二、实验原理

在液用农药中以液剂的湿润展布能力及乳剂的油珠大小为最重要，液剂喷洒时能否在受药表面上湿润展布，很大程度上取决于药剂的表面张力，表面张力大的药液不能在虫体及植物表面湿润展布，大部分药液流失，杀虫效果低。表面张力小，例如药液减低到 50N/m (N/m＝dyn/cm) 时（蒸馏水 20℃时表面张力为 72N/m、75N/m），药剂的湿润展布能力增强，药效提高。

表面张力是液体表面向心收缩的力，这种力在相的界面上发生。表面张力使分子从内部移到表面或增大表面积时必须克服体系内部分子之间的吸引力而对体系做功，形成表面自由能。本实验中液滴刚要脱离管口时，重力等于该液滴的表面张力。相同体积下，液体的表面张力和液滴自移液管内滴出的滴数呈反比，即液滴表面张力越大，液滴的体积也越大，滴出的滴数越少。两种液体的表面张力之比，等于同体积分别从同一根移液管滴出的滴数的反比，即：

$$\frac{\sigma_1}{\sigma_2}=\frac{N_2}{N_1} \tag{4-3}$$

式中，σ_1，σ_2 为两种液体的表面张力；N_1，N_2 为两种液体的滴数。本实验中已知蒸馏水的表面张力（查表 4-6 可知），可求出另一种液体的表面张力。

表 4-6　在不同温度下蒸馏水表面张力

温度/℃	表面张力/(N/m)	温度/℃	表面张力/(N/m)
0	75.6	18	73.05
5	74.92	19	72.90
10	75.22	20	72.75
11	74.07	21	72.59
12	73.95	22	72.44
13	73.78	23	72.28
14	73.64	24	72.19
15	73.49	25	71.97
16	73.34	30	71.18
17	73.19		

三、实验材料

1. 实验用品

膨肚移液管、吸耳球、烧杯、温度计、一次性手套、称量纸、容量瓶、天平、玻璃棒等。

2. 实验药品及试剂

乳油、可湿性粉剂、水剂、水乳剂、水分散粒剂等（可根据需要替换药剂），市售洗衣粉，蒸馏水。

10%高效氯氰菊酯乳油　　100 倍液和 1000 倍液
10%吡虫啉可湿性粉剂　　100 倍液和 1000 倍液
41%草甘膦异丙胺盐水剂　　100 倍液和 1000 倍液
3%联苯菊酯水乳剂　　100 倍液和 1000 倍液
90%莠去津水分散粒剂　　100 倍液和 1000 倍液

四、实验步骤（滴重法）

1. 几种不同制剂样品表面张力测定

① 用洗液将移液管洗净，然后用蒸馏水冲洗干净后备用。

② 用洗净的 1mL 膨肚移液管吸取蒸馏水至刻度，用手指按住上端管口，轻轻放松，使水从管口均匀缓慢滴出，每分钟 30～40 滴左右，记录蒸馏水滴数，重复 3 次，取平均值。滴液时移液管要竖直放置，手不能抖动。

③ 用测定蒸馏水表面张力的方法和同一根移液管，测定 1mL 自来水滴数，重复 3 次，取平均值。

④ 用同一方法和同一根移液管，测定剩余不同稀释倍数溶液的表面张力，用公式求出表面张力，并计算较之蒸馏水的表面张力降低百分数。测定结果列入表 4-7。

表 4-7　各种液体表面张力测定结果（室温）

液体种类	每毫升滴数				表面张力/（N/m）	表面张力降低率/%
蒸馏水						
可湿性粉剂 100×						
可湿性粉剂 1000×						
水剂 100×						
水剂 1000×						
水乳剂 100×						
水乳剂 1000×						
水分散粒剂 100×						
水分散粒剂 1000×						

2. 临界有效浓度测定

表 4-8　市售洗衣粉浓度

表面活性剂浓度/%	每毫升滴数				表面张力
	1	2	3	平均	
自来水					
0.025					
0.05					
0.1					
0.2					
0.4					
0.8					

依照表 4-8，配制不同浓度的市售洗衣粉水溶液，用上述方法测定其表面张力，以横坐标为溶液浓度、纵坐标为表面张力作图，求出临界有效浓度。

五、实验说明及注意事项

① 不能用移液管直接从试剂瓶中吸取试剂，以防污染，应将其倒入小烧杯中吸取；
② 乳化剂水溶液用前要摇匀；
③ 移液管每次使用前都要用待测液洗涤。

六、思考题

① 表面张力可能受到哪些因素影响？
② 在重复实验中，若出现半滴的情况，应如何处理？

实验4　农药粒径测定

一、实验目的

1. 了解并掌握农药粒径分布的测试方法。

2. 了解不同剂型农药粒径的分布规律。

二、相关知识及原理

1. 相关知识

粒径范围（particle range）：为了表示粒度分布，在粒径测试过程中从小到大（或从大到小）分成的若干个粒径区间。

粒径分布（particle size distribution）：指定粒径范围（小于上限粒径至大于等于下限粒径）内被试物颗粒占全部被试物颗粒百分数。

2. 农药粒径分布测定主要采用筛分法和激光粒度法进行（参考 NY/T 1860.32—2016）

——粒径在 20μm 以上时，宜使用筛分法；

——粒径在 0.05 ～ 2000μm 之间时，宜使用激光粒度法。

3. 测试原理

当前农药粒径分布测试主要采用激光粒度法，其基本原理为：取有代表性的被试物，以适当的浓度在合适的液体中分散后，让一束单色的光束（通常是激光）通过其间。光被颗粒散射后，分布在不同的角度上，多元探测器接收到相关散射图的数值，同时记录这些数值。使用适当的光学模型和数学程序，对散射数值进行计算，得出各粒径范围的颗粒体积占总体积的比值，从而得到粒度的体积分布。

三、药品及仪器

1. 药品及试剂

25%苯甲・25%丙环唑水乳剂、30%戊唑醇悬浮剂、25%吡唑醚菌酯微胶囊悬浮剂、去离子水。

2. 实验仪器用品

激光粒度仪、滴管。

四、实验步骤

本实验采用激光粒度法，具体操作步骤如下：

1. 测试准备

（1）首先，打开超声，打开循环，间断性开循环排气泡，点击右键-文档，输入样品的相关文档信息，点击下一步，设置好参数，点击常规测试，进入背景界面准备测试。

（2）准备样品。

（3）点击确认，待进度条走完后，将样品加入到样品池中，要少量取，多次加，以保证取样品的均匀性，遮光率达到10%～15%之间，待分散后点击“连续”开始测试。

2. 开始测试

测试：点击“连续”按钮开始测试并显示结果。选中平均值，点击保存，将结果保存到数据库里，测试结束。

3. 清洗

把测试完的样品排掉，点击自动清洗反复冲洗 3 次，至干净，准备下次测试。

4. 查询数据结果

点开样品-查询（放大镜功能），即可查到已经保存的数据。

五、注意事项

① 在长期不使用的情况下要把“循环分散器”清洗干净后加入适量的纯净介质进行放置，定期更换介质（注意：冬季 7 天左右更换一次，其他季节 3 天左右）。

② 在循环泵内没有水或者排水的情况下，禁止打开超声波。

③ 在进行排水或测试操作的时候“循环泵顺逆”开关要打到“顺”的位置。

④ 一般循环泵系统只能用水做介质，不能用甲苯、丁酮、乙醚、乙醇等有机溶剂做介质，否则会腐蚀管路和密封系统。

六、思考题

① 将各剂型农药粒径测试结果记录于表 4-9 中。

表 4-9 不同农药制剂的粒径

农药	粒径分布/μm		
	D_{10}	D_{50}	D_{90}
25%苯甲·25%丙环唑水乳剂			
30%戊唑醇悬浮剂			
25%吡唑醚菌酯微胶囊悬浮剂			

② 不同剂型农药粒径分布有什么规律？

实验 5 农药利用率的测定

一、实验目的

掌握农药利用率测定的原理和方法，能够在实际中应用。

二、实验原理

使用诱惑红作为农药示踪剂，进行田间喷施，采集喷施后田间作物，室内测定作物上农药沉积情况，以沉积在作物上的诱惑红总量进行农药利用率测算。

三、实验仪器

喷雾器、电子天平、离心机、Infinite 200Pro 酶标仪、电脑、Deposit scan 软件、扫描仪/注射器。

四、实验材料

水系过滤膜（0.45μm）、滤纸、85%诱惑红、卡罗米特纸卡/雾滴测试卡、滤纸/麦拉片、订书机、夹子、自封袋（10#）、手套、口罩、剪刀。

五、实验步骤

1. 诱惑红的配制及喷洒

准确称取 20g 诱惑红，将其加入到 4L 水中充分溶解，得到浓度为 0.5%诱惑红溶液。使用喷雾器将含有指示剂的药液均匀喷洒在试验小区内，试验小区面积以 $20m^2$ 为宜（可在露天草坪、试验田等地开展）。

2. 作物植株取样

喷雾结束 10min 后，在试验处理采用“Z”字形 5 点取样法取样，每点取作物植株 1 株，共取 5 株分别装到自封袋中，做好标记，带回实验室待测。

3. 标准曲线的建立

准确称取诱惑红标准品于 10mL 容量瓶中，用蒸馏水（去离子水）定容，得到质量浓度分别为 0.5mg/L，1.0mg/L，5.0mg/L，10.0mg/L，20.0mg/L 的诱惑红标准溶液。用紫外分光光度计测定其吸光度。每个浓度连续测定 3 次。取吸光度平均值对诱惑红标准溶液浓度作标准曲线。

4. 农药沉积利用率测定

测定时往装有作物的自封袋中加入适量 100mL 的自来水，振荡洗涤 5～10min，确保将作物植株上诱惑红完全洗脱，用带 0.22μm 水系滤膜的注射器进行过滤处理，处理后的溶液用紫外分光光度计测定洗涤液在 514nm 处的吸光度值。然后根据诱惑红的标准曲线和样品的吸光度计算出样品中诱惑红的浓度，然后乘以洗脱液的体积，除以取样株数，计算出单株作物上诱惑红的量，然后乘以该作物的种植密度，得到该作物单位面积上农药的沉积量，除以单位面积诱惑红的施用总量，得出农药利用率，即：

$$D=\frac{(\rho_{smpl}-\rho_{blk})\times F_{cal}\times V_{dil}\times\rho\times 10000}{10^6\times M\times N}\times 100 \tag{4-4}$$

式中 ρ_{smpl}——样品的吸光值；

ρ_{blk}——空白对照的吸光值；

F_{cal}——标准曲线的斜率值；

V_{dil}——洗脱液的体积，mL；

ρ——种植密度，株/m^2；

M——单位面积诱惑红的施用总量，g/hm^2；

N——取样植株数量，株。

六、结果调查与统计分析

根据公式计算农药利用率。

七、思考题

农药利用率受到哪些因素影响？

实验6　农药雾滴指标的测定与评价

一、实验目的

掌握农药雾滴指标的测定方法与评价标准，学会在实际中应用。

二、实验原理

水敏纸（water sensitive paper）是一类不用添加示踪剂就可以直接对雾滴显色的一类纸卡，其表面涂有一层溴酚蓝指示剂，雾滴在接触到纸卡上的溴酚蓝后会变为蓝色，pH 值范围在 2.8～6.4，通过蓝色的斑点即可以获取雾滴沉积相关信息。

三、实验仪器

波特喷雾塔、File Scan 2500 扫描仪和 DepositScan 软件、电子天平等。

四、实验材料

水敏纸、卡罗米特纸卡、铜版纸、培养皿和 85%诱惑红等。

五、实验步骤

1. 使用水敏纸进行雾滴信息测定

使用清水作为药液进行喷雾。将水敏纸放入喷雾塔内进行喷雾，喷雾完成后对水敏纸进行扫描测定，采用 DepositScan 分析获得水敏纸上的雾滴信息。重复三次，每次 1 张水敏纸。

2. 使用卡罗米特纸卡进行雾滴信息测定

准确称取诱惑红，配制成 1g/L 的诱惑红溶液，供喷雾使用。将卡罗米特纸卡放入喷雾塔内进行喷雾，喷雾完成后对卡罗米特纸卡进行扫描测定，采用 DepositScan 分析获得卡罗米特纸卡上的雾滴信息。重复三次，每次 1 张卡罗米特纸卡。

3. 雾滴信息获取

File Scan 2500 扫描仪操作步骤。

(1) 接通电源。按下电源指示器。

(2) 将扫描仪通过后端 usb 接口连接至电脑。

(3) 将水敏纸/卡罗米特纸卡黏贴在 A4 纸上并在下方标注处理和重复。

(4) 将水敏纸面朝下放置在扫描仪上并将遮光板盖在水敏纸上。

(5) 打开软件。将图片保存位置设置为常用文件夹（图 4-23），点击扫描设置。

(6) 扫描设置按照图 4-24 进行，点击标准扫描。扫描完成一份后，将扫描类型由 RGB 改为灰阶，再进行一轮扫描（一份扫描两次）。ImageJ 软件只识别灰阶图片。

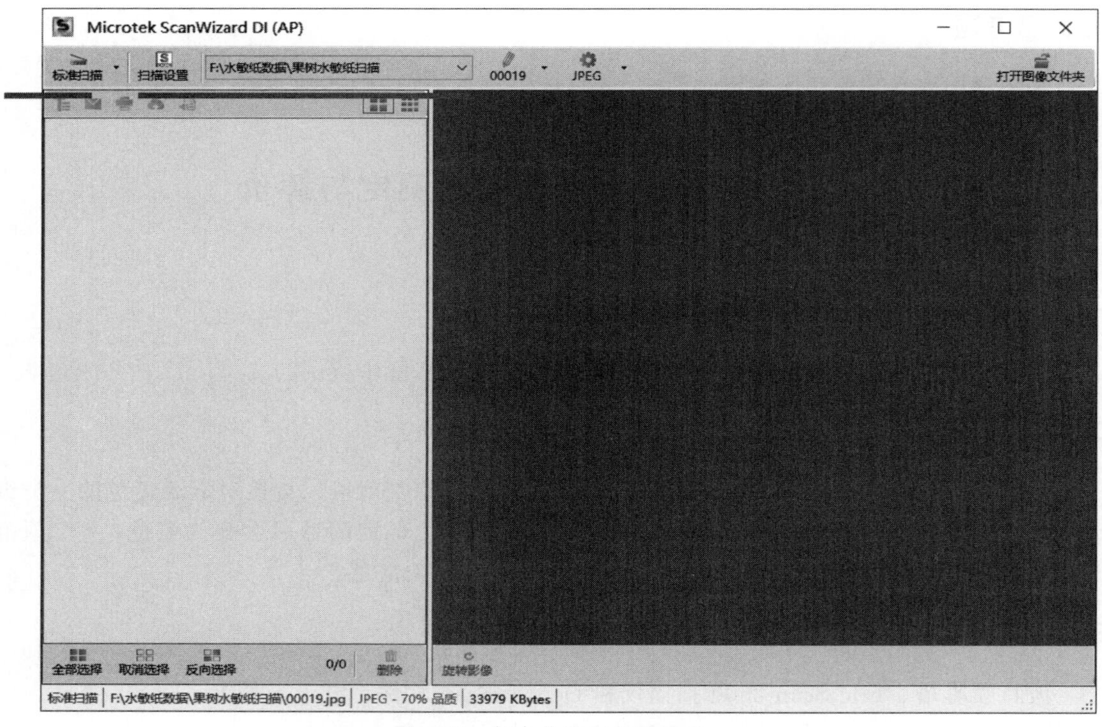

图 4-23　保存位置与扫描设置

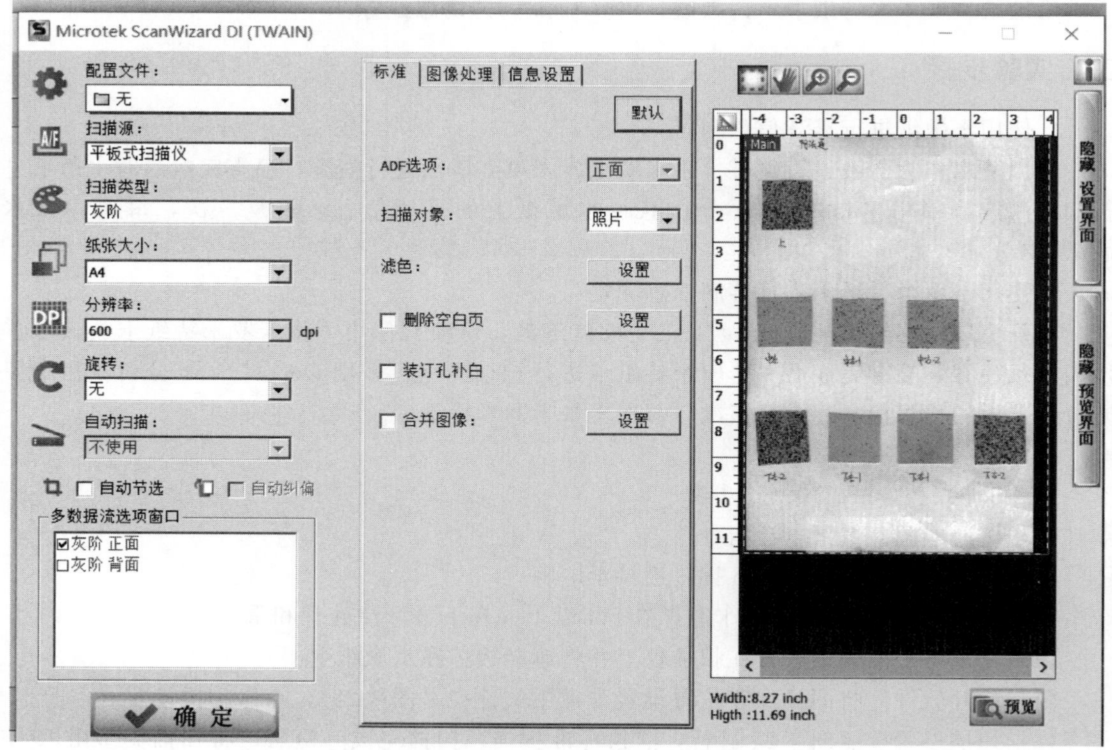

图 4-24　扫描设置对照标准

ImageJ 软件操作步骤：

(1) ImageJ 仅能安装在电脑固态硬盘中，打开 ImageJ。

(2) 点击 File，点击 Open，打开灰阶图片（图 4-25）。

(3) 点击左侧矩形工具框，选取大小 4.8～5.0 范围面积，点击 AA 图标后点击矩形方框查看面积。面积在上述范围内时点击保存。存档数据用 Excel 可以打开（图 4-26）。

(4) 打开储存文件，方框内从左到右依次是 DV_{10}（μm）、DV_{50}（μm）、DV_{90}（μm）、覆盖率（%）、选取面积（cm^2）、雾滴密度（个/cm^2）、沉积量（$\mu L/cm^2$）（图 4-27）。

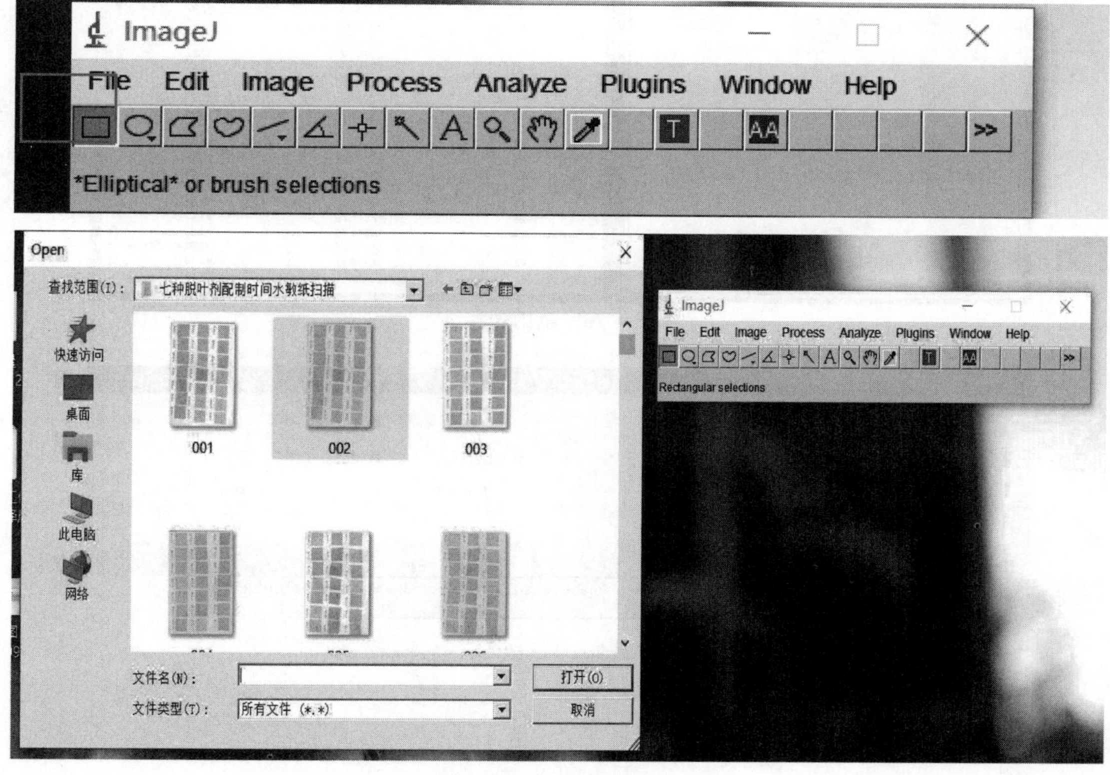

图 4-25　打开灰阶图片

六、结果调查与统计分析

根据软件处理结果，分别计算水敏纸和卡罗米特纸的雾滴粒径（DV_{10}、DV_{50} 和 DV_{90}）、雾滴密度、雾滴覆盖率和有效沉积率。

七、思考题

① 简述水敏纸进行雾滴信息测定时的优缺点。

② 简述诱惑红等示踪剂在雾滴信息测定时的优缺点。

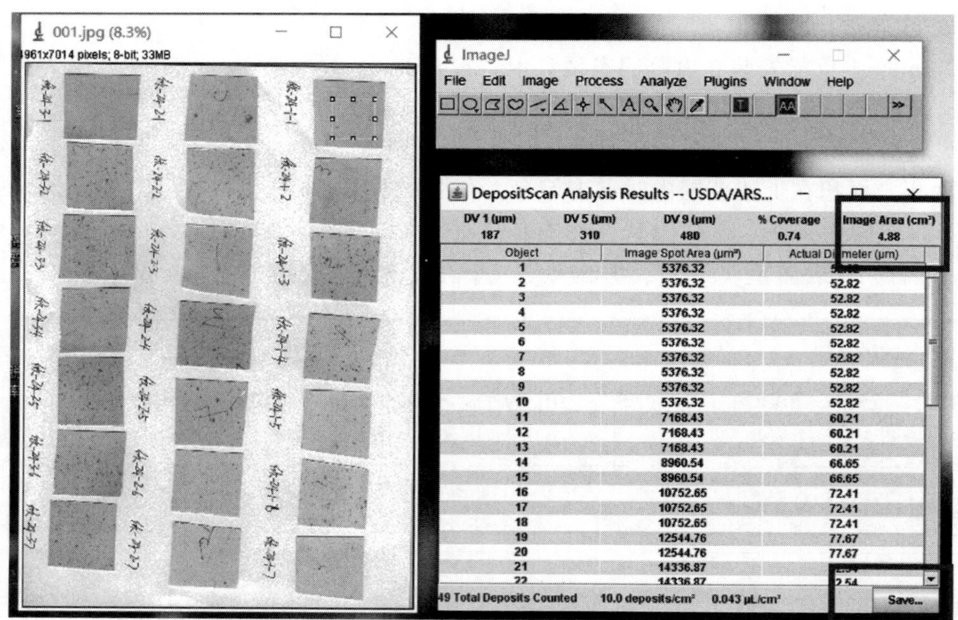

图 4-26　范围选择

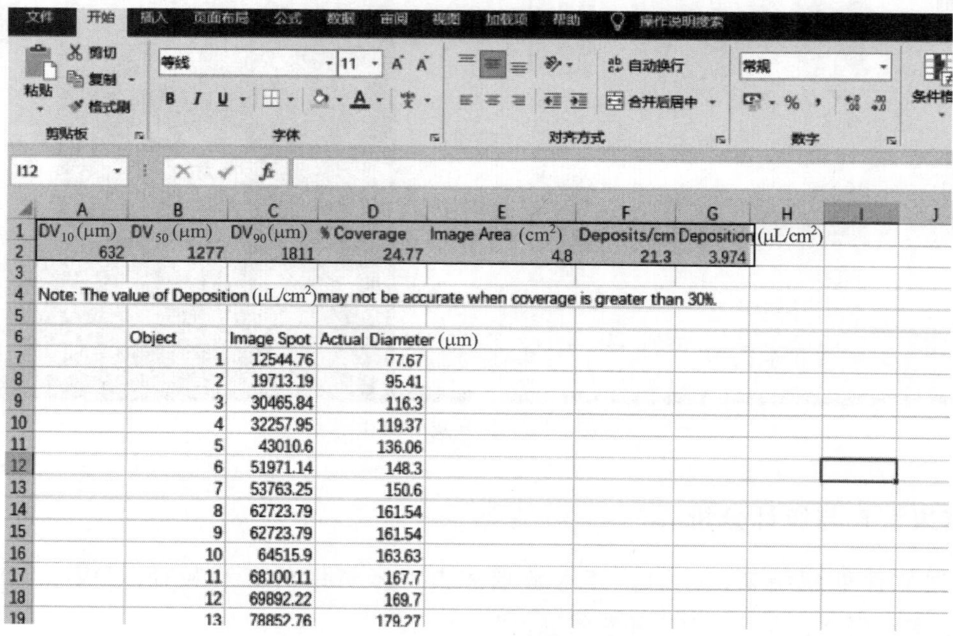

图 4-27　获取所需数据

实验 7　非离子表面活性剂浊点的测定

一、实验目的

1. 了解非离子表面活性剂浊点的含义、作用及测定方法。

2. 分析影响表面活性剂浊点的因素，加深对非离子表面活性剂性质的认识。

二、实验原理

浊点是非离子表面活性剂的一个重要性质。非离子表面活性剂在水中不发生电离，其在水中是靠醚键中的氧原子与水分子之间形成氢键而被溶解的。因此非离子表面活性剂在水中的溶解度一般随着分子中醚键数量的增加而增加，同时对温度有明显的依赖关系，这种关系和离子型表面活性剂的溶解度与温度的依赖关系恰恰相反。这些物质在冷水中溶解后呈透明的溶液，温度升高时，氢键断裂，使表面活性剂溶解度降低而析出，溶液变混浊，此时的温度被称为浊点。

三、实验材料

1. 实验仪器

百分之一电子天平、烧杯、量筒（10mL 或 25mL）、玻璃棒、电热套、具塞试管、温度计、容量瓶（250mL）。

2. 实验试剂

非离子型乳化剂 TX-10（壬基酚聚氧乙基醚，NP-10）、去离子水、氯化钠、氯化钙、甲醇、乙醇、正丁醇、十二烷基硫酸钠。

四、实验步骤

① 称取表面活性剂 TX-10 试样 1.25g，精确至 0.01g，加入 250mL 去离子水，搅拌，配制成 5g/L 溶液。取 10mL 左右的试样溶液倒入试管中，插入温度计，然后将试管移入水浴烧杯中，加热，用温度计轻轻搅拌直至溶液完全呈混浊状（溶液的温度应不超过混浊温度10℃），停止加热。试管仍保留在烧杯中，用温度计轻轻搅拌溶液，使其慢慢冷却，记录混浊消失时的温度。平行测定 2～3 次，平行测定结果之差不大于 0.5℃。

② 将上述溶液中的去离子水分别换成 50g/L 的氯化钠、氯化钙、甲醇、乙醇、正丁醇溶液和 5g/L 的十二烷基硫酸钠溶液，仍然配制 5g/L 的 TX-10 表面活性剂溶液，用同样方法测定电解质、醇类物质对非离子表面活性剂浊点的影响。

具体配制方法如下：分别取 12.50g 氯化钠或氯化钙，先用少量去离子水在烧杯中溶解；然后加入 TX-10 试样 1.25g，搅拌，使试样完全溶解，定容至 250mL 容量瓶，配成 5g/L 的 TX-10 表面活性剂溶液，分析电解质对表面活性剂浊点的影响。将 12.50g 电解质替换为 1.25g 十二烷基硫酸钠粉末可分析离子型表面活性剂对表面活性剂浊点的影响。替换为 12.50mL 甲醇、乙醇或正丁醇，可分析醇类物质对表面活性剂浊点的影响。

③ 将实验结果填入表 4-10 中，根据实验结果分析离子型表面活性剂、电解质和醇类物质对表面活性剂浊点的影响。

表 4-10　非离子表面活性剂浊点测定结果

序号	溶液类型	浊点测定结果/℃			
		1	2	3	平均值
1	去离子水				

续表

序号	溶液类型	浊点测定结果/℃			
		1	2	3	平均值
2	氯化钠				
3	氯化钙				
4	甲醇				
5	乙醇				
6	正丁醇				
7	SDS				

五、实验说明及注意事项

加热过程中应避免过沸，若浊点高于测定上限（100℃），记录为＞100℃即可。

六、思考题

① 与 TX-10 相类似的非离子表面活性剂还有 TX-7、TX-15 等，请说明后面数字的含义；根据所学知识将三种表面活性剂按浊点由高到低的顺序进行排列。

② 说明 OP-10 和 NP-10 的区别，根据其结构推测哪一个浊点高。

③ 浊点高低与非离子表面活性剂的亲水性有怎样的关系？

实验 8　表面活性剂增溶能力的测定

一、实验目的

学习表面活性剂增溶能力的测定方法，比较影响表面活性剂增溶能力的因素。

二、实验原理

增溶是指某些物质在表面活性剂的作用下，其在溶剂中的溶解度显著增加的现象。增溶剂一般是具有增溶作用的表面活性剂及其复合物，被增溶物一般是农药有效成分及其他惰性组分。表面活性剂的增溶作用是其在水中形成胶束的结果。其分子的亲油基向内形成极小的非极性中心区，亲水基则向外形成球形胶束，非极性农药或其他组分进入胶束内部的非极性中心区，从而起增溶作用；被增溶物分子中的极性基可处于表面活性剂的亲水基之间起增溶作用。增溶作用受增溶剂的化学结构、性质及浓度影响；也受被增溶物的分子结构和性质影响。

三、实验材料

1. 实验器材及用品

电热套、电子天平、烧杯、容量瓶、锥形瓶、量筒、玻璃棒、移液管、胶头滴管、吸水纸、标签纸。

2. 实验药品及试剂

农乳 700、T-80、NP-10；十二烷基硫酸钠；NaCl；去离子水；甲苯（密度 0.86g/mL）、甲醇。

四、实验步骤

（1）具体操作方法。配制一定浓度的表面活性剂溶液，取 0.2mL 甲苯于 50mL 三角瓶中，用胶头滴管向其中滴加表面活性剂溶液，边滴边摇（注意不要洒出），直至混合液透明，将透明溶液倒入量筒中，测量所消耗表面活性剂溶液的体积。

$$增溶能力=\frac{0.2\times 增溶物密度}{表面活性剂体积\times 浓度} \tag{4-5}$$

（2）用去离子水配制 1000mL 浓度为 50g/L 的乳化剂溶液。利用上述方法测定该乳化剂对甲苯的增溶能力。

（3）利用上述乳化剂溶液分别配制以下浓度添加物的溶液，每种溶液配制 100mL。

① 十二烷基苯磺酸钠 5g/L、20g/L。

② 甲醇 5g/L、20g/L。

③ NaCl 5g/L、20g/L。

（4）测定上述溶液增溶 0.2mL 甲苯所消耗的溶液的量，计算增加添加物后乳化剂的增溶能力。

五、实验说明及注意事项

① 应慎重考虑澄清的判别标准；

② 注意控制滴加速度。

六、思考题

① 设计表格填写实验数据，比较和分析各添加物及其浓度对非离子乳化剂增溶能力的影响。

② 本实验设计存在哪些问题？写出你对本实验设计的改进建议。

实验 9 油相组分乳化所需 HLB 值测定

一、实验目的

学习表面活性剂乳化能力的简易评价和测定方法，加深对表面活性剂性质的认识。

二、实验原理

乳状液是由两种相互“不混溶”的液体，如水和油，其中的一种以微小的液滴分散在另一个连续相中形成的热力学不稳定的分散体系。若是油分散到水中得到水包油型（O/W）乳状液；相反就是油包水型（W/O）乳状液。稳定的乳状液一般是在乳化剂的作用下，降低油水界面张力而形成的。乳化力是乳化剂促使乳状液形成以及保持乳状液稳定的能力，是乳化剂的一种重要特性。每种油相的乳化都需要特定的 HLB 值，而要将某种油相乳化则要求所使用乳化剂的 HLB 与该油相乳化所需的 HLB 值相适应。

三、实验材料

1. 实验器材及用品

电热套、涡旋混合器、显微镜（带目镜测微尺）、电子天平、具塞试管、烧杯、玻璃棒、容量瓶、一次性塑料滴管、吸水纸、盖玻片、载玻片、试管架等。

2. 实验药品及试剂

Tween-80、Span-80、去离子水、溶剂（二甲苯、辛硫磷或乙草胺原药）。

四、实验步骤

1. 试样溶液配制

按表 4-11 列出的比例，分别称取不同质量的 Span-80 和 Tween-80，调匀后用去离子水配制成 500mL 1g/L 的乳化剂溶液。

表 4-11　乳化剂组合

编号	乳化剂混合物		计算得到的 HLB 值
	Span-80/%	Tween-80/%	
	100	—	
1	45	55	
2	40	60	
3	35	65	
4	30	70	
5	20	80	
6	15	85	
7	10	90	
	—	100	

2. 乳液制备方法

取 9mL 各不同 HLB 值的乳化剂溶液至 20mL 具塞刻度试管中，用胶头滴管加入 1mL 油相组分，盖上盖子，用涡旋混合器混合 3 次，每次 10s，间隔 10s，并用手振摇 10 次。每乳化完 1 个样品，立刻取样观察乳液液滴粒径及稳定情况，余下的室温静置 30min，观察记录乳液稳定性。

3. 乳液稳定性评价指标

① 乳液粒径观察　用玻璃棒蘸取一滴乳液于载玻片上，盖上盖玻片，5min 内在 10 倍×40 倍显微镜下观察 4 个视野，每视野由大到小观察记录 5 个大液滴的大小以及小液滴聚并情况。

② 乳液稳定性观察　观察记录乳液分层情况、破乳情况。如果 30min 后无法判别乳液的稳定性好坏，可室温放置 7d 后，再进行观察。

4. 乳化剂溶液观察

记录乳化剂溶液的透明度，体会根据其透明度判断乳化剂 HLB 值的方法。

5. 实验结果及分析

将实验结果填入表 4-12 中。

表 4-12　乳化情况观察及评价

	乳液颗粒直径/μm											乳液稳定情况		乳化剂溶液透明程度
	20 个液滴										平均值	分层情况	是否破乳	
1														
2														
3														
4														
5														
6														
7														

五、思考题

① 根据表 4-12 中乳液分层和破乳情况，判断油相乳化所需 HLB 值的大体范围。

② 根据表 4-12 粒径测定结果，判断乳化效果，看与油水比结果是否一致？

③ 为保证结果准确，实验过程中应注意哪些事项？

实验 10　波尔多液制备和质量检查

一、实验目的

1. 掌握波尔多液配制的方法。
2. 了解不同配制方法对波尔多液质量的影响。
3. 了解波尔多液的性质特点。

二、实验原理

波尔多液本身并没有杀菌作用，当它喷洒在植物表面时，由于其黏着性而被吸附在作物表面。而植物在新陈代谢过程中会分泌出酸性液体，加上细菌在入侵植物细胞时分泌的酸性物质，使波尔多液中少量的碱式硫酸铜转化为可溶的硫酸铜，从而产生少量铜离子(Cu^{2+})，Cu^{2+}进入病菌细胞后，使细胞中的蛋白质凝固。同时Cu^{2+}还能破坏其细胞中某种酶，从而使细菌体中代谢作用不能正常进行。在这两种作用的影响下，细菌中毒死亡。

因二者混合时加入的顺序不同，配制而成的药液间会存在一定的差异。

$CuSO_4 \cdot xCu(OH)_2 \cdot yCa(OH)_2 \cdot zH_2O$ 碱式硫酸铜中 x、y、z 的大小取决于配比和配制方法。

三、实验仪器及药品

1.仪器和用具

250mL 烧杯、100mL 烧杯、50mL 烧杯、100mL 量筒、玻璃棒、温度计、电子天平、pH 试纸、无锈铁钉。

2.药品

$CuSO_4 \cdot 5H_2O$、CaO（生石灰）、盐酸。

四、实验方法与步骤

（1）10%石灰乳的配制　称取生石灰 10g，放入烧杯中，滴入少量水，使石灰化成粉状，再加入定量的水，配成 10%石灰乳 100mL。

（2）10% $CuSO_4$ 溶液的配制　称取 $CuSO_4 \cdot 5H_2O$ 3.7g，加少量水使其溶解，然后加定量水配制成 10%的硫酸铜溶液 100mL。

（3）不同比例波尔多液的配制　分别取一定量的 10%硫酸铜溶液和 10%石灰乳，加水稀释成表 4-13 所指定的体积和浓度，并按表 4-13 规定的方法配成波尔多液。

表 4-13　不同比例波尔多液的配制方法和理化性质

序号	$CuSO_4$ 溶液		石灰乳液		总体积/mL	配制方法	颜色	pH 值	悬浮率/%		
	质量分数/%	体积/mL	质量分数/%	体积/mL					10min	20min	30min
1	1.25	80	5	20	100	将 $CuSO_4$ 慢慢注入石灰乳液中，边倒边搅拌，即成天蓝色波尔多液，配好后倒入 100mL 量筒中，并记录时间					
2	2	50	2	50	100						
3	5	20	1.25	80	100						
4	2	50	2	50	100	将石灰乳液慢慢注入 $CuSO_4$，边倒边搅拌					
5	2	50	2	50	100	将两个母液同时注入第三只烧杯中					

（4）取少许配制的波尔多液于离心管中，逐滴滴入稀盐酸，观察现象并记录。

（5）分别取少量硫酸铜溶液和配制好的波尔多液，加入无锈铁钉，观察所发生现象。

注意事项：

① 硫酸铜溶液不能与金属容器接触。

② 配制时石灰乳要冷却到室温。

③ 取石灰乳时要搅拌。

五、波尔多液质量检查

1. 沉降速度观察

将用不同配制方法配成的波尔多液，分别倒入 100mL 量筒中，分别静置 10min、20min、30min 后观察各量筒中波尔多液药粒沉降体积，用量筒上的刻度表示。

2. pH 值测定

用 1～14 的 pH 试纸测定波尔多液的 pH 值，确定其酸碱性。

六、思考题

① 哪种方法配制波尔多液最好？

② 向配制好的波尔多液中滴加稀盐酸时，发生了什么变化？为什么？

③ 铁钉在硫酸铜和波尔多液中分别发生了什么变化？如何解释？

实验 11　石硫合剂的制备和质量检查

一、实验目的

1. 掌握煮制优质石硫合剂的方法。

2. 母液浓度的测定和稀释方法。

二、相关知识及原理

石灰硫黄合剂是由石灰、硫黄加水熬制而成的。石硫合剂母液是透明酱油色溶液，有较浓的臭鸡蛋气味，带碱性，遇酸易分解，主要成分是多硫化钙（$CaS \cdot S_x$）和一部分硫代硫酸钙，并含有少量的硫酸钙和亚硫酸钙，只有多硫化钙是杀菌的有效成分。故其含量越多，则质量越好，因此石硫合剂中多硫化钙的含量和它的比重是相关的，多硫化钙含量越高，比重也就越大。故可用比重表示石硫合剂的浓度，石硫合剂的比重常用波美度表示，因为它是整数，读起来方便，一般石硫合剂的波美度高，质量较好，但波美度并不能真正代表有效成分的含量。石灰硫黄合剂喷施于植物体上，其中的多硫化钙（主要为五硫化钙）在空气中，受氧气、水、二氧化碳的作用，发生一系列的化学变化，形成细微的硫黄沉淀并放出少量的硫化氢，从而发挥其杀菌、杀虫作用。

熬制反应如下：

$$CaO + H_2O \longrightarrow Ca(OH)_2$$

$$3S + 3H_2O \longrightarrow 2H_2S + H_2SO_3$$

$$H_2S + Ca(OH)_2 + xS \longrightarrow CaS \cdot S_x + 2H_2O$$

$$H_2SO_3 + Ca(OH)_2 + S \longrightarrow CaS_2O_3 + 2H_2O$$

石硫合剂具碱性和亲油性，有侵蚀昆虫表皮蜡质的作用，因此对具有较厚蜡质层的介壳虫和一些螨卵有较好的防治效果，而且这些反应生成的元素硫颗粒很细，已接近胶态，故在其处理表面上黏附性较强，其毒效也比硫黄粉要强。

$$CaS \cdot S_x + CO_2 + H_2O \longrightarrow CaCO_3 + H_2S + xS$$

$$CaS \cdot S_x + 2O_2 \longrightarrow CaSO_4 + xS$$

三、试剂和用具

1. 试剂

生石灰、硫黄、3%的双氧水、2mol/L 盐酸。

2. 供试用具

药勺、玻璃棒、40 目筛、烧杯、铁锅、量筒、波美比重计、天平、试管、试管架、玻璃管、细口玻璃瓶、砂锅、搪瓷量杯、电炉、石棉网、纱布、pH 试纸、滤纸。

四、实验步骤

表 4-14　石硫合剂的原料配比

原料	配方一	配方二
硫黄粉	1	1.3～1.4
生石灰	1	1
水	10	13

按比例称好生石灰及硫黄备用（表 4-14）。先将硫黄磨成粉，细度通过 40 号筛目，然后将称好的块状生石灰放入铁锅中进行充分消解，先用少量的水泼在石灰上等候片刻，等石灰发热膨胀后再泼少量水，如此继续直到全部生石灰都膨胀松散，再静置 10min，以便让石灰充分消解（注意其消解石灰的水量应计算在总的用水量之中），待生石灰消解成粉状后，加少量水搅拌成糊状，把称好的硫黄粉一小份一小份地投入石灰糊中，边投边搅拌，使之混合均匀，最后加足水量，用搅拌棒插入铁锅中，记下水位线。然后加热熬煮，在熬煮过程中应注意不断地搅拌，使反应完全。待锅中沸腾时即停止搅拌，以防促进氧化分解。同时应注意在熬制过程中不断地用热水补充失去的水分，应坚持少量多次的原则，直至反应结束前 15min 左右停止加水。当药液呈老酱油色（深红色）时，或倒些药液在碗中能很快澄清时，或者锅边出现蓝绿色沫状物或沉淀时即可停止加热。

五、石硫合剂的性质及质量检查

1. 观察物理性状

颜色、气味、物理状态等。

2. 测量比重

把冷却的石硫合剂，倒入 500mL 量筒中，用波美比重计测定比重。如煮制良好，原料符合要求，比重应在 20～24°Bé（比重计用完后立即用清水冲洗干净，擦干后放入盒中，比重计易破碎，使用时必须小心）。如无比重计时，可用酒瓶或细口玻璃瓶测量：先称瓶重，然后装清水至瓶颈处，在水面作一记录，称重，倒出清水，用少量原液将空瓶冲洗 2～5 次，再装入石硫合剂原液到所作记号处，再称重。根据同体积的石硫合剂与水重之比，即可计算出石硫合剂的公制比重，再根据公式算成波美比重。

$$公制比重=\frac{石硫合剂重}{同体积水重}$$

$$波美度(°Bé)=145-\frac{145}{公制比重}$$

3．化学性质

（1）水解性：在多量清水中滴入少量的石硫合剂原液，观察溶液是否变混浊。

（2）取原液 2mL，加水稀释 10 倍，以此稀释液进行下列实验：

① 取一小块石蕊试纸，检查其酸碱性。

② 取 5mL 稀释液于试管中，用玻璃管插入液面吹气，观察有何变化。

③ 取 5mL 稀释液于试管中，加入 2mL 3%双氧水，注意试管中的变化（反应瞬息即可出现）。

④ 另取 5mL 稀释液于试管中，加入 2mL 2mol/L 盐酸，观察溶液有何变化。

六、石硫合剂的稀释

石硫合剂的母液一般为 20～30 波美度，而生产上通常用 0.2～5 波美度的溶液，因此熬制的石硫合剂需经稀释才能应用。因此掌握石硫合剂的稀释方法十分重要。

计算公式如下：

1．按容量稀释

$$V_W=\frac{B_1\times(145-B_2)}{B_2\times(145-B_1)}-1$$

式中　V_W——稀释到波美度 B_2 时所需加水的倍数（以容积计）；

B_1——石硫合剂原液的波美度；

B_2——稀释后的波美度。

2．按称重稀释

$$W_W=\frac{B_1}{B_2}-1$$

式中　W_W——稀释时所需加水的倍数（按重量计算）。

B_1、B_2 含义同上。

七、影响制剂质量的因素及注意事项

① 石硫合剂有腐蚀性，宜使用砂锅或半旧铁锅，对其他材质的锅易腐蚀。

② 石灰要新鲜、洁白、质轻。

③ 硫黄要细，越细越好，选用优质原料：石灰的质量对石硫合剂影响很大，含有效氧化钙低于 80%时，通常的配方就不能制成质量良好的石硫合剂。因此宜选用洁白、质轻、含杂质少的块状生石灰。硫黄的质量比较稳定，但应将其磨碎，以便能迅速反应。

④ 煮制时要不断搅拌，前期稍快，后期放慢。

⑤ 母液不用时要密封贮存。

八、应用

① 熬制好了的石硫合剂必须经过稀释后才能使用；

② 主要对白粉菌和锈菌效果好，对霜霉菌无效；

③ 对介壳虫和螨卵有杀伤作用，若与有机磷药剂交替使用，可延缓螨类对有机磷农药抗性的产生。

九、思考题

① 各种熬制方法之间有哪些区别？为什么？

② 要配制 0.5°Bé 石硫合剂 250kg，需 20°Bé 原液多少？加水多少？

实验 12 20%三唑酮乳油的制备及质量检测

一、实验目的

1. 了解并掌握农药乳油的加工工艺和制备方法。
2. 了解并掌握农药乳油制备中溶剂和乳化剂的选择方法。
3. 能够熟练运用农药乳油的性能评价方法。

二、实验原理

1. 相关知识

三唑酮结构式

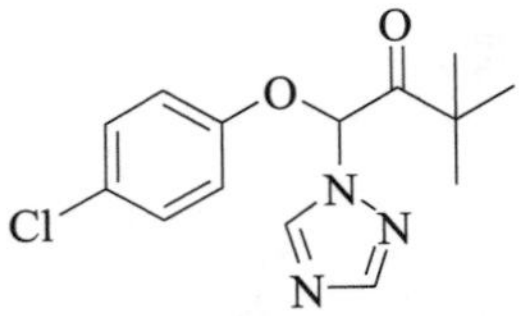

$C_{14}H_{16}ClN_3O_2$, 293.8, 43121-43-3

化学名称　1-(4-氯苯氧基)-3,3-二甲基-1-(1*H*-1,2,4-三氮唑-1-基)-丁酮

理化性质　无色晶体，微臭；熔点 82.3℃，相对密度 1.283；水中溶解度（20℃）为 64mg/L；有机溶剂中溶解度（g/L，20℃）：除脂肪族外，中等程度溶于大多数有机溶剂，二氯甲烷、甲苯＞200，异丙醇 99，正己烷 6.3。对水解稳定，在酸性和碱性条件下较稳定。

制剂　15％、20％、25％可湿性粉剂，10％、12.5％、20％乳油，10％颗粒剂。

2. 制备原理

农药乳油一般由原药、溶剂和乳化剂组成，其他组分如助溶剂、稳定剂、渗透剂等根据需要添加。合格的乳油在保质期内储存不变质，并且在使用时能用任意比例的水稀释形成乳状液，便于喷雾使用。乳油配方的关键在于溶剂和乳化剂的选择，有时助溶剂和稳定剂合适与否也决定着乳油配方的成败。乳油的加工是一个物理过程，就是按照选定的配方，将原药溶解于有机溶剂中，再加入乳化剂等其他助剂，搅拌混合、溶解，制成单相透明的液体。

三、药品及仪器

1. 药品

95%三唑酮原药，乳化剂 3202，溶剂甲苯或二甲苯均为工业品。基本配方：乳化剂用量 12%，甲苯或二甲苯补足余量。

2. 仪器

三口玻璃圆底烧瓶 500mL，玻璃漏斗，玻璃温度计（0～100℃），桨式搅拌器，电子恒速搅拌机，烧杯 200mL，量筒 100mL，气相色谱仪 GC-8A，电子分析天平（精确至 0.0001g），电子天平 300g，试剂瓶 250mL，水浴锅。

四、实验步骤

1. 乳油的制备

仔细安装好实验装置。按配比先将溶剂一次加入三口玻璃圆底烧瓶内。开启搅拌，然后依次加入所需农药原油或原药，若是原药，则需待固体原药完全溶解后，再按比例加入乳化剂。若需助溶剂，根据情况可先加助溶剂，再加溶剂等。搅拌 1h 后，取样进行质量检测，待分析结果合格后即可出料包装，贴上标签备用。

2. 乳油的质量检测

（1）质量控制指标

① 外观。应为稳定的均相液体，无可见悬浮物和沉淀。

② 项目指标。20%三唑酮乳油应符合表 4-15 要求。

表 4-15　20%三唑酮乳油控制项目指标

项　　目	指　标	项　　目	指　标
三唑酮含量/%　　⩾	20.0	乳液稳定性（稀释 200 倍）	合格
对氯苯酚含量/%　　⩽	0.1	低温稳定性	合格
水分含量/%　　⩽	0.5	热贮稳定性	合格
酸度（以 H_2SO_4 计）/%　　⩽	0.4		

注：正常生产时，低温稳定性、热贮稳定性试验，每三个月至少进行一次。

（2）质量检测方法

① 有效成分含量测定。参照 HG/T 3294—2017，采用气相色谱法，分析条件为：1m×3mm 不锈钢柱，3%固定液 OV-17，载体 Chromosorb G AW DMCS（180～250μm）；柱温：200℃；气化温度：230℃；检测温度：250℃；载气（N_2）；流速 30mL/min；内标物：邻苯二甲酸二正丁酯。

② 水分含量测定。按 GB/T 1600—2021 中的“卡尔·费休法”进行，允许使用精度相当的微量水分测定仪测定。

③ 酸度测定。按 HG/T 2467.1—2003 中 4.7 进行。

④ 乳液稳定性试验。试样用标准硬水稀释 200 倍，按 GB/T 1603—2001 进行试验。

在 250mL 烧杯中，加入 100mL 30℃±2℃标准硬水，用移液管吸取适量乳剂试样，在不断搅拌的情况下慢慢加入硬水中（按各产品规定的稀释浓度），使其配成 100mL 乳状液。加完乳油后，继续用 2～3r/s 的速度搅拌 30s，立即将乳状液移至清洁、干燥的 100mL 量筒中，并将量筒置于恒温水浴内，在 30℃±2℃范围内，静置 1h，取出，观察乳状液分离情况，如在量筒中无浮油（膏）、沉油和沉淀析出，则判定乳液稳定性合格。

标准硬水：342mg $CaCO_3$/L，称取经 500～550℃灼烧 2h 冷却至室温的无水氯化钙 0.304g 和经 50～60℃干燥 2h 冷却至室温的带 6 个结晶水的氯化镁 0.139g，用蒸馏水溶液稀释至 1000mL，摇匀。

⑤ 低温稳定性试验。试样在 0℃保持 1h，记录有无固体和油状物析出，继续在 0℃储存 7d，离心将固体析出物沉降，记录其体积。

⑥ 热贮稳定性试验。用注射器将约 30mL 试样注入洁净的安瓿中（避免试样接触瓶颈），置此安瓿于冰盐浴中制冷，用高温火焰迅速封口（避免溶剂挥发），至少封 3 瓶，冷却至室温称量。将封好的安瓿置于金属容器内，再将金属容器放入 54℃±2℃恒温箱（或恒温水浴）中，放置 14 天。取出冷至室温，将安瓿外面拭净分别称量，质量未发生变化的试样，于 24h 内对表 4-15 规定的项目进行检验。

五、注意事项

① 所用农药原药、溶剂和乳化剂等均有不同程度的毒性，严防接触皮肤和衣裤，以防引起中毒。

② 冬季制备农药乳油时，需适当升温，以保证农药原药、乳化剂等彻底溶解，促使混合均匀但温度不能太高，以免因溶剂挥发而导致配比不准确。根据需要可加装回流装置。

③ 混合时间必须充分，以免因混合不匀而产生分析误差。

六、思考题

① 农药乳油中溶剂和乳化剂选择的理论依据是什么？

② 农药乳油的质量指标有哪些？什么样的乳油其乳化性能才符合要求？

③ 当农药乳油混合完毕后，经分析测定后有下列情况该怎样调整：以 40%氧乐果乳油为例，当分析结果氧乐果有效含量为 38%时，该怎样调整？当分析结果氧乐果有效含量为 42%时，该怎样调整？经乳化实验后，其乳化性能不合格时，该怎么处理？当氧乐果乳油包装存放一段时间后有絮状物出现或有分层现象时该怎样处理？

实验 13　4.5%高效氯氰菊酯水乳剂的制备及质量检测

一、实验目的

1. 了解并掌握农药水乳剂的加工工艺和制备方法。

2. 熟练运用农药水乳剂质量检测方法。

二、实验原理

1. 相关知识

高效氯氰菊酯结构式：

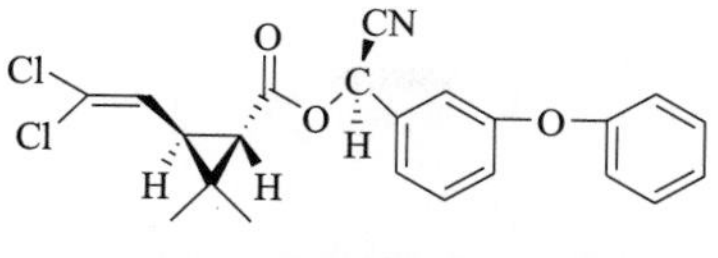

(*S*)-α-氰基-3-苯氧基苄基-(1*R*) -顺-3-(2,2-二氯乙烯基)-2,2-二甲基环丙烷羧酸酯

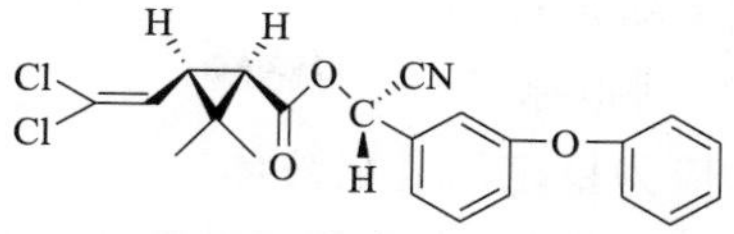

(*R*)-α-氰基-3-苯氧基苄基-(1*S*) -顺-3-(2,2-二氯乙烯基)-2,2-二甲基环丙烷羧酸酯

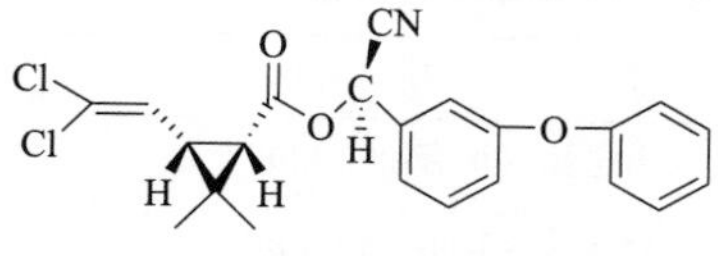

(*S*)-α-氰基-3-苯氧基苄基-(1*R*) -反-3-(2,2-二氯乙烯基)-2,2-二甲基环丙烷羧酸酯

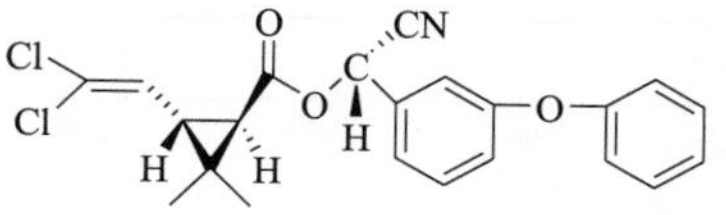

(*R*)-α-氰基-3-苯氧基苄基-(1*S*) -反-3-(2,2-二氯乙烯基)-2,2-二甲基环丙烷羧酸酯

分子式　$C_{22}H_{19}Cl_2NO_3$；分子量 416.15

化学名称　(*RS*)-α-氰基-3-苯氧苄基 (1*RS*)-顺，反-3-(2,2-二氯乙烯基)-2,2-二甲基环丙烷羧酸酯

理化性质　原药外观为白色至奶油色结晶体，为两对外消旋体混合物，其顺反比约为 2∶3。熔点 64～71℃。密度：1.32g/mL（理论值），1.12g/mL（晶状粉末）(20℃)。溶解度：在 pH＝7 的水中，51.5（5℃）、93.4（25℃）、276.0（35℃）［单位为 μg/L（理论值）］；异丙醇 11.5、二甲苯 749.8、二氯甲烷 3878、丙酮 2102、乙酸乙酯 1427、石油醚 13.1（均为 mg/mL，20℃）。稳定性：150℃以下、空气及阳光下以及在中性和微酸性介质中稳定。碱存在下差向异构，强碱中水解。

制剂　4.5％乳油，4.5％水乳剂。

2.制备原理

水乳剂是乳状液的浓缩液，又叫浓乳剂。水乳剂的加工工艺比较简单，通常方法是将原药、溶剂、乳化剂和共乳化剂混合溶解在一起，成为均匀油相。将水、分散剂、抗冻剂等混合在一起，成均一水相；在高速搅拌下，将水相加入油相或将油相加入水相，形成分散良好的水乳剂。水乳剂配方的关键在于溶剂和乳化剂的选择，但有时共乳化剂选择得合适与否也决定着水乳剂配方的成败。

三、药品及仪器

1.药品

95％高效氯氰菊酯原药、专用乳化剂、二甲苯均为工业品。配方：乳化剂用量 8％，二甲苯 10％，水补足。

2.仪器

高剪切乳化机，电子天平，烧杯。

四、实验步骤

1. 水乳剂的制备

仔细安装好实验装置。按配比先将溶剂一次加入三口玻璃圆底烧瓶内。开启搅拌，然后依次加入所需农药原药，待固体原药完全溶解后，再按比例加入乳化剂。溶解完全后，滴加软化水或去离子水，开启剪切乳化机，随滴加速度加快逐步提高转速，滴加完成后，稳定转速继续剪切，待取样检测合格后即可出料包装，贴上标签备用。

2. 水乳剂的质量检测

（1）质量控制指标

① 外观。应为稳定的乳状液体。

② 项目指标。4.5%高效氯氰菊酯水乳剂应符合表 4-16 要求。

表 4-16　4.5%高效氯氰菊酯水乳剂控制项目指标

项　目		指　标	项　目	指　标
高效氯氰菊酯含量/%　≥		4.5	乳液稳定性（稀释 200 倍）	合格
酸度（以 H_2SO_4 计）/%　≤		0.5	持久起泡性（1min 后）/mL　≤	10
倾倒性	倾倒后残余物/mL　≤	3	低温稳定性	合格
	洗涤后残余物/mL　≤	0.5	热贮稳定性	合格

注：正常生产时，低温稳定性、热贮稳定性试验，每三个月至少进行一次。

（2）质量检测方法

① 有效成分含量测定。采用液相色谱法，150mm×3.9mm 硅胶柱，流动相采用正己烷-乙酸乙酯（99∶1），流速 1.0mL/min，内标物苯甲酸甲酯，检测波长 λ=230nm。

② 酸碱度或 pH 测定。酸度或碱度的测定按 HG/T 2467.1—2003 中 4.7 进行。

③ 倾倒性试验。按 HG/T 2467.5—2003 中 4.9 进行。

④ 乳液稳定性试验。试样用标准硬水稀释 200 倍，按 GB/T 1603—2001 进行试验，上无浮油、下无沉淀为合格。

⑤ 持久起泡性试验。按 GB/T 28137—2011 进行。

⑥ 低温稳定性试验。按 HG/T 2467.2—2003 中 4.10 进行。经轻微搅动，应无可见的粒子和油状物。将适量样品装入安瓿中，密封后于 0℃冰箱中储存 1 周或 2 周后观察，不分层无结晶为合格。

⑦ 热贮稳定性试验。按 HG/T 2467.2—2003 中 4.11 进行。样品密封于安瓿中，于(54±2)℃恒温箱储存 14 天，分析热贮前后有效成分含量，计算有效成分分解率；同时观察记录析水、析油或沉淀产生情况。

⑧ 冻融稳定性。将样品置于冻融箱，每 24h 为一周期，分别在－20℃和 50℃下循环储存，每 24h 检查一次，发现样品分层、有油或固体析出，停止试验，如未出现上述现象继续试验，记录不分层的循环天数。

⑨ 细度。镜检或采用粒度分布仪分析。

⑩ 黏度。可用 NDJ-79 或 Brookfield 黏度计测定。

五、思考题

① 制备水乳剂时的乳化方式有哪几种？试比较不同乳化方式的实验效果。

② 水乳剂发生分层的原因有哪些？应该如何克服？

实验 14　4.5%高效氯氰菊酯微乳剂的制备及质量检测

一、实验目的

1. 学习并掌握农药微乳剂的制备方法。

2. 识记并运用农药微乳剂质量检测标准及方法。

二、实验原理

微乳剂是由原药、溶剂、乳化剂和水组成的感官透明的均相液体制剂。农药微乳剂一般为水包油（O/W）型，在水中稀释形成感官透明或半透明的乳状液。一般采用转相法制备，即将农药原药与乳化剂、溶剂充分混合成均匀透明的油相，在搅拌下慢慢加入蒸馏水或去离子水，形成油包水型（W/O）乳状液，再经搅拌加热，使之迅速转相为水包油型，冷却至室温使之达到平衡，经过滤制得稳定的水包油（O/W）型微乳剂。微乳剂只是在一定的温度范围内稳定。

三、药品及仪器

1. 药品

高效氯氰菊酯原药，专用乳化剂，环己酮。342mg/L WHO 标准硬水（Ca^{2+} ：Mg^{2+} = 4∶1）的配制：溶解 $CaCl_2$ 0.304g 和 $MgCl_2 \cdot 6H_2O$ 0.139g 于蒸馏水中，稀释至 1000mL。

2. 仪器

搅拌器，电热套，烧杯，量筒，温度计，冰箱。

四、实验步骤

1. 微乳剂的制备

仔细安装好实验装置。按配比先将助溶剂一次加入三口玻璃圆底烧瓶内。开启搅拌后加入所需农药原油或原药，若是原药，则需待固体原药完全溶解后，再加入溶剂，搅拌均匀后再按比例加入乳化剂。待溶解完全后，滴加软化水或去离子水，搅拌机 150r/min 搅拌，滴加完成后，稳定转速继续搅拌，待取样检测合格后即可出料包装，贴上标签备用。

2. 微乳剂的质量检测

（1）质量控制指标

① 外观。外观为透明或半透明均相液体，无可见的悬浮物和沉淀。

② 项目指标。4.5%高效氯氰菊酯微乳剂应符合表 4-17 要求。

表 4-17　4.5%高效氯氰菊酯微乳剂控制项目指标

项　目	指　标	项　目	指　标
高效氯氰菊酯含量/%　　≥	4.5	持久起泡性（1min 后）/mL　　≤	10
酸度（以 H_2SO_4 计）/%　　≤	0.5	低温稳定性	合格
透明温度范围/℃	−5～50	热贮稳定性	合格
乳液稳定性（稀释 200 倍）	合格		

注：正常生产时，低温稳定性、热贮稳定性试验，每三个月至少进行一次。

(2) 质量检测方法

① 有效成分含量测定。采用液相色谱法，150mm×3.9mm 硅胶柱，流动相采用正己烷-乙酸乙酯（99∶1），流速 1.0mL/min，内标物苯甲酸甲酯，检测波长 $\lambda=230$nm。

② 酸碱度或 pH 测定。酸度或碱度的测定按 HG/T 2467.1—2003 中 4.7 进行。

③ 透明温度范围。取 10mL 样品于 25mL 试管中，用搅拌棒上下搅动，于冰浴上渐渐降温，至出现浑浊或冻结为止，此转折点的温度为透明温度下限 T_1，再将试管置于水浴中，以 20℃/min 的速度慢慢加温，记录出现浑浊时的温度，即透明温度上限 T_2，则透明温度范围为 $T_1 \sim T_2$。

④ 乳液稳定性试验。试样用标准硬水稀释 200 倍，按 GB/T 1603—2001 进行试验，上无浮油、下无沉淀为合格。

⑤ 持久起泡性试验。按 GB/T 28137—2011 进行。

⑥ 低温稳定性试验。按 HG/T 2467.2—2003 中 4.10 进行。经轻微搅动，应无可见的粒子和油状物。

⑦ 热贮稳定性试验。按 HG/T 2467.2—2003 中 4.11 进行。

五、注意事项

仔细观察并记录实验过程中滴加水后出现的变化。

六、思考题

① 如何鉴别一种微乳剂的类型是水包油型还是油包水型？

② 制备微乳剂时剪切乳化是必要操作吗？为什么？

③ 影响微乳剂透明温度范围的因素有哪些？如何在配方研究中加以利用？

实验 15　20%吡虫啉可溶液剂的制备及质量检测

一、实验目的

1. 了解并掌握农药可溶液剂的加工工艺和制备方法。

2. 识记并运用农药可溶液剂质量检测标准及方法。

二、实验原理

1. 相关知识

吡虫啉结构式：

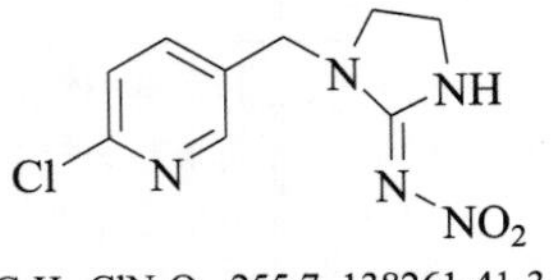

Cl　N　N　NH　N　NO_2

$C_9H_{10}ClN_5O_2$, 255.7, 138261-41-3

化学名称　1-(6-氯-3-吡啶基甲基)-N-硝基亚咪唑烷-2-基胺

理化性质　无色晶体。熔点 143.8℃。蒸气压（20℃）2.0×10^{-7}Pa。水中溶解度（20℃）为 0.51g/L；有机溶剂中溶解度（g/L，20℃）：正己烷 0.1，甲苯 0.5～1，甲醇 10，二氯乙烷 50～100，乙腈 20～50，丙酮 20～50，异丙醇 1～2。

制剂　10%、25%可湿性粉剂，75%水分散粒剂，20%可溶液剂。

2. 制备原理

可溶液剂一般是由原药、与水相溶的有机溶剂和乳化剂组成的透明、均一液体制剂，用水稀释后形成真溶液，用于喷雾。可溶液剂配方的关键在于溶剂和乳化剂的选择，溶剂必须与水混溶，乳化剂对原药必须具有增溶作用。该剂型的配制过程与乳油基本相同。

三、药品及仪器

1. 药品

95%吡虫啉原药、非离子乳化剂、DMF、甲醇均为工业品。配方：吡虫啉 20%，乳化剂用量 12%，DMF 用量 20%，甲醇补足。

2. 仪器

搅拌器，三口瓶，量筒，烧杯。

四、实验步骤

1. 可溶液剂的制备

仔细安装好实验装置。按配比先将助溶剂一次加入三口玻璃圆底烧瓶内。开启搅拌，然后加入所需农药原药，待完全溶解后，再加入溶剂，搅拌均匀后再按比例加入乳化剂，再充分搅拌均匀。待取样检测合格后即可出料包装，贴上标签备用。

2. 可溶液剂的质量检测

(1) 质量控制指标

① 外观。外观淡黄色至棕黄色透明，无可见悬浮物和沉淀。

② 项目指标。20%吡虫啉可溶液剂应符合表 4-18 要求。

表 4-18　20%吡虫啉可溶液剂控制项目指标

项　目	指　标	项　目	指　标
吡虫啉含量/%　≥	20.0	与水互溶性（稀释 20 倍）	合格
水分含量/%　≤	2.0	低温稳定性	合格
pH 值	5～7	热贮稳定性	合格

注：正常生产时，低温稳定性、热贮稳定性试验，每三个月至少进行一次。

(2) 质量检测方法

① 有效成分含量测定。采用液相色谱法。测定条件为：150mm×3.9mm 不锈钢柱，Novapak C_{18} 5μm，流动相：甲醇-水（40∶60）；流速：0.4mL/min，检测波长：260nm。

② 水分含量测定。按 GB/T 1600—2021 进行。

③ 酸碱度或 pH 测定。酸度或碱度的测定按 HG/T 2467.1—2003 中 4.7 进行。

④ 与水互溶性。用移液管吸取 5mL 试样置于 100mL 量筒中，用标准硬水稀释至刻度，混匀。将此量筒放入 0℃±2℃恒温水浴中，静置 0.5h，稀释液均一、无析出物为合格。

⑤ 低温稳定性试验。按 HG/T 2467.2—2003 中 4.10 进行。析出物不超过 0.3mL 为合格。

⑥ 热贮稳定性试验。按 HG/T 2467.2—2003 中 4.11 进行。

五、思考题

① 可溶液剂常用哪些溶剂，其应用前景怎样？

② 可溶液剂对水分有什么要求？如何控制水分含量？

实验 16　38%莠去津悬浮剂的制备及质量检测

一、实验目的

1. 了解并掌握农药悬浮剂的加工技术和制备方法。

2. 识记并运用农药悬浮剂质量检测标准及方法。

二、实验原理

莠去津（atrazine）结构式：

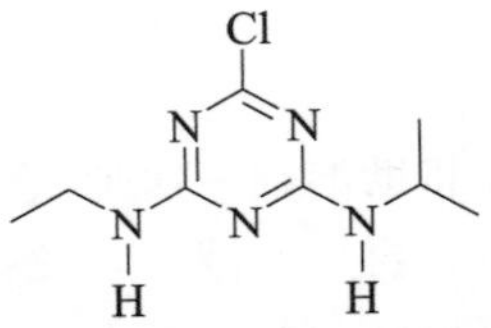

$C_{18}H_{14}ClN_5$, 215.7, 1912-24-9

化学名称　2-氯-4-乙氨基-6-异丙氨基-1，3，5-三嗪

理化性质　纯品为白色结晶，熔点 175.8℃，蒸气压 0.039mPa（25℃），相对密度 1.187（20℃），20℃时的溶解度为水 33mg/L、氯仿 28g/L、丙酮 31g/L、乙酸乙酯 24g/L、甲醇 15g/L。在中性、弱酸、弱碱介质中稳定，在强酸、强碱介质中水解为无除草活性的 6-羟基三嗪，在土中半衰期为 100 天。

加工剂型　38%悬浮剂、50%可湿性粉剂、90%水分散粒剂。

固体农药的微粒在表面活性剂的作用下可在水中形成具有相当稳定性的悬浮体系，加水后可形成悬浊液。

三、药品及仪器

1. 药品

莠去津原药，38%莠去津悬浮剂，木质素磺酸钠，农乳 1602，黄原胶，乙二醇，342mg/L、500mg/L 标准硬水，蒸馏水。

2. 仪器

球磨机，砂磨机，电子天平，生物显微镜（附有测微尺），pH 计，气相色谱，恒温箱，注射器，移液管，100mL 烧杯 3 个，250mL 具塞量筒 1 个，250mL 量筒 5 个，安瓿 6 个，温度计。

四、实验步骤

1. 悬浮剂的制备

按配方（莠去津 38%、木质素磺酸钠 3%、农乳 1602 3%、黄原胶 0.1%、乙二醇 4%、水余量）称取各组分并采用球磨机和砂磨机进行研磨加工制得莠去津悬浮剂。将混合后的物料全部转移至砂磨容器中，按物料-玻璃砂 1∶0.8（体积比）的比例加入玻璃珠（磨料），容器夹套通入冷却水，开启砂磨机，将分散盘转速恒定在 1000r/min 进行湿法研磨，待取样检测合格后，分离物料，进行包装。

2. 悬浮剂的质量检测

(1) 质量控制指标

① 外观。外观应是可流动、易测量体积的悬浮液体；存放过程中可能出现沉淀，但经手摇动，应恢复原状；不应有结块。

② 项目指标。38%莠去津悬浮剂应符合表 4-19 要求。

表 4-19　38%莠去津悬浮剂控制项目指标

项目		指标
莠去津含量/%		38.0±2.0
倾倒性	倾倒后残余物/mL　≤	3
	洗涤后残余物/mL　≤	0.3
悬浮率/%		≥90
pH 值		6.0～9.0
热贮稳定性①		合格

① 为形式检验项目。

(2) 质量检测方法

① 有效成分含量测定。采用气相色谱法，分析条件为：2m×4mm 不锈钢柱，5%XE-60 Chromosorb WAW DMCS150～180μm，柱温：212℃，气化温：250℃，检测温：250℃，载气（N_2）流速：20mL/min，内标物：西草净。

② pH 测定。取 0.5g 悬浮剂样品用 50mL 蒸馏水稀释，然后用 pH 计测定。

③ 悬浮率测定。将整瓶产品全部倒出，混合均匀。称取试样 5g（称准至 0.0002g），置于有 100mL 30℃±2℃标准硬水的烧杯中，将上述标准硬水全部转入 250mL 带塞量筒内，稀释至刻度，盖上塞子，以量筒中部为轴心，在 1min 内上下颠倒 30 次。打开塞子，再垂直放入无振动的恒温水浴中，避免阳光直射，放置 30min。用玻璃吸管（图 4-28）在 10～15s 内将量筒内容物的上部 9/10（即 225mL）悬浮液移出。抽液时虹吸管的管口沿量筒内壁随液面下降而下移，确保吸管的顶端总是在液面下几毫米处，避免下部沉淀物搅动。

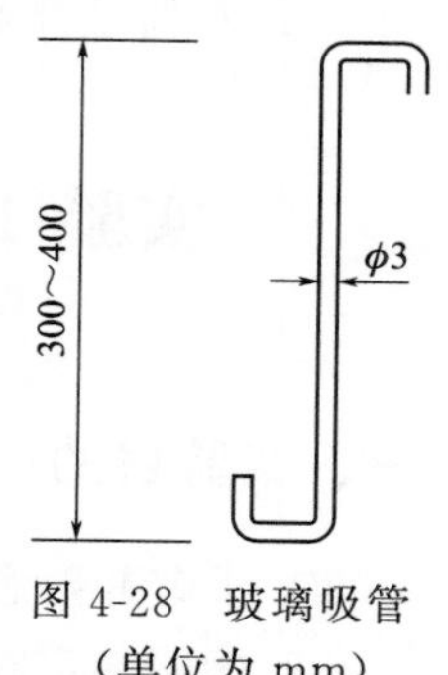

图 4-28　玻璃吸管
(单位为 mm)

按规定方法测定试样和留在量筒底部 25mL 悬浮液中的莠去津含量。试样中的莠去津悬浮率 w_1（%）按式（4-6）计算。

$$w_1(\%)=\frac{m_1-m_2}{m_1}\times\frac{10}{9}\times100\% \tag{4-6}$$

式中　m_1——配制悬浮液所取试样中莠去津的质量，g；

m_2——留在量筒底部 25mL 悬浮液中莠去津的质量，g；

$\frac{10}{9}$——换算系数。

④ 粒度测定。农药悬浮剂的粒度是检验农药悬浮剂好坏的重要标准之一，可选择显微镜目测法或粒度测定仪法。

显微镜目测法：取试样 1 滴于小试管中。加水稀释并搅匀，取稀释液 1 滴于载片上，在 10 倍×40 倍显微镜下观察粒径大小。试样中微粒平均粒径（r）按式（4-7）计算。

$$r=(r_1+r_2+r_3+\cdots r_n)\ /n \tag{4-7}$$

式中 r_n——个别微粒的粒径，μm；

n——目镜尺内观察到的微粒总数。

粒度测定仪法：参见相应的粒度分析仪操作规程。

⑤ 分散性试验。将标准硬水注入 250mL 量筒至满刻度处。置量筒于 30℃±2℃恒温水浴，待温度达到 30℃±2℃，于量筒内水面上 1cm 处滴入 1 滴试样。试样达到量筒底时应全部自由分散或试样下沉时能分散，但至底部仍有未分散物，经搅动能全部分散为合格。

⑥ 黏度测定。使用旋转黏度计测定。

⑦ 水温适应性。在 250mL 量筒中分别装入 15℃、20℃、25℃自来水 249mL，从距水面 5cm 处分别滴入 1mL 悬浮剂，观察分散情况。

⑧ 水质适应性。在 250mL 量筒中分别加入 0mg/L、342mg/L、500mg/L 硬水各 249mL，滴入 1mL 悬浮剂，观察分散情况。

⑨ 低温稳定性试验。取安瓿封装 10g 样品，−25℃贮存 24h，取出观察冻结情况，然后在室温下熔化，检测分散性、粒径、悬浮率等指标。

⑩ 热贮稳定性试验。将 10g 待测样品装入安瓿密封，54℃恒温箱保存 2 周，取出检测有效成分含量、悬浮率、粒径、分散性等。

五、思考题

① 悬浮剂良好的悬浮性取决于哪些条件?

② 悬浮剂制备完成后马上测定各项指标是否合适？为什么?

③ 农药悬浮剂的质量鉴定指标制定的依据是什么?

实验 17　50%莠去津可湿性粉剂的制备及质量检测

一、实验目的

1. 了解并熟悉农药可湿性粉剂的制备原理和工艺流程设备。
2. 能够鉴定农药可湿性粉剂的产品质量。

二、实验原理

可湿性粉剂是由原药、润湿剂、分散剂、填料各组分经混合、粉碎而成的固体粉状剂型。制剂投入水中要求润湿时间尽量短，同时要求快速分散形成稳定的悬浮液，稳定时间越长越好。

三、药品及仪器

1. 药品

莠去津原药、十二烷基硫酸钠（K_{12}）、分散剂 NNO、白炭黑、轻质碳酸钙。

配方为：莠去津原药 50%，K_{12} 2%，NNO 4%，白炭黑 5%，轻质碳酸钙补足 100%。

2. 仪器

万能粉碎机，气流粉碎机，电子天平，烧杯等。

四、实验步骤

1. 可湿性粉剂的制备

按配方称取莠去津原药、润湿剂、分散剂及填料，在万能粉碎机中预混合。按气流粉碎机粉碎流程进行细粉碎。取样进行 325 目湿筛检验，粒度合格后进行包装。

2. 可湿性粉剂的质量检测

（1）质量控制指标

① 外观。外观应是流动的粉状固体；存放过程中不应有结块。

② 项目指标。50%莠去津可湿性粉剂应符合表 4-20 要求。

表 4-20 50%莠去津可湿性粉剂控制项目指标

项目	指标	项目	指标
莠去津含量/%	48.0±2.0	pH 值	6.0～9.0
悬浮率/% ≥	60	细度（通过 325 目筛）/% ≥	95
润湿时间/s ≤	120	热贮稳定性①	合格

①为形式检验项目。

（2）质量检测方法

① 有效成分含量测定。采用气相色谱法，分析条件为 2m×4mm 不锈钢柱，5%XE-60 Chromosorb WAW DMCS150～180μm，柱温：212℃，气化温：250℃，检测温：250℃，载气（N_2）流速：20mL/min，内标物：西草净。

② 悬浮率测定。详见实验 38%莠去津悬浮剂的制备及质量检测。

③ 湿筛试验。称取 20g 试样（准确至 0.2g）置于 500mL 烧杯中，加入 300mL 水，用玻璃棒（一端可套上 3～4cm 乳胶管）搅拌 2～3min，使其呈悬浊状。然后全部倒至标准筛（325 目）上，再用清水冲洗烧杯，洗水也倒至筛中，直至烧杯底部的粗颗粒全部洗至筛中为止。然后用内径为 9～10mm 的橡皮管导出的自来水冲洗筛上的残余物，水流速度为 4～5L/min。橡皮管末端出口保持与筛缘平齐（距筛表面 5mm 左右）。在筛洗过程中，保持水流对准筛上的残余物，使其能充分洗涤，一直洗到通过筛的水清亮透明，没有明显的悬浮物存在为止。把残余物冲至筛的一角，并转移至恒重的蒸发皿中，将蒸发皿中的水分加热至近干，再置于烘箱内在适宜的温度下烘干，冷却，称至恒重（准确到 0.01g）。细度 X_2（%）按式（4-8）计算。

$$X_2(\%)=\frac{G-a}{a}\times 100\% \tag{4-8}$$

式中 G——可湿性粉剂试样的质量，g；

a——筛上残余物的质量，g。

④ 润湿性试验。取标准硬水（100±1)mL，注入250mL烧杯中，将此烧杯置于（25±0.1)℃的恒温水浴中，使其液面与水浴水平面平齐。待硬水至（25±1)℃时用表面皿称取（5±0.1）g试样，将全部试样从与烧杯口齐平位置一次均匀地倾倒在该烧杯的液面上，但不要过分地扰动液面。加样品时立即用秒表计时，直至试样全部润湿为止，记下润湿时间。如此重复5次，取其平均值，作为该样品的润湿时间。

⑤ 热贮稳定性试验。将20g样品放入烧杯（内径6～6.5cm)，并且在不使用任何压力的情形下使其铺成等厚度的平滑均匀层，将金属圆块放在烧杯中的粉剂表面上（使样品表面产生$25g/cm^2$的压力)，随后放入54℃恒温箱。24h后取出烧杯，拿走圆块。烧杯放在干燥器中冷却，观察是否结块、发黏，以及悬浮率、流动性是否降低。

五、思考题

① 润湿剂和分散剂是农药可湿性粉剂的关键组分，其选择的顺序及原则是什么？

② 农药可湿性粉剂质量鉴定指标制定的依据是什么？

实验18　70%莠去津水分散粒剂的制备及质量检测

一、实验目的

1.了解并熟悉农药水分散粒剂的制备原理和工艺流程设备。

2.能够鉴定农药水分散粒剂的产品质量。

二、实验原理

水分散粒剂是由原药、润湿剂、分散剂、填料和黏结剂组成的颗粒状制剂。制备方法一般分为干法和湿法两种，目前前者在国内普遍使用，即先加工成可湿性粉剂，再经造粒而成。制剂投入水中要求尽快润湿和崩解，在水中快速分散形成稳定的悬浮液，稳定时间越长越好。

三、药品及仪器

1.药品

莠去津原药，十二烷基硫酸钠（K_{12})，NNO，木质素磺酸钠，白炭黑，可溶性淀粉，无水硫酸钠。

配方：莠去津70%，K_{12} 2%，NNO 4%，木质素磺酸钠12%，可溶性淀粉2%，无水硫酸钠补足100%。

2.仪器

万能粉碎机，气流粉碎机，电子天平，烧杯等。

四、实验步骤

1. 水分散粒剂的制备

莠去津原药用气流粉碎机粉碎至325目以下（也可用万能粉碎机多次粉碎、筛分和收集细粉）。在烧杯中，按配方称取原药、润湿剂、分散剂、填料和黏结剂，加入13%左右的水分，用玻璃棒搅拌成药泥。投入挤压造粒机，将挤出的药条用电吹风干燥、破碎和筛分。取样进行检验，合格后进行包装。

2. 水分散粒剂的质量检测

（1）质量控制指标

① 外观。外观应是干的，能自由流动，基本无粉尘，无可见的外来杂质和硬团块。

② 项目指标。70%莠去津水分散粒剂应符合表4-21要求。

表4-21　70%莠去津水分散粒剂控制项目指标

项目	指标	项目	指标
莠去津含量/%	67.0～70.0	细度（通过75μm目筛）/%　≥	95
水分/%　≤	2.5	粒度范围（1～3mm）/%　≥	90
pH值	6.0～9.0	分散性/%　≥	90
润湿时间/s　≤	60	持久起泡性（1min后）/mL　≤	25
悬浮率/%　≥	70	热贮稳定性①	合格

①形式检查项目。每隔3个月检查一次。

（2）质量检测方法

① 有效成分含量测定。采用气相色谱法，分析条件为2m×4mm不锈钢柱，5% XE-60 Chromosorb WAW DMCS150～180μm，柱温：212℃，气化温：250℃，检测温：250℃，载气（N_2）流速：20mL/min，内标物：西草净。

② 水分含量测定。按照GB/T 1600—2001中的“共沸蒸馏法”进行。

③ 酸碱度或pH值的测定。酸度或碱度的测定按HG/T 2467.1—2003中4.7进行。

④ 润湿时间测定。按GB/T 5451—2001进行。

⑤ 悬浮率测定。按GB/T 14825—2006方法3进行（还应写明称样量和对剩余25mL悬浮液和沉淀烘干或萃取等具体操作步骤）。

⑥ 湿筛试验。按GB/T 16150—1995中的“湿筛法”进行。

⑦ 粒度范围测定。将标准筛上下叠装，大粒径筛置于小粒径筛上面，筛下装承接盘，同时将组合好的筛组固定在振筛机上，准确称取水分散粒剂试样20g（精确至0.1g）置于上面筛上，加盖密封，启动振筛机振荡2min（振幅3～6mm，156次/min），收集粒径范围内筛上物称量。试样的粒度W_1（%）按式（4-9）计算。

$$W_1(\%)=\frac{m_1}{m}\times 100\% \qquad (4\text{-}9)$$

式中　m——试样的质量，g；

m_1——规定粒径范围内筛上物质量，g。

⑧ 分散性。在20℃±1℃下，于烧杯中加入900mL标准硬水，将搅拌棒（图4-29）固定在烧杯中央，搅拌棒叶片距烧杯底15mm，搅拌棒叶片间距和旋转方向能保证搅拌棒推进液体向上翻腾，以300r/min的速度开启搅拌器，将9g水分散粒剂样品（精确至0.1g）加入搅拌的水中，继续搅拌1min。关闭搅拌，让悬浮液静置1min，借助真空泵抽出9/10悬浮液（810mL），整个操作应在30～60s内完成，并保持玻璃吸管的尖端始终在液面下，且

尽量不搅动悬浮液，用旋转真空蒸发器蒸掉 90mL 剩余悬浮液中的水分，并干燥至恒量，干燥温度依产品而定，推荐温度为 60～70℃。试样的分散性 w_2（%）按式（4-10）计算。

$$w_2 (\%) = \frac{m - m_1}{m} \times \frac{10}{9} \times 100\% \tag{4-10}$$

式中　m_1——干燥后残余物的质量，g；

m——所取试样的质量，g。

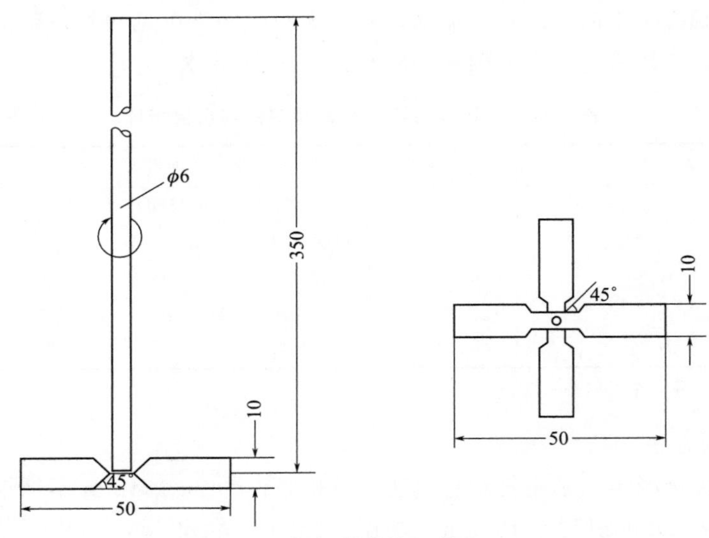

图 4-29　不锈钢搅拌棒（单位：mm）

⑨ 持久起泡性试验。按 HG/T 2467.5—2003 中 4.11 进行。

⑩ 热贮稳定性试验。按 HG/T 2467.12—2003 中 4.12 进行。

五、思考题

① 在农药水分散粒剂造粒过程中，水分含量多或少会对造粒结果产生什么样的影响？怎样确定其含量？

② 农药水分散粒剂质量鉴定指标制定的依据是什么？

实验 19　3%辛硫磷颗粒剂的制备及质量检测

一、实验目的

1. 了解颗粒剂的加工方法。
2. 初步掌握颗粒剂的一些质量检测指标和方法。

二、实验原理

粒剂是由有效成分、填料、黏结剂、表面活性剂等组成的固体剂型，可用滚动法实现造粒。

三、实验材料

1. 药品及试剂

辛硫磷原药，硅藻土，滑石，植物淀粉，阿拉伯胶，月桂醇硫酸钠，甲苯。

2. 仪器及用具

气相色谱，球磨机，旋转造粒机，电子天平，迪安-斯达克水分测定仪，接收器，500mL 圆底烧瓶，量筒，标准筛，多孔瓷片，30mm 瓷球。

四、实验步骤

1. 将物料粉碎至所需粒径

设计不同配方，按配方将固体物料混合，采用转动造粒机造粒，并将所得粒剂进行干燥。

2. 有效成分含量测定

将粒剂粉碎萃取，参照辛硫磷原药方法测定。

3. 水分含量测定

装配仪器，烧瓶中装入 200mL 溶剂和一小片多孔瓷片，回流 45min。冷却，弃去接收器中的水。称取样品（w，g）转移到含有干燥过的甲苯的 500mL 烧瓶中。连接仪器，以 2～5 滴/s 速度蒸馏至除刻度管底部之外仪器任何部位不再有可见冷凝水，所收集的水的体积在 5min 内不变为止。让仪器冷却到室温，用细金属丝把附在接收器壁上的水滴赶下，读取水的体积（V）。

$$水含量（\%）=\frac{V}{w}\times 100\% \tag{4-11}$$

4. 粒度分布测定

将样品 20g 放入标准筛，用振荡器振荡 10min，然后取下筛网上残留的试样称重，计算试样存留百分率。

5. 水中崩解性

目测。

6. 硬度测定

用标准筛筛分 100g 试样，装入球磨机瓷罐，以 75r/min 回转 15min，取出试样，用以上“4. 粒度分布测定”的方法筛分，计算通过筛网的重量 W。

$$强度（\%）=\frac{1-W}{试样量}\times 100\% \tag{4-12}$$

五、思考题

颗粒剂加工方法的选择对颗粒剂的硬度有何影响？

实验 20　农药烟剂的制备及质量检测

一、实验目的

学习农药烟剂的制备及质量检测方法。

二、实验原理

烟剂包括两组成分，即有效成分和化学发热剂。化学发热剂在短时间内产生大量的热，使有效成分气化而喷入空气中，在空气中再迅速冷却而凝结为固体微粒，就形成烟。

凡是可以在高温下气化而不发生热分解作用的药剂或热分解率较低的药剂均可制备烟剂。

三、实验材料

1.配方

几种烟剂配方见表 4-22。

表 4-22　几种烟剂配方

单位：g

烟剂	有效成分	硝铵	氯化铵	锯末	陶土
百菌清烟剂	5	40	2	20	5
胺菊酯烟剂	1	40	2	20	5
硫黄	20	40	2	20	5

2.药品

发热剂：氯酸钾、硝酸钾、硝酸铵等；燃料：木炭、淀粉、锯末等；阻燃剂：陶土、黏土、消石粉、氯化铵；原药：胺菊酯、百菌清、硫黄。

四、实验方法

① 将锯末过筛，除去较大颗粒，余下的放入锅内炒干至红褐色备用。

② 将硝酸铵研碎，放入铁锅中。加热熔化，蒸去水分。冷至 100℃后（硝铵开始结晶）加入一半炒好的锯末，强力搅拌，使其充分黏合，出锅冷却，研碎，再加入另一半炒好的锯末混匀。

③ 将药剂粉碎，加入陶土，与上述燃烧剂混匀，包装（2～3 层纸袋）。

④ 将草纸或吸水力强的纸剪成 5cm×15cm 的长条，在硝酸钾或氯酸钾饱和溶液中连续浸 2～3 次，晾干后即成引线。

五、质量检测

1.点燃现象及燃烧时间

取 1kg 包装烟剂，在包装盒（袋）的上方中央用引线从上至下垂直插入到底。轻轻拍动包装盒（袋），使药粉与引线贴紧，然后用火柴点燃引线，观察点燃现象。从烟剂开始至浓烟结束用秒表计算发烟时间。

2.燃烧温度的测定

取 1kg 包装烟剂，按上述方法插入引线，用 500℃水银温度计一支，将温度计的水银球一端插到烟剂的中心位置（若使用热电阻温度计应将电表放平，校正零点，打开电表开关）后点燃引线，烟剂在燃烧过程中温度计指数逐渐上升，达到某一高度又开始下降，温度计指数达到最高点的温度即为该烟剂的燃烧温度。

六、思考题

加工成烟剂的药剂应符合什么条件？

实验 21　缓慢释放型马拉硫磷微胶囊剂的制备

一、实验目的

学习微胶囊剂的制备方法。

二、实验原理

水溶性单体与脂溶性单体在农药粒子表面发生聚合，生成聚合物包裹膜，将农药包裹在内部形成囊核。

三、实验药品及仪器

1.实验仪器

高速搅拌机，真空干燥箱，布氏漏斗，真空泵，500mL 塑料瓶。

2.实验药品

马拉硫磷原药，聚乙烯醇，消泡剂 B，壬酰氯，聚亚甲基聚苯基异氰酸酯，二亚乙基三胺，碳酸钠，蒸馏水。

四、实验步骤

① 500mL 塑料瓶中，加入 300mL 0.5%聚乙烯醇水溶液和 6 滴消泡剂 B。

② 在高速（20000r/min）搅拌下加入 29.8g 马拉硫磷、13g 壬酰氯、2g 聚亚甲基聚苯基异氰酸酯，然后加入 20g 二亚乙基三胺、10gNa_2CO_3、100mL 蒸馏水。

③ 加料完毕减慢速度继续搅拌 1h，静置 1h，用布氏漏斗过滤，真空干燥，得马拉硫磷微胶囊剂。

五、思考题

① 农药微胶囊化的方法主要有哪几种？各自的原理是什么？

② 本实验中影响微胶囊剂形成的因素有哪些？

③ 本实验马拉硫磷的含量是多少？

实验 22　40%辛硫磷乳油中乳化剂的配方优选（综合设计实验）

一、实验目的

通过设计农药乳油中乳化剂优化配方的筛选试验，锻炼独立进行配方研究的能力，并进一步熟悉乳油的加工工艺以及判别乳油质量的方法。

二、实验原理

乳化剂是农药乳油中的关键组分，主要起分散农药原药，增加原药在作物体上的湿润、展布，进而提高活性组分效果的作用。乳化剂的筛选是配制农药乳油的关键。

乳化剂的一般要求：①要求乳化剂与原药相容性好；②对作物安全；③要求来源广泛，价格低廉，以便降低生产成本；④含水量低。乳化剂在农药乳油中含量一般占10%左右，农药乳化剂一般由非离子型乳化剂和阴离子型乳化剂钙盐复配而成，其中钙盐占乳化剂组分的20%～40%。

三、实验材料

91.8%辛硫磷原油，农乳600号，宁乳34号，NP-10，70%无水钙盐，二甲苯，溶剂油等；无水 $CaCl_2$，$MgCl_2 \cdot 6H_2O$，去离子水。

四、实验要求

① 根据上述实验原理结合查阅相关资料独立设计实验，利用实验室已有的条件筛选出可供配制合格40%辛硫磷乳油的专用乳化剂1～2个。

② 通过预习，事先写出具体的实验方案，要求方法简便、快速，能够在实验课上具体实施。

五、实验报告

① 分别写出40%辛硫磷乳油以及专用乳化剂的配方。

② 结合实验过程指出实验中应注意哪些问题。

③ 写出整个实验筛选过程。

实验23　50%莠去津可湿性粉剂助剂的配方优选（综合设计实验）

一、实验目的

通过设计农药可湿性粉剂中润湿分散剂配方的筛选试验，熟悉固体制剂配方研究的一般方法，锻炼进行专用助剂开发的能力。

二、实验原理

润湿剂、分散剂是固体制剂特别是可湿性粉剂、水分散粒剂的重要组分。一般的原则是先确定润湿剂，在此基础上筛选分散剂。好的配方润湿剂和分散剂用量少，润湿时间短，悬浮率高。

三、实验材料

1.药品及试剂

莠去津原药，十二烷基硫酸钠，十二烷基苯磺酸钠，NNO，木质素磺酸钠，拉开粉，农乳 600，农乳 700，NP-10，宁乳 34，白炭黑，高岭土，凹凸棒土，轻质碳酸钙，无水 $CaCl_2$，$MgCl_2 \cdot 6H_2O$，去离子水。

2.仪器及用具

万能粉碎机，气流粉碎机，标准筛（200 目、325 目），电子天平，烧杯，具塞量筒等。

四、实验要求

① 设计润湿剂的简便筛选试验方法。

② 设计分散剂的简便筛选试验方法。

③ 设计填料的配方筛选试验。

④ 获得可供 50%莠去津可湿性粉剂使用的专用助剂配方。

五、实验报告

① 写出 50%莠去津可湿性粉剂的优化专用助剂配方。

② 写出整个实验筛选过程。

5

农药生物测定与田间药效试验

5.1 农药生物测定

农药的生物活性测定指将生物（动物、植物、微生物等）的整体或离体的组织、细胞以及细胞中的活性物质（如靶标酶、细胞膜等）对某些化合物的反应（如死亡率、抑制率等），作为评价他们生物活性的量度，运用特定的实验设计，以生物统计为工具，测定供试对象在一定条件下的效应。随着农药科学及其农药工业的迅速发展，农药生物测定作为新农药创制和合理科学使用农药以及农药药理学、毒理学及环境毒理学等研究的重要手段，得到了极大的丰富和发展。

生物活性测定可以为新农药的研制与开发提供科学的理论数据。在新农药创制初期，生物活性测定能够对供试化合物的生物活性做出准确的分析，为先导化合物构效关系提供定量的活性资料，也可为待开发化合物的商品化评价提供依据。通过农药生物活性测定，对得出的实验结果进行统计分析，得出科学的结论，并以此指导生产，以期达到科学合理使用农药的目的。对作物危害最多的有害生物主要为害虫、病原物与杂草，因此农药生物活性测定也主要围绕针对防治这些有害生物的杀虫剂、杀菌剂与除草剂进行探讨。近年来，植物生长调节剂在作物生产中应用愈来愈广泛，对其评价也单独进行讨论。

根据测定目的不同，农药的生物测定大致有三个方面：

（1）常规活性化合物筛选测定　通过生物测定，筛选出活性化合物。

（2）田间药效试验　在活性化合物筛选的基础上，为了判定其应用的可能性，进行田间小区或大区试验。

（3）微量毒物的生物测定　利用药剂的剂量（浓度）与生物的反应相关性，测定农药的有效成分含量，或测定其在植物及其产品中的残留。有些农药（如植物性农药）在未找到适当的分析方法时常采用生物分析法解决这一难题。

在测试过程中对供试生物、农药以及测试条件的要求：

（1）供试生物　①分类上或经济上有一定代表性的各种不同种类的生物。②供试的同种生物是种性纯正，个体差异小，生理指标较为均一的种。③容易大规模培养，能终年提供试验材料，使测定工作不受地区或季节限制。④对药剂的敏感性符合要求。

（2）供试药剂　原药（原油或原粉），有确切的有效成分和其他组分含量数据。

（3）可控的环境条件　主要是温湿度和光照。田间试验除温湿度、光照以外，还应考虑风、雨等影响，以及地势、土壤肥力、病虫分布、作物长势及管理水平等。这些指标均应力求一致，以减少试验误差。

（4）对照　一般有空白对照、标准药剂对照和非有效成分（不含药剂的溶剂、乳化剂等）对照。

（5）重复　试验中设立重复是减少误差的一个方法。重复次数可根据不同的生测试材和试验目的确定，一般不应少于 3 次。

（6）统计分析　农药的生物测定及田间试验均应按生物统计学的方法进行设计。试验所得数据应按此要求进行处理变换，并运用适当的方法作统计分析。

5.1.1　农药生物测定实验常用仪器

（1）高压蒸汽灭菌锅　高压蒸汽灭菌锅是一个密闭的容器，由于蒸汽不能逸出，水的沸点随压力增加而提高，增加了蒸汽的穿透力，可以在较短的时间内达到灭菌目的。高压灭菌一定要彻底排出冷空气，即在升温到排气且有连续水蒸气喷出 10～15min 时再关闭排气孔，否则会出现压力达到但实际温度低的现象，使灭菌不彻底。达到时间后，关闭电源，压力自然下降，压力指针到 0 后，打开锅盖，稍留一缝盖好，用锅内余热将棉塞烘干，10～15min 后，取出灭菌物品。高压蒸汽灭菌是实验室最常用的一种灭菌方法，适用于各种耐热、体积大的培养基的灭菌，也适用于玻璃器皿、工作服等物品的灭菌。

（2）干热灭菌箱　干热灭菌是相对于湿热灭菌而言的，灭菌原理都是利用高温使微生物细胞内的蛋白质凝固而达到灭菌的目的。细胞中的蛋白质含水量大，凝固得快，含水量小，凝固得慢。因而干热灭菌所需要的温度和时间相应地要高于湿热灭菌所要求的指标。此法适用于玻璃皿、金属用具等的灭菌。电热干燥箱灭菌的操作过程中，要灭菌的物品堆积时要留有空隙，勿使接触器壁、铁壳；箱内温度达到所需要温度，一般保持 160℃，时长 1h；灭菌结束后切断电源，待箱内温度降至 60℃以下时，才能打开箱门取出灭菌物品。

（3）超净工作台　超净台开机 10min 以上即可操作，基本上可随时使用，是工厂化生产理想的设备。超净台由三相电机作鼓风动力，功率 145～260W，将空气通过由特制的微孔泡沫塑料片层叠组成的“超级滤清器”后吹送出来，形成连续不断的无尘无菌的超净空气层流，即所谓“高效的特殊空气”，它除去了大于 0.3μm 的尘埃、真菌和细菌等。超净空气的流速为 24～30m/min，防止附近空气可能袭扰而引起的污染。

在超净工作台上可吊装紫外灯，但应装在照明灯罩之外，并错开照明灯平行排列，这样在工作时不妨碍照明。由于紫外线不能穿透玻璃，所以紫外灯不能装入照明灯罩（玻璃板）里面。

（4）电热恒温培养箱　根据需要设定温度，设定结束后培养箱进入升温状态，加热指示灯亮，当箱内温度接近设定温度时，加热指示灯忽亮忽熄，反复多次，控制进入恒温状态；

打开内外门，把所需培养的物品放入培养箱，关好内外门，如内外门开门时间过长，箱内温度有些波动，这是正常现象；根据需要选择培养时间，培养结束后，关闭电源，如不马上取出物品，不要打开箱门。

(5) 光照培养箱　光照培养箱为具有模拟自然光条件的多功能培养箱，适用于植物的生长组织培养，种子发芽试验，植物的栽培与育种，昆虫及小动物饲养，微生物、抗生素的培养、保存及其他恒温、光照试验。

(6) 人工气候箱　人工气候箱是具有光照、加湿功能的高精度冷热恒温设备，可提供一个人工气候实验环境。可用作植物的发芽、育苗、组织、微生物的培养，昆虫及小动物的饲养等。

(7) 毛细管微量点滴器　玻璃毛细管点滴器的关键部位是一段长度在 0.5～1.0cm 左右的玻璃毛细管，其准确的容积可采用同位素稀释法或薄层扫描仪法测定。毛细管的一半长度插入玻璃管的尖头中，并以环氧树脂胶将毛细管固定。使用时，将毛细管少许插入药液，药液因毛细管现象而充满毛细管；将毛细管对准点滴部位（毛细管口即将接触昆虫体壁时!），用嘴轻轻送气，药液即点滴在昆虫指定部位。毛细管点滴器的一个最大优点是点滴器适合昆虫，而点滴器又能随心所欲地移动。对于鳞翅目幼虫，不需要麻醉，即使试虫在慢慢爬动中，亦能点滴。

(8) Potter 喷雾塔　Potter 喷雾法是由 Potter（1952）提出的一种生物测定技术，作为精确喷雾测定方法，已广泛应用于农药药效评价。Potter 喷雾塔是一种精密的喷雾装置，主要由雾化器（喷头）、沉降筒、载物台及玻璃外罩组成。Potter 喷雾塔具有试验结果误差小的优点，许多研究以 Potter 喷雾方法进行农药对昆虫的触杀试验，一般鳞翅目幼虫、飞行昆虫（如家蝇，可装在小笼内，可麻醉后放在培养皿内）、小型盆栽植物等均可直接喷雾。使用 Potter 喷雾器的要点是定量、定压、定时和定距离，只有这样才能保证药面获得均匀一致的雾滴。

(9) 气雾风道　E. J. Gerberg 设计、美国生物科学用品公司生产的喷雾装置，尤其适合蚊子、家蝇、蜚蠊等卫生害虫的生测，也可用于农业害虫生测。由五个主要部件组成：中空的钢质长方体底座；一对钢质空气柜；和空气柜相连接的铝质圆筒状风道以及一个控制台。底座左端有一调速鼓风机，右端封闭。鼓风机将空气吹到右边空气柜，经风道进入左边空气柜排出，而左边空气柜和实验室的排风系统相连。喷头安装在风道的右边，喷头的喷嘴可以任意更换。装试虫的笼子放在风道左端，操作时喷雾压力和风道风速可调，药液用一支 0.1mL 的刻度吸管加入。气雾风道的特点是喷出的雾滴很细而且均匀，水溶液绝大部分为 2～15mm（直径），丙酮溶液 2～8mm（直径）。由空气流带动去撞击目标（试虫），不存在雾滴沉积问题，喷雾后 5s 即可取出试虫，十分简便、快速。

(10) 真空喷粉器　在一玻璃罩内，放入欲处理的昆虫或盆栽植物。玻璃罩上部有一开孔，下悬一小容器存放定量粉剂。抽真空至一定程度后将开孔打开，空气冲入，将粉剂自上而下均匀地分布在罩内空间，然后沉积在虫体上或植物上。这种喷粉方法的优点是沉积均匀，可使被喷粉对象各个表面均附着粉粒。

5.1.2　农药生物测定时溶剂的选择

溶剂是生物测定系统中的重要组成部分，在农药生测过程中供试的未知化合物样品大多是原药，且不易溶于水，因此需要一种良好的溶剂将其溶解。但是溶剂对靶标也具有一定的毒性，在测定克菌丹对土壤真菌的毒力时，把溶剂丙酮的浓度从 0.1%提高到 1.0%，克菌丹对土壤真菌的 EC_{50} 相差 6～20 倍。虽然，用固定溶剂作对照，可以简单估计化合物的毒性，但溶剂与被测化合物之间的相互作用可能存在相加作用、协同效应或拮抗效应。另外，同一种溶剂对不同病原菌的毒力的作用也不同，即使是同一种病原菌对不同溶剂的耐受性也不一样。忽视溶剂的影响将会使数据产生较大的偏差而产生误判，特别是在新化合物的筛选时，可能将大量本来活性不高的化合物选上而增加复筛工作量。

5.1.3 供试生物材料

5.1.3.1 标准试虫

标准试虫的生活力应均匀一致，对样品的敏感性比较稳定，应是同一繁殖世代、同一虫态、同一龄期，甚至同一日龄的虫子；个体大小、体重及群体的雌雄性比（或同一性别）应尽量一致。在天然产物的活性筛选中所用虫种不宜太多，目的是明确供试植物或微生物的次生代谢产物有无农药生物活性，评价供试植物或微生物有无研究开发价值。

常采用的活性筛选试虫有：黏虫（*Leucania separata* Walker）；亚洲玉米螟（*Ostrinia furnacalis* Guenee）；小菜蛾（*Plutclla xylostella* L.）；苜蓿蚜（*Aphis medicaginis* Koch）；棉蚜（*Aphis gossypii* Glover）的大龄若蚜或成蚜；玉米象（*Sitophilus zeamais* Motschulsky）成虫；截形叶螨（*Tetranychus truncatus* Ehara）；淡色库蚊（*Culex pipiens* pallens）幼虫；家蝇（*Musca domestica vicin*a L.）成虫等。目前，绝大多数标准试虫都实行了人工饲料饲养。几种标准试虫的具体饲养方法：

（1）黏虫

① 幼虫饲养　采用半合成人工饲料饲养。配方：麦麸 49g、啤酒酵母 68g、抗坏血酸（维生素 C）5g、玉米叶粉 120g、尼泊金 3g、山梨酸 1.5g、琼脂 28g、自来水 1200mL。

先将琼脂放在自来水中加热溶解。将其余成分称好后放进组织捣碎机筒中，倒入已溶解的琼脂溶液，高速捣混 3min，趁热倒入事先洗净、消毒过的罐头瓶，每瓶装 150g 左右。等凝固后，每瓶用毛笔接入刚孵化的幼虫 50 头，盖好盖子（盖上有 5 个梅花状通气孔），放在温度（26±1)℃，RH 60%～70%的养虫室内饲养，每天光照 8h，直至幼虫在瓶内化蛹，其间不需要添加饲料，也不必清理粪便。

② 成虫饲养　在直径为 15cm、高 25cm 的玻璃缸中铺 3cm 厚的石英砂，以水浸湿砂子，砂上铺一层滤纸。将 40 头左右的蛹（雌雄 1∶1）摊在滤纸上，用白布将缸口扎住，待成虫羽化后以 10%的蜜糖水饲喂，并在缸口放一束稻草或麦草以供产卵。

黏虫全天然饲养也很方便：10 月～翌年 3 月/小麦；4～9 月/玉米苗。

（2）亚洲玉米螟

① 幼虫饲养　采用半合成人工饲料饲养。配方：大豆糁 15g、玉米糁 19g、啤酒酵母 9g、多维葡萄糖 7.5g、山梨酸 0.5g、抗坏血酸 0.5g、38%甲醛 0.2mL、琼脂 2g、水 120mL。

先将大豆糁在 6.35kg 压力下处理 30min，玉米糁在 110～120℃下烘 100min。将抗坏血酸和多维葡萄糖溶于 50mL 的水中，然后与大豆糁、玉米糁及啤酒酵母混合，放置 2h，使之充分吸水；以 70mL 水加热溶解琼脂，煮沸后再加 25mL 水，煮沸。停止加热后即加入山梨酸和甲醛，冷至60～70℃与上述大豆糁等合并，充分搅拌均匀，分装于果酱瓶内，每瓶150g左右。

以消毒过的镊子将瓶中饲料切成4大块，将中间的“十”字这部分挖出堆于饲料表面，再用镊子插入饲料与瓶壁之间，将饲料块向瓶中心拨拢，使之与瓶壁之间产生一定间隙。卵块以干净的小块蜡纸衬垫放在饲料上，在28～30℃、RH 70%～90%，光照14～16h/d的条件下饲养至化蛹，其间无需添加更换饲料。

② 成虫饲养　将蛹放在保湿的培养皿内，置于成虫饲养笼内，笼外上方放一张蜡纸供成虫产卵。每天早、中、晚用小喷雾器对成虫喷水，使其饮水。产卵开始后每天上午更换蜡纸收集虫卵。

(3) 德国小蠊　饲料组成为（重量比）燕麦粉9份、小麦粉9份、鱼粉1份、酵母粉1份。充分混合后60℃烘24h，杀死螨类等有害生物。在直径约30cm、高40cm的玻璃缸中，放入收集的德国小蠊卵鞘，在30℃和RH 70%的条件下培养。卵开始孵化时放入盛有饲料的培养皿及几张质地粗糙并折成瓦楞状的厚纸片以供若虫爬行栖息。饲养温度以26～27℃、RH 50%～60%为宜。

饲养的饮水装置为2管装满凝固的1%琼脂清水培养基，试虫取食这种清水培养基以获取水分（这种装有琼脂清水培养基的试管可以随时补添，十分方便，而且不会明显地增大养虫缸的湿度)。为防止若虫逃跑，可在缸上口3cm处涂一层石蜡，再用纱布扎住。饲虫发育至成虫，即交配产卵鞘于缸中，及时收集卵鞘再繁殖。

(4) 家蝇

① 幼虫饲养　采用人工饲料饲养。配方：麦麸150g、米糠50g、奶粉10g、酵母粉2g、水450mL。

先将麦麸和米糠混合，倒入以热水冲的奶粉，待饲料内温度降低后再加其余水（留少许水将酵母粉冲好），最后加入酵母液，充分拌匀，将饲料分装在直径11cm、高14cm的玻璃缸中，每缸加550g，接卵500～700粒，卵上盖一层饲料，缸口盖50～100目铜纱。幼虫孵化后，随着生长发育，由上层逐渐向下层移动，将化蛹时又移向上层，并在较干燥的饲料中化蛹。如果饲料过湿或温度过高（25～28℃为宜)，均对化蛹不利。待绝大多数幼虫化蛹后，将缸中饲料取出以27℃清水漂洗，将浮在水面的蛹捞出，略加晾干表面水分，即放入成虫饲养笼中。

② 成虫饲养　养虫笼中纱布制作：纱布笼固定在每边长35cm的粗铁丝框架上，将蛹和食物、水一齐放入其中。成虫食物是奶粉和蔗糖，放在一个培养皿中。盛清水的培养皿中放一块泡沫。家蝇羽化后，2～4d交尾，此时应放入产卵槽。产卵槽为一直径5.5cm、高3cm的玻璃皿，内放浸牛奶的毛边纸团或幼虫饲料。产卵槽每天换1次。家蝇成虫饲养温度为27～30℃，RH 40%～70%，每天光照不少于10h，完成一个世代约需14d。

(5) 玉米象　小麦、大米、玉米均是其合适饲料。要求含水量16%～18%左右，作如下处理：摊于盘中，70℃，烘6h杀死侵入的其他虫、卵，取出后清水漂洗并浸在水中15～20min，捞出摊开阴干。

装半瓶饲料，接虫100头/瓶（雌雄混合），24～30℃，遮光，5d后筛去成虫，饲料转回瓶内饲养。接虫取虫时需用滑石粉、吸虫器。

(6) 棉蚜　在温室内棉苗长出6～7片真叶时接虫。将寄主植物（棉花、花椒树）上有棉蚜的叶片摘下，用大头针固定在棉苗上，棉蚜可自行迁移到棉株上，也可以用毛笔小心地将棉蚜逐头接到棉株上繁殖。在合适条件下（15～22℃，RH 60%～80%）棉蚜繁殖很快，接虫 14d 后便有大量棉蚜可供试验。作杀虫剂毒力测定时应严格挑选龄期一致（通常多用成蚜）、颜色一致、个体大小基本一致的无翅蚜。

5.1.3.2 供试病原菌

供试病原菌要求在分类上有一定代表性，最好是重要的农业植物病害的病原菌，而且容易培养，多代繁殖不易产生变异。

常用的供试菌种：番茄灰霉病菌（*Botrytis cinerea*）；番茄早疫病菌（*Alternaria solani*）；辣椒炭疽病菌（*Colletotrichum capsici*）；苹果轮纹病菌（*Physalospora berengeriana*）；苹果炭疽病菌（*Glomerella cingulata*）；苹果腐烂病菌（*Valsa mali*）；葡萄黑痘病菌（*Elsinoe ampelina*）；葡萄白腐病菌（*Coniothyrium diplodiella*）；水稻稻瘟病菌（*Piricularia oxyzae*）；小麦赤霉病菌（*Gibberella zeae*）；小麦全蚀病菌（*Gaeumannomyces graminis*）；玉米大斑病菌（*Exserohilum turcicum*）；玉米弯孢病菌（*Curvularia lunata*）；棉花枯萎病菌（*Fusarium oxysporum*）；枯草杆菌（*Bacillus subtilis*）；白菜软腐病菌（*Erwinia carotovora* sub sp. *Carotovora*）；水稻白叶枯病菌（*Xanthomonas campestris* pv. *oryzae*）等。

常用的培养基及灭菌方法：

（1）真菌培养基　马铃薯葡萄糖琼脂培养基（potato dextrose agar medium，PDA）

配方：马铃薯（去皮切块）200g、葡萄糖 20g、琼脂 20g、蒸馏水 1000mL。

制法：将马铃薯去皮切块，加 1000mL 蒸馏水，煮沸 10～20min。用纱布过滤，补加蒸馏水至 1000mL。加入葡萄糖和琼脂，加热融化，分装，高压蒸汽灭菌 30min，备用。

（2）细菌培养基　牛肉膏蛋白胨琼脂培养基（beef extract peptone agar medium，NA）

配方：牛肉膏 3g、蛋白胨 10g、氯化钠 5g、琼脂 15～20g、水 1000mL。

制法：依次称取牛肉膏、蛋白胨、NaCl 放入烧杯中。在烧杯中可先加入少于所需要的水量，用玻璃棒搅匀，待药品完全溶解后，补充水分到所需的总体积。用 1mol/L NaOH 或 1mol/L HCl 调节 pH。注意 pH 值不要调过头，否则，将会影响培养基内各离子的浓度。分装后高压蒸汽灭菌，备用。

（3）放线菌培养基　高氏 1 号培养基

配方：可溶性淀粉 20g，NaCl 0.5g，KNO_3 1g，$K_2HPO_4 \cdot 3H_2O$ 0.5g，$MgSO_4 \cdot 7H_2O$ 0.5g，$FeSO_4 \cdot 7H_2O$ 0.01g，琼脂 15～20g，水 1000mL。

制法：先称取可溶性淀粉，用少量冷水将淀粉调成糊状，再加到沸水中，继续加热，使其完全融化。再称取其他各成分。对微量成分 $FeSO_4 \cdot 7H_2O$ 可先配成高浓度的贮备液后再加入，方法是先在 100mL 水中加入 1g 的 $FeSO_4 \cdot 7H_2O$ 配成 0.01g/mL，再在 1000mL 培养基中加入 1mL 的 0.01g/mL 的贮备液即可。待所有药品完全溶解后，补充水分到所需的总体积。调整 pH 值到 7.2～7.4，分装后灭菌，备用。

（4）消毒灭菌方法　病原菌的分离培养、杀菌剂的活性测定都必须在无菌条件下进行，对培养基、实验过程中所用到的工具进行严格的消毒和灭菌尤其重要。消毒是应用消毒剂等方法杀灭物体表面和内部的病原菌营养体的方法。灭菌是指用物理和化学方法杀死物体表面和内部的所有微生物，使之呈无菌状态。

① 物理方法

A. 温度　利用温度进行灭菌、消毒或防腐，是最常用而又方便有效的方法。高温可使微生物细胞内的蛋白质和酶类发生变性而失活，从而起灭菌作用，低温通常起抑菌作用。

a. 干热灭菌法　Ⅰ. 灼烧灭菌法。利用火焰直接把微生物烧死。此法彻底、可靠，灭菌迅速，但易焚毁物品，使用范围有限，只适合于接种针、环、试管口及不能用的污染物品的灭菌。Ⅱ. 干热空气灭菌法。实验室中常用的一种方法，即把待灭菌的物品均匀地放入烘箱中，升温至 160℃，恒温 1h 即可。此法适用于玻璃皿、金属用具等的灭菌。

b. 湿热灭菌法　在同一温度下，湿热的杀菌效力比干热大，原因有三：一是湿热中细菌菌体吸收水分，蛋白质较易凝固，因蛋白质含水量增加，所需凝固温度降低；二是高温水蒸气相对干热对蛋白质有高度穿透力，从而加速蛋白质变性而迅速死亡；三是湿热的蒸汽有潜热存在，每 1g 水在 100℃时，由气态变为液态时可放出 2.26kJ 的热量。这种潜热，能迅速提高被灭菌物体的温度，从而增加灭菌效力。常用湿热灭菌法有巴氏消毒法、沸水消毒法、间歇灭菌法以及加压蒸汽灭菌法。但在发酵工业、医疗保健、食品检测和微生物学实验室中最常用的一种灭菌方法是加压蒸汽灭菌法，适用于各种耐热、体积大的培养基的灭菌，也适用于玻璃器皿、工作服等物品的灭菌。

加压蒸汽灭菌是把待灭菌的物品放在一个可密闭的加压蒸汽灭菌锅中进行的，以大量蒸汽使其中压力升高。在蒸气压达到 1.055kg/cm^2 时，加压蒸汽灭菌锅内的温度可达到 121℃。此种情况下微生物（包括芽孢）在 15～20min 便会被杀死，而达到灭菌目的。如灭菌的对象是砂土、石蜡油等面积大、含菌多、传热差的物品，则应适当延长灭菌时间。

B. 辐射　利用辐射进行灭菌消毒，可以避免高温灭菌或化学药剂消毒的缺点，应用越来越广，如接种室、超净工作台等常应用紫外线杀菌。紫外线波长在 200～300nm 具有杀菌作用，其中 256～266nm 杀菌力最强。此波长的紫外线易被细胞中核酸吸收，造成细胞损伤而杀菌。因紫外线对眼结膜及视神经有损伤作用，对皮肤有刺激作用，故不能直视紫外灯光，更不能在紫外灯光下工作。

C. 过滤　采用机械方法，设计一种滤孔比细菌还小的筛子，做成各种过滤器。通过过滤，只让液体培养基从筛子中流下，而把各种微生物菌体留在筛子上面，从而达到除菌的目的。适用于一些对热不稳定的体积小的液体培养基的灭菌以及气体的灭菌，最大优点是不破坏培养基中各种物质的化学成分，应用最广泛的过滤器有：a. 蔡氏（Seitz）过滤器。根据孔径大小其滤板分为 3 种型号：K 型最大，作一般澄清用；EK 滤孔较小，用来除去一般细菌；EK-S 滤孔最小，可阻止大病毒通过，使用时可根据需要选用。b. 微孔滤膜过滤器，其滤膜是用醋酸纤维酯和硝酸纤维酯的混合物制成的薄膜。孔径分 0.025μm，0.05μm，0.10μm，0.20μm，0.22μm，0.30μm，0.45μm，0.60μm，0.65μm，0.80μm，1.00μm，2.00μm，3.00μm，5.00μm，7.00μm，8.00μm 和 10.00μm。实验室中用于除菌的微孔滤膜孔径一般为 0.22μm，但若要将病毒除掉，则需要小孔径的微孔滤膜。

② 化学方法　一般化学药剂无法杀死所有的微生物，只能杀死其中的病原微生物，起消毒剂的作用，而不是灭菌剂。能迅速杀灭病原微生物的药物称为消毒剂。能抑制或阻止微生物生长繁殖的药物，称为防腐剂。一种化学药物是杀菌还是抑菌，常不易严格区分。消毒防腐剂没有选择性，对一切活细胞都有毒性，不仅能杀死或抑制病原微生物，对人体组织细胞也有损伤作用，只能用于体表、器械、排泄物和周围环境的消毒。常用化学消毒剂有：石碳酸、来苏水（甲醛溶液）、氯化汞、碘酒、酒精等。

5.1.3.3　供试杂草

除草剂生物活性靶标试材的选择原则为：在分类学上、经济上或地域上有一定代表性的栽培植物或杂草等；遗传稳定，对药剂敏感，且对药剂的反应与剂量有良好相关性，便于定性、定量测定；易于人工培养、繁育和保存，能为试验及时提供相对标准一致的试材。

除草剂生物活性测定试验的靶标植物可以选择栽培植物、杂草或其他指示植物以及藻类等，作物种子由于萌发率高、易得、种质纯正等优点，被广泛应用于除草剂的生物活性测定之中，比如，玉米根长法、高粱法、小麦去胚乳幼苗法等都是以作物为靶标试材。重要常见杂草作为防除对象，能更直接地反映除草剂的生物活性和除草效果，也被普遍采用。常用除草剂生物活性测定的靶标植物有小麦、玉米、高粱、水稻、棉花、油菜、大豆、燕麦等作物，稗草、狗尾草、马唐、野燕麦、看麦娘、茵草、早熟禾等禾本科杂草，苘麻、牵牛、反枝苋、藜、鸭跖草、苍耳、龙葵、繁缕、猪殃殃、婆婆纳、大巢菜、稻槎菜、荠菜、拟南芥、鳢肠、蓼、鸭舌草、浮萍等阔叶杂草以及香附子、异型莎草、水莎草等莎草科杂草。

作物种子可以从专业种子公司购买，杂草种子大多需要试验人员在田间采集、净化、干燥、破除休眠后放置在0℃左右的冰箱内保存备用。大部分杂草种子都具有休眠习性，发芽率低且不整齐，一般杂草种子采集净化后室温下存储一年即可破除休眠，但随着放置时间的延长又会进入二次休眠，所以需要定期检测种子发芽率，在种子发芽率达到85%以上时最好立即包装，储存在0℃以下的冰箱内，以保持其发芽势。许多禾本科杂草种子秋季采收后，用透气性良好的网袋包装，埋在室外土壤中越冬，可以快速破除休眠。

5.1.4 农药生物测定方法简介

5.1.4.1 杀虫剂生物测定方法

杀虫剂的生物测定是利用昆虫、螨类对杀虫剂的反应，来鉴别某种农药或化合物的生物活性，是测定农药对昆虫、螨类毒力与药效的一种基本方法。它涉及靶标生物、测试物质（药剂）、反应症状及强度、测试环境条件等多方面的因素。针对不同作用方式的药剂采用不同的试验设计和方法。在明确药剂的作用方式之前，作用方式的测定是必要的第一步。杀虫剂的生物测定中，离体和活体条件下的反应差异均不大。

在杀虫剂生物测定研究中，靶标生物的种类、发育阶段和生理状态等对农药的毒力或药效影响很大；药剂本身的理化特性、加工剂型、助剂种类与含量等也影响药效；而测试环境条件对靶标生物以及靶标生物对药剂的反应程度也存在很大的影响。环境条件、供试药剂、靶标生物三者之间相互作用，相互影响。所以，在进行杀虫剂生物测定试验时，必须严格控制各种影响因子，以确保试验结果的可靠性、可比性以及重现性。在设计和进行杀虫剂生物测定试验研究时，必须掌握和了解以下基本原则：选择及繁育标准化靶标试材，明确药剂的结构、组成及其有效成分含量，严格控制均一的环境条件，设立不作任何处理的空白对照、不含有效成分的对照和标准药剂对照，设置至少3次重复并随机排列，应用生物统计的方法分析试验结果。

（1）触杀毒力测定　通过昆虫体壁进入虫体而致死的杀虫剂称为触杀性杀虫剂。在测定农药的触杀毒力时，应尽量避免药剂从口器或气孔进入虫体。常用的有直接法（点滴法、喷雾法、浸渍）和间接法（药膜法）等。

① 微量点滴法　点滴法（topical application）是将测试药剂适量地滴加在昆虫体壁的某一部位，然后正常饲养，观察药效，是杀虫剂触杀毒力测定常用的方法，除了螨类及小型昆虫外，可应用于大多数鳞翅目和同翅目等目标昆虫，如蚜虫、叶蝉、二化螟、玉米螟、菜

青虫、黏虫等。点滴法的优点是每头虫体点滴量一定，可以准确地计算出每头试虫或单位试虫体重的用药量，方法精确，实验误差小，同时也可以避免胃毒作用的干扰。但点滴法不能处理较大数量的目标昆虫，且实验的准确性在很大程度上取决于昆虫本身的生理状态，点滴部位、滴点大小以及目标昆虫处理前的麻醉方式等都对实验结果有所影响。另外，点滴法操作中不能避免药剂发生熏蒸作用。因此，点滴法测定中，必须选用生理状态一致的目标昆虫。

② 药膜法　药膜法的基本原理是将一定量的杀虫药剂施于物体表面，形成一个均匀的药膜，然后放入一定数量的供试目标昆虫，让其爬行接触一定时间后，再移至正常的环境条件下，于规定时间内观察试虫的中毒死亡反应，计算击倒率或死亡率。药膜法的优点是比较接近实际防治情况，方法简单，操作方便，应用范围广，几乎一切爬行的昆虫都适用，而且结果比较准确，是目前常用的一种方法。但药膜法有一定的局限性，当昆虫的足部表皮是杀虫药剂穿透的主要部位时，采用药膜法测得的毒效就偏高，如家蝇用药膜法测得的毒效高于点滴法。对于某些目标昆虫，足部表皮不是杀虫剂穿透的主要部位或杀虫剂不能穿透，采用此法测得的结果就偏低。且昆虫的活动、习性对试验结果的影响较大，药膜法测得的结果不能用准确的剂量表示，即不能表示单位昆虫体重接受的药量，只能用单位面积的药量来表示，而单位面积的药量并不等于药剂进入虫体的剂量，相对较难定量。药膜法根据药膜载体的不同可分为滤纸药膜法、容器药膜法和蜡纸药膜法等。

a. 滤纸药膜法　液体药剂采用此法较好，方法是将直径为 9cm 的滤纸悬空平放，用移液管吸取 0.8mL 的丙酮药液，从滤纸边缘逐渐向内滴加，使丙酮药液均匀分布在滤纸上。也可用喷雾法向滤纸喷雾。用 2 张经过药剂同样处理过的滤纸，放入培养皿底和皿盖各 1 张，使药膜相对。最好在培养皿内侧壁涂上拒避剂，避免昆虫进入无药的侧壁。随即放入目标昆虫，任其爬行接触一定时间（30～60min）后，再将目标昆虫移出放入干净的器皿内，置于正常环境条件下，定时观察试虫的击倒率。

b. 容器药膜法　采用干燥的三角瓶或其他容器，放入一定量的丙酮药液（0.3～0.5mL），然后均匀地转动容器，使药液在容器中形成一层药膜，待药液干燥后（或丙酮挥发后），放入定量的目标昆虫，任其爬行接触一定时间（40～60min）后，再将试虫移至正常环境条件下，在规定时间内观察试虫击倒中毒反应。

c. 蜡纸药膜法　将蜡纸裁成一定面积的纸片，把药粉撒在蜡纸的正面中央，两手执纸边使药粉在中间来回移动数次，均匀地分布在一定范围内，倒去多余的药，再轻轻弹动背面 1～2 次，即成蜡纸药膜，然后称重，计算单位面积药量。放入一定数量的目标昆虫于药膜上，用直径为 9.0cm 的培养皿盖扣在药膜上，待试虫爬行接触一定时间后，取出移至正常环境中，定时观察试虫击倒中毒反应。

③ 喷雾法　原理是将药液雾化，直接对靶喷雾于试虫体表，通过表皮侵入昆虫体内致毒。为使试虫个体间受药量尽可能相同，除了昆虫本身因素外，主要取决于良好的喷雾装置，要求喷出的雾滴大小均匀，单位面积上的沉降量应基本一致。

④ 浸渍法　将试虫均匀浸入一定浓度的药剂水稀释液中，浸渍一定时间后取出晾干体表药液，正常饲喂，一定时间后检查死亡率。对水生昆虫直接在含供试药剂的水中饲养一定时间后直接检查死亡率。对陆生昆虫，一般浸渍 3～5s 取出试虫，以吸水纸吸去虫体多余药液，正常饲养 24h 后检查死亡率。蚜虫、螨类等体小的昆虫尤其适合浸渍法处理，生测时可连同寄主植物一并采下，用毛笔仔细剔除不符合要求的个体，将蚜、螨连同叶片一并浸入药

液 3～5s。浸渍法不需要特殊设备，操作方便，但方法本身比较粗放，重复间误差大，主要用于蚊幼虫及蚜、螨的生物活性测定。

（2）胃毒毒力测定　胃毒活性测定是在尽量避免触杀、熏蒸作用的干扰下，使昆虫在取食的同时将药剂摄入体内而发挥作用。主要有叶片夹毒法、液滴饲喂法和口腔注射法三种，其中以夹毒叶片法最为常用。液滴饲喂法和口腔注射法由于方法本身的缺陷性目前已很少使用。

夹毒叶片法适于取食量较大的咀嚼式口器昆虫，如鳞翅目幼虫、蝗虫、蜚蠊、蟋蟀等。原理是在两片叶碟中间均匀涂布杀虫剂，就像“三明治”一样饲喂试虫，可避免药剂接触昆虫体壁而发生触杀作用，根据试虫取食的叶面积可推算取食的药剂剂量及半数致死量。该法操作麻烦，而且往往控制不好湿度而发生叶片干缩，更难准确测量取食叶面积，造成剂量的较大误差。对该法的改进是将原来的不定量取食改为定量给食，一般制成直径为 5mm 的小圆叶片夹毒叶碟用以饲喂单头饥饿 3～4h 并称重的试虫，喂食 2h 后，将食完夹毒叶碟的试虫移入带有新鲜植物叶片的大培养皿内饲喂 24～48h 后检查死亡率。改进方法仅将取食完夹毒叶碟的试虫作为有效试虫，因此，每次测定时适当增加试虫数量。可利用中间组法计算 LD_{50}。

（3）内吸毒力测定　分直接法和间接法两种。直接法包括茎或叶的局部涂药、根际施药及种子处理等。间接法是用处理后的植物，取其叶片研磨成为水悬剂，加在水中，测定对水生昆虫的毒力。

① 根部内吸法　将杀虫剂定量加入培养液中，使根部吸收，以测定在叶片上取食的昆虫死亡率。可进行长期低浓度处理或短期高浓度处理，植物吸收药剂后再转插到培养液里。一定时间后统计死亡率并计算 LC_{50}。

② 叶部内吸法　叶部内吸法主要用于测定内吸杀虫剂在植物体内横向传导作用。a. 部分叶片的全面施药。用浸蘸法或喷洒法处理标记的部分植物叶片一定时间，采摘未施药部位的叶片喂食昆虫，或在药剂处理后向未用药处理部位接虫以观察药效。b. 将药液喷布或涂刷于叶片正面或反面，经一定时间后将叶片取下，平铺于培养皿内或瓷盘内，用湿棉球将叶柄保湿，在未涂药的一面接上蚜虫或红蜘蛛，经 24h 或 48h 检查死虫数，计算内吸毒力。此法适于测定药剂的内渗作用。c. 在叶柄上涂抹定量药剂，在叶片上接虫，或经吸收后摘取叶片，测定其对试虫的毒效。

③ 茎部内吸法　将药剂定量涂抹到茎部的一定部位，经一定时间后，在叶片上接虫或取叶饲喂试虫以测定毒效。

④ 种子内吸法　用药剂浸种法或拌种法处理种子，播入土中，药剂随种子萌动而吸收和传导。等幼苗长出真叶后，在其上接虫或采叶饲喂昆虫，测定毒效。

（4）熏蒸毒力测定　各种测定方法必须遵循一个原则：在密闭的容器中，试虫和药剂（固态或液态）不能直接接触。

① 二重皿法　取直径为 9cm 培养皿，皿底放一定量的供试药剂，用双层纱布密盖皿底，其上放试虫（玉米象、杂拟谷盗等）20～30 头，每一药剂剂量重复 3 次，对照组不加药剂。置 25℃下，经 24h 或 48h 检查结果。用校正死亡率来判别药剂的熏蒸作用。

② 三角瓶法　以 500mL 三角瓶作容器，软木塞或弹性强的胶塞为瓶塞，以保持瓶内密闭。将试虫（玉米象或杂拟谷盗等）装入带盖的小铜丝或布袋中。用微量注射器吸取药液（丙酮稀释）5uL，点滴于 2cm×2cm 的滤纸片上，并迅速抛入三角瓶中，立即吊入试虫管

(袋)，位于容器中部，封口。对照瓶的滤纸片只加 5μL 丙酮。在 25℃恒温室内经 24h 或 48h 检查结果。

③ 干燥器法　取大小一致的干燥器数个，打开盖子，用量筒装入清水至满，即可测得容积，同法可测出器盖的容积，两者之和为干燥器的容积，倒去水烘干或风干备用。用前将干燥器磨口边缘用凡士林涂抹，起密闭作用。将试虫分别装入数个（5～10 个）小指形管内，每管 10 头，管口用双层纱布及橡皮筋蒙住扎紧，置于干燥器内的有孔瓷板上。

将一定量的药剂投入干燥器底部立即加盖。或将药剂装于封口的安瓿中，加盖后振动干燥器使安瓿破碎，药剂挥发出。置 25℃恒温箱内，24h 或 48h 检查结果。

(5) 保幼激素类似物活性测定　常用的测定保幼激素类似物的方法有点滴法、注射法和蜡封法。

试虫采用大蜡螟或大菜粉蝶的蛹，美洲脊胸长蝽、长红猎蝽的若虫，黄粉虫的蛹是标准试虫。三种方法的原理是相同的，只是给药途径不同：点滴法是将药物局部点滴在蛹或若虫某一部位，以黄粉虫蛹作试虫时，常用微量点滴器于腹末三节腹面准确点滴 1.0μL 药液，药剂穿透表皮进入虫体内；注射法是将药物直接注入昆虫体内；蜡封法是将药物和低熔点石蜡混合后封在蛹的人造伤口上，让药物通过伤口进入虫体内。具有保幼激素活性，非正常发育的标志是：成虫保留着蛹腹部的阱、尾突，或呈半蛹-半成虫中间型等。对结果进行分级检查并作毒力测定。

(6) 抗蜕皮激素活性测定　抗蜕皮激素的活性测定主要有两类：

① 离体测定　根据^{14}C 标记的 NAGA（即 *N*-乙酰葡萄糖胺）掺入几丁质的量来进行测定。一种方法是以蛹皮和标记的 NAGA 及样品一起保育后测定几丁质骨架上结合的标记 NAGA，并和未加样品的对照比较；另一种是以从蛹上分离的离体翅在待测化合物和已知量的^{14}C 标记的 NAGA 存在下培养，然后用几丁质酶水解离体翅，测定溶液中^{14}C 标记的 NAGA 量并与不含待测化合物培养的溶液比较。离体测定周期短，适合大量样品的室内筛选，其最大的不足之处是脱离了抗蜕皮激素的应用实际。相比之下，活体测定更适合新药筛选。

② 活体测定　此类化合物的活体活性测定，可仿照一般杀虫剂胃毒毒力或触杀毒力测定方法进行，检查结果的时间应在供试幼虫蜕皮后。

(7) 促咽侧体激素与抑咽侧体激素活性测定　促咽侧体激素（AT）与抑咽侧体激素（AST）是调控昆虫咽侧体分泌保幼激素（JH）的脑神经肽类物质，其活性测定可采用放射化学分析法（RCA）。以蓖麻蚕成虫脑 AT/AST 活性测定为例。先在蓖麻蚕生理盐水中解剖出咽侧体（CA），左右 CA 分别用作处理和对照。在预培养液中预培养 30min，然后置于加入^{3}H-Met 的培养液中，混匀，保持黑暗、30℃，轻摇培养 3h。异辛烷抽提，离心，取上清液适量，加入甲苯闪烁液，混匀，暗适应后测放射性活度（dpm，某一核素每分钟衰变次数）。

(8) 促前胸腺激素与抑前胸腺激素活性测定　促前胸腺激素（PTTH）与抑前胸腺激素（PTSH）是调控昆虫前胸腺分泌蜕皮激素（MH）的脑神经肽类物质，其活性测定可采用放射免疫分析法（RIA）。在编号的测定管中依次加入 β-蜕皮激素标准工作液和稀释的样品，然后依次加等量 β-蜕皮激素抗体，混匀。再依次加入等量标记抗原，并混匀，送 γ-计数器计数，此时的 cpm（指仪器每分钟记录的脉冲数）为放射性总量。放射性总量计数后，测定管置 4℃过夜。再在各管中依次加入 1% DCC 液，立即混匀，4℃中静置 10s，离心，弃上清液，含沉淀物的测定管送 γ-计数器计数。根据放射性强度测定在 PTTH 或 PTSH 调控下前胸腺在组织培养液中分泌的 β-蜕皮激素的量，从而得知 PTTH 或 PTSH 的活性。

（9）性外激素活性测定　昆虫性诱活性的测定方法分为两类：昆虫行为法及触角电位法。

① 昆虫行为法　行为法是在室内测定昆虫对性诱剂作出的行为反应。不同种类的昆虫对性诱剂的反应基本上都会有如下顺序：雄虫受性诱剂分子所刺激，从静止状态转为兴奋状态，表现为触角摇动，张翅振动，飞翔，找寻刺激源，到达刺激源后，伸出抱握器，作出交尾行为。因此，可将是否激起交配行为作为有无性诱活性的标志。

最简单而有效的测定性诱活性的方法是用一个带橡皮头的滴管插入待测样品溶液中，将吸入的样品溶液排挤出，然后将滴管对准未交配过的雄虫，手捏橡皮头，使产生的空气流吹向雄虫。有无性诱活性可观察雄虫有无下列反应：触角举起、双翅振动、伸出抱握器并企图和另一雄虫交配。

② 触角电位法　触角的主要功能是嗅觉，依靠其毛状感受器接受性外激素的分子。毛状感受器的外壁由表皮构成，壁上有毛孔；并通过小孔与毛腔相通。毛腔中充满感受器液，感受器细胞（嗅觉神经元）的树状突伸入毛腔悬浮于感受器液中。

如果将血淋巴间隙接地（0），感受器液与血淋巴相比，它是带正电（＋）的，而感受器细胞内是带负电荷（－）的。当性外激素分子通过小孔扩散到感受器中，并在树状突的细胞膜上与受体相结合时，膜上的钠离子通道呈开放状态，钠离子通透性增加，膜去极化，感受器液的正电性增加，从而改变了原来感受器液与血淋巴之间原有的电位，出现一个趋向电性方向的电位差。当许多性外激素分子和许多感受器接触时，就会在数十毫秒内同时发生一个明显的电位差变化，这种电位差变化的总和就是触角电位。触角电位法需要昂贵的仪器设备，而且测定受多种因素影响，测定结果重现性差，昆虫个体之间对同一刺激物质引起的触角电位相差很大，而且激起触角电位的物质，在田间不一定具有引诱效果，也不一定是性诱物质。因此在用触角电位法室内初筛后，还应经大田诱捕试验才能证实是否为真的性诱物质。

（10）拒食活性测定　测定拒食活性的方法主要有叶碟法及改良叶碟法、体重法、排泄物法及电讯号法等，其中以叶碟法和体重法最为常用。

① 叶碟法　如果以食量较大的食叶咀嚼式口器昆虫如直翅目的若成虫及鳞翅目幼虫等为试虫，可采用此法。

供试样品溶于丙酮，稀释至预定浓度。将试虫喜食的植物叶片用清水冲净，纱布擦干，用打孔器切下适当面积（视试虫食量而定）的圆叶片，将这些圆叶片在样品溶液中浸 1～2s 取出晾干，即成处理叶碟；将圆叶片浸入溶剂（丙酮）1～2s 取出晾干，即成对照叶碟。亦可将整片叶子先浸入样品溶液，或用样品溶液喷雾，晾干后再用打孔器切下圆叶片。

如测定选择拒食活性，则将 2 张处理叶碟和 2 张对照叶碟交错放入一个 9cm 的培养皿中；如测定非选择拒食活性，则应将处理叶碟放在一个培养皿内，而将对照叶碟放在另一培养皿内。在培养皿中央放进一头饥饿 4～12h 的试虫。要求试虫龄期一致、个体大小近似。不宜用即将蜕皮的或刚蜕过皮的试虫，如用黏虫，最好用 4 龄或 5 龄蜕皮第 2d 的幼虫，应防止叶碟干缩，可在培养皿上盖上湿纱布。

试虫取食一定时间后（一般 12～24h），将残存叶片取出，用方格纸或面积测定仪测量对照和处理取食面积，计算拒食率。

选择性和非选择性拒食活性的测定方法各有优点。选择性往往比非选择性拒食敏感，试虫对同一样品，选择性拒食测得的拒食率往往比非选择性拒食率高，因而常用于大量样品的筛选；非选择性测定更加接近实际，其结果在实际应用中更具参考价值。

② 体重法　对于能用人工饲料或半人工饲料饲养的昆虫，或不宜用叶碟法测定的钻蛀性昆虫（如玉米螟、二化螟等），则可用体重法测定拒食活性。体重法的基本原理是将待测样品和饲料混合，接虫饲养一定时间，以昆虫体重的增加来间接地评价拒食活性。为尽可能使试虫个体体重和生理状态差异相对小些，最好选用来自同一卵块的初孵幼虫（孵化后 2h 以内），在含样品的饲料上饲养 7d 取出称重。体重法不能真实反映试虫取食量的大小，一般只适合用于大量样品的活性筛选。这是因为昆虫体重的增加除主要和取食量有关外，还和食物的消化、吸收有关，而体重法并未考虑消化、吸收这两个因素的影响。

(11) 忌避或诱集活性测定　忌避活性和诱集活性的测定方法主要是选择着落法。其基本原理是以供试样品处理试虫的栖息场所或取食场所，在一定时间内检查处理场所和不处理的对照场所着落的试虫数量，从而评判其忌避或诱集活性。选择着落法简单、有效。

(12) MTT 法　用于杀虫剂对离体昆虫细胞的活性测定方法，是由 Mosmann 于 1983 年首创的一种测定细胞密度的比色方法。其原理为 MTT(溴化[3-(4,5-二甲基噻唑-2-)-2,5-二苯基]四氮唑，又名噻唑蓝，为淡黄色粉末）可被活细胞内的琥珀酸脱氢酶还原，形成不溶于水的蓝紫色甲臜（formazan）颗粒，其形成的量与活细胞数呈正比，死细胞和红细胞则不能转化。因此，可以通过比色结果计算出活细胞密度。

在进行离体快速筛选时，离体培养细胞生物测定筛选出的主要是毒杀作用较强的化合物，如呼吸抑制剂、触杀剂和胃毒剂等，而植物性杀虫剂主要表现为拒食活性和忌避作用等，则很难直接利用离体细胞测定。此外，由于离体培养细胞浸在培养液中，细胞的整体都接触到药剂。当将对离体细胞毒性高的化合物应用到活体昆虫时，由于作用方式不同，毒杀活性不一定相同。离体培养的细胞中没有神经轴突，故也不适用于菊酯类等作用于神经的杀虫剂的生物测定。

5.1.4.2　杀菌剂生物测定方法

杀菌剂的室内生物测定一定要同活体试验相结合。如乙膦铝是在活体试验时筛选出的优秀杀菌剂，在离体条件下则无生物活性。

杀菌剂生物活性测定方法可归纳为两大类基本类型：第一类型测定系统仅包括病原菌和药剂，不包括寄主植物。药剂的毒力主要是依据病原菌与药剂接触后的反应（如孢子是否萌发，菌丝生长是否受到抑制，以及由此引起的不正常的生理及形态上的变异作为衡量毒力的标准）来判定。孢子萌发法、生长速率法及水平扩散法等属于这种类型。这种类型的方法中所用的菌种，一般多采用在人工培养基上培养的标准菌种，不使用寄主植物，因此测得的反应（结果）只与药剂及供试菌种有关。这类方法的优点是测定条件易于控制，操作简便迅速，精确度高，很适合于杀菌剂某些特性及机理研究，也常常为防治某种植物病害筛选合适的杀菌剂。这些方法过去也常用于大量化合物的活性初筛，但由于有些化合物用这类方法不表现杀菌活性而在寄主植物上却有良好的防治效果，如采用这类方法初筛，将使一些本来颇具潜力的化合物漏筛。

另一类型的方法包括病原菌、药剂和寄主植物。杀菌剂毒力以寄主植物的发病情况（普遍程度、严重程度）来评判。叶碟法、室内盆栽毒力测定属于这种类型。室内盆栽毒力测定有如下优点：和大田药效试验相比，供试菌的培养不受自然条件限制，可较快得出结果，可用作大量化合物的活性筛选；各种条件易于控制，测定结果比较稳定可靠；接近大田实际情况，其结果对生产实践有较大的参考价值。不足之处是由于有寄主植物参与，测定工作比较麻烦，而且测定周期比较长。

溶剂是生物测定系统中的重要组成部分，在农药生测过程中供试的未知化合物样品大多是原药，且不易溶于水，因此需要一种良好的溶剂将其溶解。但是溶剂对靶标也具有一定的毒性，虽然，用固定溶剂作对照，可以简单估计化合物的毒性，但溶剂与被测化合物之间的相互作用可能存在相加作用、协同效应或拮抗效应。另外，同一种溶剂对不同病原菌的毒力作用也不同，即使是同一种病原菌对不同溶剂的耐受性也不一样。忽视溶剂的影响将会使数据产生较大的偏差而产生误判，特别是在新化合物的筛选时，可能使得低活性化合物呈现出高活性的假象，增加了复筛工作量。常用有机溶剂有丙酮、乙醇、二甲基亚砜、*N*,*N*-二甲基甲酰胺，在生测过程中可首选丙酮作为化合物的溶剂，而且溶剂的浓度不超过 1μL/mL 时，对大多数病原菌的菌丝生长均无影响。总之，在测试化合物毒性选择溶剂时，首先应选择对靶标生物毒性最低的溶剂，然后选择溶剂的最佳浓度，以保证测试数据的准确性。

杀菌剂离体生物测定的稳定性还与药剂稀释方法、药液保存时间有关。戊唑醇的浓度为 10μg/mL 时，对小麦纹枯病的抑制率为 88. 76%，当浓度系列稀释到 0.04μg/mL 时，抑制率为 19. 28%，以 1/2 比例稀释方法曲线有 9 个控制点，以比例 2/3 稀释方法曲线有 14 个控制点。所以，以 2/3 比例方法稀释曲线控制点最多，数据最准确，多次重复测定标准差最小。戊唑醇、福美双分别以丙酮配成母液在冰箱中保存，不同时间取出测定其对水稻纹枯病菌的活性，戊唑醇对水稻纹枯病菌 EC_{50} 从 0 天到第 16 天，连续测定 6 次，EC_{50} 变化范围为 0. 0278～0.0299μg/mL，平均值 0.0291μg/mL，标准差为 0.0008，说明戊唑醇溶于丙酮中保持稳定。福美双对水稻纹枯病菌 EC_{50} 从 0 天的 1.7394μg/mL ，渐变到第 13 天的 5.6224μg/mL，表明福美双在丙酮中易降解，实验时应现配现用。这些影响很可能导致不同实验室或同一实验者在不同时间研究数据的不可比性，由此说明，杀菌剂生物测定应根据不同药剂和毒力测定对象，建立起标准化生物测定方法。

近年来杀菌剂组织筛选法备受重视。组织筛选法是利用植物部分组织、器官或替代物作为实验材料评价化合物杀菌活性的方法，是一种介于活体和离体的方法。它既具有离体的快速、简便和微量等优点，又具有与活体植株效果相关性高的特点。目前比较成熟的组织筛选法有：适用于水稻纹枯病、蔬菜菌核病的蚕豆叶片法；适用于稻瘟病的叶鞘内侧接种法；适用于玉米弯孢霉叶斑病的玉米叶段法；用来观察药剂对真菌各生长阶段作用的洋葱鳞片法；针对黄瓜灰霉病新药剂筛选的子叶筛选法；适用于霜霉病的叶片漂浮法；适用于稻白叶枯病的喷菌法；针对细菌性白菜软腐病的萝卜块根法；适用于柑橘树脂病的离体叶片法；适用于抗病毒剂筛选的局部病斑法及叶片漂浮法等。这些方法的特点是简便、迅速，而且与田间效果相关性较高。

不管是离体法、活体法还是组织筛选法都有各自的优缺点，要针对病菌的侵染特点加以选择，必要时还要结合使用，综合各种方法的优势。如日本三共农药研究所在采用活体法筛选出有效的化合物后，往往又采用离体的方法来寻找毒力更强的化合物，这是一种活体-离体-活体的筛选模式。

目前，杀菌剂生物测定还向生化水平和向标准化、简易化、微型化方向发展。对于抑制病原菌呼吸代谢的杀菌剂，如代森锰锌、福美双、克菌丹、氟啶胺、氟酰胺和甲氧基丙烯酸酯类杀菌剂，可利用测定药剂处理后病原菌呼吸强度的变化来测定药剂对不同菌的生物活性。那些作用于植物防御系统的化合物，激发植物系统性获得抗病性（SAR）的对菌无毒杀菌剂，可通过测定经过药剂处理后的植物体内的一些关键酶的变化来判定药剂的效果，如检测水稻体内的苯丙氨酸酶（PAL）、过氧化物酶（POD）等酶的活性变化来筛选抗病诱导剂。其他诸如甾醇合成抑制剂测定法，类脂生物合成抑制剂测定法，RNA、DNA生物合成抑制剂测定法，脱氢酶活性抑制剂测定法等，都是在阐明作用机理的基础上，采用分子和生化技术进行活性检测。与传统的生物测定方法相比，分子和生化技术方法快捷、简便、准确，还可实现高通量筛选。将植物细胞培养技术与杀菌剂生物测定相结合，用在植物细胞水平上建立的病原菌/植物悬浮细胞筛选体系来代替病原菌/寄主体系。相比较而言，植物细胞培养可以不受气候、自然条件等因子的影响。通过植物细胞培养技术将细胞进行工厂化培养，满足对实验材料的标准化及大规模的要求，可以方便采用分光光度法和比浊法进行生物测定。

（1）孢子萌发法　孢子萌发法是历史最悠久而广泛被采用的最简单的生测方法，可以测定杀菌剂对病菌孢子的直接杀死（抑制）作用，尤其适于在人工培养基上容易产生大量孢子，而且孢子容易萌发、形状较大又容易着色，便于显微镜检查的病原菌。该法基本原理是将供试药剂附着在载玻片上或其他平面上，然后将供试病菌孢子悬浮液滴在上面（或将孢子悬浮液和药液混合后滴在玻片上），在保温、保湿条件下培养一定时间后镜检，以孢子萌发率判断杀菌剂毒力。在观察试验结果时，除要观察孢子萌发与不萌发这两种截然不同的形态外，更要注意萌发芽管的形态变化，即芽管是否有膨大现象，是否有附着器形成，附着器颜色的深浅，发芽管长度以及侵入菌体形成情况等。孢子萌发法的突出优点是快速，试验当天即可获得结果，尤其适合保护剂的筛选。

（2）抑菌圈法　该法最大优点是精确度高，而且操作简单，能较快得出结果。尤其适于在培养基中易于扩散的药剂，是国际上抗生素标准的效价测定方法。该法不适于扩散速度不同的不同药剂间的定量比较测定。在进行抑菌圈法测定结果观察评价时，不能仅从抑菌圈大小来评价活性，而要详细记述抑菌圈透明程度及周边菌落形态和色素的变化，从而可以了解药物的作用特点。如透明，一般为抑制孢子萌发或较强抑制菌体生长；如有点模糊，则在显微镜下观察孢子肯定已萌发，但对菌丝体生长有一定抑制作用；有的孢子虽有萌发，但可见发芽管或菌丝体膨大等变态；周边菌落有的呈凹陷状，有的呈凸状；有抑制黑色素合成的药物，则周边菌落色素变淡，有的呈红褐色等，要用所有这些不同形态特征来评价药物的活性作用。因此，同样是抑菌圈法，如能仔细观察不同形态特征，也可从中发现新作用特性的化合物。

（3）生长速率法　生长速率法也是杀菌剂毒力测定中最常用的方法，其原理是用带毒培养基培育病菌，以病菌生长速度的快慢来判定药剂的毒力大小。尤其适于在人工固体培养基上能沿水平方向有一定生长速度且周缘生长较整齐的病原真菌。病菌的生长速度可用两种方法表示：菌落达到一个给定的大小所需时间；一定时间内菌落直径的大小。常以第二种方法表示生长速度。在用生长速率法评价药物抗菌活性结果的试验中，一定要同时用不加药物或只加药物配制时的溶剂和助剂的空白对照，以抵消在计算抑菌结果时溶剂和助剂对结果的影响；另外要注意的是在固体平板上量取菌落生长直径时，应注意原始菌饼大小对结果的影响而采用菌落的纯生长量计算。生长速率法的优点是操作比较简单，对杀菌剂的主要剂型都很适合，重现性好。缺点是对供试菌要求较严格，病菌易于培养，菌丝生长较迅速、整齐，产生孢子缓慢，而且是重要的农业病害的病原菌。

（4）最低抑制浓度法　在比较粗放地进行几种杀菌剂的毒力比较时，可以采用最低抑制浓度法。其基本原理是药剂按等比或等差级数系列浓度和培养基混合后接入供试菌，恒温培养一定时间后，找出“终点”（明显地抑制供试菌生长发育的最高稀释倍数，即最低浓度）的那个浓度，即为最低抑制浓度。通过比较几种不同药剂的最低抑制浓度即可比较其毒力。显然，最低抑制浓度最小的，其毒力最大。

（5）叶碟法　叶碟法的基本原理是将容易感染供试菌的植物叶片经不同浓度的药剂处理后接种供试菌，经保湿培养一定时间后，检查其病斑面积，并以此衡量供试药剂的毒力。该法属活体组织试验法，即是从植物体切取某部分组织器官，然后再用于药物处理和接种病原菌来考察药物对病原菌的抑制效果。是一种不需要大规模设施条件，能人工控制，快速的筛选测定方法，如蚕豆叶片法、油菜叶片法、用于细菌病害的萝卜块法。凡满足不了盆栽试验大型设施要求的病害，如霜霉病、疫病、果树病害等均可采用叶碟等活体组织实验法，可以像离体的试验那样控制最佳条件，快速筛选测定去发现新型先导化合物。

（6）杀菌剂盆栽药效测定　在利用盆、钵培育的幼嫩植物上接种病原菌，喷洒药剂，然后考察防治效果的活性测定，是研究杀菌剂的有效方法之一，该法克服了在离体条件下对病菌无效而在活体条件下有效的化合物的漏筛，更接近大田实际情况，且材料易得，条件易于控制。因此世界农药研究部门都设有供盆栽研究用的温室等，有些公司甚至在进行活性筛选时只用盆栽试验法，而淘汰了离体试验法。

（7）比色法　通过测定还原辅酶Ⅰ（NADH）的变化，筛选线粒体呼吸作用中电子传递链上复合体Ⅰ和复合体Ⅱ的抑制剂。将菌体悬浮液、中心线粒体及待测化合物加入微量滴定板孔中，混匀，控制条件下反应一定时间后，在 340nm 下测定光密度值，计算 NADH 的含量。如果 NADH 含量降低，说明待测物抑制了电子传递过程，化合物有活性。

（8）以病原菌为筛选靶标的高通量直接筛选法　以各种真菌以及细菌为筛选靶标。将一定浓度样品、菌丝体或孢子悬浮液接种到微孔板内，混匀后用分光光度计测定混合液的初始光密度值Ⅰ，然后置于适宜条件下振荡培养一定时间，再测定光密度值Ⅱ。通过混合液反应前后的光密度值差异评价药剂活性。如果二者相等或反应后的光密度值降低，说明菌体不能生长，化合物有活性，否则无活性。

（9）以藻类为模式生物筛选化合物的杀菌活性　一定条件下，将藻类与待测化合物相互作用，一定时间后观察化合物对藻类植物生长抑制情况，表现为藻液的光密度值、细胞浓度、叶绿素含量、细胞生长速度等，计算化合物对藻类毒性 EC_{50} 值来判断其活性大小。藻类对农药敏感、个体小、繁殖快，短时间内可获得结果，是一种很好的测试生物，具有一些真菌和细菌的生理特性，用来作为高通量筛选杀菌剂有一定的理论基础。

5.1.4.3　除草剂生物测定方法

室内除草剂生物测定的主要目的在于：筛选除草剂，了解除草剂防治杂草的种类（即杀草谱）及适用的作物范围；测定除草剂在土壤中的残留动态（半衰期等），掌握其吸附、淋溶、持效期、光解、挥发速度、水解、微生物降解等特性；进行除草剂的定量研究。

根据除草剂生物测定技术所用植物及器官的不同，除草剂的生物测定技术可分为以下 3 个方面：

萌芽鉴定。许多除草剂能强烈抑制敏感植物种子的萌发，或明显地抑制植物幼芽及胚根的生长。随除草剂剂量的变化，抑制反应也有相应的变化，萌发法能够较为准确地反映剂量和抑制率之间的关系。一般情况下，典型的根系或初生茎叶的受抑症状可在处理后，培养24～96h观察到。

植株鉴定。通过测定供试植物的生长量来确定各种除草剂对供试材料的抑制程度以及除草剂的生物活性，通常以鲜重为测定指标，如对试验要求较准确时，还需要测定供试植株或特定部位的干重。

生理和形态效应鉴定。除草剂施用后会引起植物生理生化变化，这些反应与除草剂剂量有关系。这些生理生化变化可以通过测定叶绿素、酶蛋白等生理生化指标进行鉴定。

除草剂生物活性测定的供试植物选取应遵循的原则：供试植物的来源充分；供试植物个体一致，应尽量选取常规品种（杂交种会出现形状分离）作为试材；在一定的剂量范围内，供试植物对除草剂的反应随着剂量的增加而有规律地提高；在环境条件相同或相似的条件下，这种呈比例的损害关系是可以重现的。

除草剂生物活性测定的浓度设定应遵循原则：所用的某种除草剂（单剂或混剂），生物测定必须设置系列浓度（或剂量），系列浓度（或剂量）可以设置成等比或等差数列浓度，并且至少应设置5个以上，同时一定要设置空白（清水）对照，有些试验必须设置对照药剂，即标准样品或当地常用的除草剂。通常情况下，浓度设置范围应在植物无反应，直到反应程度超过空白对照的90%才能求得合理的回归方程，并应用该方程计算出抑制10%、50%和90%所需的浓度（或剂量）。每种浓度至少要重复4次，如果一个培养器皿中只有一株供试植物，则应该增加重复次数，才能保证结果的可靠性。

（1）种子萌发鉴定　就是将指示生物的种子，置于药砂中（也称带药载体）让其萌发。不单看其萌发率，而是在萌发以后的48～96h的范围内，以根、茎的生长长度为指标。在一定的范围内，根和茎生长的抑制率和剂量呈正相关。故可作为定量测定方法，且灵敏度高。一般激素型除草剂、氨基甲酸酯类和二硝基苯类的除草剂采用这个方法，如皿内法测定2，4-D丁酯对小麦种苗的活性。

① 黄瓜幼苗形态法　以黄瓜为试验靶标，利用黄瓜幼苗形态对激素型除草剂浓度之间的特异性反应，测定除草剂浓度和活性的经典方法。主要适用于2，4-D、2甲4氯等苯氧羧酸类、杂环类等激素型除草剂的活性研究。

② 小杯法　选择小烧杯或其他杯状容器，配制定量含药溶液，培养试验靶标植物，测定药剂对植物生长的抑制效果，评价除草活性，可测定二苯醚类、酰胺类、氨基甲酸酯类、氯代脂肪酸类等大部分除草剂的活性，但对抑制植物光合作用的除草剂则几乎不能采用。该法具有操作简便、测定周期短、范围较广的优点。

③ 高粱法　以敏感指示植物高粱为试材，通过测试除草剂对高粱胚根伸长的抑制作用大小评价其活性的高低。本法是Parker于1966年首先报道，后经上海植物生理所改进，适宜测定非光合作用抑制剂，具体操作为：用直径9cm的培养皿，装满干燥黄砂并刮平，每皿加入30mL药液，正好使全皿黄砂浸透，然后用有十个齿的齿板在皿的适当位置压孔（或用细玻棒均匀压10个孔）以便每皿能排10粒根长1～2mm（根尖尚未长出根鞘）的萌发高粱种子（一般于试验前一天在25℃温箱内催芽）。为了缩短测试时间，在排种培养的前一天，将上述准备好的培养皿置于34℃恒温箱中过夜，以提高砂温（室温低时尤为重要），排种工作在恒温室内进行，然后放在34℃恒温箱内培养，隔8h左右，就可划道标记每一株根

尖位置起点，过 14～16h，对照根长 30mm 左右，即可测量，求出抑制生长 50%的除草剂浓度。

④ 稗草中胚轴法　快速测定生长抑制型除草剂生物活性的方法，测定原理是利用稗草中胚轴（从种子到芽鞘节处的长度）在黑暗中伸长的特点，以药剂抑制中胚轴的长度来测定药剂的活性。类似的方法如燕麦芽鞘法。本方法适用于酰胺类除草剂的活性研究，如甲草胺、乙草胺等。具体方法是将稗草种子在 28℃ 培养箱中浸种催芽露白。取 50mL 的烧杯，每杯加 6mL 各浓度待测液，选取刚露白的稗草种子放入烧杯内，每杯 10 粒，并在种子周围撒上石英砂使种子固定，编号标记后，将烧杯放入温度 28℃，RH 80%～90%的植物生长箱中暗培养。处理后 4d 左右，取出稗草幼苗，用滤纸吸干表面水分后，测量各处理每株稗草的中胚轴长度。计算各处理对稗草中胚轴的生长抑制率，评价除草剂的生物活性。

（2）植物生长量的测定　也就是将供试生物在被药剂处理的土壤中或混药的溶液中培养到一定时间以后，测量植株的生长量。对单子叶的禾本科作物，可测定叶片长度，阔叶植物（双子叶）可以用叶面积表示。比较常用的方法是测定地上部分的重量，以重量作为评判指标。这一般常用于抑制光合作用的除草剂，如均三氮苯类、有机杂环类、取代脲类等。

① 去胚乳小麦幼苗法　该法适用于测定光合作用抑制剂，如均三氮苯类及取代脲类等除草剂。选择饱满度一致的小麦种子，浸种催芽后，培养 3～4d 至小麦幼叶刚露出叶鞘见绿时，用镊子及剪刀小心将小麦胚乳摘除，不要伤及根和芽，以断其营养来源，促使幼苗通过光合作用合成营养，供其进一步生长发育。在蒸馏水中漂洗后，胚根朝下垂直插入加好药液的烧杯中，每杯 10 株。然后将烧杯放入人工气候箱中培养［培养条件为 20℃、光照 5000lx、光周期 16h/8h（L/D）、RH 70%～80%］。每天早晚 2 次定时补充烧杯中蒸发掉的水分。培养 6～7d，取出烧杯中的小麦幼苗，放在滤纸上吸去表面的水分，测量幼苗长度（从芽鞘到最长叶尖端的距离），计算抑制率及 EC_{50} 或 EC_{90}，评价化合物的除草活性。

② 萝卜子叶法　以萝卜为试验靶标，利用子叶的扩张生长特性测定生长抑制或刺激生长作用的除草剂或植物生长调节剂的活性。取不锈钢盘或瓷盘，铺 2 张滤纸，用蒸馏水湿透，挑选饱满一致露白种子放在滤纸上，然后薄膜封口，在 28℃ 人工气候箱中培养至 2 片子叶展开，剪取子叶放入蒸馏水中备用。取 9cm 培养皿，底铺 2 张滤纸，放入 20 片大小一致的萝卜子叶，加各测试浓度的药液 10mL 于烧杯中，使每片子叶均匀着药，加盖后置于人工气候箱中，在 28℃、3000lx、光周期 16h/8h（L/D）、RH 70%～80%的条件下培养 4d。取出测定萝卜子叶鲜重，并计算抑制率、EC_{50} 或 EC_{90}，评价除草剂生物活性。

③ 番茄水培法　其原理是利用番茄幼苗的再生能力，测定生长抑制型除草剂的生物活性。首先用盆栽法培养番茄苗，待两片真叶时，作水培试材用。挑选生长健壮，大小、高度一致的番茄苗，将主根及子叶剪掉，留带有叶片的幼苗地上部用于试验，每 4 株 1 组插入装有 15mL 系列浓度的待测药液的 30mL 试管中，标记此时药液水平位置，然后置于人工气候箱中培养，在 28℃、5000lx、光周期 16h/8h（L/D）、RH 70%～80%的条件下培养，培养期间定期向试管内补充水分，使药液到达标记位置。处理后 96h，反应症状明显时，取出各处理番茄幼苗，观察番茄幼苗下胚轴不定根的再生情况，或称量幼苗鲜重，计算各处理对番茄幼苗的生长抑制率，评价除草剂的生物活性。本法适用于取代脲类、三氮苯类、酰胺类、磺酰脲类等除草剂活性测定。

（3）生理指标的测定　把指示生物用药剂处理一段时间后，测定叶片或整株植物的光合性。可用 CO_2 的交换量作为指标。如褪绿作用，可以通过比色法测定叶绿素的含量作为评判指标。

① 小球藻法　小球藻属于绿藻类，其细胞中只有一个叶绿体，它与高等植物叶绿体相同，也能进行光合作用。经培养的小球藻其个体间非常均一，因而是测定除草剂活性的适宜材料。以小球藻如蛋白核小球藻（*Chlorella pyrenoidosa*）为试验靶标，可以快速测定除草剂的生物活性，尤其适合测定叶绿素合成抑制剂、光合作用抑制剂的生物活性，多用于除草剂定向筛选、作用机理筛选、活性或残留量测定等研究。选用合适培养基，在无菌条件下振荡培养（25℃、5000lx、持续光照和 100r/min 旋转振荡）至藻细胞达到对数生长期后，定量接种到 15mL 含有测试化合物的培养基的 50mL 锥形瓶中，使藻细胞初始浓度为 8×10^5 个细胞/mL。振荡培养 4d 后，比色测定各处理藻细胞的相对生长量，评价除草活性大小。

② 浮萍法　以浮萍为试验靶标，可以快速评价化合物是否具有除草剂活性以及除草活性的大小。选取整齐一致的浮萍植株，在含有除草剂的营养液中培养，观察萍体的反应与生长发育情况。该法材料易得，操作简单，适合于评价酰胺类、磺酰脲类、三氮苯类、二苯醚类、二硝基苯胺类除草剂的生物活性。

试验方法是将浮萍植株在 2%次氯酸钠水溶液中清洗 2～5min，再在无菌水中清洗 3 次，放在培养液中培养备用。试验时在培养皿中加入 20mL 用培养液配制的各浓度待测液，空白对照加 20mL 培养液。然后向每个培养皿中移入已消毒的浮萍 2～5 株，加皿盖后置于人工气候箱或植物生长箱中培养（28℃、3000lx、RH 70%～80%）。培养 5～10d 左右，测定萍体失绿情况、生长量或叶绿素含量等指标，评价除草剂生物活性。萍体失绿评价参考分级标准为：0 级，与对照相同；1 级，失去光泽的萍体占 50%以下；2 级，失去光泽的萍体 50%～100%之间；3 级，100%失去光泽，但仍带有暗绿色；4 级，全部失去光泽，部分失绿；5 级，全部失绿或死亡。

③ 黄瓜叶碟漂浮法　测定原理是植物在进行光合作用时，叶片组织内产生较高浓度的氧气，使叶片容易漂浮，而若光合作用受抑制，不能产生氧气，则叶片就难以漂浮。该法是光合作用抑制剂快速、灵敏、精确的测定方法。摘取水培生长 6 周的黄瓜幼叶或生长 3 周的蚕豆幼叶（其他植物敏感度低，不易采用）。用打孔器打取 9mm 直径的圆叶片（切取的圆叶片应立即转入溶液中，不能在空气中时间太长）。在 250mL 的三角瓶中，加入 50mL 用 0.01mol/L 磷酸钾缓冲溶液（pH 7.5）配制的不同浓度的除草剂或其他待测样品，并加入适量的碳酸氢钠（提供光合作用需要的 CO_2），然后每只三角瓶中加入 20 片圆叶片，再抽真空，使全部叶片沉底。将三角瓶内的溶液连同叶片一起转入 1 只 100mL 的烧杯中，在黑暗下保持 5min，然后在 250W 荧光灯下曝光，并开始计时，记录全部叶片漂浮所需要的时间，再计算阻碍指数（RI），阻碍指数越大，抑制光合作用越强，药剂生物活性越高。

(4) 温室条件下除草剂生物活性测定　温室条件下除草剂的生物活性测定，是最普遍、最具代表性、最直接、最便利确定化合物除草活性的有无、大小以及除草剂在田间的应用前景和应用技术等研究的重要手段，也是除草剂生物活性筛选研究最普遍和最成功的方法，被大部分从事除草剂创制研究的公司和除草剂应用技术研究部门广泛采用。

温室生物测定的方法通常采用盆栽试验法，选择易于培养、遗传稳定的代表性敏感植物、作物或杂草进行试验。试验基质多采用无药剂污染的田间土壤（砂壤土或壤土）或用蛭石、腐殖质、泥炭、沙子、陶土等复配制成的标准土壤，一般要求土壤有机质含量≤2%、pH 值中性、通透性良好、质地均一、吸水保水性能好，为试材植物提供良好的生长条件。根据试验目的或除草剂的作用方式不同，常分为土壤处理和茎叶处理两种方式进行药剂处理。

① 土壤处理 杀死种子、抑制种子萌发或通过植物幼苗的根茎吸收的化合物可以通过土壤处理来发现除草活性。常用的方式是通过喷雾、混土或浇灌方式将化合物或测试除草剂施于土表。如化合物或除草剂挥发性强，则需作混土处理，再播入供试植物种子，这种土壤处理方式称播前混土处理。多数情况下是在作物或杂草播种后，土壤保持湿润状态，将除草剂施于土表，作物或杂草种子在萌发出土过程中接触药土层吸收药剂来测试药剂生物活性，称为播后苗前处理或苗前处理。

② 茎叶处理 通过植物茎叶吸收后发挥生物活性的除草剂，通常在试验作物或杂草出苗后一定叶期进行除草剂处理，测定其生物活性。这种处理方法叫茎叶处理或苗后处理。通常采用喷雾方式在植株1～2片真叶期施药，但也可在子叶期或3叶期以后施药。作物和杂草的形态对除草剂的吸收有很大的影响，并且是其选择性的一个影响因子。大多数植物有不同的萌发和发育模式，所以，有时必须在不同的条件或时间播种以便施药时植物处在适宜的生育时期。

(5) 新除草化合物的高通量筛选 高通量筛选（high throughput screening），简称HTS。该技术是在传统筛选技术的基础上，应用生物化学、分子生物学、细胞生物学、计算机、自动化控制等高新技术，使筛选样品微量（样品用量在几微升到几百微升或者微克至毫克级之间）、样品加样、活性检测乃至数据处理高度自动化。采用高通量筛选方法来发现新农药的主要方法有以下几种。

① 高效活体筛选 进行除草剂初筛时，在多孔板的每个微孔中注入琼脂糖培养基（含单一剂量待测化合物），将杂草种子放入微孔中。测试板封好放入生长培养箱，在合适的条件下培养7d，然后对植物的化学损伤和症状进行评价。

② 离体细胞悬浮培养法 用小麦、玉米和油菜的自由细胞进行异养悬浮培养，用微电极测培养基的电导率，电导率的减少与细胞生长量的增加呈反比，结果以相对于对照组的生长抑制率表示。

③ 离体酶筛选 大多数除草剂都是与生物体内某种特定的酶或受体结合，发生生物化学反应而表现活性的，因此可以以杂草的某种酶为靶标，直接筛选靶标酶的抑制剂。

④ 免疫筛选测试法 该方法是将选择性抗体与结合了酶的磁性固体微粒相结合，形成一个酶反应系统，用以测试、筛选农药。

5.1.5 农药室内生物测定的统计分析

5.1.5.1 药剂毒力的常用表示方法

半数致死量（LD_{50}：median lethal dose）：杀死供试昆虫群体内50%的个体所需要的剂量，单位是μg（药剂）/g（昆虫体重）；

半数致死浓度（LC_{50}：median lethal concentration）：药剂杀死某种生物群体50%所需的浓度；

有效中量（ED_{50}：median effective dose）或有效中浓度（EC_{50}：median effective concentration）：多用于杀菌剂室内离体毒力测定，有效中量是指抑制50%病菌孢子萌发所需的剂量或有效浓度。同时，在毒力比较中还常常使用LD_{95}或LC_{95}，即杀死昆虫种群95%个体所需的药剂剂量或浓度。

无论求LD_{50}或LC_{50}，基本方法或数据处理都是相似的。以下将以杀虫剂为例说明药剂的毒力测定统计分析方法。

5.1.5.2 毒力测定的统计分析

生物对药剂的敏感性分布是一个偏常态分布，即药剂对生物的效应增加不是和剂量的增加呈比例，而是与剂量增加的比例呈比例。一个生物群体的累积死亡率和药剂浓度的关系是一条不对称的“S”形曲线。为了计算方便，通常把浓度换算成对数值，使偏常态分布变成正态分布，使不对称的“S”形曲线变成对称的“S”形曲线。同时，在测定时一般仅用5～6个浓度。用几个浓度作一条“S”形曲线很难求得准确的LD_{50}值，所以这就需要用统计学原理与方法对测试结果做统计分析。在农药毒力测定中常采用概率值分析法。

5.1.6 农药混用联合毒力的测定与计算方法

药效、毒性、药害为农药混用中的主要研究内容，首要的是药效，只有达到增效、最低限为平效，才有必要研究其他方面的问题。

农药混用毒力测定使用的方法仍然是本书介绍的杀虫剂、杀菌剂、除草剂等的毒力测定方法，如喷雾法、点滴法、浸蘸法、药膜法等。农药混用毒力的实验设计和对测定结果的计算方法有如下几种方法。

（1）Sakai公式法　假若有A、B两种药剂，单用时会形成P_a及P_b的死亡率，那么在混用时所形成的死亡率并不是P_a+P_b；因为P_a中也有P_b中的一部分，即A药能杀死的一部分中也有B药所杀死的，或说B药杀死的部分也有A药所杀死的。因此这两种药剂合用时的理论死亡率P_m应当为：$P_m=P_a+P_b(1-P_a)$ 或 $P_m=1-(1-P_a)(1-P_b)$

若多种药剂混用，则为：

$$P_m=1-(1-P_a)(1-P_b)\cdots(1-P_n)$$

以两个单剂混用为例，测定和计算联合毒力步骤如下：

① 分别测出两个单剂各自的毒力回归线，从其直线上分别选择两个单剂各自5%～10%死亡率剂量。在我们应用公式时，认为取用Sakai所提出的5%～10%死亡率剂量显得太小，即使不存在试虫自然死亡，其试验结果的波动性也很大，重演性差，因此我们将之改为20%死亡率剂量。

② 测定这两个剂量混合后的死亡率，为实际死亡率（P_c），同时测得两种单剂在单用时的实际死亡率（P_a、P_b）代入以上公式可求得混用后的理论死亡率（P_m）。其结果不外乎如下三种情况：

$P_c=P_m$ 相加作用

$P_c>P_m$ 增效作用

$P_m>P_c$ 拮抗作用

此为原则性表述，未从具体数据上界定增效作用与拮抗作用。姚湘江建议，可采用Mansour等提出的协同毒力指数来判断混合后毒力属于何种性质，即：

$$协同毒力指数（\%）=\frac{实际死亡率-理论死亡率}{理论死亡率}\times100\%$$

当协同毒力指数>20%，为增效作用；<-20%，为拮抗作用，属于二值之间为相加作用。而我们却又习惯用实际死亡率直接减去理论死亡率，以此值代替协同毒力指数，仍按上述标准以表达增效作用、拮抗作用和相加作用。

例 1：山东农业大学用点滴法测出辛硫磷、溴氰菊酯两单剂对菜青虫毒力回归线后，求得：

辛硫磷 LD_{20} = 0.464μg/g

溴氰菊酯 LD_{20} = 0.0212μg/g

将此剂量药剂再分别点滴到菜青虫上，同时将辛硫磷与溴氰菊酯两单剂量（辛硫磷 0.464μg＋溴氰菊酯 0.0212μg）混合后点滴到菜青虫上。以丙酮为溶剂，每处理用菜青虫 60 头，同时进行处理。将结果填入表 5-1。

用 Sakai 公式对表 5-1 测定结果做出计算和表达方法：

理论死亡率(%)＝[1－(1－0.183)(1－0.233)]×100%＝37.3%

实际死亡率－理论死亡率＝ 60.0%－37.3%＝22.7%

由于 22.7%＞20%，认为是增效作用。

按姚湘江建议的表达方法：

$$协同毒力指数（\%）=\frac{60.0\%-37.3\%}{37.3\%}\times100\%=60.9\%$$

表 5-1　两种杀虫剂单剂及其混用毒力测定结果

药名	剂量/（μg/g）	死亡率/%
辛硫磷	0.464	18.3
溴氰菊酯	0.0212	23.3
辛硫磷＋溴氰菊酯	0.464＋0.0212	60
对照（点滴丙酮）	—	—

由于 60.9%＞20%，认为是增效作用。

按我们常用的表达方法：

实际死亡率－理论死亡率＝60.0%－37.3%＝22.7%

由于 22.7%＞20%，认为是增效作用。

由于 Sakai 对其所提公式的换算结果仅做原则性的比较，所以这样的比较只能是对有无增效作用的一个简单的检验。

（2）Finney 公式法　Finney 提出了以 LD_{50} 值为基础来评价混剂联合毒力的方法。先用下式计算混剂预期的 LD_{50} 值。

$$\frac{1}{混剂理论的\ LD_{50}\ 值}=\frac{A\ 药的百分含量}{A\ 药的\ LD_{50}\ 值}+\frac{B\ 药的百分含量}{B\ 药的\ LD_{50}\ 值}$$

将计算出的混剂预期 LD_{50} 值与实测的 LD_{50} 值进行比较，如果两值相等，表明属相加作用（平效），前者小于后者，属于拮抗作用，大于后者属增效作用。由于试验误差和供试生物等未被觉察到的不一致性，一般认为，预期 LD_{50}/实测 LD_{50} 的毒力比值在 0.5～2.6 之间属相加作用，大于 2.6 时属增效作用，小于 0.5 时属拮抗作用。

例 2：齐兆生等（1983）将氰戊菊酯和杀虫脒有效成分按 1∶10 混合，采用浸叶接虫法测得该混合物对棉铃虫幼虫的 LD_{50} 值为 26.7μg/mL，单用氰戊菊酯的 LD_{50} 值为 9.9μg/mL，单用杀虫脒的 LD_{50} 值为 833.0μg/mL。计算方法如下：

1/理论毒力＝(1/11)/9.9＋(10/11)/833＝0.0103

则理论毒力＝97.09μg/mL

毒力比值＝97.09/26.7＝3.64，此值大于 2.6，故为增效作用。

例 3：毒性试验，乐果 LD_{50} 值为 232.4mg/kg，异稻瘟净 LD_{50} 值为 685.8mg/kg，将乐果与异稻瘟净以有效成分计按 1：1 混合，其 LD_{50} 值为 142.5mg/kg。计算方法如下：

1/理论毒力＝(1/2)/232.4＋(1/2)/685.8＝0.00288

则理论毒力＝347.22mg/kg

毒力比值＝347.22/142.5＝2.437，此值在 0.5～2.6 之间，故为相加作用。

(3) 孙云沛公式法　1950 年，孙云沛提出用毒力指数——TI (toxicity index) 比较供试药剂与标准药剂之间的相对毒力，其公式表示如下：

$$毒力指数=\frac{标准杀虫剂\ LD_{50}}{供试杀虫剂\ LD_{50}}\times 100 \tag{5-1}$$

以标准杀虫剂的毒力指数为 100，若供试药剂比标准药剂 LD_{50} 值小，毒力指数就大于 100，若供试药剂比标准药剂 LD_{50} 值大，毒力指数就小于 100。试验证明，用毒力指数能较好地表示药剂之间的相对毒力关系。

由于以一种药剂为标准所得毒力指数对同一种试虫有共同的毒力单位，于是孙云沛与约翰逊 (Tohnson E. R.) 认为在计算混剂的毒力时各组分的毒力指数彼此也能相互加减，并以此为基础，于 1960 年提出了通过毒力指数计算混剂联合毒力的方法，得出共毒系数，以比较联合毒力。做法是先以常规方法测出混剂 LD_{50} 值及组成该混剂的各单剂的 LD_{50} 值，再以其中一种单剂为标准（即毒力指数为 100）计算各单剂的毒力指数、混剂的实际毒力指数——ATI (actural toxicity index) 和理论毒力指数——TTI (theoretical toxicity index)，最后计算出混剂共毒系数——CTC (co－toxicity coefficient)。

设混合药剂为 M，组成 M 的各单剂为 A、B、C…。毒力指数为 TI，有效成分百分含量为 P，则：

$$M 的 ATI=\frac{A 的 LD_{50}}{M 的 LD_{50}}\times 100 \tag{5-2}$$

$$M 的 TTI=A 的 TI\times P_A+B 的 TI\times P_B+C 的 TI\times P_C \tag{5-3}$$

$$M 的 CTC=\frac{M 的 ATI}{M 的 TTI}\times 100 \tag{5-4}$$

孙云沛认为，共毒系数接近 100 表示相加作用，明显大于 100 表示增效作用，显著小于 100 表示拮抗作用。当前国内研究工作者多数认为混剂的共毒系数≥200 是增效作用，≤50 是拮抗作用，共毒系数在上述的二者之间为相加作用。

例 4：山东农业大学测定，氰戊菊酯、氧乐果及氰戊菊酯-氧乐果 (1：8) 混剂，作用于对拟除虫菊酯类药剂已产生抗性的棉蚜的毒力分别为 2.2385μg/头、0.9426μg/头、0.4634μg/头。以氧乐果为标准药剂代入式 (5-1)，则氰戊菊酯及氧乐果的毒力指数 (TI) 分别为 42.11 及 100。

$$M 的 ATI=\frac{0.9426}{0.4634}\times 100=203.41$$

$$M 的 TTI=42.11\times\frac{1}{9}+100\times\frac{8}{9}=93.57$$

$$M 的 CTC=\frac{203.41}{93.57}\times 100=217.39$$

该混剂的共毒系数为 217.39，明显大于 100，表现出了增效作用。请以氰戊菊酯为标准药剂计算共毒系数，看看混剂是否还是增效作用？

由于增效剂或拮抗剂单用毒力甚低，其与农药混用的共毒系数在计算时可忽略不计。例如山东农业大学以选育出来的氰戊菊酯抗性品系玉米螟为试虫，氰戊菊酯的 LD_{50} 值为 1055.40μg/g，而氰戊菊酯＋增效剂 SV1（1∶l）中的氰戊菊酯的 LD_{50} 值为 121.44μg/g。其共毒系数（CTC）＝(1055.40/121.44）×100＝869.07。表明 SV1 对氰戊菊酯抗性玉米螟的增效作用极明显。

作者认为 Sakai、Finney 及孙云沛三个公式用于统计分析混剂联合毒力时均有较强适用性，也可用于杀菌剂和除草剂联合毒力的测定。Sakai 公式法可免测混剂的毒力回归线，节约工作量，但该法不能确切表达混剂毒力增效倍数。而 Finny 公式法及孙云沛公式法则有这种优点。孙云沛公式中共毒系数为 100，可以看成是 Finney 公式中毒力比值为 1；Finney 公式中毒力比值为 0.5～2.6，也可看成是孙云沛公式中共毒系数为 50～260。这可将 Finney 公式中的上述实例用孙云沛公式计算，或将孙云沛公式中的上述实例用 Finney 公式计算而得到验证。

（4）三角坐标法　分别将两个单剂按等毒剂量标注在坐标的 x 轴和 y 轴的两点，连接这两个点与 x 轴、y 轴形成一个三角形，两个直角边分别代表两个单剂的等毒剂量，斜边则为两种药剂混用量相加作用的等效线。若混剂等毒剂量正好落在该线上，表示药剂混用为相加作用，在等效线以下为增效作用，在等效线以上为拮抗作用，离等效线越远，增效或拮抗越明显。

例 5：李水清等（2003）在室内采用浸渍叶片法测定了烟碱、吡虫啉单剂及烟碱与吡虫啉质量比 6∶1 混用对菜蚜的毒力作用。烟碱、吡虫啉单剂杀虫活性测定结果为：烟碱的毒力回归式为 $y=4.1098+0.9210x$，$r=0.9870$，LC_{50} 值为 9.26mg/L；吡虫啉的毒力回归式为 $y=4.7968+0.5562x$，$r=0.9684$，LC_{50} 值为 2.32mg/L。烟碱与吡虫啉质量比 6∶1 混用后毒力回归式为 $y=4.5509+1.3763x$，$r=0.9765$，LC_{50} 值为 2.12mg/L。试用三角坐标法判断是否增效？

根据三角坐标法的原理，混剂的 LC_{50} 由 1.817mg/L 的烟碱和 0.303mg/L 吡虫啉配合而成，混剂中烟碱构成剂量 LC_{50} 单位的等毒剂量为 0.196（1.817/9.26），吡虫啉的等毒剂量为 0.131（0.303/2.32）。在 x 轴的 0.196 处（烟碱）、y 轴的 0.131 处（吡虫啉）引垂线相交于点 C 即为实验值（如图 5-1 所示，C 点）。y 轴的 1.0 与 x 轴的 1.0 连接的直线是相加作用的轨迹。原点和坐标轴上的 $y=1.0$、$x=1.0$ 三点连接后得一三角形。C 点在等效线以下且偏离较远，故判定烟碱、吡虫啉按 6∶1 混用后对菜蚜表现增效作用。

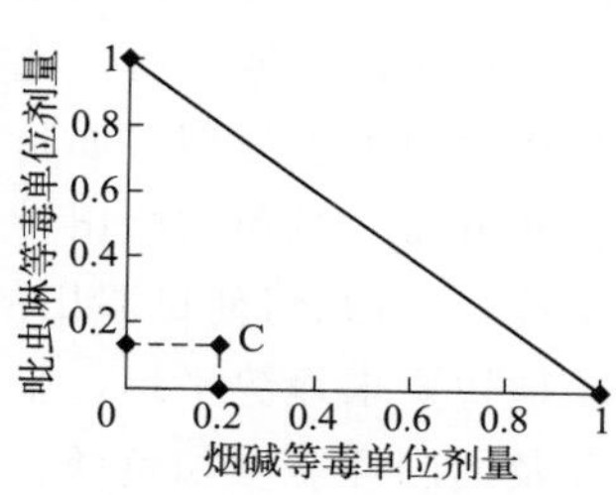

图 5-1　三角坐标法对烟碱、吡虫啉混用的联合作用评价

5.2　农药田间药效试验

5.2.1　田间药效试验的内容和程序

农药田间药效试验是在室内毒力测定的基础上，在田间自然条件下检验农药防治有害生

物的实际效果，这是评价其是否具有推广应用价值的主要环节。田间药效试验可分为小区、大区与大面积示范等几种。从中鉴定出最有效、最有经济效果的农药品种，同时确定其大田使用范围、防治对象、最低有效使用剂量、浓度及其他技术条件等。一般农药经室内试验证明有效，需先进行小区试验，获得较好试验结果的项目，再进行大区试验。在正式推广之前，常常还要进行大面积示范，以便取得广泛经验。田间药效试验是农药登记管理工作重要内容之一，是制定农药产品标签的重要技术依据，而标签是安全、合理使用农药的唯一指南。

农药田间药效试验可分为两大类：

一类是以药剂为主体的系统田间试验，主要有三方面研究：田间药效筛选，在毒力测定的基础上，将新合成的化合物或新的组合物加工成不同剂型进行田间筛选；田间药效评价，经过田间药效筛选出的制剂，通过设计不同剂量、不同施药时间与使用方法，考察其对主要防治对象的效果，对作物产量和对有益生物的影响，总结出切实可行的应用技术；特定因子试验，为了全面评价田间药效或明确生产中提出的问题而专门设定的试验，包括环境条件对药效的影响，不同剂型药效的比较，农药混用的增效或拮抗作用，耐雨水冲刷能力和农作物与土壤中的残留等。

另一类是以防治对象为主体的试验。即针对某种防治对象筛选最有效的农药品种，确定最佳剂量、最佳施药次数与最佳使用方法等。

5.2.2 田间药效试验的基本要求

5.2.2.1 试验地的选择

试验地点应选择在防治对象经常发生的地方。如果发生很轻微（远未达到防治指标），试验结果不尽可靠，人工接种条件下防治效果往往偏高。

选定试验地点后，选择试验地块的具体位置也十分重要。一般杀虫剂田间试验最好在大片作物田中去规划（如防治棉花害虫就应在大片棉田中去规划），这样才能比较符合害虫的自然分布。避免试验田过分靠近虫源田（如棉虫防治试验，试验田不宜靠近绿肥留种田或玉米地），否则将使试验田的部分区域受害过重，而另一些区域受害轻微而造成试验误差。试验地块要求地势平坦，土质一致，农作物长势均衡，其他非试验对象发生较轻。对交通、水源及周围环境（如鱼塘、菜田、桑园等）也要适当考虑，同时也要避免试验受到不必要的干扰（如试验标志丢失，家禽、家畜侵入试验田等）。

5.2.2.2 试验地规划和管理

（1）小区面积和形状　土地条件差异较大的地块，小区面积宜大些。植株高大、株距较大的作物（如棉花、玉米）单位面积株数较少，小区面积可大些，反之，小麦、水稻等作物，小区面积可小些；新农药品种比较试验，提供的农药试样数量有限，小区面积也只能小些；活动性强的害虫（如稻蝗）小区面积宜大些；活动性差的害虫（如蚜、螨）小区面积可小些。总之，小区面积大小应根据土地条件、作物种类、栽培方法、供试农药数量、试验目的而定。在大多数情况下，小区面积在 15～50m^2 左右。果树除苗木外，成年树的树形较大，一般以株数为单位，每小区 2～10 株。小区形状以长方形为好，长宽比例应根据地形、作物栽培方式、株行距大小而定，一般长宽比可为（2～8）：1。

（2）设置对照区、隔离区和保护行　田间药效试验必须设对照区。对照分不施药空白对照和标准药剂对照。所谓标准药剂对照，就是用一种当时当地常用的农药品种，在推荐剂量下参加试验。一般应在试验地四周设保护区，小区与小区之间设保护行，其目的是使试验区少受外界种种因素的影响，避免小区各处理间的相互影响，提高试验的标准性。水稻田试验，尤其是施用除草剂，小区之间应作小田埂隔离。

5.2.3 田间药效试验设计的原则和方法

5.2.3.1 试验设计的基本原则

（1）试验必须设重复　田间试验中，每个处理必须设置适当的重复次数，主要作用是估计试验误差。从统计学的观点考虑，变量分析时误差自由度应大于 10，处理数目不同时所要求的重复次数：

处理数：2、3、4、5、6、7、8、9、10、11

重复数：11、6、5、4、3、3、3、3、3、2

在有些情况下甚至不设重复，如在一个果园中用性诱剂防治苹果食心虫。

（2）运用局部控制　将试验地人为地划成大区（重复），每个大区都包含不同处理，即控制每种处理只在每个大区中出现一次，这就是局部控制。运用这种局部控制的办法，可使处理小区之间病虫草害的差异减小；在重复之间，虽然距离较远，病虫草害的差异可能较大，因每种处理在各个重复内都有，每种处理在不同环境中的机会是均等的，因此运用局部控制能减少重复之间的差异。

（3）采用随机排列　由于偶然因素的作用（试验误差），重复间的差异总是存在的。为了获得无偏的试验误差估计值，要求试验中每一处理都有同等的机会设置在任何一个试验小区。必须采用随机排列。

5.2.3.2 常用的试验设计方法

（1）对比法设计　对比法设计的特点是每隔两个试验处理设一对照区，每个对照区与其两旁的处理区（共 3 个小区）构成一组，安排小区时一般采用顺序排列见图 5-2。

对比法设计的优点是每个试验处理小区都能与它相邻的对照区直接比较，能充分反映出处理效应，示范作用强，当处理数目较少、土壤条件差异大时，这种设计的试验结果较准确。缺点是对照区较多（占全部试验区面积的三分之一），土地利用率低；在统计分析中，t 检验只能比较各处理与其邻近对照之间的差异显著性，各处理间不能作直接比较，只有当土壤差异较小时才能用变量分析法作处理间的比较。

处理1	标准区(对照)	处理2	处理3	标准区(对照)	处理4	处理1	标准区(对照)	处理2	处理3	标准区(对照)	处理4	重复3～4次

图 5-2　对比法田间排列示意图

（2）随机区组设计　随机区组设计是药效试验中应用最为广泛的方法，特点是每个重复（即区组）中只有一个对照区，对照区和处理一起进行随机排列，各重复中的处理数目相同，各处理和对照在同一重复中只能出现一次。6 个处理，4 次重复的随机区组设计见图 5-3 所示。

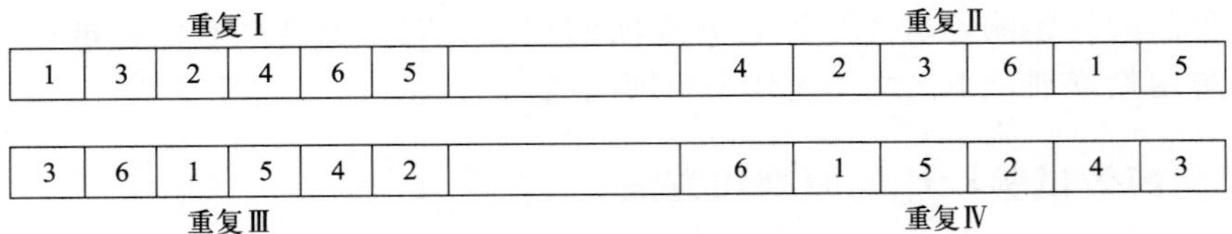

图 5-3　随机区组设计田间排列示意图

此法设计的优点是同一重复（区组）内各小区之间的水肥、病虫害发生及田间管理等引起的差异可因随机排列而减小，试验结果便于统计分析，将各处理在各重复中的结果相加即可看出处理效应的差异，而将各重复所有结果的总和进行比较，即可看出重复间土壤条件等的差异情况。随机区组设计的缺点是处理数目过多时，重复内小区间差异较大，局部控制有困难，而且田间布置、管理等容易出错乱。

（3）拉丁方设计　拉丁方设计有下述特点：处理数（包括对照在内）与重复数相同，每一重复中只有一个对照，每一重复占一条地，排成方形，每一横行或直行中，任何一处理均只出现一次，每一直行或横行均包括试验的所有处理。拉丁方设计由于从横行和直行两个方向实行局部控制，因而比随机区组设计具有更高的精确度，但其适应范围较小，当处理数目太少或太多时均不宜采用。从统计分析时误差自由度的要求来衡量，处理数目一般不能少于 5 个，但处理数目若多于 8 个，则区组延伸太长，土壤条件等差异不易控制。此外，这种设计对试验地的地形要求严格，在小区排列上缺乏伸缩性。

在进行田间小区安排时可依处理数目按图 5-4 选一个标准方。标准方的第一直行和第一横行均为顺序排列，在此基础上将所有横行、直行及处理进行随机排列。关于田间排列的具体方法请参考有关专著。

A B C D E
B A E C D
C D A E B
D E B A C
E C D B A

(a) 5 × 5

A B C D E F
B F D C A E
C D E F B A
D A F E C B
E C A B F D
F E B A D C

(b) 6 × 6

A B C D E F G
B C D E F G A
C D E F G A B
D E F G A B C
E F G A B C D
F G A B C D E
G A B C D E F

(c) 7 × 7

A B C D E F G H
B C D E F G H A
C D E F G H A B
D E F G H A B C
E F G H A B C D
F G H A B C D E
H A B C D E F G

(d) 8 × 8

图 5-4　拉丁方设计田间排列示意图

（4）裂区设计　裂区设计是复因子试验的一种设计形式，这里仅述及比较常用的两个因子试验的裂区设计。在两因子试验中，如两个因子具有同等重要性，则采用随机区组设计，只有当两个因子的重要性有主次之分时才采用裂区设计。

裂区设计首先按次要因子的水平数将试验区划分成 n 个主区，随机排列次要因子的各水平（称为主处理），然后按主要因子的水平数将主区划分成几个裂区，随机排列主要因子的各水平（称为副处理）。裂区设计的特点是主处理分设在主区，副处理分设在主区的裂区，因此，在统计分析时，就可以分析出两个因子的交互作用。

裂区设计时，如主处理数为2～3个，重复数应不少于5次，如主处理在4个以上，则设置4次重复即可。A因子为3个水平（主区），B因子为4个水平（副区）的裂区设计，如图5-5所示。

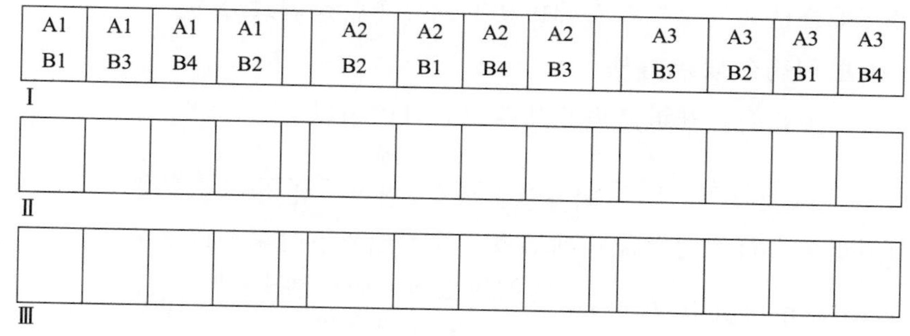

图5-5　裂区设计示意图

5.2.4　小区施药作业

田间药效试验中除专门以不同剂型、不同施药方法比较为目的以外，每个试验的所有处理都应使用同一施药工具并按同一操作规程施药，而且通常条件下都采用手动喷雾器作针对性喷雾。

（1）田间作业程序

① 在每个试验小区设置醒目的处理项目标志，并规定小区施药的先后顺序。

② 检查喷洒机具，使之处于完好状态。用清水在非试验区试喷，主要目的是取得经验，尽可能一次将预定的药液均匀喷完。试喷过程中先练习每分钟压杆次数趋于一致，如每分钟20次左右，然后再调整行进速度，达到一次均匀喷完的目的。

③ 用量具准确取药，采用二次稀释法稀释药液（即先用少量水将乳油或可湿性粉剂等稀释搅匀，再将其余水量加入稀释），按试喷取得的经验作业。

（2）作业中注意事项

① 整个施药作业由1人完成。如果小区较多，面积较大，需几人施药，则必须使用同一型号的喷雾器并在压杆频率、行进速度方面尽量接近一致。

② 如果用同一喷雾器喷洒不同药剂，换喷前应用清水洗喷雾器至少1次。

③ 避免将药液喷向邻近小区。为此，作业最好在不大于1级风的条件下进行。

5.2.5　药效调查与评判

田间药效试验结果的调查通常采用随机取样法。根据病虫害的分布特点可以采用对角线法、五点法、棋盘法、平行线法、分行法及Z字形取样法等。

病虫害的分布型一般有三种，即随机型、核心型和嵌纹型。此外有些病虫害的分布是由这三种基本型组成的混合型，如随机核心混合型、核心嵌纹混合型和随机嵌纹混合型。

随机分布型是均匀分布，通常比较稀疏。调查取样时以五点法、棋盘法、对角线法较好。如三化螟成虫在水稻秧田的分布；玉米螟卵块在玉米间的分布都是随机分布型。

核心分布型属于不均衡分布。昆虫在田间分布呈多数小集团，形成大小和形状不相同的核心，并自核心向外呈放射性蔓延，核心之间是随机分布的，调查取样以平行线法最好。如三化螟幼虫在水稻田的分布就是核心分布。

嵌纹分布型也是不均衡分布。取样时要考虑取样点的形状、大小、个数、位置等；兼顾疏密，采用Z形取样法较好。棉蚜在棉田初期的分布就是嵌纹分布。

5.2.5.1 杀虫剂药效表示方法

（1）死亡率　检查时能知道昆虫数和活虫数时使用以下公式：

$$死亡率(\%)=\frac{死虫数}{调查总虫数\times(活虫+死虫)}\times100\%$$

（2）虫口减退率　检查时只能找到活虫，找不到死虫时采用以下公式：

$$虫口减退率(\%)=\frac{防前活虫数-防后活虫数}{防前活虫数}\times100\%$$

（3）校正虫口减退率

A　处理区因施药虫口下降，对照区虫口增加时用以下公式：

$$校正虫口减退率(\%)=\frac{处理区虫口减退率-对照区虫口减退率}{100+对照区虫口增加率}\times100\%$$

B　处理区和对照区虫口均减退时用以下公式：

$$校正虫口减退率(\%)=\frac{处理区虫口减退率-对照区虫口减退率}{100-对照区虫口减退率}\times100\%$$

C　处理区和对照区虫口均增加时用以下公式：

$$校正虫口减退率(\%)=\frac{处理区防后虫口数\times对照区防前虫口数}{处理区防前虫口数\times对照区防后虫口数}\times100\%$$

（4）被害率　找不到害虫（转移危害的）或不能数清时使用以下公式：

$$被害率(\%)=\frac{被害（叶、片、株等）数}{调查数}\times100\%$$

（5）保产效果　考查经济效益时用以下公式：

$$保产效果(\%)=\frac{处理区产量-对照区产量}{对照区产量}\times100\%$$

（6）相对防效　用危害指数评价防效时采用以下公式：

$$相对防效(\%)=\frac{对照区危害指数-处理区危害指数}{对照区危害指数}\times100\%$$

5.2.5.2 杀菌剂药效表示方法

$$病情指数(\%)=\frac{\sum（病级叶数\times该病级值）}{检查总叶数\times最高级值}\times100\%$$

$$相对防效(\%)=\frac{对照区病情指数-处理区病情指数}{对照区病情指数}\times100\%$$

$$绝对防效(\%)=\frac{对照区病情指数增长值-处理区病情指数增长值}{对照区病情指数增长值}\times100\%$$

5.2.5.3 除草剂药效表示方法

调查除草剂效果或调查除草剂增产情况都要坚持随机取样，随机取样的方法有五点法、对角线法、棋盘式取样法等。

生育期施用除草剂，应在施药前 1～3d 先调查一次杂草基数，作物播前或播后苗前施用除草剂则不进行用药前的杂草基数调查。施药后调查除草效果应根据除草剂的作用快慢决定调查时间，还要根据除草剂持效长短作第二次甚至第三次调查，每两次调查之间相隔 7～15d。

调查点的数量应由小区面积决定，小区试验一般每小区取 3～5 点调查，示范性试验每区调查点应在 5 个以上。多次调查时，可以采用定点调查法或不定点调查法。应注意，如果第一次调查时将杂草剪下或拔除，第二次调查就应错开这个调查点。调查点的面积应为 $0.0625m^2$ 或 $0.25m^2$。

调查结果可以用单位面积杂草株数表示，也可以用单位面积的杂草鲜重（g/m^2）表示。鲜重一般指地上部分鲜重。

（1）除草效果

① 以下公式仅适用于生育期施药，较少使用。

$$除草效果(\%)=\frac{施药前杂草数量-施药后杂草数量}{施药前杂草数量}\times 100\%$$

② 以下公式适用于各种施药方法，应用较多。

$$除草效果(\%)=\frac{对照区杂草数量或鲜重-施药区杂草数量或鲜重}{对照区杂草数量或鲜重}\times 100\%$$

（2）增产效果　产量测定时，小区可全部收获测产，大区可随机取 3～5 点测产，计算公式如下：

$$增产率(\%)=\frac{处理区产量-对照区产量}{对照区产量}\times 100\%$$

5.2.6 田间药效试验的统计分析

在大田药效试验中广泛采用的统计分析方法是变量分析法，即方差分析：把构成试验结果的总变异分解为各个变异来源的相应变异，以方差作为测量各变异量的尺度，作出其数量上的估计。

5.2.6.1 方差分析中的数据转换

杀虫剂田间药效试验中，试验数据可分为两类：一类是计量数据，是一种连续性资料，如以作物产量作为药效评判指标，作物产量就是计量数据。另一类是计数数据，是非连续性资料，如以单株蚜量、百株虫口为药效评判指标，单株蚜量或百株虫口就是计数数据。计量数据可直接进行方差分析，而计数数据必须经过数据转换后才能进行方差分析。常用的数据转换方法如下：

（1）平方根转换　随机分布型资料，如玉米螟卵块数要作平方根转换。设原数为 X，转换后为 X'，则：当 X 大多数＞10 时，可用 $X'=\sqrt{X}$。当 X 大多数＜10，并有 0 出现时，可用 $X'=\sqrt{X+1}$。

（2）对数转换　核心分布型或嵌纹分布型资料，如水稻田中三化螟幼虫、甘蓝上菜青虫等调查资料要作对数转换。设原数据为 X，转换后为 X'，则：如资料中没有 0 出现，且大多数值＞10 时，可用 $X'=\lg X$；如资料中多数值＜10，且有 0 出现时，可用 $X'=\lg(X+1)$。

（3）反正弦转换　百分数资料，如死亡率、虫口减退率、被害率等，特别是当这类资料中有<30%或>70%时，应作反正弦转换，即将百分数的平方根值取反正弦值。设 P 为百分数，θ 为角度，则有 $\theta=\sin^{-1}\sqrt{P}$。

5.2.6.2 田间药效试验结果统计实例

进行某种杀虫剂不同浓度防治某种害虫试验。设A、B和C三种浓度处理，以不施药为对照。重复4次，随机区组设计。小区面积0.05亩，按每亩50kg液量用工农-16型背负式喷雾器喷雾。

表 5-2 某药剂防治某种害虫试验结果

处理	虫口数量/头							
	重复1		重复2		重复3		重复4	
	防前	防后7d	防前	防后7d	防前	防后7d	防前	防后7d
A	26	2	30	22	50	15	43	9
B	70	30	38	24	55	15	43	35
C	16	9	45	35	35	20	59	20
CK	22	20	40	37	55	46	39	35

施药前统计虫口基数，并挂牌标记。药后1d、3d、7d、10d用同样的方法调查每一处理的活虫数，并计算虫口减退率、校正防效；最后利用方差分析法对药后第7d的校正防效进行显著性分析。计算公式如下：

$$\text{虫口减退率}(\%)=\frac{\text{防前活虫数}-\text{防后活虫数}}{\text{防前活虫数}}\times 100\%$$

$$\text{校正防效}(\%)=\frac{\text{处理区虫口减退率}-\text{对照区虫口减退率}}{1-\text{对照区虫口减退率}}\times 100\%$$

根据原始记录（见表5-2）列出处理、重复两项计算表（见表5-3）。该资料为随机分布，因为虫口减退率是百分数，因此用 $X'=\sin^{-1}\sqrt{X}$ 将原始资料 X 进行反正弦转换。然后将转换的数据值填入表中相应各栏，统计各处理的总和。各重复总和组成表5-3。

表 5-3 虫口减退率及 $\sin^{-1}\sqrt{X}$ 转换

处理	原资料（X）				$\sin^{-1}\sqrt{X}$				
	重复1	重复2	重复3	重复4	重复1	重复2	重复3	重复4	$\sum X$
A	92.31	26.67	70.00	79.07	73.89	31.09	56.79	62.77	224.54
B	57.14	36.84	72.73	18.60	49.10	37.37	58.52	25.55	170.54
C	43.75	22.22	42.86	66.10	41.41	28.12	40.90	54.39	164.82
CK	9.09	7.50	16.36	10.26	17.55	15.89	23.86	18.68	75.98
总和					181.95	112.47	180.07	161.39	635.88

$$C(\text{矫正数})=\frac{(\sum X)^2}{nK}=\frac{635.88^2}{4\times 4}=25271.46$$

$$\text{总平方和}=\sum X^2-C=30091.56-25271.46=4820.1$$

处理平方和 $=\frac{\sum T_x^2}{n}-C=\frac{224.54^2+170.54^2+164.82^2+75.98^2}{4}-C=2838.71$

重复间平方和 $=\frac{\sum T_2^2}{K}-C=\frac{181.95^2+112.47^2+180.07^2+161.39^2}{4}-C=785.35$

误差平方和＝总平方和－处理平方和－重复间平方和

$=4820.1-2838.71-785.35$

$=1196.04$

列出方差分析表：将上述计算结果填入方差分析表（表 5-4），然后计算各变异因素的变量（MS），再计算区组间、处理间的 F 值。

处理间的 MS＝$\frac{\text{处理平方和}}{\text{处理自由度}}=\frac{2838.71}{3}=946.24$

重复间的 MS＝$\frac{\text{重复间平方和}}{\text{重复自由度}}=\frac{785.35}{3}=261.78$

误差的 MS＝$\frac{\text{误差平方和}}{\text{误差自由度}}=\frac{1196.04}{9}=132.89$

处理间的 F 值＝$\frac{\text{处理间的 MS}}{\text{误差的 MS}}=\frac{946.24}{132.89}=7.12$

重复间的 F 值＝$\frac{\text{重复间的 MS}}{\text{误差的 MS}}=\frac{261.78}{132.89}=1.96$

表 5-4　方差分析表

变异因素	自由度（df）	平方和（SS）	变量（MS）	F	$F_{0.05}$	$F_{0.01}$
处理间	3	2838.71	946.24	7.12	3.86	6.99
重复间	3	785.35	261.78	1.96	3.86	6.99
误差	9	1196.04	132.89			
总变异	15	4820.1				

从 F 表中查出：$F_{0.05}(3.9)=3.86$；$F_{0.01}(3.9)=6.99$。

方差分析结果说明，在 0.05 和 0.01 水平上，各重复之间差异不显著，但各处理之间差异显著。

5.3　农药生物测定实验

实验 1　杀虫剂触杀毒力测定——点滴法

一、实验目的

学习并掌握杀虫剂触杀毒力测定方法之一——点滴法。

二、实验原理

将一定剂量的药剂滴在昆虫体壁上，观察药剂穿透昆虫体壁的触杀毒力。

三、实验用具

电子天平（感量 0.1mg）、微量点滴器、毛细管、滤纸、毛笔、直径为 9cm 的培养皿、烧杯、移液管或移液器、镊子等。

四、实验材料

（1）供试农药　采用原药，并注明通用名、商品名或代号、含量、生产厂家。

（2）对照药剂　根据需要采用已登记注册且生产上常用药剂的原药。

（3）试虫　试验靶标选择龄期一致、敏感鳞翅目幼虫，如黏虫（*Leucania separata*）、棉铃虫（*Helicoverpa armigera*）、二化螟（*Chilo suppressalis*）等，同翅目昆虫如蚜虫类、叶蝉类、飞虱类等。

五、实验步骤

1. 药剂配制

水溶性药剂用蒸馏水溶解后稀释，其他药剂选用合适的有机溶剂（如丙酮、二甲基亚砜、乙醇等）溶解并稀释。根据预备试验，按照等比或等差的方法设置 5～7 个系列浓度。

2. 微量点滴器或毛细管点滴器准备

将微量点滴器或毛细管点滴器用溶剂清洗。根据试虫的种类及大小确定点滴量及选择点滴器。

3. 药剂处理

用毛笔选取龄期整齐一致的试虫（根据需要可采用 CO_2 或乙醚麻醉）置于培养皿中备用。将培养皿内试虫逐头进行点滴处理，鳞翅目幼虫点滴于虫体前胸背板上，每头点滴药剂 0.5～1.0μL；蚜虫、叶蝉等点滴于虫体腹部，每头点滴药剂 0.02～0.1μL。将点滴后的试虫分别转移至正常条件下饲养。每处理 4 次重复，每重复不少于 10 头试虫，并设不含药剂的相应有机溶剂的处理作为对照。

六、结果调查与统计分析

处理后 24h 调查试虫死亡情况，记录总虫数和死虫数。根据试验要求和药剂特点，可缩短或延长调查时间。

根据调查数据，计算各处理的校正死亡率，计算各药剂的 LC_{50}、LC_{90}、标准误及其 95%置信限，评价供试药剂对靶标昆虫的触杀活性。

七、作业及思考题

① 用 2 种方法来计算 LD_{50}，分析试验结果；并比较 2 种计算方法的优缺点。

② LD_{50} 值在农药研究和生产上有什么指导作用？

实验2 杀虫剂触杀毒力测定——滤纸药膜法

一、实验目的

学习滤纸片药膜的准备方法和利用药膜测定杀虫剂对鳞翅目初孵幼虫的毒力。

二、实验原理

触杀、胃毒、内吸、熏蒸是杀虫剂最主要的几种作用方式。滤纸药膜法是评价杀虫剂触杀毒力的经典方法之一。

三、实验材料

（1）实验器材及用品 电子天平、计算器、烧杯、移液管、吸耳球、记号笔、容量瓶、量筒、滤纸、大头针、泡沫板、毛笔、培养皿、秒表、丙酮、石油醚、缝纫机油等。

（2）实验药品及材料 90%辛硫磷原油、玉米螟初孵幼虫。

四、实验步骤

1.混合溶剂的配制

丙酮：石油醚：缝纫机油＝1：3：1。

2.原药母液的配制

用混合溶剂配制1%辛硫磷母液50mL。

3.药膜的制备

取直径9cm滤纸，放于用三根大头针做成的支架上，吸取1mL 1%辛硫磷母液，从滤纸中心向外均匀环形滴加，使其充分湿润，待溶剂挥发后，放于直径9cm的培养皿内备用，以混合溶剂处理为空白对照。

4.初孵幼虫的处理

用软毛笔迅速挑取玉米螟初孵幼虫30头于滤纸上，并立即计时，培养皿的一侧加一微光源，玉米螟由于有趋光性，会迅速爬向有光照的一方，不断转动培养皿，使玉米螟保持爬动，以不能爬动的为死虫，观察幼虫击倒时间及头数，重复3次。

5.结果计算和处理

计算各个处理幼虫的击倒率和校正击倒率，求得毒力回归方程和击倒中时（KT_{50}）。

五、思考题

① 杀虫剂触杀毒力测定都有哪些常用方法？

② 毒力测定如何进行预备实验？

实验3 杀虫剂触杀毒力测定——喷雾法

一、实验目的

学习并掌握喷雾法测定杀虫剂触杀毒力的试验方法。

二、实验原理

通过喷雾将不同浓度的药液喷洒到靶标昆虫体壁，药液通过体壁渗透进入体内起毒杀作用。

三、实验仪器设备

Potter 喷雾塔、恒温培养箱或恒温养虫室。

四、实验材料

（1）供试农药　采用原药，并注明通用名、商品名或代号、含量、生产厂家。

（2）对照药剂　根据需要采用已登记注册且生产上常用药剂的原药。

（3）试虫　选择室内连续饲养、生理状态一致的标准试虫，如东方黏虫（*Mythimna separata* Walker）、小菜蛾（*Plutella xylostella*）、烟粉虱（*Bemisia tabaci*）等昆虫。

五、实验步骤

1. 药剂配制

水溶性药剂用蒸馏水溶解后稀释，其他药剂选用合适的有机溶剂（如丙酮、二甲基亚砜、甲醇等）配制成母液，再用0.1%吐温80（或0.1% Triton X-100）的水溶液按照等比或等差的方法配制5～7个系列质量浓度。

2. Potter 喷雾塔准备

将 Potter 喷雾塔的喷雾压强稳定在 1.47×10^5 Pa，喷雾头先用丙酮清洗2次，再用蒸馏水清洗2次。

3. 药剂处理

先用毛笔选取龄期生理状态整齐一致的试虫不少于10头放入培养皿中，再将培养皿置于 Potter 喷雾塔底盘进行定量喷雾，喷液量为1mL，药液沉降1min后取出试虫，进行饲养。每处理不少于4次重复，并设不含药剂（含所有溶剂和乳化剂）的处理作为空白对照。

4. 饲养与观察

处理后的试虫置于温度为（25±1）℃、相对湿度为60%～80%、光照光周期为L：D=(16：8)h条件下饲养和观察。特殊情况可以适当调整试验环境条件。

六、结果调查与统计分析

处理后48h调查试虫死亡情况，分别记录总虫数和死虫数。根据试验要求和药剂特点，可缩短或延长调查时间。

根据调查数据，计算各处理的校正死亡率，计算各药剂的 LC_{50}、LC_{90}、标准误及其95%置信限，评价供试药剂对靶标昆虫的活性。

七、作业及思考题

喷雾法处理靶标昆虫时要注意什么？

实验 4　杀虫剂胃毒毒力作用测定——夹毒叶片法

一、实验目的

学习并掌握杀虫剂胃毒作用的测定方法之一——夹毒叶片法。

二、实验原理

在两叶片中间均匀地夹入一定量的杀虫剂，饲喂目标昆虫，药剂随叶片被昆虫取食，然后由被吞食的叶片面积计算出吞食的药量，并计算 LD_{50}。

三、实验用具

电子天平（感量 0.1mg）、打孔器、微量注射器（或毛细管点滴器）、吸水纸、镊子、培养皿、玻璃棒、烧杯等。

四、实验材料

（1）供试农药　采用原药，并注明通用名、商品名或代号、含量、生产厂家。

（2）对照药剂　根据需要选择对照药剂，采用已登记注册且生产上常用药剂的原药。

（3）试虫　试验靶标应选择龄期一致、敏感的取食量大的咀嚼口器害虫的幼虫，包括黏虫（*Leucania separata*）、小菜蛾（*Plutella xylostella*）、菜青虫（*Pieris rapae*）、茶尺蠖（*Ectropis obliqua*）、棉铃虫（*Helicoverpa armigera*）、斜纹夜蛾（*Prodenia litura*）、甘蓝夜蛾（*Mamestra brassicae*）、甜菜夜蛾（*Laphygma exigua*）等。

（4）其他实验材料　丙酮、淀粉浆糊、试虫喜食的植物新鲜叶片。

五、实验步骤

1. 药剂配制

水溶性药剂用蒸馏水溶解后稀释，其他药剂选用合适的有机溶剂（如丙酮、二甲基亚砜、乙醇等）溶解并稀释。根据预备试验，按照等比或等差的方法设置 5～7 个系列浓度。

2. 试虫准备

挑选龄期一致的试虫，饥饿 4～8h，选取 50 头幼虫，用电子天平称量，计算每头平均体重。

3. 夹毒叶片制备

用直径 1cm 的打孔器打取叶碟，放入培养皿，并注意保湿。用毛细管点滴器从低浓度开始，每叶碟点滴 1～2μL 药液，待溶剂挥发后和另一片涂有淀粉糊（或面粉糊）的叶碟对合制成夹毒叶碟，制作完毕后放于培养皿内，每皿一个叶碟。每处理4次重复，每重复不少于12个夹毒叶碟，并设不含药剂的相应的有机溶剂的处理作为对照。

4.药剂处理

每个培养皿内接1头试虫，置于正常条件下培养。接虫2～4h后，待试虫取食完含药叶碟后，在培养皿内加入清洁饲料继续饲养至调查完毕，淘汰未食完一张完整叶碟的试虫。

六、结果调查与统计分析

处理后24h调查试虫死亡情况，记录总虫数和死虫数。根据试验要求和药剂特点，可缩短或延长调查时间。

根据调查数据，按式（5-5）计算各处理的试虫吞食药量（μg/g），根据式（5-6）和式（5-7）计算校正死亡率，计算各药剂的LD_{50}、标准误及其95%置信限，评价供试药剂对靶标昆虫的胃毒活性。

$$V_1=\frac{\rho \times V_2}{m}\times 10^3 \tag{5-5}$$

式中，V_1为每克质量昆虫吞食药液量，μg/g；ρ为处理药液的质量浓度，mg/L；V_2为滴加药液体积，μL；m为试虫的平均体重，g。

$$P_1=\frac{K}{N}\times 100\% \tag{5-6}$$

式中，P_1为死亡率；K为死亡虫数；N为处理总虫数。

$$P_2=\frac{P_t-P_0}{1-P_0}\times 100\% \tag{5-7}$$

式中，P_2为校正死亡率；P_t为处理死亡率；P_0为空白对照死亡率。

在试验中，如对照组死亡率在5%～20%之间，必须求出校正死亡率，若对照组死亡率在5%以下，用死亡率表示，若对照组死亡率在20%以上，本试验失败。

七、作业及思考题

① 描述试虫对供试药剂的中毒过程及症状。

② 根据实验数据计算LD_{50}。

③ 理想的胃毒剂应具备什么条件？

④ 简述该试验成功的关键点。

实验5　杀虫剂熏蒸毒力作用测定——锥形瓶法

一、实验目的

学习并掌握杀虫剂熏蒸作用毒力测定的方法——锥形瓶法。

二、实验原理

那些蒸气压较高，具有一定挥发作用的杀虫剂会挥发进入空气中，并通过昆虫的呼吸道进入体内，从而起到杀虫的作用。

三、实验用具

电子天平（感量 0.1mg）、滤纸、毛笔、直径为 9cm 的培养皿、移液管或移液器、锥形瓶、试虫笼、CO_2 钢瓶、镊子等。

四、实验材料

（1）供试农药　采用原药，并注明通用名、商品名或代号、含量、生产厂家。

（2）对照药剂　根据需要采用已登记注册且生产上常用药剂的原药。

（3）试虫　试验靶标应选择龄期一致、敏感的鳞翅目幼虫，如黏虫（*Leucania separata*）、小菜蛾（*Plutella xylostella*）、二化螟（*Chilo suppressalis*）等，同翅目昆虫如蚜虫类、叶蝉类、飞虱类等，鞘翅目成虫如玉米象（*Sitophilus zeamais*）、赤拟谷盗（*Tribolium castaneum*）等。

五、实验步骤

1. 药剂配制

熏蒸剂宜直接使用原药，以 mg/L 计。根据药剂活性，等比设置 5～7 个系列浓度。

2. 药剂处理

准备 500mL 的锥形瓶，将试虫笼悬挂于瓶的中部，按预定的剂量加入供试药剂于瓶底，熏蒸处理 1h 后将试虫转移到正常条件下饲养。每处理 4 次重复，每重复不少于 50 头试虫，设不含药剂的处理作为对照。

六、结果调查与统计分析

处理后 24h 调查试虫死亡情况，记录总虫数和死虫数。根据试验要求和药剂特点，可缩短或延长调查时间。

根据调查数据，计算各处理的校正死亡率，计算各药剂的 LC_{50}、LC_{90}、标准误及其 95％置信限，评价供试药剂对靶标昆虫的熏蒸活性。

七、思考题

① 杀虫剂熏蒸实验设计的原则是什么？

② 理想熏蒸剂应具备什么条件？

③ 简要介绍熏蒸剂的使用范围及其应用。

实验 6　杀虫剂内吸活性测定——连续浸液法

一、实验目的

学习并掌握内吸杀虫剂的作用方式及内吸活性测定方法——连续浸液法。

二、实验原理

具有内吸传导作用的农药被植株的根茎叶等部位吸收后，将在植物体内传导，试虫在取食食料的同时将药剂摄入消化道并引起中毒。

三、实验用具

电子天平（感量0.1mg）、滤纸、毛笔、直径为9cm的培养皿、量筒、水培瓶、烧杯、移液管或移液器、镊子、记号笔、台灯、大试管、CO_2钢瓶等。

四、实验材料

（1）供试农药　采用原药，并注明通用名、商品名或代号、含量、生产厂家。

（2）对照药剂　根据需要采用已登记注册且生产上常用药剂的原药。

（3）试虫　试验靶标选择龄期一致、敏感鳞翅目幼虫，如黏虫（*Leucania separata*）、二化螟（*Chilo suppressalis*）、小菜蛾（*Plutella xylostella*）等，同翅目昆虫如蚜虫类、叶蝉类、飞虱类等，缨翅目昆虫如蓟马等。

五、实验步骤

1. 药剂配制

水溶性药剂直接用水溶解后稀释，其他药剂选用合适的有机溶剂（如丙酮、乙醇等）溶解后用0.1%吐温80（或0.1% Triton X-100）的水溶液稀释。根据预备试验，按照等比或等差的方法设置5～7个系列质量浓度，每质量浓度的药液量不少于50mL。

2. 寄主植物处理

选择带根的健壮植株，将根部小心洗净、晾干；将植株根部插入装有药液的烧杯中，给予光照及正常条件，保证植株根系正常生长。

3. 药剂处理

将持续处理24h后的植株从药液中取出，剪下植株茎部未接触药剂的部分置于培养皿中，保湿备用。每处理4次重复，每重复接试虫10～20头，并设不含药剂的处理作空白对照。

六、结果调查与统计分析

处理后24h调查试虫死亡情况，记录总虫数和死虫数。根据试验要求和药剂特点，可缩短或延长调查时间。

根据调查数据，计算各处理的校正死亡率，计算各药剂的LC_{50}、LC_{90}、标准误及其95%置信限，评价供试药剂对靶标昆虫的内吸毒杀活性。

七、作业及思考题

① 如何认识内吸杀虫剂的作用方式？

② 具有内吸活性的杀虫剂在实际害虫防治上有何意义？

实验 7 杀虫剂杀卵活性测定——浸渍法

一、实验目的

学习并掌握杀虫剂杀卵活性测定的基本要求和方法——浸渍法。

二、实验原理

将靶标昆虫卵直接浸入到药液中，药液通过渗透发挥杀卵作用。

三、实验用具

电子天平（感量 0.1mg）、显微镜、滤纸、毛笔、直径为 9cm 的培养皿、容量瓶、量筒、烧杯、移液管或移液器、镊子、秒表等。

四、实验材料

（1）供试农药　采用原药，并注明通用名、商品名或代号、含量、生产厂家。

（2）对照药剂　根据需要采用已登记注册且生产上常用药剂的原药。

（3）试验靶标　选择室内饲养、敏感试虫成虫的初产卵。选择生育期一致的鳞翅目昆虫卵如黏虫（*Leucania separata*）、二化螟（*Chilo suppressalis*）、小菜蛾（*Plutella xylostella*）、菜青虫（*Pieris rapae*）、茶尺蠖（*Ectropis obliqua*）、亚洲玉米螟（*Ostrinia furnacalis*）、棉铃虫（*Heliothis armigera*）、斜纹夜蛾（*Prodenia litura*）、甘蓝夜蛾（*Mamestra brassicae*）、甜菜夜蛾（*Spodoptera exigua*）等昆虫卵，叶螨如二斑叶螨（*Tetranychus urticae*）等卵。

五、实验步骤

1. 药剂配制

水溶性药剂直接用水溶解、稀释，其他药剂选用合适的有机溶剂（如丙酮、氯仿、乙醇等）溶解，再用含有适量表面活性剂如 0.1%吐温 80（或 0.1% Triton X-100）的水溶液稀释，根据农药活性，按照等比或等差的方法设置 5～7 个系列质量浓度。每浓度药液量不少于 50mL。

2. 卵卡制作

取 30mm×20mm 白色硬板，以双面胶粘贴初产卵，制成卵卡，每卡卵量不低于 30 粒。

对于一些不适于制作卵卡的试虫，可以直接剪取适宜大小的卵块或者浸染有靶标卵的基质直接进行处理。

3. 药剂处理

将卵卡浸入药液 5～10s 后，转移至正常条件下培养。每处理 4 次重复，并设不含药剂的相应的有机溶剂的处理作为对照。

六、结果调查与统计分析

根据试验方案在空白对照孵化完成时进行调查，分别记载各处理的孵化卵数及未孵化卵数。

根据调查数据，计算各处理的卵孵化校正抑制率，计算各药剂的 LC_{50}、LC_{90}、标准误及其 95%置信限，评价供试药剂对靶标昆虫的杀卵活性。

七、作业及思考题

① 卵卡浸药处理应注意什么?

② 具有杀卵活性的杀虫剂在实际防治中有何意义?

实验 8　杀虫剂毒力测定——人工饲料混药法

一、实验目的

学习并掌握采用人工饲料混药法测定杀虫剂生物活性的试验方法。

二、实验原理

利用靶标昆虫取食混毒饲料而发挥毒杀作用。

三、实验仪器设备

高压灭菌器、恒温水浴锅、12 孔组织培养板、恒温培养箱或恒温养虫室。

四、实验材料

(1) 供试农药　采用原药，并注明通用名、商品名或代号、含量、生产厂家。

(2) 对照药剂　根据需要采用已登记注册且生产上常用药剂的原药。

(3) 试虫　如东方黏虫（*Mythimna separata* Walker)、二化螟（*Chilo suppressalis*)、棉铃虫（*Heliothis armigera*)、甜菜夜蛾（*Spodoptera exigua*）等鳞翅目昆虫。选择室内连续饲养、生理状态一致的标准试虫。

五、实验步骤

1. 药剂配制

水溶性药剂用蒸馏水溶解后稀释，其他药剂选用合适的有机溶剂（如丙酮、二甲基亚砜、甲醇等）配制成母液，再用水或丙酮等有机溶剂按照等比或等差的方法配制 5～7 个系列质量浓度。

2. 人工饲料准备

根据被测试试虫的人工饲料配方配制人工饲料。

3. 混药

将适量稀释好的药液均匀混入制作好的人工饲料中（有机溶剂在饲料中的含量不超过 1%)，趁热分别倒入 12 孔板冷却备用，或凝固后切成小块转入指形管中备用。

4. 接虫

每孔接入 1 头试虫，每处理重复 3 次，每重复 20 头，并设不含药剂（含有机溶剂）的处理作空白对照。

5. 饲养与观察

处理后的试虫置于温度为 (25±1)℃、相对湿度为 60%～80%、光照光周期为 L∶D=(16∶8)h 条件下饲养和观察。特殊情况可以适当调整试验环境条件。

六、结果调查与统计分析

处理后 48h 调查试虫死亡情况，分别记录总虫数和死虫数。根据试验要求和药剂特点，可缩短或延长调查时间。

根据调查数据，计算各处理的校正死亡率，计算各药剂的 LC_{50}、LC_{90}、标准误及其 95%置信限，评价供试药剂对靶标昆虫的胃毒活性。

七、作业及思考题

如何评价人工饲料混药法测定杀虫剂毒力？

实验 9　杀螨剂毒力测定——玻片浸渍法

一、实验目的

学习并掌握杀螨剂毒力测定方法——玻片浸渍法。

二、实验原理

将一定供试害螨粘贴于载玻片上，然后将粘有螨的玻片在药液中浸渍，统计死亡螨数，并计算 LC_{50}。玻片浸渍法被 FAO 推荐为用于杀螨剂毒力测定和害螨抗药性检测的方法，是测定药剂对螨类毒力的最常用方法。

三、实验用具

生化培养箱、电子天平（感量 0.1mg）、双目解剖镜、烧杯、移液管或移液器、载玻片、双面胶带、零号毛笔、搪瓷盘、吸水纸、薄海绵。

四、实验材料

(1) 供试农药　95%乙唑螨腈原药。

(2) 对照药剂　95%唑螨酯原药。

(3) 试虫　朱砂叶螨（*Tetranychus cinnabarinus* Boisduval）。

五、实验步骤

1. 药剂配制

将乙唑螨腈原药和唑螨酯原药分别用 *N*,*N*-二甲基甲酰胺溶解，得到 10000mg/L 的母液。根据预备试验，按照等比或等差的方法用0.01%的Triton X-100溶液分别稀释成5～7个系列浓度。0.01%的Triton X-100溶液为空白对照。

2. 试虫准备

将双面胶带剪成2cm长，贴在载玻片的一端；用零号毛笔挑起3～4日龄的雌成螨，迅速将其背部粘在胶带上，每行粘10头，粘2～3行；使用双目解剖镜仔细观察粘在胶带上的螨，用毛笔除去粘在胶带上不规则的螨，如足、腹面、头部等粘在胶带上，只保留符合规定的雌成螨。然后在25℃、相对湿度80%左右的条件下放置4h后，再用解剖镜观察，能够正常活动的个体符合实验要求，去除不合格的其他个体，并记录存活个体数。

3. 药剂处理

用手持玻片无螨的一端，将粘有螨的一端分别浸入装有乙唑螨腈、唑螨酯药液的100mL烧杯中，浸渍5s，取出后用吸水纸吸去多余的药液；每个处理重复3～4次；在搪瓷盘中铺设厚度为1.0cm的海绵或吸水纸，其上铺蓝布，加水湿透海绵（或吸水纸）和蓝布，不要积水。将浸过药液的玻片平放在上面，置于25℃的生化培养箱中。

六、结果调查与统计分析

处理24h后检查死亡数，用毛笔尖端轻轻触动螨足，以不动者为死亡，记录总虫数和死虫数。根据下列公式计算死亡率和校正死亡率。

死亡率和校正死亡率按式（5-8）和式（5-9）计算，计算结果均保留到小数点后两位。

$$P_1=\frac{K}{N}\times 100\% \tag{5-8}$$

式中，P_1为死亡率；K为死亡虫数；N为处理总虫数。

$$P_2=\frac{P_t-P_0}{1-P_0}\times 100\% \tag{5-9}$$

式中，P_2为校正死亡率；P_t为处理死亡率；P_0为空白对照死亡率。

试验中，如对照组死亡率在5%～20%之间，必须求出校正死亡率，若对照组死亡率在5%以下，用死亡率表示，若对照组死亡率在20%以上，本试验失败。

根据各药剂浓度对数值及对应的死亡率（校正死亡率）概率值作回归分析，计算各药剂的LC_{50}及其95%置信限。

七、作业及思考题

① 根据实验数据计算乙唑螨腈和唑螨酯的LC_{50}。

② 对比杀虫剂活性测定实验，杀螨剂毒力测定还可以用哪些方法？

③ 杀螨剂毒力测定的注意事项有哪些？

实验10 杀虫剂混配的联合作用测定

一、实验目的

学习并掌握杀虫剂混配联合作用测定方法和混配的生物学效应评价方法。

二、实验原理

利用不同杀虫剂对靶标昆虫的作用特点，优势互补，发挥对靶标昆虫的综合效应。

三、实验用具

电子天平（感量0.1mg）、滤纸、微量点滴器、组织培养板、Potter喷雾塔、三角瓶、毛笔、培养皿、烧杯、移液管或移液器等。

四、实验材料

（1）供试农药　采用原药，并注明通用名、商品名或代号、含量、生产厂家。

（2）试验靶标　选择室内饲养、龄期一致的敏感试虫。若从田间采集虫源，应在室内饲养1～2代后进行试验。虫体较大时（如棉铃虫、菜青虫等），每个剂量处理试虫数不少于40头；虫体较小时（如蚜虫、红蜘蛛等），每个剂量处理试虫数不少于120头。

五、实验步骤

1.药剂配制

水溶性药剂直接用水溶解、稀释，其他药剂选用合适的有机溶剂（如丙酮、氯仿、乙醇等）溶解，再用含有适量表面活性剂如0.1%吐温80（或0.1% Triton X-100）的水溶液稀释。分别配制单剂母液，并根据混配目的、药剂活性设5组以上配比，各单剂及每组配比混剂均按照等比或等差的方法设置5～7个系列质量浓度。

2.药剂处理

根据昆虫种类、药剂作用特性、作用方式及试验本身的具体要求选用相应的试验方法，如药膜法、点滴法、喷雾法、叶片夹毒法、浸渍法等。每处理4次重复，并设不含药剂的相应有机溶剂的处理作为对照。

六、结果调查与统计分析

处理后24h调查试虫死亡情况，记录总虫数和死虫数。根据试验要求和药剂特点，可缩短或延长调查时间。

根据调查数据，计算各处理的校正死亡率，计算各药剂的LC_{50}、LC_{90}、标准误及其95%置信限，并根据孙云沛法计算混剂的共毒系数（CTC值）。

复配剂的共毒系数（CTC）≥120表现为增效作用；CTC≤80表现为拮抗作用；80<CTC<120表现为相加作用。

七、作业及思考题

① 如何进行杀虫剂混配的研究？

② 杀虫剂混配的生物效应如何评价？

实验 11　杀菌剂抑制病原真菌孢子萌发毒力测定——凹玻片法

一、实验目的

学习并掌握杀菌剂的生物测定方法之一——凹玻片法。

二、实验原理

将孢子培育在含有一定药剂的介质中，根据杀菌剂对病原真菌孢子萌发抑制作用来测定药剂的生物活性。

三、实验用具

离心机、电子天平（感量 0.1mg）、显微镜、培养箱、培养皿、计数器、载玻片、凹玻片、移液管或移液器等。

四、实验材料

（1）供试农药　采用原药，并注明通用名、商品名或代号、含量、生产厂家。

（2）对照药剂　根据需要采用已登记注册且生产上常用的抑制孢子萌发的杀菌剂原药。

（3）供试病菌　将供试病原真菌在适宜的培养基上培养，或将病组织保湿培养，待产生孢子后备用。

五、实验步骤

1. 药剂配制

水溶性药剂直接用无菌水溶解稀释。其他药剂选用合适的溶剂（如丙酮、二甲基亚砜、乙醇等）溶解，用 0.1%吐温 80（或 0.1% Triton X-100）的水溶液稀释。根据预备试验，设置 5～7 个系列浓度，有机溶剂最终含量不超过 2%。

2. 孢子悬浮液配制

将培养好的病原真菌孢子用去离子水从培养基或病组织上洗脱、过滤，离心（1000r/min）5min，倒去上清液，加入去离子水，再离心。最后用去离子水将孢子重悬浮至 $1\times10^5\sim1\times10^7$ 个孢子每毫升，并加入 0.5%葡萄糖溶液。

3. 药剂处理

用移液管或移液器从低浓度到高浓度，依次吸取药液 0.5mL 分别加入小试管中，然后吸取制备好的孢子悬浮液 0.5mL，使药液与孢子悬浮液等量混合均匀。用微量加样器吸取上述混合液滴到凹玻片上，然后架放于带有浅层水的培养皿中，加盖保湿培养于适宜温度的培养箱中。每处理不少于 3 次重复，并设不含药剂的处理作空白对照。

六、结果调查与统计分析

当空白对照孢子萌发率达到 90%以上时，检查各处理孢子萌发情况。每处理各重复随机观察 3 个以上视野，调查孢子总数不少于 200 个，分别记录萌发数和孢子总数。孢子芽管长度大于孢子的短半径视为萌发。同时还应观察记录芽管生长异常情况、附着胞形成数等。

根据调查数据，计算各处理的孢子萌发相对抑制率，采用浓度对数-概率值法计算各药剂的 EC_{50}、EC_{90}、标准误及其 95%置信限，评价供试药剂对靶标菌孢子萌发的抑制活性。

七、思考题

① 为什么要观察孢子的异常现象？有何意义？

② 孢子萌发法适用于哪些菌种的毒力测定？

实验 12　杀菌剂抑制病原真菌菌丝生长毒力测定——生长速率法

一、实验目的

学习并掌握杀菌剂的生物测定方法之一——生长速率法。

二、实验原理

生长速率法又叫含毒介质法，它是将供试药剂与培养基混合，以培养基上菌落的生长速度来衡量化合物的毒力大小。一般多用于那些不产孢子或孢子量少而菌丝较密的真菌。

三、实验用具

电子天平（感量 0.1mg）、生物培养箱、培养皿、移液管或移液器、接种器、卡尺、高压灭菌锅、超净工作台、酒精灯、纱布、打孔器等。

四、实验材料

（1）供试农药　采用原药，并注明通用名、商品名或代号、含量、生产厂家。

（2）对照药剂　根据需要采用已登记注册且生产上常用的原药。

（3）供试病菌　试验靶标应选择在人工固体培养基上菌丝能沿水平方向、有一定生长速率且周缘生长较整齐的真菌，如番茄灰霉病菌（*Botrytis cinerea*）、水稻纹枯病菌（*Rhizoctonia solani*）、小麦赤霉病菌（*Fusarium graminearum*）、辣椒疫霉菌（*Phytophthora capsici*）、辣椒炭疽病菌（*Colletotrichum capsici*）和番茄早疫病菌（*Alternaria solani*）等。记录菌种来源。

（4）其他实验材料　PDA 培养基。

五、实验步骤

1. 药剂配制

水溶性药剂直接用无菌水溶解稀释。其他药剂选用合适的溶剂（如丙酮、二甲基亚砜、乙醇等）溶解，用 0.1%吐温 80（或 0.1% Triton X-100）的无菌水溶液稀释。根据预备试验，设置 5～7 个系列质量浓度，有机溶剂最终含量不超过 2%。

2. 药剂处理

在无菌操作条件下，根据试验处理将预先融化的灭菌培养基定量加入无菌锥形瓶中，从低浓度到高浓度依次定量吸取药液，分别加入上述锥形瓶中，充分摇匀。然后等量倒入 3 个以上直径为 9cm 的培养皿中，制成相应浓度的含药平板。

实验设不含药剂的处理作空白对照，每处理不少于 3 次重复。

3. 接种

将培养好的病原菌，在无菌条件下用直径为 4mm 的灭菌打孔器，自菌落边缘切取菌饼，用接种针将菌饼接种于含药平板中央，盖上皿盖，皿盖朝下，将培养皿置于适宜温度的培养箱中。

六、结果调查与统计分析

根据空白对照培养皿中菌的生长情况调查病原菌菌丝生长情况。用卡尺测量菌落直径，单位为 mm。每个菌落用十字交叉法垂直测量直径各一次，取其平均值。根据测得的结果计算菌丝生长抑制率，采用浓度对数-概率值法计算各药剂的 EC_{50}、EC_{90}、标准误及其 95% 置信限，评价供试药剂对靶标菌生长的抑制活性。

七、思考题

① 用生长速率法测定杀菌剂的毒力有何优点?

② 生长速率法适用哪些菌种的毒力测定?

实验 13　杀菌剂防治小麦白粉病毒力测定——盆栽法

一、实验目的

学习并掌握盆栽法测定杀菌剂生物活性的操作方法。

二、实验原理

盆栽试验法是在利用盆、钵培育的幼嫩植物上接种病原菌，喷洒药剂，然后考查防治效果的活性测定，是研究杀菌剂的有效方法之一，克服了在离体条件下对病菌无效而在活体条件下有效的化合物的漏筛，更接近大田实际情况，且材料易得，条件易于控制。

三、实验用具

电子天平（感量 0.1mg）、喷雾器械、显微镜、锥形瓶、移液管或移液器、量筒、血球计数板、计数器等。

四、实验材料

（1）供试农药　采用原药，并注明通用名、商品名或代号、含量、生产厂家。

（2）对照药剂　根据需要采用已登记注册且生产上常用的原药。

（3）供试病菌　小麦白粉病菌（*Erysiphe graminis*）。记录菌种来源。

（4）供试小麦　选用易感病小麦品种盆栽，待幼苗长至 2～3 叶期备用。

五、实验步骤

1. 药剂配制

水溶性药剂直接用水溶解稀释。其他药剂选用合适溶剂（如丙酮、二甲基亚砜、乙醇等）溶解，0.1%吐温 80（或 0.1% Triton X-100）的水溶液稀释。根据药剂活性，设置 5～7 个系列浓度，有机溶剂最终含量不超过 1%。

2. 药剂处理

用喷雾法将药剂均匀喷洒于备用的小麦苗上，自然晾干。试验设不含药剂的处理作空白对照。

3. 接种与培养

将发病小麦叶片上 24h 内产生的白粉病菌新鲜孢子均匀抖落接种于处理的 2～3 叶期盆栽小麦苗上。每处理不少于 3 盆，每盆 10 株。保护性试验在药剂处理后 24h 接种；治疗性试验在药剂处理前 24h 接种，然后置于适宜条件下培养。

六、结果调查与统计分析

根据空白对照发病情况分级调查。采用如下分级方法：

0 级：无病；

1 级：病斑面积占整片叶面积的 5%以下；

3 级：病斑面积占整片叶面积的 6%～15%；

5 级：病斑面积占整片叶面积的 16%～25%；

7 级：病斑面积占整片叶面积的 26%～50%；

9 级：病斑面积占整片叶面积的 50%以上。

根据调查数据，计算各处理的病情指数和防治效果，采用浓度对数-概率值法计算各药剂的 EC_{50}、EC_{90}、标准误及其 95%置信限，评价供试药剂对小麦白粉病的保护或治疗效果。

七、思考题

① 杀菌剂盆栽药效试验成功的关键是什么？

② 小麦白粉病接种时应注意什么？

实验 14　杀菌剂抑制水稻纹枯病菌毒力测定——蚕豆叶片法

一、实验目的

学习并掌握蚕豆叶片法测定杀菌剂生物活性方法及基本技术。

二、实验原理

利用病菌在活体植物组织上对药剂的反应来测定药剂的毒力，克服了在离体条件下对病菌无效而在活体条件下有效的化合物的漏筛，测定结果反映了药剂、病菌与植物组织的相互作用和影响，更接近实际情况，且材料易得，条件易于控制。

三、实验用具

电子天平（感量 0.1mg）、喷雾器械、人工气候箱或光照保湿箱、生物培养箱、培养皿、接种器、移液管或移液器等。

四、实验材料

（1）供试农药　采用原药，并注明通用名、商品名或代号、含量、生产厂家。

（2）对照药剂　根据需要采用已登记注册且生产上常用的原药。

（3）供试病菌　水稻纹枯病菌（*Rhizoctonia solani*）。记录菌种来源。

（4）供试叶片　选用蚕豆感病品种盆栽，剪取相同部位、长势一致、带有叶柄的叶片，置于培养皿中，保湿备用。

五、实验步骤

1. 药剂配制

水溶性药剂直接用水溶解稀释。其他药剂选用合适的溶剂（如丙酮、二甲基亚砜、乙醇等）溶解，用 0.1%吐温 80（或 0.1% Triton X-100）的水溶液稀释。根据药剂活性，设置 5～7 个系列浓度，有机溶剂最终含量不超过 0.5%。

2. 药剂处理

将叶片在预先配制好的药液中充分浸润 5s，沥去多余药液，自然风干后，按处理标记后保湿培养。试验设不含药剂的处理作空白对照。

3. 接种与培养

用接种器将直径 5mm 菌饼有菌丝的一面接种于处理叶片中央。每处理接种 30 片叶。保护性试验在药剂处理后 24h 接种，治疗性试验在药剂处理前 24h 接种。接种后置于人工气候箱或恒温室有光照的保湿箱内，在 26～28℃、RH 80%～90%的条件下培养。

六、结果调查与统计分析

根据空白对照发病情况，用卡尺测量记录每个接种点病斑长度和宽度，以长、宽平均值表示病斑直径（单位：mm）。防治效果按下式计算：

$$P=\frac{D_0-D_1}{D_0}\times 100\%$$

式中，P 为防治效果；D_0 为空白对照病斑直径；D_1 为药剂处理病斑直径。

根据各药剂浓度对数值与对应的防效概率值作回归分析，计算各药剂的 EC_{50}、EC_{90}、标准误及其 95%置信限，评价供试药剂对水稻纹枯病的保护或治疗效果。

七、思考题

① 用叶碟法测定杀菌剂的生物活性时，应注意什么？

② 叶碟法有哪些优点？适用范围有哪些？

实验 15 杀菌剂防治黄瓜霜霉病菌试验——平皿叶片法

一、实验目的

学习并掌握平皿叶片法测定杀菌剂对黄瓜霜霉病菌生物活性的方法。

二、实验原理

利用黄瓜霜霉病病菌在易感黄瓜叶片上发病，在活体植物组织上对药剂的反应来测定药剂的毒力，克服了在离体条件下对病菌无效而在活体条件下有效的化合物的漏筛，测定结果反映了药剂、病菌与植物组织的相互作用和影响，更接近实际情况，且材料易得，条件易于控制。

三、实验用具

电子天平（感量 0.1mg）、Potter 喷雾塔、人工气候箱、生物培养箱、培养皿、移液管或移液器等。

四、实验材料

（1）供试农药　95％吡唑醚菌酯原药。

（2）对照药剂　95％醚菌酯原药。

（3）供试病原　黄瓜霜霉病原菌（*Pseudoperonospora cubensis*）。

（4）供试黄瓜　选择黄瓜感病品种盆栽，自上向下 4 叶位至 6 叶位，剪去相同部位、长势一致、带有 1～2cm 叶柄的叶片，用湿棉球包裹叶柄放置在培养皿中，保湿备用。

五、实验步骤

1. 药剂配制

将吡唑醚菌酯原药和醚菌酯原药分别用 *N*,*N*-二甲基甲酰胺溶解，得到 10000mg/L 的母液。根据预备试验，按照等比或等差的方法用 0.01％的 Triton X-100 溶液分别稀释成 5～7 个系列浓度。0.01％的 Triton X-100 溶液为空白对照。

2. 孢子囊悬浮液配制

选择发病叶片，用 4℃蒸馏水洗下叶片背面霜霉菌孢子囊，配成悬浮液（浓度控制在 1×10^5～1×10^7 个孢子囊/mL），4℃下存放备用。

3. 药剂处理

将药液均匀喷施于叶片背面，待药液自然风干后，将各处理叶片叶背向上，按处理标记后排放在保湿盒中。

4. 接种与培养

用准备好的新鲜孢子囊悬浮液点滴 10μL 接种于叶片背面。每叶片接种 4 滴，每处理不少于 5 片叶。保护性试验在药剂处理后 24h 接种，治疗性试验在药剂处理前 24h 接种。接种后盖上皿盖，置于人工气候箱或有光照的保湿箱，在每天连续光照/黑暗 12h 交替、温度为 17～22℃、相对湿度 90％以上的条件下培养。

六、结果调查与统计分析

视空白对照发病情况测量记录病斑直径，单位为 mm。根据下列公式计算防治效果，计算结果均保留到小数点后两位。

$$P=\frac{D_0-D_1}{D_0}\times 100\%$$

式中，P 为防治效果；D_0 为空白对照病斑直径；D_1 为药剂处理病斑直径。

根据各药剂浓度对数值及对应的防效概率值作回归分析，计算各药剂的 EC_{50}、EC_{90} 及其 95%置信限。

七、作业及思考题

① 根据实验数据计算吡唑醚菌酯和嘧菌酯的 EC_{50}、EC_{90}。

② 怎样配制黄瓜霜霉病菌的孢子囊悬浮液?

③ 如何进行黄瓜霜霉病菌的接种?

实验 16 杀菌剂毒力测定——抑菌圈法

一、实验目的

学习并掌握杀菌剂的生物测定方法之一——抑菌圈法的基本原理及操作技术。

二、实验原理

抑菌圈法最先用于研究抗菌素对细菌的作用，对研究杀细菌剂具有特殊意义。后来也常用于测定其他杀菌剂对只长孢子不长菌丝或长极少菌丝的病原菌的毒力。主要是通过抑菌圈的大小来判断化合物的毒力。本试验采用其中的药膜纸碟法。

三、实验用具

高压灭菌锅、超净工作台、酒精灯、接种针、灭菌培养皿、无菌移液管、镊子、灭菌小烧杯。

四、实验材料

(1) 供试农药　采用原药，并注明通用名、商品名或代号、含量、生产厂家。

(2) 对照药剂　根据需要采用已登记注册且生产上常用的原药。

(3) 供试病菌　葡萄白腐病菌（*Coniothyrium diplodiella*）。

(4) 其他实验材料　PDA 培养基。

五、实验步骤

(1) 供试水溶性药剂直接用无菌水溶解稀释。其他药剂选用合适的溶剂（如丙酮、二甲基亚砜、乙醇等）溶解，用 0.1%吐温 80（或 0.1% Triton X-100）的无菌水溶液稀释。根据预备试验，设置 5～7 个系列浓度，有机溶剂最终含量不超过 2%。

（2）于每支菌种管中注入适量无菌水，用接种环把斜面上孢子刮下，制成孢子悬浮液。

（3）将三角瓶中培养基融化冷却到 45℃左右，加入孢子悬浮液摇匀后立刻倒入四个直径为 9cm 的培养皿中，每皿约 15mL 培养基。

（4）用灭菌小烧杯，分别盛不同浓度的药液，用灭菌镊子取消毒的直径为 4mm 的圆滤纸片，投入药液中，注意纸片应完好无缺，不可重叠在一起。然后把沾药的纸片晾干，按不同浓度放入凝固了的培养基上，每个处理重复 2 次，每皿四片。沾无菌水的纸片作对照。

（5）培养皿上做好标记，置于 28℃恒温箱中培养，于处理后一定时间测量抑菌圈的直径大小，测量时要交叉测两次，取平均值，将结果填入表 5-5。

表 5-5　实验结果记录

药剂	浓度	浓度对数	抑制圈直径/cm					抑制圈直径平方
			重复 1	重复 2	重复 3	重复 4	平均	

六、实验数据及其处理

以抑制圈直径的平方为纵坐标、以浓度对数为横坐标，绘出毒力曲线，根据毒力曲线的中等浓度来比较不同药剂的相对毒力。

七、思考题

① 用抑菌圈法测定杀菌剂毒力时要注意什么？

② 抑菌圈法适用于哪些菌种的毒力测定？

实验 17　除草剂生物活性测定——平皿法

一、实验目的

学习并掌握除草剂的生物测定方法之一——平皿法。

二、实验原理

将已发芽供试植物种子置于除草剂溶液中时，如果该药剂对这种种苗具有抑制作用，那么种苗的生长一定会受到影响。所以可以通过测定种苗的茎和根的长度来判断除草剂的毒力。

三、实验用具

光照培养箱或可控日光温室（光照、温度、湿度等）、电子天平（感量 0.1mg）、烧杯、培养皿、移液管或移液器等。

四、实验材料

（1）供试农药　采用原药，并注明通用名、商品名或代号、含量、生产厂家。

(2) 对照药剂　根据需要采用已登记注册且生产上常用的原药。

(3) 供试植物材料　将均匀一致的指示植物种子在适宜温度条件下浸泡、催芽至露白备用。

五、实验步骤

1. 药剂配制

水溶性药剂直接用无菌水溶解稀释。其他药剂选用合适的溶剂（如丙酮、二甲基亚砜、乙醇等）溶解，用0.1%吐温80（或0.1% Triton X-100）的水溶液稀释。根据预备试验，设置5～7个系列浓度，有机溶剂最终含量不超过2%（离体试验）或1%（活体试验）。

2. 药剂处理

选20粒发芽一致的指示植物种子摆放于垫有2张滤纸的培养皿（直径9cm）内，种子的胚根与胚芽的方向要保持一致。向培养皿内加入9mL系列浓度的药液，并将种子充分浸着药液。以不含药剂的蒸馏水为空白对照。将处理后的培养皿置于人工气候箱或植物培养箱内，在温度为(25±1)℃、RH 80%～90%的黑暗条件下培养。每处理不少于4次重复，并设不含药剂的处理作空白对照。

六、结果调查与统计分析

培养5d后用直尺测量各处理的根长，并记录试材中毒症状。

根据调查数据，按下式计算各处理的根长或芽长的生长抑制率：

$$R=\frac{L_0-L_1}{L_0}\times 100\%$$

式中，R 为生长抑制率；L_0 为对照根长（或芽长）；L_1 为处理根长（或芽长）。

根据药剂浓度的对数与根长或芽长的抑制率的概率值作回归分析，计算 EC_{50} 或 EC_{90} 值及95%置信限，评价供试药剂对靶标植物的抑制活性。

七、思考题

① 用平皿法测定农药的除草活性时应注意什么？

② 平皿法有哪些优点？适用范围包括哪些？

实验18　除草剂生物活性测定——玉米根长法

一、实验目的

学习并掌握玉米根长法测定除草剂生物活性试验的基本要求和方法。

二、实验原理

药剂浓度与玉米的主根根长呈显著的相关性。

三、实验用具

光照培养箱或可控日光温室（光照、温度、湿度等）、电子天平（感量0.1mg）、烧杯、培养皿、移液管或移液器等。

四、实验材料

(1) 供试农药　采用原药，并注明通用名、商品名或代号、含量、生产厂家。

(2) 对照药剂　根据需要采用已登记注册且生产上常用的原药。

(3) 供试植物材料　将均匀一致的玉米种子在（25±1)℃条件下浸泡 12h，在（28±1)℃条件下催芽至露白，胚根长度达到 0.8 cm 时备用。

五、实验步骤

1.药剂配制

水溶性药剂直接用无菌水溶解稀释。其他药剂选用合适的溶剂（丙酮、二甲基甲酰胺或二甲基亚砜等）溶解，用 0.1%吐温 80（或 0.1% Triton X-100）的水溶液稀释。根据预备试验，设置 5～7 个系列质量浓度。

2.药剂处理

选 10 粒发芽一致的玉米种子摆放于烧杯（100mL）底部，加入 3cm 石英砂将种子充分覆盖。用定量系列浓度的药液将种子充分浸着，用保鲜膜封口置于培养箱内，在温度为（25±1)℃，RH 80%～90%的黑暗条件下培养。每处理不少于 4 次重复，并设不含药剂的处理作空白对照。

六、结果调查与统计分析

培养 5d 后用直尺测量各处理的根长，并记录试材中毒症状。

根据调查数据，按下式计算各处理的根长或芽长的生长抑制率：

$$R=\frac{L_0-L_1}{L_0}\times 100\%$$

式中，R 为生长抑制率；L_0 为对照根长（或芽长）；L_1 为处理根长（或芽长）。

根据药剂浓度的对数与根长或芽长的抑制率的概率值作回归分析，计算 EC_{50} 或 EC_{90} 值及 95%置信限，评价供试药剂对靶标植物的抑制活性。

七、思考题

① 玉米根长法适合测定哪些类别的除草剂？

② 你可否对玉米根长法试验做简单设计？

实验 19　除草剂生物活性测定——土壤喷雾法

一、实验目的

学习并掌握土壤喷雾法测定除草剂活性试验的基本要求和方法。

二、实验原理

某些除草剂在出土过程中可以通过幼根幼芽吸收药剂而发挥除草活性。

三、实验用具

光照培养箱或可控日光温室（光照、温度、湿度等）、可控定量喷雾设备、电子天平（感量 0.1mg）、盆钵、烧杯、移液管或移液器等。

四、实验材料

（1）供试农药　采用原药，并注明通用名、商品名或代号、含量、生产厂家。

（2）对照药剂　根据需要采用已登记注册且生产上常用的原药。

（3）供试植物材料　选择易于培养、生育期一致的代表性敏感杂草，其种子发芽率应在 80%以上。试验土壤定量装至盆钵的 4/5 处。采用盆钵底部渗灌方式，使土壤完全湿润。将预处理的供试杂草种子均匀撒播于土壤表面，然后根据种子大小覆土 0.5～2cm。播种 24h 后进行土壤喷雾处理。

五、实验步骤

1. 药剂配制

水溶性药剂直接用水溶解稀释。其他药剂选用合适的溶剂（丙酮、二甲基甲酰胺或二甲基亚砜等）溶解，用 0.1%吐温 80（或 0.1% Triton X-100）的水溶液稀释。根据药剂活性，设置 5～7 个系列质量浓度。

2. 药剂处理

标定喷雾设备参数（喷雾压力和喷头类型），校正喷液量，按试验设计从低剂量到高剂量顺序进行喷雾处理。每处理不少于 4 次重复，并设不含药剂的处理作空白对照。

处理后移入温室常规培养，以盆钵底部渗灌方式补水。用温湿度数字记录仪，记录试验期间温室内的温湿度动态数据。

六、结果调查与统计分析

处理后定期目测观察记载杂草出苗情况及出苗后的生长状态。处理后 14d 或 21d，用目测法和绝对值（数测）调查法调查记录除草活性，同时描述矮化、畸形、白化等受害症状。

1. 目测法

根据测试靶标杂草的受害症状和严重程度，评价药剂的除草活性。可以采用下列统一级别进行调查：

1 级：无草；

2 级：相当于空白对照区杂草的 0%～2.5%；

3 级：相当于空白对照区杂草的 2.6%～5%；

4 级：相当于空白对照区杂草的 5.1%～10%；

5 级：相当于空白对照区杂草的 10.1%～15%；

6 级：相当于空白对照区杂草的 15.1%～25%；

7 级：相当于空白对照区杂草的 25.1%～35%；

8 级：相当于空白对照区杂草的 35.1%～67.5%；

9 级：相当于空白对照区杂草的 67.6%～100%。

2.绝对值（数测）调查法

根据调查数据，按下列公式计算各处理的鲜重防效或株防效：

$$E=\frac{C-T}{C}\times 100\%$$

式中，E 为鲜重防效（或株防效）；C 为对照杂草地上部分鲜重（或杂草株数）；T 为处理杂草地上部分鲜重（或杂草株数）。

根据药剂浓度的对数与防效的概率值作回归分析，计算 ED_{50} 或 ED_{90} 值及 95%置信限，评价供试药剂对靶标植物的抑制活性。

七、思考题

① 土壤喷雾法测定除草活性应该注意什么？

② 适合用土壤喷雾法测定除草活性的除草剂有哪些？

实验 20　除草剂生物活性测定——茎叶喷雾法

一、实验目的

学习并掌握茎叶喷雾法测定除草剂活性试验的基本要求和方法。

二、实验原理

利用茎叶对除草剂的吸收而发挥除草活性。

三、实验用具

光照培养箱或可控日光温室（光照、温度、湿度等）、可控定量喷雾设备、电子天平（感量 0.1mg）、盆钵、烧杯、移液管或移液器等。

四、实验材料

（1）供试农药　采用原药，并注明通用名、商品名或代号、含量、生产厂家。

（2）对照药剂　根据需要采用已登记注册且生产上常用的原药。

（3）供试植物材料　选择易于培养、生育期一致的代表性敏感杂草，其种子发芽率在 80%以上。试验土壤定量装至盆钵的 4/5 处。采用盆钵底部渗灌方式，使土壤完全湿润。将预处理的供试杂草种子均匀撒播于土壤表面，然后根据种子大小覆土 0.5～2cm，播种后移入温室常规培养。旱田杂草以盆钵底部渗灌方式补水，水田杂草以盆钵顶部灌溉方式补水至饱和状态。杂草出苗后进行间苗定株，保证杂草的密度一致（总密度为 120～150 株/m^2）。根据药剂除草特点，选择适宜叶龄试材进行喷雾处理。

五、实验步骤

1.药剂配制

水溶性药剂直接用水溶解、稀释。其他药剂选用合适的溶剂（丙酮、二甲基甲酰胺或二甲基亚砜等）溶解，用0.1%吐温80（或0.1% Triton X-100）的水溶液稀释。根据药剂活性，设置5～7个系列质量浓度。

2.药剂处理

标定喷雾设备参数（喷雾压力和喷头类型），校正喷液量，按试验设计从低剂量到高剂量顺序进行茎叶喷雾处理。每处理不少于4次重复，并设不含药剂的处理作空白对照。

处理后待试材表面药液自然风干，移入温室常规培养。旱田杂草以盆钵底部渗灌方式补水，水田杂草以盆钵顶部灌溉方式补水至饱和状态。用温湿度数字记录仪，记录试验期间温室内的温湿度动态数据。

六、结果调查与统计分析

处理后定期目测观察记载杂草的生长状态。处理后14d或21d，目测法和绝对值（数测）调查法调查记录除草活性、存活杂草株数，同时描述受害症状。主要症状有：

——颜色变化（黄化、白化等）；

——形态变化（新叶畸形、扭曲等）；

——生长变化（脱水、枯萎、矮化、簇生等）等。

1.目测法

根据测试靶标杂草的受害症状和严重程度，评价药剂的除草活性。可以采用下列统一分级方法进行调查：

1级：全部死亡；

2级：相当于空白对照区杂草的0%～2.5%；

3级：相当于空白对照区杂草的2.6%～5%；

4级：相当于空白对照区杂草的5.1%～10%；

5级：相当于空白对照区杂草的10.1%～15%；

6级：相当于空白对照区杂草的15.1%～25%；

7级：相当于空白对照区杂草的25.1%～35%；

8级：相当于空白对照区杂草的35.1%～67.5%；

9级：相当于空白对照区杂草的67.6%～100%。

2.绝对值（数测）调查法

根据调查数据，按下列公式计算各处理的鲜重防效或株防效：

$$E=\frac{C-T}{C}\times 100\%$$

式中，E为鲜重防效（或株防效）；C为对照杂草地上部分鲜重（或杂草株数）；T为处理杂草地上部分鲜重（或杂草株数）。

根据药剂浓度的对数与防效的概率值作回归分析，计算ED_{50}或ED_{90}值及95%置信限，评价供试药剂对靶标植物的抑制活性。

七、思考题

① 用茎叶喷雾法测定除草活性时应注意什么？

② 如何进行除草活性的调查？

实验21 除草剂的生物活性测定——种子萌发法

一、实验目的

学习并掌握除草剂的室内生物测定方法之一——种子萌发法。

二、实验原理

根据除草剂处理后植物种子萌发的程度来检验药剂对种子萌发阶段的影响。

三、实验用具

电子天平（感量0.1mg）、光照培养箱或可控日光温室（光照、温度、湿度等）、培养皿、烧杯、小药瓶、滤纸、移液管、镊子、直尺等。

四、实验材料

（1）供试农药 采用原药，并注明通用名、商品名或代号、含量、生产厂家。

（2）对照药剂 根据需要采用已登记注册且生产上常用的原药。

（3）供试植物种子 将均匀一致的指示植物种子在适宜温度条件下作吸水处理。

五、实验步骤

1. 药剂配制

水溶性药剂直接用水溶解稀释。其他药剂选用合适的溶剂（如丙酮、二甲基亚砜、乙醇等）溶解，用0.1%吐温80（或0.1% Triton X-100）的水溶液稀释。根据预备试验，设置5～7个系列浓度，有机溶剂最终含量不超过2%（离体试验）或1%（活体试验）。

2. 药剂处理

在培养皿底部铺两层滤纸后，用移液管取一定量的药液滴于滤纸上，然后摆放已经吸过水处理的种子若干，置于一定温度的恒温箱中培养。于处理后一定时间观察种子萌发情况。

六、实验数据及其处理

计算种子萌发率。根据药剂浓度的对数与种子萌发率的抑制率的概率值作回归分析，计算EC_{50}或EC_{90}值及95%置信限，评价供试药剂对靶标植物种子萌发的抑制活性。

七、思考题

① 用种子萌发法测定农药的除草活性时应注意什么？

② 供试植物种子的生物学特性对试验结果有什么影响？

实验22 除草剂的生物活性测定——茎叶吸收法

一、实验目的

学习并掌握除草剂的室内生物测定方法之一——茎叶吸收法。

二、实验原理

通过将植物的叶片浸入除草剂溶液的方式使除草剂吸收进入植物体内。

三、实验用具

电子天平（感量0.1mg）、烧杯、量筒、吸水纸、薄海绵、天平、营养液、植物幼苗、除草剂等。

四、实验材料

(1) 供试农药　采用原药，并注明通用名、商品名或代号、含量、生产厂家。

(2) 对照药剂　根据需要采用已登记注册且生产上常用的原药。

(3) 供试植物　株高、长势、生理状态均匀一致的指示植物幼苗。

五、实验步骤

配制除草剂溶液后分别注入烧杯内，取大小一致的植物幼苗用吸水纸保湿根部后将茎叶部浸入药液中2h，然后将植株移入营养液中培养。处理后定时观察植株生长情况、症状，并测定鲜重等。

六、实验数据及其处理

将所获得的结果进行计算和比较。计算 EC_{50} 或 EC_{90} 值及95%置信限，评价供试药剂对靶标植物通过幼苗茎叶吸收的抑制活性。

七、思考题

① 用茎叶吸收法测定农药对靶标植物的抑制作用时应注意什么？

② 怎样克服该试验中的误差？

实验23 除草剂生物活性测定——黄瓜幼苗形态法

一、实验目的

学习黄瓜幼苗形态法的测定方法，观察比较除草剂对黄瓜幼苗形态的影响。

二、实验原理

黄瓜幼苗形态法是测定激素型除草剂及其他植物生物调节剂活性的经典方法。其测定原理是以不同剂量的药剂引起黄瓜幼苗形态的不同变化来反映样品的活性。如为了测定2,4-D类除草剂的含量或与待测样品除草剂的活性比较，可将2,4-D在一系列浓度作用下的黄瓜幼苗形态画成“标准图谱”(就像化学分析中的标准曲线一样)，然后用测量样品的黄瓜幼苗形态和标准图谱对比，就可确定其含量或比较活性的大小。该法具有操作简单、反应灵敏（可测出0.05mg/L)、测定的浓度范围较大等优点。

三、实验用具与材料

（1）农药及试剂　87.5% 2,4-D异辛酯乳油、去离子水、漂白粉。

（2）实验仪器和用品　人工培养箱、培养皿、烧杯、容量瓶、滤纸、移液枪、镊子、黄瓜种子、纱布、搪瓷盘。

四、实验方法

1. 种子催芽

在实验课开始前约5天，选择饱满度一致的黄瓜种子，在5%的漂白粉液中消毒半小时，取出后以去离子水清洗3遍，放在铺有纱布的搪瓷盘上，以去离子水充分润湿纱布后置于人工培养箱中，于25℃黑暗条件下培养，每天补充水分，至黄瓜种子芽长2mm时取出备用。

2. 药液配制

将87.5%的2,4-D异辛酯乳油配成有效成分含量分别为100mg/L、10mg/L、1mg/L、0.1mg/L、0.01mg/L的溶液。

3. 药剂处理

（1）在洗净的培养皿中放入一张滤纸，以蒸馏水润湿至饱和，加入1mL药液，以去离子水为对照。

（2）选择发芽状态一致的黄瓜种子，放入培养皿中，每皿5粒，盖好皿盖，置于暗室中培养，每天补充水分至滤纸被水充分润湿。

4. 数据调查及数据处理

自第3天开始每日观察比较幼苗的形态，并测试根长和芽长，记录于表5-6中，计算5粒种子的平均值。

以平均根长（芽长）为因变量、培养天数为自变量，绘制根长、芽长变化趋势图。

依据第7日调查数据，按如下公式计算相对抑制率。

$$茎(根)长抑制率(\%)=\frac{对照组平均单株茎或根长-处理平均单株茎或根长}{对照组平均单株茎或根长}\times100\%$$

五、作业及思考题

① 根据调查结果绘制根长、芽长变化趋势图。

② 除草剂对供试植物有什么影响？有什么规律？

③ 各处理第7日抑制率分别是多少？计算出来填入表5-7。

表 5-6　根长、芽长记录表

天数	药液浓度/(mg/L)	根长/mm					芽长/mm					平均根长/mm	平均芽长/mm
		1	2	3	4	5	1	2	3	4	5		
D3	CK												
	0.01												
	0.1												
	1												
	10												
	100												
D4	CK												
	0.01												
	0.1												
	1												
	10												
	100												
D5	CK												
	0.01												
	0.1												
	1												
	10												
	100												
D6	CK												
	0.01												
	0.1												
	1												
	10												
	100												
D7	CK												
	0.01												
	0.1												
	1												
	10												
	100												

表 5-7 根长、芽长相对抑制率统计表

类别	0.01mg/L	0.1mg/L	1mg/L	10mg/L	100mg/L
根长相对抑制率					
芽长相对抑制率					

实验 24 除草剂的生物活性测定——盆栽试验

一、实验目的

学习并掌握除草剂盆栽试验的方法。

二、实验原理

利用小喷雾器将除草剂喷洒到盆栽的植物苗上来观察对植物生长的影响。

三、实验用具

电子天平（感量 0.1mg）、光照培养箱或可控日光温室（光照、温度、湿度等）、烧杯、量筒、小喷雾器、小花盆等。

四、实验材料

（1）供试农药　采用原药，并注明通用名、商品名或代号、含量、生产厂家。

（2）对照药剂　已登记注册且生产上常用的原药。

（3）供试植物　株高、长势、生理状态均匀一致的指示植物幼苗。

五、实验步骤

1. 药剂配制

水溶性药剂直接用水溶解稀释。其他药剂选用合适的溶剂（如丙酮、二甲基亚砜、乙醇等）溶解，用 0.1%吐温 80（或 0.1% Triton X-100）的水溶液稀释。根据药剂活性，设置 5～7 个系列浓度，有机溶剂最终含量不超过 1%。

2. 药剂处理

利用植物生长箱培养植物幼苗至 2～4 叶期（不同的植物有变化），然后将配好的除草剂溶液用小喷雾器喷洒到幼苗上，于处理后定期观察幼苗生长情况，最后调查鲜重等。

六、实验数据及其处理

计算 EC_{50} 或 EC_{90} 值及 95%置信限，评价供试药剂对靶标植物的抑制活性，分析结果并比较。

七、思考题

① 除草剂的盆栽试验应注意什么？

② 供试植物的生长势对试验有什么影响?

实验 25　光合抑制型除草剂生物活性测定——小球藻法

一、实验目的

学习并掌握取代脲类、联吡啶类、三氮苯类等光合抑制型除草剂活性测定方法——小球藻法的基本要求和方法。

二、实验原理

小球藻为绿藻门小球藻属普生性单细胞绿藻，细胞内含有丰富的叶绿素，是一种高效的光合植物，以光合自养生长繁殖。特别适合用于测定光合抑制型除草剂的活性。

三、实验用具

人工气候箱（光照强度为 0～30000lx，温度为 10～50℃，湿度为 50%～95%）或可控日光温室（光照、温度、湿度等达到以上要求）、电子天平（感量 0.1mg）、分光光度计、离心机、摇床、移液器、移液管、50mL 烧杯和 50mL 三角瓶等。

四、实验材料

(1) 供试农药　采用原药，并注明通用名、商品名或代号、含量、生产厂家。

(2) 对照药剂　根据需要采用已登记注册且生产上常用的原药。

(3) 供试生物　小球藻（*Chlorella vulgaris*）。

五、实验步骤

1. 药剂配制

水溶性原药直接用蒸馏水溶解；其他原药选用合适的溶剂（如丙酮、二甲基亚砜、乙醇等）溶解，用 0.1%吐温 80（或 0.1% Triton X-100）的水溶液稀释；制剂直接兑水稀释。试验药剂和对照药剂各设 5～7 个系列浓度。

2. 药剂处理

每处理不少于 4 次重复，并设不含药剂的处理作空白对照。记录试验期间人工气候箱内的温、湿度动态数据。

3. 小球藻培养

将小球藻接种到 50mL 水生 4 号培养基的 250mL 三角瓶中，用封口膜封口，在温度 25℃、光照强度 5000lx（持续光照）和 100r/min 旋转振荡的条件下预培养 7d，使藻细胞快速生长和繁殖得到预培养藻液。

4. 测定方法

将预培养藻液接种到含有 15mL 水生 4 号培养基的 50mL 三角瓶中，使藻细胞初始浓度达到 8×10^5 个/mL。在上述体系中加入待测样品使其形成 5～7 个浓度梯度，另设不加药剂的空白对照，然后在温度 25℃、光照强度 5000lx（持续光照）和 100r/min 旋转振荡的条件下培养 4d。以水生 4 号培养基作为参比液，用血球计数板在显微镜下计数并测定培养藻液在 680mn 波长处的吸光值，建立藻细胞浓度和吸光值的线性回归方程，进一步求出不同除草剂剂量下藻细胞浓度生长抑制率。

六、结果调查与统计分析

根据调查数据，按下式计算各处理的小球藻生长抑制率：

$$E=\frac{X_0-X_1}{X_0}\times 100\%$$

式中，E 为藻细胞浓度抑制率；X_0 为对照吸光度；X_1 为处理吸光度。

根据药剂浓度的对数与抑制率的概率值作回归分析，计算小球藻 ED_{50} 或 ED_{90} 值及 95%置信限，评价供试药剂的活性。

七、思考题

小球藻为什么可作为光合抑制型除草剂活性测定的靶标生物？阐述其优势。

实验 26　除草剂混配的联合作用测定

一、实验目的

学习并掌握除草剂混配联合作用测定试验的基本要求和方法，以及联合除草毒力评价。

二、实验原理

通过混配，可以利用不同除草剂对靶标生物的作用特点，优势互补，发挥对靶标的综合效应。

三、实验用具

光照培养箱或可控日光温室（光照、温度、湿度等）、喷雾器械、电子天平（感量 0.1mg）、移液器等。

四、实验材料

（1）供试农药　采用原药，并注明通用名、商品名或代号、含量、生产厂家。

（2）供试靶标　采用土壤处理法或茎叶处理法时，根据单剂杀草谱选择有代表性的敏感杂草。杀草谱相近型的除草剂混配，应选择 2 种以上敏感杂草；杀草谱互补型的除草剂混配，应选择禾本科和阔叶杂草各 2 种以上。采用其他生物测定方法时，选择相应的指示植物为试验靶标。

五、实验步骤

1. 药剂配制

水溶性药剂直接用水溶解、稀释。其他药剂选用合适的溶剂（丙酮、二甲基甲酰胺或二甲基亚砜等）溶解，用0.1%吐温80（或0.1% Triton X-100）的水溶液稀释。分别配制单剂母液，根据混配目的、药剂活性设计5组以上配比，各单剂及每组配比混剂均设5～7个系列质量浓度或剂量。

2. 药剂处理

根据药剂特性和混用目的，采用相应的试验方法，如土壤喷雾法、茎叶喷雾法、土壤浇灌法等。每处理不少于4次重复，并设不含药剂的处理作空白对照。

六、结果调查与统计分析

根据不同试验内容和方法，选择相应的调查方法。

数据统计与分析按以下方法进行：

1. Gowing法

Gowing法适合评价2种杀草谱互补型除草剂的联合作用类型和配比的合理性。

以A和B两药剂混用为例，按上述比例混用后的实际防效按式（5-10）计算：

$$E=X+\frac{Y(100-X)}{100} \tag{5-10}$$

$E-E_0>10\%$为增效作用；$E-E_0<-10\%$为拮抗作用；$E-E_0$值介于$\pm10\%$为加成作用。

式中，X为除草剂A用量为P时的杂草防效；Y为除草剂B用量为Q时的杂草防效；E_0为除草剂A用量为P时的理论防效＋除草剂B用量为Q时的理论防效；E为除草剂A与除草剂B按上述比例混用后的实际防效。

2. Colby法

Colby法适合于评价2种杀草谱互补除草剂的联合作用类型和配比的合理性。混用除草剂的理论防效按式（5-11）计算：

$$E_0=\frac{ABC\cdots N}{100\times(N-1)} \tag{5-11}$$

E明显小于E_0，为增效作用；E明显大于E_0，为拮抗作用；E与E_0接近，为加成作用。

式中，A为除草剂1的杂草重量占对照杂草重量的百分数；B为除草剂2的杂草重量占对照杂草重量的百分数；C为除草剂3的杂草重量占对照杂草重量的百分数；E_0为混用除草剂理论上的杂草重量占对照杂草重量的百分数；E为混用后的实测杂草重量占对照杂草重量的百分数；N为混配除草剂品种数量。

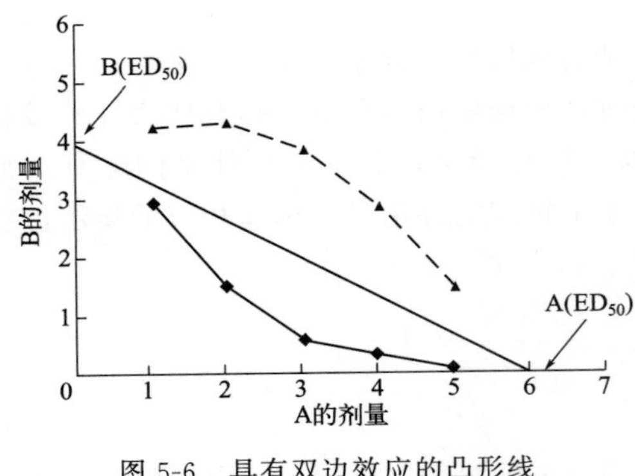

图5-6　具有双边效应的凸形线

3. 等效线法

等效线法适合评价2种杀草谱相近型除草剂混剂的联合作用类型，并能确定最佳配比。

分别进行除草剂A、B单剂的系列剂量试验，求出两个单剂的ED_{50}（或ED_{90}）；以横轴和纵轴分别代表除草剂A、B的剂量，在两轴上标出相应药剂ED_{50}（或ED_{90}）的位点并连线，即为两种除草剂混用的理论等效线，如图5-6所示。

求出各不同混用组合的 ED_{50} （或 ED_{90}），并在坐标图中标出。

若混用组合的 ED_{50} （或 ED_{90}）各位点均在理论等效线下，则为增效作用，在理论等效线之上则为拮抗作用，接近于等效线则为相加作用。

根据统计结果写出分析评价。

七、思考题

① 如何进行除草剂的混配筛选？

② Gowing 法、Colby 法、等效线法各有何特点？

实验 27 土壤处理除草剂对棉花生长发育的影响

一、实验目的

1. 了解并掌握除草剂土壤处理防治直播棉田杂草试验的方法。
2. 了解并掌握除草剂安全性评价的方法。

二、实验原理

土壤处理即是在杂草未出苗前，将除草剂喷洒于土壤表层或喷洒后通过混土操作将除草剂拌入土壤中，建立起一层除草剂封闭层，也称土壤封闭处理。除草剂土壤处理除了利用生理生化选择性外，也利用时差或位差选择性除草保苗。土壤处理剂的药效和对作物的安全性受土壤的类型、有机质含量、土壤含水量和整地质量等因素影响。

三、实验用具

电子天平（感量 0.1mg）、绳子、卷尺、标签牌、背负式手动喷雾器、烧杯、移液器、量筒等。

四、实验材料

供试农药为 33%二甲戊灵悬浮剂。

五、实验步骤

1. 试验地的选择

选择土壤肥力较均匀、常年有杂草发生、水分管理较方便的覆膜棉田。

2. 试验设计

试验共设 4 个处理：33%二甲戊灵悬浮剂 $300g/hm^2$、$400g/hm^2$ 和 $450g/hm^2$ 三个处理。在棉花播种前，进行土壤喷雾处理，以喷清水为对照，共 4 个处理，小区面积 $20m^2$，重复 4 次，共计 16 个小区（表 5-8）。

表 5-8　供试药剂试验设计

处理	药剂	有效成分用量/（g/hm^2）	制剂用量/（mL/亩）
1	33%二甲戊灵悬浮剂	3000	200
2		4500	300
3		6000	400
4	空白对照（不施药）	/	/

3.施药处理

按随机区组法排列小区，小区间筑小田埂，且小区间要有1m以上宽度的隔离带，防止药剂对其他小区产生影响。用清水将药剂稀释后喷雾于土壤表面，施药后3天内覆膜播种，播种6d后浇水，记录土壤类型，必要时测定土壤pH与有机质含量，记录各小区的位置及施药处理方法，同时记录施药时和施药后10d的日照、降雨量、温度、空气相对湿度、风力等气象资料。

4.棉花安全性调查

于出苗后15d和45d，每小区查100穴，记录棉花出苗和生长情况，计算出苗（或死苗）率、保苗率。如发生药害，调查记录棉花出苗、株高、形态、色泽等变化。

六、结果调查与统计分析

根据调查结果填写表5-9。

表 5-9　棉花安全性调查

处理	药剂	药剂剂量	药后15d棉花出苗率	药后15d棉花保苗率	药害情况
1	33%二甲戊灵悬浮剂	200g/亩			
2	33%二甲戊灵悬浮剂	300g/亩			
3	33%二甲戊灵悬浮剂	400g/亩			
4	空白对照（不施药）	—			

七、作业及思考题

① 根据实验数据计算不同剂量的33%二甲戊灵悬浮剂对棉花的安全性。

② 结合土壤处理除草剂的特点，简述除草剂选择性原理。

实验 28　农药对作物药害的测定

一、实验目的

识别常见农药对作物的药害特征。

二、实验原理

药害试验是田间药效试验的重要内容之一，药害评价是综合生物评价的一个重要方面。某一除草剂或杀虫剂在使用条件下，对农林作物及其产品的有害作用，包括作物整株或任一部分器官（如幼芽、根、茎、叶、花、果等）的生育形态、生理机能等引起暂时或持续长时间的异常症状，轻者很快恢复，重者难恢复，甚至植株死亡，造成作物不同程度产量影响或品质影响。根据其剂型和防治对象的不同，药害的测定方法多种多样，但温室盆栽实验测定药害是一种很好的方法。

发生农药药害的原因有多种，包括误用、农药质量问题、雾滴飘移或挥发、混用不当、使用技术不当、土壤残留等。除草剂药害是农药药害中最常见的，典型症状有叶片黄化、生长畸形、生长缓慢、叶片上有斑点、分蘖减少、产量降低等。作物药害症状随除草剂的种类、作物种类及作物生育期不同而有差异，但总体来说，同一类除草剂引起的药害比较相似。如激素类除草剂药害的典型症状是畸形，如叶片皱缩、呈葱叶状，茎和叶柄弯曲，抽穗困难，药害症状持续时间长；二硝基苯胺类除草剂药害的典型症状是根生长受抑制，根短而粗，根尖变厚。严重受害时不能出苗。磺酰脲和咪唑啉酮类除草剂的药害症状出现较慢，施药1～2周才逐渐出现分生组织区失绿、坏死，进而才发生叶片失绿、坏死。联吡啶类除草剂药害的典型症状是叶片出现灼烧斑、枯死和脱落。

三、实验材料

（1）供试种子　荞麦、高粱。

（2）药剂　2.5%溴氰菊酯乳油、50%辛硫磷乳油、57% 2,4-D异辛酯乳油、41%草甘膦水剂。

（3）实验用具　花盆、容量瓶、喷壶、量筒、标签牌等。

四、实验步骤

1.作物栽培

用口径18 cm的花盆装上八成满的土壤（土壤中混入一定量基质，以提高透气性），种植荞麦和高粱（每盆15粒种子），置于光照培养箱中［28℃/20℃、16h/8h（光照/黑暗）

周期]，定期浇水培养，当作物长至3～5片叶时备用。

2.配药

分别吸取1mL 2.5%溴氰菊酯乳油、50%辛硫磷乳油、57% 2,4-D异辛酯乳油和41%草甘膦水剂，稀释成100mL，即为100倍稀释液。

3.施药

使用手持塑料喷雾器对植物苗进行喷雾，每种药剂每个浓度分别重复3次，并设清水喷雾为空白对照。施药量以药液从叶面欲流而未流下为度。

4.数据调查

施药后1天开始每天观察作物被害情况，调查死苗数、活苗数，计算死苗率、药害率和药害指数（参考YC / T 526 — 2015《烟草除草剂药害分级及调查方法》）。

$$死苗率(\%)=\frac{死苗数}{总苗数}\times 100\%$$

$$药害率(\%)=\frac{药害苗数}{总苗数}\times 100\%$$

$$药害指数=\frac{\Sigma（各级药害苗数\times 该级数）}{总苗数\times 最高级数}\times 100$$

药害分级标准：

0级：完全无受害；

1级：单个植株被害部位占比在10%以下；

2级：单个植株被害部位占比在10%～20%；

3级：单个植株被害部位占比在20%～30%；

4级：单个植株被害部位占比在30%～40%；

5级：单个植株被害部位占比在40%以上。

五、作业及思考题

① 实验中所用药剂的药害症状有哪些？

② 计算实验中各药剂的死苗率、药害率和药害指数。

实验29　阿维菌素防治美洲斑潜蝇田间药效试验（设计性实验）

一、试验目的

通过设计2.0%阿维菌素乳油对美洲斑潜蝇的田间药效试验，明确其防治效果，熟悉杀虫剂田间药效试验方法，增强实践能力。

二、相关知识

对照药剂使用1.8%阿维菌素乳油。

阿维菌素是迄今为止药效最高、用量最低的杀虫剂之一，主要作用机制是干扰昆虫体内神经末梢的信息传递，即激发神经末梢释放出神经传递抑制剂γ-氨基丁酸（GABA），促使

GABA 门控的氯离子通道延长开放，大量氯离子涌入造成神经膜电位超极化，致使神经膜处于抑制状态，从而阻断神经末梢与肌肉的联系，使昆虫麻痹、拒食、死亡。

三、实验要求

① 写出试验方法及条件。

② 列出试验材料，包括仪器、试剂等实验用品。

③ 列出实验详细步骤，包括药剂配制、调查方法和防治效果的计算公式等。

④ 说明试验中注意事项。

四、实验报告

① 写出 2.0%阿维菌素乳油防治美洲斑潜蝇的田间药效试验步骤和方案。

② 写出实验报告并分析。评价阿维菌素对美洲斑潜蝇的防治效果，为其推广使用提供试验依据。

实验 30　氟噻唑吡乙酮防治黄瓜霜霉病毒力测定——盆栽法（设计性实验）

一、实验目的

学习并掌握盆栽法测定杀菌剂对黄瓜霜霉病菌的生物活性。

二、实验原理

盆栽法是在盆、钵培育的幼嫩植物上接种病原菌，喷洒药剂，然后考察防治效果的活性测定方法，是研究杀菌剂的有效方法之一，克服了在离体条件下对病菌无效而在活体条件下有效的化合物的漏筛，更接近大田实际情况，且材料易得，条件易于控制。

三、实验要求

① 写出实验方法。

② 列出实验材料，包括仪器、试剂等实验用品。

③ 列出实验详细步骤，包括孢子囊悬浮液的准备、药剂配制、药剂处理、接种与培养、结果调查与统计分析、抑制率计算公式等。

④ 说明实验中注意事项。

四、实验报告

根据调查数据，计算各处理的病情指数和防治效果，采用浓度对数-概率值法计算各药剂的 EC_{50}、EC_{90}、标准误及其 95%置信限，评价供试药剂对黄瓜霜霉病的保护或治疗效果。

实验31 蛇床子素毒力测定（设计性实验）

一、实验目的

通过设计植物源杀虫剂蛇床子素对棉铃虫（*Helicoverpa armigera* Hubner）毒力的测定，明确杀虫活性及作用方式。

二、相关知识

蛇床子素结构式：

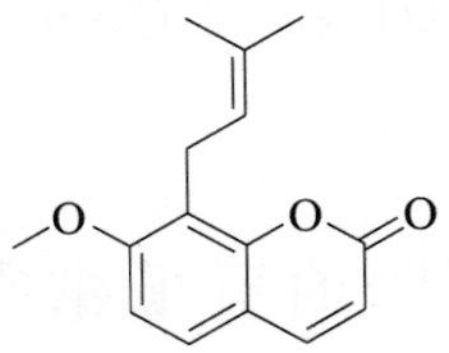

$C_{15}H_{16}O_3$, 244.3, 484-12-8

蛇床子素来源于伞形科植物蛇床（*Cnidium monnieri*）的果实，对多种害虫如茶尺蠖、棉铃虫、甜菜夜蛾以及各种蚜虫有较好的触杀作用。大鼠急性经口＞3687mg/kg；急性经皮＞2000mg/kg；属低毒农药。加工制剂有0.4％蛇床子素EC等。

三、实验要求

① 写出实验方法。

② 列出实验材料，包括仪器、试剂等实验用品。

③ 列出实验详细步骤，包括药剂配制、实验方法和死亡率的计算公式等。

④ 说明实验中注意事项。

四、实验报告

① 写出0.4％蛇床子素EC对3龄棉铃虫的毒力测定步骤和方案。

② 写出实验报告并分析。评价蛇床子素对3龄棉铃虫的毒力大小。

实验32 烟嘧磺隆毒力测定（设计性实验）

一、实验目的

通过设计烟嘧磺隆对反枝苋的抑制作用试验，明确其对反枝苋的作用大小，熟悉除草剂生物活性测定的一般研究方法，锻炼进行除草剂活性测定的能力。

二、相关知识

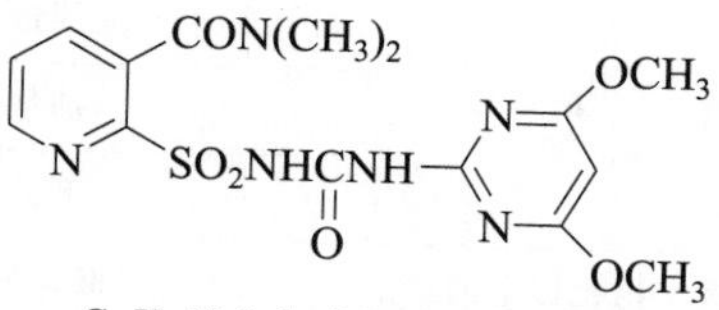

$$\text{CON(CH}_3)_2\text{-pyridine-SO}_2\text{NHC(=O)NH-(4,6-dimethoxypyrimidin-2-yl)}$$

$C_{15}H_{18}N_6O_6S$, 410.4, 111999-09-4

烟嘧磺隆是玉米田专用除草剂，对其敏感的玉米品种很少，于玉米田芽后施用，可防除一年生、多年生禾本科杂草和某些阔叶杂草，杀草谱广，对多种杂草有防除作用。施用烟嘧磺隆后，敏感杂草的生长很快受抑制，3～5d后叶片失绿，继而生长点枯死，但杂草完全死亡需要一到三周。烟嘧磺隆是内吸性茎叶处理剂，其选择性是以耐受作物和敏感杂草之间降解速度差异为基础的。

三、实验要求

① 写出实验方法及原理。
② 列出实验材料，包括仪器、试剂等实验用品。
③ 列出实验详细步骤，包括药剂配制、实验方法和抑制率的计算公式等。
④ 说明实验中注意事项。

四、实验报告

① 写出4%烟嘧磺隆油悬浮剂对反枝苋的毒力测定步骤和方案。
② 写出实验报告并分析。评价供试药剂对反枝苋的生物活性。

实验33 田间药效试验（模拟性实验）

一、实验目的

学习并掌握农药田间药效试验的设计和规范化操作。

二、实验原理

依据《农药登记试验质量管理规范》，明确农药田间药效试验的设计、小区划分、喷雾器校准、施药等过程的规范化操作。

三、实验用具

喷雾器、电子天平（感量0.1mg）、风速仪、秒表、量筒、卷尺等。

四、实验步骤

1. 试验设计

供试药剂试验设计方案见表5-10。

表 5-10　供试药剂试验设计

处理	药剂	有效成分用量/（g/hm^2）	制剂用量/（mL/亩）
1	供试药剂	剂量 1	剂量 1
2		剂量 2	剂量 2
3		剂量 3	剂量 3
4	已取得农业农村部登记在该作物靶标上的产品	推荐剂量	推荐剂量
5	空白对照（不施药）	—	—

2. 小区划分

采用随机小区排列，每个处理 4 个小区，每个小区 20～100m^2，共计 20 个小区，具体安排见表 5-11。

表 5-11　试验小区安排和编号

1A	3B	5C	2D
2A	5B	2C	1D
5A	4B	4C	3D
4A	2B	1C	5D
3A	1B	3C	4D

注：阿拉伯数字代表处理，大写字母代表重复。保护行为 1m。

3. 喷雾器检查

检查喷雾器的电量（电动喷雾器需要）、密封性、喷头类型（圆锥喷头、扇形喷头、离心喷头等）、雾化效果；测定喷头流速（在正常压力下，喷雾 3 次，每次 30s，量取喷雾量，计算每次喷雾的流速和 3 次喷雾的平均流速）。检查项目见表 5-12。

表 5-12　喷雾器检查

电量	□电量充足　　□电量不足需充电		
密封性	□无漏液　　□有漏液		
喷头类型	□圆锥喷头　□扇形喷头　□离心喷头　□其他		
喷头雾化效果	□雾状正常，雾化均匀　　□雾状不正常，雾化不均匀		
喷头喷雾量（流速测定）			
项目	1	2	3
时间/s			
体积/mL			
流速/（mL/s）			
流速平均值/（mL/s）			
平均流速±5%范围/（mL/s）			

4. 喷雾方案确定

根据小区预设用水量除以喷雾器平均流速，得到小区理论喷雾时间；根据小区情况，确定小区施药单程次数，确定单程施药用时（表 5-13）。

表 5-13　施药方案确定

<table>
<tr><td colspan="2">亩用药量或稀释倍数：</td><td colspan="2">亩用水量：</td><td colspan="2">小区理论用水量：</td></tr>
<tr><td colspan="2">喷雾器流速/（mL/s）：</td><td colspan="2">理论施药时间/s：</td><td colspan="2">单程施药次数____次</td></tr>
<tr><td colspan="3">单程施药用时/s：</td><td colspan="3">单程施药用时范围/s：________～________（±10%）</td></tr>
<tr><td colspan="6">行进速度校准</td></tr>
<tr><td colspan="2">单程施药距离/m：</td><td colspan="2">校准距离/m：</td><td colspan="2">行进时间/s：________</td></tr>
<tr><td rowspan="2">校准用时</td><td colspan="2">1：________′________″</td><td colspan="2">2：________′________″</td><td>3：________′________″</td></tr>
<tr><td colspan="2">4：________′________″</td><td colspan="2">5：________′________″</td><td>6：________′________″</td></tr>
</table>

5. 药液配制与施药

根据施药方案确定供试样品称样量和用水量，根据二次稀释原则配制药液。根据小区排布，依次施药。施药过程记录至表 5-14。

表 5-14　施药过程

<table>
<tr><td colspan="2">施药开始时间：________</td><td colspan="2">施药结束时间：________</td></tr>
<tr><td rowspan="2">单程施药用时</td><td>1：________′________″</td><td>2：________′________″</td><td>3：________′________″</td></tr>
<tr><td>4：________′________″</td><td>5：________′________″</td><td>6：________′________″</td></tr>
<tr><td colspan="2">剩余药液体积/mL：</td><td colspan="2">施药误差绝对值/%：</td></tr>
</table>

五、结果调查与统计分析

依据国家、农业行业相关标准调查施药效果，计算供试药剂的防效和对作物的安全性。

六、作业及思考题

① 喷雾施药前如何校准喷雾器？

② 已知某农药（20%悬浮剂）推荐的施药剂量为 800～2000 倍液（有效成分 100～250mg/kg），每个小区 4 棵柑橘，每棵用水约 2.5L，喷雾器流速为 0.650L/min，药液配制体积按理论的 1.2 倍计算，需要称取的农药和水量以及大约喷雾时间为多少？

附录 2　农药登记田间药效试验报告编写要求(农业农村部药检所)

田间药效试验报告编写要求是为了提高农药登记田间药效试验报告质量，促进农药登记资料进一步规范化、科学化而制定的。

一、报告格式要求

分封面、正文二部分。封面上应以醒目大字标明试验名称（包括药剂含量、名称、剂型、作物、防治对象）、试验委托单位、试验承担单位、试验地点、试验许可证编号、技术负责人、参加人员、报告完成日期。技术负责人名字需手签并加盖认证单位公章，报告还需盖骑缝章，正文使用宋体四号字（表格除外），末页需写明试验完成日期并加盖公章，统一用 A4 纸打印。

二、报告正文内容要求

1.试验条件

(1) 作物和靶标作物、品种名称、试验对象中文名和拉丁名；

(2) 环境条件　如试验地情况、肥水管理、种植密度、生育期等。

2.试验设计和安排

(1) 药剂

① 试验药剂及处理剂量应注明药剂含量、通用名称和剂型，试验方案规定的用药剂量；

② 对照药剂　应注明药剂含量、通用名称和剂型及生产企业、用药剂量（一般为当地常规用量，特殊试验可视目的而定)。

(2) 小区安排

① 小区排列　说明小区排列方式；

② 小区面积和重复　说明试验小区实际面积和重复次数。

(3) 施药方式

① 施药时间和次数　说明用药次数、每次施药日期、作物生育期、靶标生物生长期、用药时的天气状况；

② 使用器械和施药方法　说明施药器械名称和施药方法，并说明小区用药和用水（土、沙）量；

③ 气象资料　说明试验期间降雨和气温情况，尤其是可能影响试验结果的恶劣气候因素，如严重和长期的干旱、暴雨等；

④ 土壤资料　说明土壤类型、土壤肥力、作物产量水平、试验期间施肥和排灌情况等；

⑤ 防治非靶标生物情况　说明所用药剂名称、用药次数和用药时间。

3.调查

(1) 调查方法和分级标准。

(2) 调查时间和次数　说明基数调查时间和试验期间调查的时间和次数。

(3) 调查数据及计算　需将每次调查的各处理四个重复的数据全部列出，并计算出平均数和防效。

(4) 对作物的影响　说明对作物有无药害，如有，说明药害程度（级别）或与空白对照相比药害百分率；说明对作物有无有益影响，如有，说明哪方面的影响（如促进早熟、刺激生长等)。

(5) 对其他生物的影响

① 对有益生物的影响　说明对试验区内和周围野生生物、鱼类和有益昆虫的影响；

② 对其他病、虫、草等的影响　说明对非靶标病、虫、草有益或无益的影响；

③ 对产量和品质的影响（植调剂）　列出每小区产量，计算与空白对照和对照药剂相比的增（减）产百分率；处理区产品营养成分、储藏性能、外观、商品价值等与对照相比情况；

④ 结果　列出对试验数据进行生物统计分析的结果并说明计算、统计的方法。

4.结果分析与讨论

(1) 药剂评价　评价药剂防效（速效性、持效期)、安全性、对有益生物影响、与常用药剂相比优缺点等情况，说明可否大面积推广使用。

（2）技术要点　推荐使用剂量及使用方法和次数；提出使用注意事项。

（3）原因分析　若试验结果不理想或年度间差异较大，从气候、耕作制度、栽培管理措施、发生基数、用药时期、调查方法等方面分析其原因，并提出建议。

6

农药毒理与农药环境毒理

实验1　杀虫剂对昆虫表皮的穿透作用测定

一、实验目的

了解杀虫剂对昆虫体壁穿透性的测定方法。

二、实验原理

不同的杀虫剂通过昆虫表皮进入虫体内的能力与药剂的油/水分配系数有关。目前国内外测定杀虫剂在昆虫体壁上穿透性的方法主要有标记药剂示踪法和气相色谱分析法两种。

1. 标记药剂示踪法

用放射同位素标记杀虫剂，以触杀测定方法处理试虫，间隔一定时间后，用溶剂将昆虫体表残留的标记杀虫剂洗下，测定残留量，计算药剂的穿透率。

2. 气相色谱分析法

用杀虫剂的标准品，以触杀测定方法处理试虫，间隔一定时间，用溶剂将残留在昆虫表皮上的杀虫剂洗下，同时把洗净表皮药剂的试虫捣碎，用丙酮萃取杀虫剂。用气相色谱仪测定残留量。

三、实验材料

1. 供试昆虫

以适于点滴法测定触杀毒力的试虫为材料，试虫的虫态、大小均与毒力测定方法一致。

2. 试剂及处理液

同位素标记杀虫剂、丙酮、2，5-二苯基噁唑（PPO）、1，4-双（5-苯基-2-噁唑）苯

(POPOP)、二甲苯、Triton X-100、高氯酸、双氧水、正己烷均为分析纯；消化液由高氯酸和双氧水以 2∶1 (V/V) 混合组成；乳化闪烁液组成为 PPO、POPOP、Triton X-100 及二甲苯分别为 7.5g、0.3g、500mL 及 1000mL 。

3. 实验仪器及用品

FJ-353 型双道液体闪烁计数仪、玻璃闪烁瓶、1μL 微量注射器（或 0.04μL 微量点滴器）、移液管、培养皿、容量瓶等。

四、实验方法（标记杀虫剂示踪法）

1. 药剂配制

用丙酮将标记杀虫剂配制成一定浓度的药液（可采用半数致死浓度 LC_{50}）。

2. 药剂处理

用 1μL 微量注射器将标记杀虫剂点滴于幼虫的胸部背面，每头点滴 1μL，每一组处理 30 头，勿使药液流失。点滴后将试虫置于培养皿内于室温下单头饲养。

3. 药剂回收

将处理后的试虫间隔 1h、4h 取样，每次各取 10 头试虫，分别用丙酮淋洗试虫体表，每次 1mL，共 6 次，将幼虫冲下的丙酮液分别置于闪烁瓶内。

4. 回收药液处理

闪烁瓶内的淋洗液在自然条件下阴干后，加入 5mL 乳化闪烁液待测。将淋洗过的幼虫直接放入闪烁瓶中，加入 0.5mL 消化液，置于 80℃恒温水浴锅中消化至无色透明为止。然后加入 5mL 乳化闪烁液待测。

5. 测定

用 FJ-353 型双道液体闪烁仪测定幼虫体表和进入体内的标记药剂的放射强度 (dpm)。

根据公式 $A=[B/(B+C)]\times 100\%$ 计算出不同时间的标记药剂对昆虫幼虫的表皮穿透率（即体内百分含量）。

式中，A 为表皮穿透率；B 为幼虫体内标记药剂的放射性强度，dpm；C 为体表残留的标记药剂的放射性强度，dpm。

五、实验结果与分析

实验结果记录至表 6-1 中。

表 6-1 实验记录表

药剂处理后 1h			药剂处理后 4h		
幼虫体内标记药剂的放射性强度 (B)/dpm	体表残留的标记药剂的放射性强度 (C)/dpm	表皮穿透率 (A)/%	幼虫体内标记药剂的放射性强度 (B)/dpm	体表残留的标记药剂的放射性强度 (C) /dpm	表皮穿透率 (A)/%

六、思考题

① 杀虫剂对昆虫体壁的穿透与哪些因素有关？

② 简述标记药剂示踪法与色谱法的优缺点。

实验2 不同类型杀虫剂中毒症状观察

一、实验目的

了解不同类型杀虫剂处理后引起的昆虫中毒反应。

二、实验原理

杀虫剂的中毒症状与作用机理之间的关系为现象与本质的关系，作用机理不同，其中毒症状也不同。有机磷杀虫剂主要抑制了昆虫乙酰胆碱酯酶的活性，使得乙酰胆碱不能及时地分解而积累，不断和受体结合，造成后膜上的 Na^{+} 通道长时间开放，突触后膜长期兴奋，从而影响了神经兴奋的正常传导。中毒表现为异常兴奋、痉挛、麻痹至死亡。昆虫生长调节剂是一类影响昆虫正常生长和发育的化学物质。如破坏昆虫表皮几丁质沉积的药物处理昆虫后，中毒昆虫首先表现为活动减少、取食降低，蜕皮或变态时旧表皮不能蜕掉，形成的新表皮薄，易裂开，老熟幼虫不能化蛹，或形成半蛹半幼虫、半蛹半成虫而死亡；保幼激素类似物和蜕皮激素类似物能扰乱昆虫正常的激素水平，造成异常的发育和变态。

三、实验材料

1.供试昆虫

棉铃虫，选取生长发育一致的 3 龄或 4 龄幼虫作为供试昆虫。

2.供试药剂

氟铃脲原药、乐果原药。

四、实验方法

1.试虫饲养

试验期间，生长发育一致的 3 龄或 4 龄幼虫在温度（25±1）℃、相对湿度 70%±5%、14h 光照：10h 黑暗的养虫室，单头分装到小塑盒中饲养。

2.药剂配制

用丙酮分别将氟铃脲原药及乐果原药溶解并稀释，配制成浓度为 0.2μg/μL 和 5.0μg/μL 的溶液。另以不加药剂的丙酮液为空白对照。

3.药剂处理

用微量进样器将以上浓度药剂丙酮液及丙酮液点滴于棉铃虫幼虫的胸部背板（1μL/头），喂以人工饲料继续饲养。每处理 20 头试虫。

4.中毒症状观察

处理后每天定时观察，直到化蛹为止，记载蜕皮虫数、死亡虫数及中毒和死亡症状。

五、实验结果与分析

实验结果记录至表 6-2 中。

表 6-2 实验结果记录

药剂处理	调查时间/h	中毒及死亡症状		蜕皮虫数/头		死亡虫数/头	
		0.2μg/μL	5.0μg/μL	0.2μg/μL	5.0μg/μL	0.2μg/μL	5.0μg/μL
氟铃脲	24						
	48						
	72						
	96						
乐果	24						
	48						
	72						
	96						

六、思考题

杀虫药剂中毒的症状表现与哪些因素有关？

实验 3 杀虫剂抑制昆虫乙酰胆碱酯酶活性的测定

一、实验目的

了解乙酰胆碱酯酶的作用，掌握乙酰胆碱酯酶活性的测定方法。

二、实验原理

有机磷和氨基甲酸酯类杀虫剂的作用机制在于其抑制了 AChE 的活性，使得乙酰胆碱不能及时地分解而积累，不断和受体结合，造成后膜上 Na^+ 通道长时间开放，突触后膜长期兴奋，从而影响了神经兴奋的正常传导。

以乙酰硫代胆碱（ASCh）为底物，在 AChE 的作用下，ASCh 被水解成硫代胆碱和乙酸，硫代胆碱和二硫双对硝基苯甲酸（DTNB）起显色反应使反应液呈黄色，在分光光度计 412nm 处有最大吸收峰，以比色法可测定 AChE 的活性。反应式为：

$$(CH_3)_3NCH_2CH_2SCOCH_3 + H_2O \xrightarrow[\text{保温}]{\text{AChE}} (CH_3)_3NCH_2CH_2SH + CH_3COOH$$

$$(CH_3)_3NCH_2CH_2SH + O_2N-C_6H_3(COOH)-S-S-C_6H_3(COOH)-NO_2 \longrightarrow$$

$$(CH_3)_3NCH_2CH_2SS-C_6H_3(COOH)-NO_2 + SH-C_6H_3(COOH)-NO_2 \text{（黄色）}$$

三、实验材料

1. 仪器及用品

分光光度计、匀浆器、恒温水浴摇床、离心机、涡旋混合器、增力搅拌机、pH 仪、离心管、移液管、试管、试剂瓶、量筒、蒸馏水、冰块等。

2. 试剂及配制

0.1mol/L 磷酸缓冲液（pH 7.4）配制：0.1mol/L 的 Na_2HPO_4（17.805g/L）和 0.1mol/L $NaH_2PO_4 \cdot 2H_2O$（15.605g/L）按 81∶19 混合，用 pH 仪测定并调至 7.4。

0.075mol/L 硫代乙酰胆碱（碘化）溶液，浓度为 21.67mg/mL，用 0.1mol/L 磷酸缓冲液（pH 7.4）配制，冰箱内可保存 15d。

1×10^{-2}mol/L DTNB 溶液（含 1.8×10^{-2}mol/L 碳酸氢钠），取 DTNB 39.6mg、$NaHCO_3$ 15mg，用 0.1mol/L 磷酸缓冲液溶解，定容于 10mL 容量瓶中。

1×10^{-3}mol/L 毒扁豆碱，先配成 27.5mg/mL 的丙酮液，再用蒸馏水稀释 10 倍。

四、实验步骤

1. 样品制备

以菜青虫、玉米螟或棉铃虫幼虫为对象，称取龄期和大小一致的试虫 0.5g 放于玻璃匀浆器中，加入 5mL 0.1mol/L 磷酸缓冲液，在冰浴下用匀浆器匀浆。然后在 4℃下、3000r/min，离心 10min，取上清液作为酶原。

2. 供试药剂准备

1×10^{-3}mol/L 毒扁豆碱丙酮液，用时以 0.1mol/L 磷酸缓冲液稀释 10 倍，浓度至 1×10^{-4}mol/L（抑制剂的准确浓度需经过预测定后确定，毒扁豆碱也可换成其他有机硫或氨基甲酸酯类杀虫剂）。

3. 测定步骤

测定步骤见表 6-3。将各管混匀后在分光光度计 412nm 下测定 OD 值。

表 6-3 测定步骤

加入试剂	调零管	标准管	抑制剂（1×10^{-4}mol/L 毒扁豆碱）
1×10^{-4}mol/L 毒扁碱/mL	0.1		
抑制剂/mL			0.1
酶液/mL	0.4	0.4	0.4
0.075mol/L ASCh/mL	0.5	0.5	0.5
28℃下保温/min	15	15	15
1×10^{-3}mol/L 毒扁豆碱/mL	0.2	0.3	0.2
1×10^{-2}mol/L DTNB/mL	0.3	0.3	0.3
0.1mol/L 磷酸缓冲液/mL	1.0	1.0	1.0

五、实验结果与分析

根据标准管的 OD 值和抑制剂处理管的 OD 值，计算出抑制剂对 AChE 抑制率。

$$抑制率=\frac{标准管\ OD\ 值-处理管\ OD\ 值}{标准管\ OD\ 值}\times100\%$$

实验4　杀菌作用与抑菌作用测定

一、实验目的

了解杀菌剂杀菌作用与抑菌作用的测定方式。

二、实验原理

杀菌作用是一种永久的行为，即真菌的孢子或细菌经过药剂处理以后，再用清水将药剂洗去，放在适宜的条件下培养仍旧不能萌发或生长；抑菌作用就是当药剂与病菌接触时，病菌受到抑制而不能生长，当药剂用清水洗去以后病菌又能恢复生长。

杀菌作用和抑菌作用一般说来是有明显区别的，起杀菌作用的主要是影响能量生成的传统保护剂，菌体中毒后主要表现为孢子不能萌发；而起抑菌作用的主要是影响生物合成的内吸性杀菌剂，菌体中毒后主要表现为孢子萌发后的芽管或菌丝不能继续生长。

但杀菌和抑菌作用往往不能截然分开，一种杀菌剂是表现为杀菌作用还是抑菌作用还和药剂浓度及药剂作用时间有关。一般来说，杀菌剂在低浓度时表现为抑菌作用，而高浓度时则表现为杀菌作用。作用时间短，常表现为抑菌作用，延长作用时间，则表现为杀菌作用。

三、实验材料

（1）供试药剂　敌锈钠、0.2 波美度石硫合剂。

（2）供试病原菌　花生锈病菌。

四、实验方法

1.药液配制

将供试药剂敌锈钠用无菌水稀释 200 倍，石硫合剂稀释至 0.2 波美度。

2.灰霉病菌孢子准备

将灰霉病菌接种至 PDA 培养基上预培养，产孢，待用。

3.试验处理

在一组培养皿内放入 0.2 波美度的石硫合剂，另一组培养皿内放入稀释 200 倍的敌锈钠。然后再放入灰霉病菌孢子悬浮液，使孢子与药剂接触 0.5h，然后离心、收集孢子。反复清洗、离心 4 次，再将收集到的孢子分别放入培养皿内保湿培养 24h。

4. 调查结果

于显微镜下观察不同药剂处理的孢子萌发情况。

五、实验结果与分析

将实验结果记入表 6-4 中，根据孢子萌发情况判断杀菌剂的作用方式。

表 6-4 孢子萌发结果

药剂处理	调查孢子总数	萌发孢子总数	作用方式
0.2 波美度石硫合剂			
200 倍液敌锈钠			

六、思考题

一种杀菌剂的作用方式与哪些因素有关？

实验 5　杀菌剂对植物病害防治方式的测定

一、实验目的

了解杀菌剂防治病害的方式，掌握其测定方法。

二、实验原理

植物病害化学防治的含义是使用化学药剂处理植物及其生长环境，以减少或消灭病原微生物或改变植物代谢过程以提高植物抗病能力，从而达到预防或阻止病害发生和发展的目的。植物病害化学防治原理包括化学保护、化学治疗和化学免疫三个方面。

化学保护是在病原微生物未接触植物之前，施用杀菌剂消灭病原；或病原微生物虽已接触植物，但未侵入植物体内时，施用杀菌剂，消灭植物表面上的病原微生物，使植物得到保护。化学治疗是当病原微生物已经侵入植物体内，但还处于潜伏期，或植物已感病出现病状时进行施药，使病原微生物死亡或受到抑制，减轻或消除病害。

三、实验材料

1. 供试药剂

嘧菌酯、福美双，将供试药剂配制成 20μg (a.i.)/mL 药剂浓度（或配制成系列浓度）。

2. 供试病原菌

辣椒疫霉病菌。

3. 供试植株

4 叶期辣椒苗（感疫霉品种）。

四、实验步骤

1. 保护作用测定

(1) 病原菌孢子悬浮液的培养　将辣椒疫霉菌在 CMA 培养基上培养一周，将产生大量孢子囊的菌丝块挑入盛有 60mL 灭菌自来水的三角瓶中，用手振荡三角瓶，挑出菌丝块，配制成孢子囊悬浮液（1×10^5 个/mL）。

(2) 辣椒苗的准备　将辣椒种子人工催芽后，在周转箱内育苗。将出苗 3 周的辣椒移植至塑料杯内，每杯一株，放入人工气候箱中（25℃，相对湿度95%，光照12h/d）生长至4叶期。

（3）杀菌剂保护作用测定　用浓度为20μg/mL的嘧菌酯及福美双药液20mL分别对辣椒植株进行灌根处理，设清水为对照。药剂处理后间隔24h将制备好的辣椒疫霉孢子囊悬浮液3mL接种于辣椒根部土壤，每处理10株。待空白对照发病后，量取茎基部病斑长度，计算防治效果。

2. 治疗作用测定

（1）病原菌孢子囊悬浮液的准备　将辣椒疫霉菌在CMA培养基上培养一周，将产生大量孢子囊的菌丝块挑入盛有60mL灭菌自来水的三角瓶中，用手振荡三角瓶，挑出菌丝块，配制成孢子囊悬浮液。

（2）辣椒苗的准备　将辣椒种子人工催芽后，在周转箱内育苗。将出苗3周的辣椒移植至塑料杯内，每杯一株，放入人工气候箱中（25℃，相对湿度95%，光照12h/d）生长至4叶期。

（3）杀菌剂治疗作用测定　将制备好的致病疫霉孢子囊悬浮液3mL接种于4叶期的辣椒根部，接种后间隔24h将浓度为20μg/mL的嘧菌酯及福美双药液20mL分别对辣椒植株进行灌根处理，设清水对照。将施药后的辣椒植株放入人工气候箱中保湿培养，每处理10株。待空白对照充分发病后调查发病情况，计算药剂对辣椒疫霉病的防治效果。

五、实验结果与分析

将实验结果记入表6-5。

$$防治效果=\frac{对照病斑长度-处理病斑长度}{对照病斑长度}\times 100\%$$

表6-5　杀菌剂对植物病害防治方式的测定

药剂处理	保护作用		治疗作用	
	接孢子悬浮液前24h施药		接孢子悬浮液后24h施药	
	病斑长度	防治效果	病斑长度	防治效果
福美双				
嘧菌酯				
对照				

六、思考题

了解杀菌剂的防治原理对生产上正确使用杀菌剂有何指导意义？

实验6　杀菌剂对菌体呼吸作用的测定

一、实验目的

了解杀菌剂对菌体呼吸作用的影响及其测定方法。

二、实验原理

植物病原菌和其他异氧微生物一样，通过呼吸利用摄入的氧，使有机养料氧化放出自由能以供给生命活动所需要的能量。这样作为呼吸基质氧化的异化作用的最终产物就以二氧化碳排出。菌体呼吸作用的测定可以采用以下方法。

1. 测压法

此法为最基本而又经典的方法，测定由于消耗溶解在水中的氧所引起的正常气相氧的减少或由于发生二氧化碳所引起的正常的气相二氧化碳的增加。

2. 电学方法

属于此类型的方法有溶解在水中氧的电学测定法与氧化还原电位测定法。

3. 指示剂法及分光光度法

指示剂法在研究呼吸链脱氢反应方面是非常重要的方法。特别是从可以采用 TTC 色素以来，就使以分光光度法测定脱氢酶活性变得准确迅速。了解分光光度法更精确的应用可以对 NAD^+ 或 $NADP^+$ 作为辅酶的脱氢酶活性和对细胞色素系的各成分的活动进行准确探讨。

4. 放射呼吸测定法

CO_2 作为呼吸的最终氧化产物被排出，将呼吸基质 D-葡萄糖的 6 个骨架碳从第一碳依次到第六碳都用 ^{14}C 进行标记，通过呼吸氧化，分别定时地计测来源于第一碳到第六碳各个碳的 CO_2，可测出在给定情况下，在菌体 D-葡萄糖异化过程中碳的参与率。

三、实验材料

1. 供试药剂

93%嘧菌酯，用甲醇配成 $1.0\times10^4\mu g/mL$ 母液。

2. 培养基

① PSA 培养基　马铃薯 200g，蔗糖 20g，琼脂 20g，加去离子水至 1L。

② AEB 培养基　酵母 5g、$NaNO_3$ 6g、KH_2PO_4 1.5g、KCl0.5g、$MgSO_4$ 0.25g、甘油 20mL，加入去离子水至 1L。

3. 供试病原菌

辣椒炭疽病菌。

四、实验方法

1. 供试菌的准备

将菌落边缘的新鲜菌碟（从 PSA 培养基上移取）移入 100mL AEB 液体培养基，于 250mL 三角瓶中摇培（25℃、120r/min），每瓶 10 个菌碟。

2. 药剂抑制菌体呼吸的测定

将摇培 5d 的菌丝用 0μg/mL、20μg/mL、50μg/mL 的嘧菌酯处理 1h 后，将处理的菌丝体加入到 SP-2 溶氧仪的反应杯中，测定菌丝耗氧率，收集测定后的菌丝，在 80℃烘箱中烘 10h 至恒重并称重。

五、实验结果

实验仪记录的数据中，溶氧仪的反应杯体积为 XmL，某温度下所跑基线横向格数为 Y 格，某温度下水中溶氧浓度 $Z\mu mol/mL$（可从表 6-6 查得）。所以每格代表溶氧量为 $(ZX)/Y$。

菌丝耗氧量＝横向格数(处理)×$(ZX)/Y$

根据记录仪记录的斜率计算出单位时间单位菌丝干重的耗氧率。公式如下：

呼吸速率＝(菌丝耗氧量/测定时间)/菌丝干重

表 6-6　水中饱和溶解氧浓度与其对应的温度

温度/℃	浓度/（mg/L）	温度/℃	浓度/（mg/L）
0	14.6	23.3	8.5
1.1	14.1	24.4	8.3
2.2	13.7	25.6	8.2
3.3	13.3	26.7	8.0
4.4	12.9	27.8	7.8
5.6	12.6	28.9	77
6.7	12.2	30	75
7.8	11.9	31.1	7.4
8.9	11.6	32.2	7.3
10	11.3	33.3	7.1
11.1	11.0	34.4	7.0
12.2	10.7	35.6	6.9
13.3	10.4	36.7	6.8
14.4	10.2	37.8	6.6
15.6	9.9	38.9	6.5
16.7	9.7	40	6.4
17.8	9.5	41.1	6.3
18.9	9.3	42.2	6.2

六、思考题

杀菌剂对菌体呼吸作用的测定需注意哪些事项？

实验 7　杀菌剂对菌体物质合成的测定

一、实验目的

了解杀菌剂对菌体物质合成的影响，掌握其测定方法。

二、实验原理

从杀菌剂杀菌毒理的角度来说，菌体中受影响的生物合成有两大类：一是主要代谢物蛋白质、核酸、脂质等大分子化合物；二是细胞壁、细胞膜和其他一些组织上的膜以及次生代谢物质的小分子化合物。如引起与氧化有关的酶体上物质或菌体上氧化酶结合位点的蛋白质的改变，会影响氧化酶类本身活性或影响氧化酶与作用部位的结合而失活。甾醇类杀菌剂破坏菌体膜上脂质甾醇的合成会影响菌体膜功能。以三环唑为代表的多种化合物会影响稻梨孢菌的附着胞壁上的黑色素合成，从而阻碍病菌的侵入。苯并咪唑类杀菌剂能影响微管的形成，从而干扰细胞的有丝分裂。几丁质是菌体细胞壁的重要组成成分，对几丁质合成的影响会导致菌体细胞壁异常。应该指出，影响合成的物质不同，菌体表现出的中毒症状不同，但有时也会表现出一系列相似的中毒反应。如异稻瘟净等有机磷杀菌剂作用于稻瘟病菌后，菌体表现为细胞壁合成异常，但进一步研究发现，该类杀菌剂是影响了卵磷脂的合成而破坏了细胞质膜的结构，改变其通透性，使合成细胞壁的 UDP-*N*-乙酰氨基葡萄糖不能从膜的内面运至膜的外面，从而减少了几丁质的合成，而多氧霉素通过影响菌体几丁质合成酶的活性影响几丁质的合成。

三、实验材料

1. 供试药剂

多氧霉素。

2. 供试病原菌

梨黑斑病菌。

3. 供试培养基

干杏培养基　商品干杏 20g 用 1L 蒸馏水热提取 1h，提取液 pH 调整至 5.5，内含琼脂 3%。

四、实验方法

1. 病原菌的培养

将梨黑斑病菌放在干杏琼脂培养基平面上，于 27℃ 培养一周。将培养基表面的孢子用接种环刮下，使其悬浮于灭菌水中，然后用灭菌的双层纱布过滤。悬浮液稀释到孢子数在显微镜下（40 倍）每视野中约有 100～200 个。孢子数过多时，孢子集聚成块难以观察。

2. 药剂处理

将孢子悬浮液适当地加于试管中，加药剂溶液使多氧霉素溶液最终浓度为 2μmol/L，加蒸馏水作空白对照，立即分别取 0.2mL 轻轻滴到载玻片上。在培养皿中铺上用水湿过的滤纸等，排好玻璃管，上面放置载玻片。盖好盖于 27℃ 在暗处培养 24h。

3. 观察结果

盖上盖玻片，在显微镜下用计数器分别计测对照和加有药剂的孢子、发芽管的形态，即正常的、异常膨肿的、没有发芽管的。正常和异常的发芽管两种孢子都作为“正常”的孢子。算出在对照中不发芽孢子的比例，减去药剂处理区不发芽孢子数的比例。

对多氧霉素敏感的梨黑斑病菌 90%以上的孢子会因上述浓度的多氧霉素引起发芽管的膨肿。这种膨肿的发芽管有时与孢子一样大，很容易观察。

五、实验结果与分析

实验结果记录至表 6-7 中。

表 6-7 实验结果记录表

药剂处理	调查孢子数	萌发孢子数	芽管异常孢子数
多氧霉素			
对照			

六、思考题

病原菌培养有哪些基本方法？相关注意事项是什么？

实验 8 除草剂对杂草光合作用的抑制

一、实验目的

了解除草剂抑制作物光合作用的测定方法。

二、实验原理

测定除草剂抑制作物光合作用的方法有藻类实验法、浮萍法和圆叶片漂浮法等。其中藻类实验法和浮萍法分别利用除草剂处理小球藻和浮萍来测定药剂对植物光合作用的影响。圆叶片漂浮法是 Truelove 等 1974 年提出的，后经多重改进，方法更加完善。它是测定光合作用抑制剂快速、灵敏、精确的方法。其原理是植物在进行光合作用时，叶片组织内产生较高浓度的氧气，使叶片容易漂浮，而若光合作用受抑制，不能产生氧气，则叶片就难以漂浮。

三、实验材料

1. 实验用具

打孔器、三角瓶、真空泵、烧杯、250W 荧光灯、秒表。

2. 试验试剂

0.01mol/L 磷酸钾缓冲液（pH 7.5）；碳酸氢钠（分析纯）。

3. 供试药剂

莠去津除草剂：用 0.01mol/L 磷酸钾缓冲液配制系列浓度的含药溶液。

4. 供试植物叶片

摘取生长 6 周的黄瓜叶或生长 3 周的蚕豆幼叶（已充分展开），也可使用展开 10d 的南瓜子叶叶片。其他植物敏感度低，不宜采用。

四、实验方法

① 在 250mL 的三角瓶中，加入 50mL 用 0.01mol/L 磷酸钾缓冲溶液（pH 7.5）配制的不同浓度的除草剂，并加入适量的碳酸氢钠（提供光合作用需要的 CO_2）。

② 用打孔器打取 9mm 直径的圆叶片，立即转入上述溶液中。每只三角瓶中加入 20 片圆叶片，再抽真空，使全部叶片沉底。

③ 将三角瓶内的溶液连同叶片一起转入 1 只 100mL 的烧杯中，在黑暗下保持 5min，然

后在 250W 荧光灯下曝光，并开动秒表计时，最后记录全部叶片漂浮所需要的时间，再计算阻碍指数（retardation index，RI），阻碍指数越大，抑制光合作用越强，药剂的生物活性越高。

五、实验结果与分析

实验结果记录至表 6-8 中，分析除草剂对光合作用的抑制作用。

表 6-8 实验结果记录

药剂处理	漂浮所需时间	阻碍指数（RI）
莠去津（浓度 1）		
莠去津（浓度 2）		
莠去津（浓度 3）		
对照		

$$阻碍指数(\%)=\frac{处理组圆叶片漂浮所用的时间}{空白对照组圆叶片漂浮所用的时间}\times 100\%$$

六、思考题

圆叶片漂浮法测定除草剂活性应注意哪些事项？

实验 9 除草剂对植株体内乙酰乳酸合成酶活性的影响

一、实验目的

了解除草剂抑制乙酰乳酸合成酶（ALS）活性的测定方法。

二、实验原理

植株体内乙酰乳酸合成酶是除草剂的重要靶标，磺酰脲类、咪唑啉酮类、磺酰胺类、嘧啶水杨酸类等除草剂都作用于此靶标。靶标 ALS 抑制剂是目前开发最活跃的领域之一。

乙酰乳酸合成酶催化 2 个丙酮酸（或 1 个丙酮酸与 1 个 α-丁酮酸）形成乙酰乳酸（或乙酰羟丁酸），利用间接比色法测定该酶活性，即将产物乙酰乳酸脱羧形成 3-羟基丁酮，再与肌酸及甲萘酚形成粉红色复合物，该复合物在 530nm 处有最大吸收。

三、实验材料

1. 实验试剂

黄素腺嘌呤二核苷酸（FAD），焦磷酸硫胺素（TPP），肌酸，二硫代苏糖醇，丙酮酸钠、a-萘酚，$MgCl_2 \cdot H_2O$，石英砂，磷酸氢二钾，磷酸二氢钾，硫酸，硫酸铵，氢氧化钠等。

除草剂：烟嘧磺隆，配成 10nmol/L 的溶液。

2. 实验仪器

光照培养箱、紫外可见分光光度计、水浴恒温振荡器、超速冷冻离心机。

3. 供试植物

稗草：待稗草长至3～4叶期剪取植株地上部分。

四、实验步骤

1. 试剂配制

ALS提取液配制：0.1mol/L磷酸钾缓冲液，pH 7.5，其中含1mmol/L丙酮酸钠、0.5mmol/L TPP、10μmol/L FAD和0.5mmol/L $MgCl_2$。

ALS酶溶解液配制：0.1mol/L磷酸钾缓冲液，pH 7.5，其中含20mmol/L丙酮酸钠、0.5mmol/L$MgCl_2$。

酶促反应液配制：0.1mol/L磷酸钾缓冲液，pH 7.0，其中含0.5mmol/L$MgCl_2$、20mmol/L丙酮酸钠、0.5mmol/LTPP和10μmol/LFAD。

2. ALS的提取

取5g样本加10mL提取液，在冰浴中用少许石英砂研磨，用多层纱布过滤，定容至10mL，于25000*g*、4℃离心20min，上清液用$(NH_4)_2SO_4$粉末调至约50%饱和度，0℃沉降2h，于25000*g*、4℃离心30min，上清液弃去，沉淀即为所需的ALS酶。该酶溶于5～10mL酶溶解液中，得粗酶液。

3. ALS活性测定

在试管中分别加入0.1mL含0.10nmol/L烟嘧磺隆的溶液，再加入0.5mL酶促反应液和0.4mL粗酶液，置于37℃水浴中暗反应1h后，加入3mol/L H_2SO_4 0.2mL终止反应（对照管于水浴前加入3mol/LH_2SO_4 0.2mL阻止反应发生）。然后将反应产物在60℃脱羧15min，再顺次加入0.5%肌酸（溶于去离子水）0.5mL和5%甲萘酚（溶于2.5mol/L NaOH）0.5mL，于60℃反应15min。取出充分摇匀反应液使其显色，4000r/min离心3min去除沉淀，用紫外分光光度计在525nm处比色，ALS活性用吸光值A_{530}表示。

五、实验结果与分析

实验结果记录至表6-9中，分析烟嘧磺隆对ALS酶活性的抑制。

表6-9　实验结果记录

药剂处理	OD（A_{530}）	抑制率/%
烟嘧磺隆		
对照		

六、思考题

为什么取供试植物（稗草）3～4叶期的地上部分作为研究对象？

实验 10 杀菌剂对病原菌的作用方式测定

一、实验目的

了解杀菌剂抑制菌体不同发育阶段的测定方法。

二、实验原理

杀菌剂可以影响菌丝生长，使菌丝生长受阻、畸形扭曲等，孢子不能萌发，各种子实体和侵染结构（附着胞）的形成受阻，或导致细胞膨胀、原生质体和线粒体的瓦解及细胞壁、细胞膜的破坏，病菌长期处于静止状态等。不同的杀菌剂对病原菌不同的发育阶段影响不同，只有明确了杀菌剂对菌体哪些发育阶段产生影响，才能合理使用杀菌剂防治植物病害。

三、实验材料

1. 供试杀菌剂

选择对灰霉病菌有效的药剂，如异菌脲等。

2. 供试病原菌

灰霉病菌。

四、实验方法

1. 供试杀菌剂对番茄灰霉病菌菌丝生长和菌体形态的抑制

将系列浓度的供试杀菌剂母液加至溶化后冷却至 45℃左右的 PDA 培养基中，制成含系列供试药剂浓度的平板。挑取预先制备的灰霉病菌菌碟，菌丝面向下接种于含药平板上。每处理 3 次重复，于 23℃培养 4d 后，量取菌落直径，计算供试杀菌剂对灰霉病菌菌丝生长的 EC_{50}。切取各处理的菌丝先端，于显微镜下观察菌丝形态是否发生变化。

2. 供试杀菌剂对番茄灰霉病菌孢子萌发的影响

将配好的系列浓度药液各 45μL 滴于凹玻片内，再分别加入 45μL 孢子悬浮液，使孢子悬浮液中药剂浓度为系列浓度，每个视野（40 倍）孢子为 80～100 个，每处理重复 3 次，置于 23℃保湿培养 12h。显微镜下观察不同浓度药剂对孢子萌发的影响。

3. 供试杀菌剂对番茄灰霉病菌孢子产量的影响

按 1 方法将灰霉病菌接入含系列浓度药剂的 PDA 平板中，置于 23℃培养 15d 左右，待其产孢。在产孢的菌落边缘打孔，一个处理浓度打取 5 个菌饼，用镊子取出放入 1mL 的无菌水里，用玻璃棒充分搅拌，使孢子尽可能脱落。利用血球计数器计数，观察不同浓度药剂对番茄灰霉病菌孢子产量的影响。

4. 供试杀菌剂对番茄灰霉病菌菌核产量的影响

按 1 方法将灰霉病菌接入含系列浓度药剂的 PDA 平板中，23℃培养 25d 后，PDA 培养基上的灰霉病菌菌落会产生菌核，观察不同浓度药剂的 PDA 平板上番茄灰霉病菌菌核的形态，并用镊子取出菌核称重，计算供试药剂抑制菌核产量的 EC_{50}。

五、实验结果与分析

实验结果记录至表 6-10 中，并分析供试杀菌剂对菌体的哪些生长发育阶段产生影响。

表 6-10 实验结果记录

菌体发育阶段	抑制率/%					EC_{50}
	浓度 1	浓度 2	浓度 3	浓度 4	浓度 5	
菌丝生长						
孢子萌发						
孢子产量						
菌核产量						

六、思考题

杀菌剂对菌体的作用方式可以从哪些方面进行测定？

实验 11 农药对蜜蜂的毒性安全评价

一、实验目的

学会用摄入法和接触法测定农药对蜜蜂的毒性，掌握农药对蜜蜂的毒性评价标准。

二、实验原理

农药可以通过多种途径危害到蜜蜂：可以在直接喷洒时，接触蜜蜂使之死亡；可能污染花粉，使蜜蜂取食时死亡；严重的是蜜蜂可能将农药带回蜂巢致使整窝蜜蜂死亡。在国外有些国家同时用蜜蜂和野蜂作试验材料，在我国目前条件下多采用养殖最普遍的意大利成年工蜂作试验蜂种。根据蜜蜂在田间与农药接触的方式，试验须做摄入毒性与接触毒性两种，供试的农药可用制剂或纯品。

1. 摄入法

将一定量的农药溶于糖水或蜂蜜中喂养蜜蜂，并对药液的消耗量进行测定。对难溶于水的农药，可加少量易挥发性助溶剂（如丙酮等）。

2. 接触法

供试农药用丙酮溶解，将蜜蜂夹于两层塑料纱网之间，并固定于框架上；或用麻醉法先将蜜蜂麻醉（麻醉时的死亡率不得大于 10%），尔后于蜜蜂的前胸背板处，用微量注射器点滴药液。

正式试验前先作预备试验，初步确定供试农药对蜜蜂的最高安全浓度与最低全死亡浓度。正式试验时在此范围内以一定的浓度级差配制成 5～7 个不同的处理浓度，并设有相应的溶剂或空白对照。试验宜在 25℃±2℃微光条件下进行，记录 24h 死亡率，用概率法求出 LC_{50} 或 LD_{50}。根据毒性测定结果，参照 Atkins 毒性等级划分标准，按照 LD_{50} 值的大小，将农药对蜜蜂接触毒性分为四个等级：剧毒 $LD_{50} \leqslant 0.001\mu g$(a.i.)/蜂，高毒 $0.001 < LD_{50} \leqslant 2.0\mu g$(a.i.)/蜂，中毒 $2.0 < LD_{50} \leqslant 11.0\mu g$(a.i.)/蜂，低毒 $> 11.0\mu g$(a.i.)/蜂，须进一步考虑做田间毒性试验。根据我国农药登记环境毒理学试验单位所采用的分级标准，将农药对蜜蜂胃毒毒性分为剧毒（$LC_{50} \leqslant 0.5mg/L$）、高毒（$0.5mg/L < LC_{50} \leqslant 20mg/L$）、中毒（$20mg/L < LC_{50} \leqslant 200mg/L$）、低毒（$LC_{50} > 200mg/L$）。

三、实验材料

1. 供试药剂

1.8%阿维菌素水乳剂。

2. 供试蜂种

意大利蜜蜂（*Apis mellifera* L.），成年工蜂。

3. 实验用具

① 试验蜂笼　为长方体框架（一般为木制），长×宽×高＝15cm×10cm×10cm，上下两面蒙上塑料纱网（一面固定，另一面活动）。

② 贮蜂笼　为长方体框架（一般为木制），一面为可抽式玻璃，其余各面均为塑料纱网（长×宽×高＝30cm×30cm×60cm）。

③ 塑料网袋　长×宽＝30cm×28cm，纱网孔径为 2.5mm。

④ 蜜蜂饲料　为市售蜂蜜兑水后的蜂蜜水（蜂蜜和水的体积比为 1∶2）。

四、实验操作

1. 药液的配制

将 1.8%阿维菌素水乳剂用蒸馏水稀释 500 倍，得到 36mg/L 的药液，将其成倍稀释得到 36mg/L、18mg/L、9.0mg/L、4.5mg/L、2.25mg/L、1.125mg/L 六个系列浓度。

2. 预试实验

预试实验是为了找出引起蜜蜂 0%（Dn）和 100%（Dm）死亡的剂量，以便安排正式实验。预试实验一般采用少量蜜蜂（6～10 只）进行，将蜜蜂随机分为 3 组，组间剂量比值一般以 1∶0.5 或 1∶0.7 为宜，预试实验进行到找出 Dn 和 Dm 后方可安排正式实验。

3. 接触法实验

① 将蜜蜂从蜂箱内转入贮蜂笼，试验时将蜜蜂移入塑料网袋中，每次 15～20 只。轻轻拉紧塑料网袋后，用图钉将其固定于泡沫板上，蜜蜂被夹在两层塑料纱网之间。

② 通过塑料纱网的网孔在蜜蜂的前胸背板处，用 $10\mu L$ 平头微量注射器分别点滴不同浓度供试药液 $2.0\mu L$。

③ 将蜜蜂放入试验蜂笼中，每笼 15～20 只，隔网用脱脂棉喂食适量的 50%蜂蜜水，另设清水处理为空白对照，3 次重复，24h 后记录中毒死亡情况。

④ 根据点药量和药液浓度将 LC_{50} 换算成 LD_{50}，利用概率值法（EXCEL）或 DPS 软件计算出毒力回归式、半数致死量 LD_{50}、相关系数及 95%置信限。根据 LD_{50} 值按照分级标准确定农药对蜜蜂的毒性级别。

4. 摄入法实验

① 将贮蜂笼中的蜜蜂移入试验蜂笼中，每笼 15～20 只。

② 将 2mL 蜂蜜和 4mL 不同浓度的药液混匀组成药蜜混合液（下称药蜜）装在 50mL

的小烧杯中，并以适量脱脂棉浸渍形成饱和吸水状态棉球（以药蜜不扩散为宜），试验时将小烧杯口向下倒置于试验蜂笼上面的塑料纱网上，通过网眼供蜜蜂摄取。

③ 定时观察蜜蜂摄食情况，并对药液的消耗量进行测定，一旦药液消耗完，将食物取出，换用不含供试物的蔗糖水进行饲喂（不限量），随时添加药蜜，另设清水处理为空白对照，每处理 15～20 只蜜蜂，重复 3 次。

④ 24h 后观察记录各级浓度的蜜蜂中毒死亡情况，利用概率值法（EXCEL）或 DPS 软件计算出毒力回归式、半数致死浓度 LC_{50}、相关系数及 95%置信限。

五、结果分析

将数据和结果记录在表 6-11 和表 6-12 中。

表 6-11　农药对蜜蜂接触毒性试验记录

药液浓度/（mg/L）	36	18	9	4.5	2.25	1.125
每蜂给药量/（μg/蜂）						
蜜蜂数/只						
死亡数/只						
死亡率/%						
毒力回归式						
LD_{50}/（μg/蜂）						
95%置信限						
相关系数 r						

表 6-12　农药对蜜蜂摄入毒性试验记录

药液浓度/（mg/L）	36	18	9	4.5	2.25	1.125
药蜜浓度/（mg/L）						
蜜蜂数/只						
死亡数/只						
死亡率/%						
毒力回归式						
LC_{50}/（mg/L）						
95%置信限						
相关系数 r						

六、思考题

在农药对蜜蜂的安全性实验中有哪些注意事项？

实验 12 农药对鱼的毒性安全评价

一、实验目的

学会农药对鱼毒性安全评价的方法，掌握农药对鱼的毒性评价标准。

二、实验原理

不同国家和地区根据实际情况可采用常见的鱼种进行试验，国际上常用试验鱼种有斑马鱼、鲤鱼、夏裨鱼、黑头软口鲦、翻车鱼、底鳉、虹鳟。鲤鱼是我国主要鱼种之一，各地都有养殖，材料易得，是理想的试验鱼种。试验鱼应同时孵化，体长约 2～5cm，健康无病的鱼苗先在室内驯化饲养 7～14d，待鱼苗死亡率稳定在＜10％ 时开始试验。试验期间对照组的死亡率也应控制在 10％以下。鱼的急性毒性测定方法有静态法、半静态法和流动式法三种。在我国目前条件下，一般采用半静态法（易水解与易挥发的农药需用流动式法测定）。试验容器的大小，一般应控制在每升水 1 条鱼的范围内。试验期间定期更换药液，以保证水中药液浓度不低于加入量的 80％，水中溶解氧不得低于饱和点的 60％，pH 值控制在 6～8.5 之间。正式试验前先做预试，然后在最高安全浓度与最低全致死浓度范围之间，按级差设 5～7 个组，每组养 10 尾，并设空白对照。供试水用曝气去氯后的自来水，标明水质指标。供试农药用纯品，必要时也可用工业品或制剂。难溶于水的农药，可用超声波加以分散，或用低毒的丙酮与吐温-80 助溶，用量要＜0.1mL/L，并要作对比试验。试验前 24h 停止给试验鱼喂食，在整个试验期间不喂食，试验在（22±2)℃，适度光照（12～16h/d）条件下连续 96h，记录最初 8h，以及 24h、48h、72h、96h 时鱼的死亡率与中毒症状，及时捞出死鱼，最后对鱼类的毒性一般按 96h LC_{50} 的大小划分为四个等级：LC_{50}＞10mg/L 为低毒农药，1.0mg/L＜LC_{50}≤10mg/L 为中毒农药，0.1mg/L＜LC_{50}≤1.0mg/L 为高毒农药，LC_{50}≤0.1mg/L 为剧毒农药。田间的安全使用浓度可采用 96h 的半数致死浓度 LC_{50}×0.1。

三、实验材料

1. 供试药剂

10％溴氰菊酯乳油。

2. 供试鱼种

鲤鱼（*Cyprinus carpio* Linnaeus)，大小一致（测量平均体长和平均体重)，在室内条件下驯养 7～14d 以上、自然死亡率＜10％，试验前 24h 停止喂食。

3. 实验用具

15L 的玻璃缸、鱼缸气泵。

四、实验操作（半静态法实验）

1. 预试实验

预试实验目的是找出引起鱼 0％（Dn）和 100％（Dm）死亡的剂量，以便安排正式实验。预试实验一般采用少量鱼（5 条）进行，将鱼随机分为 3 组，组间剂量比值一般以 1：

0.5或1∶0.7为宜，预试实验找出Dn和Dm后方可安排正式实验。

2.正式试验

① 将10%溴氰菊酯乳油用曝气24h后的自来水稀释，配制得到20mg/L、10mg/L、5mg/L、2.5mg/L、1.25mg/L、0.625mg/L、0.3125mg/L、0.15625mg/L八个系列浓度。

② 在15L玻璃缸中加入10L配制好的药液，放入10条鲤鱼，接上鱼缸气泵充气，试验前1d停止给鱼喂食，试验期间也不喂食。分别于24h、48h、72h和96h观察记录鲤鱼的中毒症状和死亡数，及时清除死鱼，判断死鱼的标准是玻璃棒轻触鱼的尾部无可见运动。每24h更换全部药液。另设清水处理为空白对照。

五、结果分析

分别于24h、48h、72h和96h观察记录鲤鱼死亡数，利用概率值法（EXCEL）或DPS软件计算出毒力回归式、半数致死浓度LC_{50}、相关系数及95%置信限，记录在表6-13中。

表6-13　农药对鲤鱼毒性试验记录

药液浓度/(mg/L)	鲤鱼死亡数			
	24h	48h	72h	96h
20				
10				
5				
2.5				
1.25				
0.625				
0.3125				
0.15625				
0				
毒力回归式				
LC_{50}/(mg/L)				
95%置信限				
相关系数r				

六、思考题

在农药对鱼的毒性安全性评价中有哪些注意事项？

实验13　农药对家蚕的毒性安全评价

一、实验目的

学会农药对家蚕毒性安全评价的方法，掌握农药对家蚕的毒性评价标准。

二、实验原理

家蚕是鳞翅目蚕蛾科的一种，与其他昆虫比较，一般对农药比较敏感，有时虽然中毒并没有造成死亡，但会影响蚕的体质和茧质，降低雌蛾的产卵量或使幼虫龄期不一致。因家蚕品种较多，尚难规定统一的试验品种，目前只能因地制宜，选择农药使用地区常用的家蚕品种作试验材料。农药对家蚕影响的主要途径，多半为农田施药引起桑叶污染或大气污染两种。在测定农药对家蚕毒性时，首选食下毒叶法，该法反映了杀虫剂对家蚕的胃毒、触杀和熏蒸的联合毒性，更接近于杀虫剂对家蚕的实际危害情况。对于挥发性强的农药，尚须结合熏蒸毒性试验，还有药膜法和口器注射法等。家蚕在不同生长发育阶段，对农药的反应亦不尽相同，除蚁蚕外，二龄蚕对农药最敏感，宜选用二龄起蚕为毒性试验材料。供试农药用制剂，也可用原药或纯品。难溶于水者可用助溶剂（如丙酮、乙酸乙酯等）助溶。食下毒叶法：将药液先浸渍桑叶，一般浸渍时间为 5s，待溶剂挥发完再喂蚕。每组 20 条蚕，试验用农药按一定浓度级差配制成 5～7 个处理，并设溶剂空白对照。熏蒸法：在一较密闭的容器内，将不同浓度的药液浸渍脱脂棉置于小玻皿中，放在容器内一边，使蚕体不会接触到药液，喂以无毒桑叶。口器注射法：将药剂配制成不同浓度药液，用 5μL 气相色谱进样针向家蚕口器中注入 1μL 药液，处理后的家蚕用新鲜无毒桑叶饲养。药膜法：将药剂用丙酮配制成不同浓度的药液，在培养皿中铺一张滤纸，用注射器或移液枪加入 1mL 药液，待丙酮挥发掉后，在滤纸上形成均匀的药膜，放入家蚕，让其在滤纸上爬行一定时间后，一般为 1min，转入干净的培养皿中用新鲜无毒的桑叶喂养。试验在 25～27℃微光环境下进行。记录 24h、48h 的死亡率，用 DPS 软件或概率值法（EXCEL）求出 LC_{50} 或 LD_{50} 及 95%置信限与相关系数。现在一般直接用实验室测得的 LC_{50} 作为评价指标，实验结果为 96h 的死亡率剧毒 $LC_{50} \leqslant 0.5$mg(a. i.)/L；高毒 0.5mg(a. i.)/L $< LC_{50} \leqslant 20$mg(a. i.)/L；中毒 20mg(a. i.)/L $< LC_{50} \leqslant 200$mg(a. i.)/L；低毒 $LC_{50} > 200$mg(a. i.)/L。

三、实验材料

1. 供试药剂

10%氯氰菊酯乳油。

2. 供试生物

家蚕（*Bombyx mori* L.），二龄起蚕。

四、实验操作

1. 预试实验

预试实验一般采用少量家蚕（10 条）进行，将家蚕随机分为 3 组，组间剂量比值一般以 1∶0.5 或 1∶0.7 为宜，应在预试实验进行到找出引起家蚕 0%（Dn）和 100%（Dm）死亡的剂量后安排正式实验。

2. 正式试验

① 将 10% 氯氰菊酯乳油用水稀释，配制得到 5mg/L、2.5mg/L、1.25mg/L、0.625mg/L、0.3125mg/L、0.15625mg/L 六个系列浓度；

② 把桑叶在药液中浸渍 10s，取出后自然晾干表面水分，放入直径为 9cm 的玻璃培养皿中，每组接入家蚕 2 龄起蚕 30 头蚕，每个浓度设 3 次重复，以清水处理为对照；

③ 24h、48h、72h 和 96h 检查中毒死亡情况，死亡标准以轻触后不动视为死亡。

五、结果分析

利用概率值法（EXCEL）或 DPS 软件计算出毒力回归式、半数致死浓度 LC_{50}、相关系数及 95%置信限，记录在表 6-14 中。

表 6-14　农药对家蚕毒性试验记录

药液浓度/(mg/L)	家蚕死亡数							
	24h				48h			
	处理 1	处理 2	处理 3	平均值	处理 1	处理 2	处理 3	平均值
5								
2.5								
1.25								
0.625								
0.3125								
0.15625								
0								
毒力回归式								
LC_{50}/(mg/L)								
95%置信限								
相关系数 r								

六、思考题

农药对家蚕的毒性安全评价试验中有哪些注意事项？

实验 14　农药对鸟类的毒性安全评价

一、实验目的

学会农药对禽鸟毒性安全评价的方法，掌握农药对禽鸟的毒性评价标准。

二、实验原理

农药对鸟类的毒害方式主要为急性中毒死亡，亚慢性和慢性危害主要体现在鸟类的繁殖能力降低和环境适应能力的降低。农药对鸟类的危害途径：一种是鸟类取食了被农药污染了的食物，如昆虫、植物的果实或种子、蚯蚓、鱼虾与水源等，另一种是因为农药使用时污染了鸟类的巢穴或直接喷洒到鸟类身体上或除草剂的使用破坏了鸟类的栖息场所，使其无法筑巢和隐蔽。农药对鸟类的毒性试验内容有如下几个方面：

1. 试验动物

国际上常用的试验鸟类有鸽、鹌鹑、雉、野鸭、孟加拉雀等（母鸡不适用）。鹌鹑饲养方便，是理想的试验生物。

2. 试验项目

根据哺乳动物的试验结果，如供试农药的 LD_{50}＞50mg/kg 时，可免做对鸟类的口服急性毒性试验。如果供试农药在田间施用时，与鸟类有一定的接触时间，而且已有材料证明该农药在哺乳动物体内有一定富集作用，除了要做口服急性毒性 LD_{50} 外，还要做 5d 的药饲试验求 LC_{50}，少数残留期长，对鸟类有长期性暴露影响的农药，还须进一步做繁殖影响试验，观察对鸟类取食性能、繁殖行为、蛋壳、孵化率以及成活率等的影响。对一些用实验室研究还难以明确其危害性的农药，须进一步做笼养试验，甚至是野外试验。

3. 试验方法

（1）急性经口毒性　供试鹌鹑用同一批大小均匀的鹌鹑蛋孵化，饲养约 30d，体重基本一致，健康、活泼、雌雄各半（共 10 只）。供试农药用制剂或纯品，溶于水或植物油中，供口服急性毒性试验。一次给药 1.0mg/100g 体重，连续 7d 观察死亡率。在正式试验前先做预试，然后在最高安全浓度与最低全致死浓度范围内按一定的浓度差，设 5～7 个处理，不设重复，进行正式试验，并设空白对照。试验在（20±2）℃与正常饲养条件下进行。试验结果用概率统计法求出 LD_{50} 及 95％的置信限。根据毒性测定结果，我国将农药对鸟类的急性毒性划分为四个等级：LD_{50}＞500mg(a. i.)/kg 体重为低毒，50mg(a. i.)/kg＜LD_{50}≤500mg(a. i.)/kg 体重为中毒，10mg(a. i.)/kg＜LD_{50}≤50mg(a. i.)/kg 体重为高毒级，LD_{50}≤10mg(a. i.)/kg 体重为剧毒。美国 EPA 采用 5 级标准制定的急性毒性分级标准，即 LD_{50}＞2000mg/kg 体重的为实际无毒，501～2000mg/kg 体重的为低毒，51～500mg/kg 体重的为中毒，10～50mg/kg 体重的为高毒，＜10mg/kg 体重的为剧毒。

（2）慢性毒性

① 剂量定期递增染毒法　对 20 只鹌鹑每天灌胃给药染毒，4d 为一期，给药剂量每期递增一次，开始给药剂量为 0.1 LD_{50}，以后按照等比级数 1.5 逐期递增，鹌鹑的给药总剂量见表 6-15。若试验期间鹌鹑发生半数死亡，可按表 6-14 查得相应的给药总剂量，即蓄积系数，分级标准为蓄积系数＜1 为高度蓄积，1～3 为明显蓄积，3～5 为中等蓄积，＞5 为轻度蓄积。如果给药 20d 后鹌鹑死亡数没有超过半数，则试验即可结束。

表 6-15　剂量定期递增染毒法给药剂量用表

给药总天数	1～4	5～8	9～12	13～16	17～20	21～24	25～28
每天给药剂量	0.10 LD_{50}	0.15 LD_{50}	0.23 LD_{50}	0.34 LD_{50}	0.51 LD_{50}	0.76 LD_{50}	1.14 LD_{50}
各期给药总剂量	0.4 LD_{50}	0.6 LD_{50}	0.9 LD_{50}	1.4 LD_{50}	2.0 LD_{50}	3.0 LD_{50}	4.5 LD_{50}
试验期间给药总剂量	0.4 LD_{50}	1.0 LD_{50}	1.9 LD_{50}	3.3 LD_{50}	5.3 LD_{50}	8.3 LD_{50}	12.8LD_{50}

② 固定剂量染毒法　方法参照剂量定期递增染毒法，每天试验给药剂量为 0.1LD_{50}。

三、实验材料

1. 供试药剂

40％毒死蜱乳油。

2. 供试生物

鹌鹑（*Coturnix coturnix*），挑选日龄约 30d，体重约 100g，健康、无病、活泼的鹌鹑，在试验条件下饲养 1 周后进行试验。

四、实验操作

1. 预试实验

预试实验一般采用 5 只鹌鹑进行，将鹌鹑随机分为 3 组，组间剂量比值一般以 1∶0.5 或 1∶0.7 为宜，应在预试实验进行到找出引起鹌鹑 0%（Dn）和 100%（Dm）死亡的剂量后安排正式实验。

2. 急性毒性试验

① 将 40% 毒死蜱乳油用水稀释，配制得到 40mg/L、20mg/L、10mg/L、5mg/L、2.5mg/L、1.25mg/L 六个系列浓度。

② 受试鹌鹑每组 20 只，雌雄各半，试验前 12h 对鹌鹑禁食，仅供饮水。按确定的剂量，以每 100g 体重鹌鹑口注毒死蜱药液 1mL 处理，设空白对照，然后以正常条件饲养，观察 7d，及时记录鹌鹑的中毒症状和死亡数。

3. 蓄积毒性试验

采用剂量定期递增染毒法（见实验原理），按照急性毒性试验中得到的 LD_{50}，确定给药剂量。

五、结果分析

1. 急性毒性试验结果

利用概率值法（EXCEL）或 DPS 软件计算出急性毒性试验的毒力回归式、半数致死浓度 LC_{50}、相关系数及 95%置信限，记录在表 6-16 中。

表 6-16 农药对鹌鹑的急性毒性试验记录

药液浓度/(mg/L)	鹌鹑死亡数													
	1d		2d		3d		4d		5d		6d		7d	
	雌	雄	雌	雄	雌	雄	雌	雄	雌	雄	雌	雄	雌	雄
40														
20														
10														
5														
2.5														
1.25														
0														
毒力回归式（7d）														
LC_{50}/（mg/L）														
95%置信限														
相关系数 r														

2. 蓄积毒性试验结果

按照剂量定期递增染毒法的实验结果，确定毒死蜱的蓄积毒性级别。

六、思考题

农药对鹌鹑的毒性安全性试验中有哪些注意事项？

实验 15　农药对蚯蚓的毒性安全评价

一、实验目的

学会农药对蚯蚓毒性安全评价的方法，掌握农药对蚯蚓的毒性评价标准。

二、实验原理

农药对蚯蚓的毒性，是评价农药对土壤生态环境安全性的一个重要指标，利用蚯蚓作为土壤环境的指示生物可为整个土壤动物区系提供一个安全阈值。不同种类的蚯蚓对化学物质的敏感度不同，国外做农药毒性试验的蚯蚓品种，多数用日本的赤子爱胜蚓（*Eisenia foetida*），该品种在我国已普遍养殖，是目前理想的试验品种。评价农药对蚯蚓生态毒理的研究方法，目前主要有实验室毒理试验、田间生态毒理试验和生物检定三种方法。实验室毒性试验包括急性毒性试验和慢性毒性试验，具有较好的实用性，可以通过简单、快速和便宜的方法测试某些农药对蚯蚓的毒性，从而对农药的生态毒性作出初步的判断。人们提出了许多关于蚯蚓的实验室毒理试验方法，如滤纸法、溶液法、人工土壤法、自然土壤法，其中被广泛采用的是 OECD 规定的滤纸接触法和人工土壤法。

1. 滤纸接触法

蚯蚓在填充标准化的滤纸条的玻璃器皿中与不同浓度的化学药品接触 48h 后测定其死亡率，然后通过标准化的统计方法得到 LC_{50}。这种方法具有快速、简便易行的优点，但是试验仅仅给出通过皮肤接触所产生的毒性信息，因此不能全面评估农药对蚯蚓的真实影响。

2. 人工土壤法

农药对蚯蚓的致害途径，主要是土壤中的残留农药与蚯蚓的接触或被蚯蚓吞食所致。因供试土壤种类的不同，导致对蚯蚓毒性的程度也有差别。为了使试验结果具有可比性，多采用人工配制的标准土壤作为试验材料。人工土壤由 10％的泥炭藓、20％的高岭黏土（高岭土大于 50％）、69％的工业石英砂（含 50％以上 0.05～0.2mm 的细小颗粒）和 1％的 $CaCO_3$（化学纯）组成。将农药按一定的级差，配成 5～7 个浓度，分别均匀地加入 1kg 土壤中，调节到一定的湿度后，装于 2L 的培养缸中。每个处理养入个体大小相近的健壮蚯蚓 10 条，在 (20±2)℃和有适量光照条件下进行试验。供试农药用制剂或纯品，对难溶于水的农药，可用丙酮助溶。拌入土壤后先将丙酮挥发掉后再做试验。蚯蚓的毒性试验需连续进行 14d，于第 7d 与 14d 时测定蚯蚓的死亡率，用概率法求半数致死浓度 LC_{50} 与 95％的置信限值。这种方法较真实反映了蚯蚓生活的土壤环境，综合考虑了农药对蚯蚓的经皮毒性和经口毒性。上述方法得到的试验结果，建议按照 LC_{50} 值的大小将农药对蚯蚓的毒性划分为四个等级：$LC_{50} \leqslant 0.1$mg(a. i.)/kg 干土为剧毒；0.1mg(a. i.)/kg $< LC_{50} \leqslant 1.0$mg(a. i.)/kg 干土为高毒农药，1mg(a. i.)/kg $< LC_{50} \leqslant 10$mg(a. i.)/kg 干土为中毒农药，$LC_{50} > 10$mg(a. i.)/kg 为低毒农药。

3. 溶液法

将蚯蚓浸入含不同浓度化学物质的液体中一定时间后转移至干净的土壤中培养一段时间后调查蚯蚓的死亡率。

4. 自然土壤法

采用天然土壤为蚯蚓生活的介质，能够评价农药对某一地区的土壤生物的环境毒性情况。

三、实验材料

1. 试验动物

试验采用体重大约 0.3～0.5g、大小一致、环带有明显生殖环的健康赤子爱胜蚓成蚓。

2. 试验药剂

60%乙草胺乳油。

四、实验操作

（1）滤纸法

① 蚯蚓清肠　取若干培养皿，在底部铺上滤纸，加少量水，以刚浸没滤纸为宜，将蚯蚓放在滤纸上，将培养皿放入温度为（20±2）℃、湿度约 70%～90%、光照强度 400～800lx 的人工气候箱中，清肠 1 昼夜。

② 试验浓度的选择　试验测试的浓度是 $1000\mu g/cm^2$、$100\mu g/cm^2$、$10\mu g/cm^2$、$1\mu g/cm^2$、$0.1\mu g/cm^2$、$0.01\mu g/cm^2$，经过测试确定最大无作用浓度和最小全致死浓度，在该浓度范围内，按照级差设定 5～7 个浓度用于正式试验。

③ 器皿药剂处理　将乙草胺乳油用丙酮配制成一系列浓度的溶液，试验时在 9cm 培养皿内垫入相同直径的滤纸一张，吸取 1mL 相应浓度的药剂加到滤纸上，丙酮为对照。在通风橱中放置 30min，待丙酮完成挥发后加 1mL 蒸馏水润湿滤纸，每个浓度组设 3 个平行，并设置一个空白对照组。

④ 培养及观察　将清肠后的蚯蚓冲洗干净，吸干水分后取 10 条放入培养皿中，置于(20±1)℃恒温箱中黑暗培养，于 24h、48h 各计数一次，以前尾部对机械刺激无反应为死亡。

⑤ 数据处理　试验数据进行统计学处理，利用概率值法（EXCEL）或 DPS 软件计算出急性毒性试验的毒力回归式、半数致死浓度 LC_{50}、相关系数及 95%置信限。

（2）人工土壤法

① 蚯蚓清肠　同滤纸法。

② 试验浓度的选择　试验测试的浓度是 1000mg(a.i.)/kg、100mg(a.i.)/kg、10mg(a.i.)/kg、1mg(a.i.)/kg、0.1mg(a.i.)/kg、0.01mg(a.i.)/kg 干土，经过测试确定最大无死亡浓度和最小全致死浓度，在该浓度范围内，按照级差设定 5～7 个浓度用于正式试验。

③ 土壤药剂处理　将乙草胺乳油用丙酮配制成一系列浓度的溶液，将乙草胺丙酮溶液拌于 10g 石英砂中，待丙酮完全挥发后再与 490g 人工土壤混匀，装入 1000mL 烧杯中（或 18cm 的大培养皿中），加入蒸馏水保持含水量 35%，在人工气候箱中黑暗平衡 2h。

④ 培养及观察　将清肠后的蚯蚓冲洗干净，吸干水分后取 10 条放入土壤中，用纱布封

口，并加盖，并调节水分保湿，置于（20±2)℃、80%～90%湿度的人工气候箱中培养。每一浓度设置3个重复，10条蚯蚓，并设置一个空白对照组。7d、14d各调查1次，记录死亡数及中毒症状（以前尾部对机械刺激无反应为死亡)，培养14d后结束试验。

五、试验结果

试验数据进行统计学处理，利用概率值法（EXCEL）或DPS软件计算出急性毒性试验的毒力回归式、半数致死浓度LC_{50}、相关系数及95%置信限。

（1）滤纸法 将24h和48h的调查结果记入表6-17中。

表6-17 滤纸法农药对蚯蚓的急性毒性试验记录

药液浓度/（$\mu g/cm^2$）	蚯蚓死亡数									
	24h					48h				
	一组	二组	三组	平均	死亡率	一组	二组	三组	平均	死亡率
1000 100 10 1 0.1 0.01 0										
毒力回归式 LC_{50}/（$\mu g/cm^2$） 95%置信限 相关系数 r										

（2）人工土壤法 将7d和14d的调查结果记入表6-18中。

表6-18 人工土壤法农药对蚯蚓的急性毒性试验记录

药液浓度/（mg/kg）	蚯蚓死亡数									
	7d					14d				
	一组	二组	三组	平均	死亡率	一组	二组	三组	平均	死亡率
1000 100 10 1 0.1 0.01 0										
毒力回归式 LC_{50}/（mg/kg） 95%置信限 相关系数 r										

六、思考题

农药对蚯蚓的毒性安全评价中有哪些注意事项?

实验 16 农药对土壤微生物呼吸作用的毒性安全评价

一、实验目的

学会农药对土壤呼吸作用毒性安全评价的方法，掌握农药对土壤呼吸作用的毒性评价标准。

二、实验原理

农药特别是除草剂等土壤处理剂大量使用后，绝大部分会残留在土壤中慢慢降解，农药在降解过程中会影响土壤微生物的呼吸作用，各类农药对不同的土壤微生物的影响是不同的。通常都采用 CO_2 释放量来表示土壤微生物呼吸作用的强弱，测试 CO_2 释放量的方法有直接吸收法和通气法两种，前一种方法应用较多。土壤类型不同，其理化性质和微生物种类也存在差异，供试土壤要用两种有代表性的新鲜土壤，并要提供 pH 值、有机质、代换量、土壤质地等数据。供试农药最好用制剂，其更接近生产实际使用情况，也可用原药或纯品。药剂浓度，每种土壤设 1mg/kg、10mg/kg、100mg/kg 三组不同处理，并设空白对照，每组重复三次。难溶于水的农药，可用丙酮助溶。将药液先与少量土混匀，待丙酮蒸发干净后，再均匀拌入处理的土壤中。每个处理用土壤 50g，将土壤含水量调节成田间持水量的 60%，装于 100mL 小烧杯中，与另一个装有标准碱液的小烧杯一起置于 2L 容积的密闭广口瓶中，于 (25±1)℃的恒温箱中培养。第 5d、10d、15d 时更换出密闭瓶中的碱液，测定吸收的 CO_2 含量。以土壤中 CO_2 释放量的变化为依据，将农药对土壤微生物的毒性划分成三个等级：用 1mg/kg 处理土壤，在 15d 内抑制值>50%的为高毒农药；用 10mg/kg 处理土壤，在 15d 内抑制值>50%的为中毒农药；用 100mg/kg 处理土壤，在 15d 内抑制值>50%的为低毒农药；若三种处理均达不到 50%抑制水平，则同样划分为低毒农药。为了更好地接近田间实际，需要考虑农药对土壤微生物呼吸作用抑制时间长短这一因素，用危害系数的概念表示农药对土壤微生物的影响。危害系数分为三级：>200 为严重危害，200～20 为中等危害，<20 为无实际危害。在危害系数测定中，每隔 15d 测定一次 CO_2 释放量，直到测定值低于前一次，或当危害系数<20 时，即可停止试验。

三、实验材料

（1）供试土壤　采集 0～20cm 耕层土壤，风干，过 2mm 筛备用。

（2）试验药剂　50%多菌灵可湿性粉剂。

四、实验操作

① 将 50%多菌灵可湿性粉剂用水稀释，配制得到 500mg/L、50mg/L、5mg/L 三个系列浓度。

② 取过筛后风干土壤50g，加入1g葡萄糖，10mL不同浓度的药液混匀，装入100mL小烧杯中，将小烧杯和装有20mL 1mol/LNaOH溶液的小烧杯都放入2L的广口瓶中，密封瓶口，放在（25±1）℃的恒温箱中培养，每个浓度3个重复。设空白清水对照，3个重复；单独空白碱液对照，3个重复。

③ 第5d、10d、15d时更换密闭瓶中的碱液，用1mol/L HCl溶液滴定，计算土壤微生物呼吸作用释放出的CO_2量。

五、实验结果

1. CO_2释放量的计算

由上面酸碱滴定结果计算出CO_2的释放量，CO_2量的计算公式如下：

$$W=(V_{空白}-V_{处理})N\times 44$$

式中　W——50g土5d的CO_2的释放量，mg；

$V_{空白}$——滴定空白碱液所需HCl的体积，mL；

$V_{处理}$——滴定吸收CO_2后碱液所需HCl体积，mL；

N——HCl溶液的物质的量浓度，mol/L。

2. 呼吸作用抑制率的计算

分别计算不同药剂浓度下对土壤微生物呼吸作用的抑制率，计算公式如下：

$$呼吸作用抑制率=\frac{空白处理CO_2释放量-药剂处理CO_2释放量}{空白处理CO_2释放量}\times 100\%$$

3. 危害系数的计算

危害系数的计算公式如下：

$$危害系数=\frac{呼吸强度抑制率(\%)-抑制时间(月)}{药剂浓度\ (mg/kg)}$$

根据上面计算得到的呼吸作用抑制率和危害系数，评价50%多菌灵可湿性粉剂对土壤微生物的毒害水平。

六、思考题

农药对土壤呼吸作用毒性试验中有哪些注意事项？

实验17　农药在水中溶解性的测定

一、实验目的

学会农药在水中溶解性的测定方法。

二、实验原理

水溶性大的农药容易对地表水与地下水域造成污染，脂溶性强的农药，容易在生物体内富集，引起对生物的慢性危害。供试农药应为纯品，试验用水为重蒸馏水，温度一般为25℃，或根据使用地区情况选择相应温度，常用六氯苯作为参比物（柱淋洗法，25℃时溶解

度为 $1.19\times10^{-3}\sim2.31\times10^{-3}$mg/L)，溶解度的单位用 g/L 或 mg/L。农药水溶解度的测定方法有柱淋洗法（动态法）和调温振荡法（平衡法）两种。①柱淋洗法适用于溶解度<100mg/L 的农药，将供试农药涂布在惰性的玻璃微球上，装于玻璃柱内，在恒温下（一般为 25℃)，用水以不同速度淋涤，逐步减慢流速，待流出液中农药含量不变时，根据已恒定不变的数值，求出农药的水溶解度，应为 5 次试验的平均值。②调温振荡法适用于溶解度>100mg/L 的物质，在略高于试验温度的水中，将供试农药溶解得到饱和水溶液，然后将温度降至试验温度，并在 25℃的恒温下振荡 24h，达到平衡后，除去不溶物，再测定溶液中农药的浓度，即为水中的溶解度，应为 3 次试验的平均值。农药水溶性的大小，可用来估算农药的分配系数与生物富集性、农药的安全性，根据水溶性的大小可划分为三类：溶解度<0.5mg/L 的化合物，其生物富集性较高，对生态系统有一定的危险性；溶解度在 0.5～50.0mg/L 之间的农药，可能有一定的危险性，使用时应注意安全；溶解度>50.0mg/L 的农药，不易在生物体内富集，但易对生物造成急性危害。除了上面的两种方法外，近些年激光监视动态法得到了广泛研究和应用，该方法具有响应快、在晶体消失时信号突变明显、测量准确、可实现自动化测定等优点。

三、实验材料

（1）供试药剂　2,4-滴原药。

（2）实验仪器　恒温水浴（温度±0.5℃)、磁力搅拌器、具塞磨口锥形瓶（50～100mL)、恒温离心机、浸入过滤器（孔隙 D4)、液相色谱仪。

四、实验操作

1. 预试验

在测定前，首先对试样的溶解度进行初步估测。取约 0.1g 试样（固体粉碎至 100～200 目）加入 10mL 具塞量筒中，按表 6-19 提示的体积逐步加入试剂。

表 6-19　溶解度的初步估测

项目	第一步	第二步	第三步	第四步	第五步	第六步
量筒中试剂的总体积/mL	0.5	1	2	10	100	>100
估计的溶解度/（g/L）	200	100	50	10	1	<1

每加入一定体积的试剂后，超声振荡 10min，然后目测是否有不溶颗粒。如果试剂加至 10mL 后，仍有不溶物，则把量筒中的内容物完全转移至 1 个 100mL 具塞量筒中，加试剂至 100mL 振荡。静置 24h 或超声振荡 15min 后观察。如仍有不溶物，应进一步稀释，直至完全溶解。

2. 样品溶液的配制

根据预试验的结果，配制样品饱和溶液。称取一定量的试样于锥形瓶中，加入 50mL 溶剂。将锥形瓶置于（30±1)℃的水浴中，用磁力搅拌器和搅拌棒搅拌 30min。然后将锥形瓶置于（20±1)℃水浴中搅拌 30min。停止搅拌，离心。

3. 实验结果

用色谱法测定上清液的质量浓度即为溶解度。试样的溶解度 s 按下式计算，两次平行测定值相对差不大于15%。

$$s=\frac{A_1 \cdot m_2 \cdot w}{A_2 \cdot m_1}\times 100$$

式中 s——试样溶解度，g/L；

A_1——试样溶液中有效成分峰面积平均值；

A_2——标样溶液中有效成分峰面积平均值；

m_1——试样的质量，g；

m_2——标样的质量，g；

w——标样中有效成分的质量分数。

五、思考题

① 将上面试验方法得到的水溶解度 s 与2,4-滴标准的溶解度（25℃，620mg/L）进行比较，试分析结果不一致的原因。

② 如何设计一个实验，测定农药在甲醇、丙酮、乙酸乙酯、二氯甲烷、正己烷、甲苯等有机溶剂中的溶解度？

实验18 农药分配系数测定

一、实验目的

学会农药分配系数测定方法。

二、实验原理

农药的分配系数 K_{ow} 通常是指一定温度下，农药在等体积正辛醇与水两液相系统中分子浓度的分配比，它是农药的一个基本的环境参数。农药的 K_{ow} 值反映了该农药的亲脂性/亲水性的大小，具有较低 K_{ow} 值的农药（如 $K_{ow}\leqslant 10$），可认为是亲水的，其具有较高的水溶解性。相反农药的 K_{ow} 值较大（如 $\geqslant 10^4$），则是亲脂性的，其与生物富集系数、土壤吸附系数有很好的正相关性。测定分配系数的试验方法有很多种，这里介绍如下几种：

1. 摇瓶法

在恒温、恒压和一定pH值条件下，测定被测物在两种互不相溶的溶剂中达到平衡时的质量浓度比。摇瓶法的测定应在被试物未电离的形势下进行，即被试物如果是弱酸或弱碱时，应使用适当的缓冲溶液并且使其pH至少低于（对于游离酸）或高于（对于游离碱）pK 值一个单位。摇瓶法是测定有机化合物 K_{ow} 值的经典方法，将农药加入正辛醇与水的两相溶液体系中，充分摇匀，对一般农药只需振荡1h，溶解度<0.01mg/L的农药需振荡24h达到平衡后，分别测定两相中农药的含量，由此求出分配系数 K_{ow} 值。每种农药要做两种不同浓度，试验浓度一般不得超过0.01mol/L，通常第一种浓度是第二种浓度的10倍。此方法适合测定 $\lg K_{ow}$ 范围为−2～4之间的农药，对少数在水中具有离子化、质子化可逆性和表面活性的农药不适用。

2. 反相薄层色谱法

是一种较为常用的非直接测定 K_{ow} 值的方法，对仪器设备的要求不高。其原理是选用合适的展开剂，测定 K_{ow} 已知的一系列有机物在薄层板上的比移值 R_f 和 R_m，R_f 等于有机物斑点移动距离除以溶剂前沿移动距离，$R_m=\lg(1/R_f-1)$。然后将 $\lg K_{ow}$ 与 R_m 值进行直线拟合，得到直线回归方程，将测试化合物的 R_m 代入方程，计算得到其分配系数 $\lg K_{ow}$ 值。市售的反相薄层色谱板的固定相为 C_{18} 长碳链烃，Whatman KC 18F RP 和 Merck RP-18 F254 等预涂布薄层板也可以用于试验。该方法具有设备简单、操作简便快速的特点，$\lg K_{ow}$ 测定范围可在 0～12 之间。

3. 反相液相色谱法

该法是一种较为常用的非直接测定 K_{ow} 的方法，原理与反相薄层色谱法相同，其优点是重现性好、省时间，适合测定 $\lg K_{ow}$ 值在 0～6 范围内的有机化合物。

4. 慢搅拌法

该法是摇瓶法的一种改进方法，每个样品需要搅拌平衡 2～4d，通过慢搅拌法避免了乳化现象和采样时的污染问题，该法具有较高的准确性和重现性，适合高 K_{ow} 值化合物的测定。

5. 产生柱法

该法包括产生正辛醇/水平衡液的产生柱，萃取平衡水相中有机物的固相萃取柱，和一个作为萃取富集与检测用的液相色谱系统。产生柱法能够检测平衡时水相中极微量的有机物，结果准确，其可测定高达 8.5 的 $\lg K_{ow}$ 值。

除了以上的实验测定方法外，还有一些 K_{ow} 的估算方法，如用 Leo 碎片法估算，应用同类农药已知的分配系数与水溶性之间的相关公式估测农药的分配系数。

三、实验材料

（1）试验药剂　苄嘧磺隆原药或制剂。

（2）实验仪器　色谱仪、分光光度计、恒温水浴振荡器、pH 计、磨口三角瓶（100mL、250mL 或 500mL）、贮备瓶（1000mL）。

四、摇瓶法试验操作

1. 溶剂的预饱和

将 200mL 正辛醇和 400mL 蒸馏水混合后，置于恒温振荡器中，以 150r/min 在 25℃振荡 24h，使其相互饱和。静置分层，将两相分出，即得被蒸馏水饱和的正辛醇和被正辛醇饱和的蒸馏水。

2. 缓冲溶液的配制

准确配制 0.02mol/L 的乙酸和乙酸钠水溶液，以体积比约 30∶70 配制 pH=5.0 的缓冲溶液；用 0.2mol/L Na_2HPO_4 溶液 61mL＋0.2mol/LNaH_2PO_4 溶液 39mL，配制得到 pH=7 的缓冲溶液。

3. 水中苄嘧磺隆残留分析方法的建立

将苄嘧磺隆标样配制成一定浓度的丙酮母液，向蒸馏水中添加不同量的苄嘧磺隆丙酮母液，使水中添加浓度分别为 0.1mg/L、0.5mg/L、2mg/L 和 20mg/L。取 0.1mg/L 水样 200mL，其余浓度的水样 50mL，分别加入 100mL 2% Na_2SO_4 溶液，用稀 H_3PO_4 调至

$pH=3.0$，再用 50mL×3 的二氯甲烷萃取 3 次，合并二氯甲烷相，经无水 Na_2SO_4 干燥后，在 40℃旋转蒸发浓缩至微干，吹干后用乙腈定容至 2mL 待测，计算添加回收率。各浓度重复三次，同时做空白试验。

4. 被水饱和的正辛醇的苄嘧磺隆标准溶液的配制

将苄嘧磺隆用被水饱和的正辛醇配制得到 50μg/mL 的标准溶液。再取 5mL 50μg/mL 的标准溶液，用被水饱和的正辛醇定容至 50mL，得到 5μg/mL 的标准溶液。

5. 平衡时间的确定

取 3mL 50μg/mL 被水饱和的正辛醇的苄嘧磺隆标准溶液，置于 50mL 具塞磨口三角瓶中，加入 27mL 被正辛醇饱和的水，盖紧盖子，在恒温振荡器上于 25℃振荡，每隔 30min 测定一次苄嘧磺隆的含量，当水相中苄嘧磺隆浓度达到平衡时，即为苄嘧磺隆在正辛醇和水相中达到平衡的时间。

6. 分配系数的测定

取 50μg/mL 被水饱和的正辛醇苄嘧磺隆标准溶液 1mL，置于 25mL 三角瓶中，加入 9mL 被正辛醇饱和的水，于 25℃振荡 4h。以 3000r/min 离心 30min，弃去辛醇相，取水相加 10mL 2%Na_2SO_4 溶液，用稀 H_3PO_4 调 $pH=3.0$，再用 20mL×3 的二氯甲烷萃取三次，合并二氯甲烷相，经无水 Na_2SO_4 干燥，二氯甲烷相在 40℃旋转蒸发浓缩至干，用乙腈定容，同时进行 5μg/mL 苄嘧磺隆标准溶液的试验，各浓度重复 5 次。

利用 $pH=5.0$ 和 $pH=7.0$ 的缓冲溶液代替蒸馏水，重复上面的试验，分别测定苄嘧磺隆在不同 pH 条件下的 K_{ow}。

五、实验结果

苄嘧磺隆的 K_{ow} 值按下式计算：

$$K_{ow}=\frac{C}{C_w}=\frac{C_0V_0-C_wV_w}{C_wV_w}$$

式中，K_{ow} 为正辛醇/水分配系数；C 为平衡时苄嘧磺隆在正辛醇相中的浓度，μg/mL；C_w 为平衡时苄嘧磺隆在水相中的浓度，μg/mL；C_0 为苄嘧磺隆在正辛醇相中的初始浓度，μg/mL；V_0 为正辛醇相的体积，mL；V_w 为水相的体积，mL。

六、思考题

在农药油水分配系数测定中有哪些注意事项？

实验 19　农药土壤吸附作用的测定

一、实验目的

学会农药在土壤中吸附性的测定方法。

二、实验原理

农药吸附作用是指农药被吸附保持在土壤中的能力，它是评价农药环境行为的一个重要指标。农药吸附能力的强弱与农药的水溶性、分配系数、离解特性有关，也与土壤的性质、温度、含水量等有关。水溶性小、分配系数 K_{ow} 大、离解作用强的农药，容易被土壤吸附。有机质含量高、代换量大、质地黏重的土壤，就容易吸附农药。农药吸附性能的强弱对农药的生物活性、残留性与移动性都有很大影响。农药被土壤强烈吸附后其生物活性与微生物对它的降解性能都会减弱。吸附性能强的农药，其移动与扩散的能力弱，不易进一步造成对周围环境污染。研究农药在土壤中吸附性能的方法有平衡振荡法和土壤柱淋洗法。平衡振荡法是将一定体积的已知系列浓度的农药水溶液和一定质量的土壤混合，在恒定温度下进行振荡，其水与土的比例一般为 5∶1（V/W），水土比对测量结果有较大的影响，平衡振荡时间通过吸附动力学实验确定，一般 24h 可达到吸附平衡。供试农药须用纯品或标记农药，试验浓度最好不超过农药最大溶解度，对难溶于水的农药，可用少量有机溶剂助溶，用量不得超过 0.2%（V/V）。测定土壤对农药的吸附等温线时，至少要用三种性质差异较大的代表性的土壤和四种不同的农药浓度，并要求提供土壤 pH 值、有机质含量、代换量、土壤质地等资料。平衡振荡法操作方便，是目前测定土壤对农药吸附作用较多采用的方法。土壤柱淋洗法是将土壤装入土壤渗滤柱内，表层土壤中的农药可在流动水的带动或随重力向下渗滤，由于土壤对农药的吸附-解吸作用，农药在土壤中逐层分布，当农药溶液淋洗土壤柱至滤出液与流入液中农药的浓度相等，则认为吸附-解吸达到了平衡，通过流出液的总量和总浓度就可以计算出平衡吸附量。该方法适用于较强吸附作用的实验，该方法能保持土壤的团聚体，更接近于自然条件下土壤的形态，因此结果更接近实际，更为准确。但是土壤柱淋洗实验比较复杂，分析时间长。除了直接测定法外，也可用正辛醇/水分配系数法来间接粗略计算土壤对农药的吸附常数。

三、实验材料

1. 供试药剂

吡虫啉原药。

2. 供试土壤

选用四种不同质地或采集地不同的土壤，风干后粉碎，过 60 目筛备用。

四、实验方法

1. 药液配制

将吡虫啉原药用丙酮配制成 1000μg/mL 母液，然后用 0.01mol/L $CaCl_2$ 水溶液配制成六个浓度：0.1μg/mL、0.5μg/mL、1.0μg/mL、2.0μg/mL、5.0μg/mL、10.0μg/mL。

2. 吸附平衡

称取 10g 土壤样品于 100mL 的三角瓶中，加入含不同浓度农药的溶液 50mL，将瓶塞紧，摇匀，放在恒温振荡器上在（25±1)℃下振荡 24h，振毕，将土壤悬浮液转移到离心管中，以 4000r/min 的速度离心 15min，上清液经微孔滤膜过滤后，即为平衡水溶液。

3. 提取方法

取 20mL 的平衡水溶液，用 30mL×3 二氯甲烷萃取，萃取液经无水硫酸钠干燥后，于旋转蒸发仪中浓缩至微干，然后用氮气吹干，用乙腈定容到 2mL，供 HPLC 分析，本步骤进行 3 次重复。

4. 色谱试验

用浓度为 0.3125μg/mL、0.625μg/mL、1.25μg/mL、2.5μg/mL、5.0μg/mL、10.0μg/mL 的吡虫啉水溶液进行标准曲线的测定和土壤吸附试验，测定得到土壤中吡虫啉的含量。

五、实验结果

线性模型、Freundlich 模型是对有机物吸附进行描述的两大数学模型，大多数有机物的吸附都符合这些模型。

1. 线性模型：$C_s = KC_e + C_0$

式中，C_s 为平衡时吸附土壤上的农药浓度，mg/kg，C_e 为平衡时水相中的农药浓度，mg/L；K 为土壤吸附常数；C_0 为溶液平衡浓度为 0 时的土壤吸附量，mg/kg。

C_s 可通过下面公式计算得到：

$$C_s = \frac{(C_0 - C_e)V}{W}$$

式中，C_0 为吡虫啉溶液的初始浓度，mg/L；V 为溶液体积；W 为土壤重量。

2. Freundlich 模型

$$C_s = K_f C_e^{1/n}$$

式中，C_s 为平衡时吸附土壤上的农药浓度，mg/kg；C_e 为平衡时水相中的农药浓度，mg/L；K_f 为土壤吸附常数；$1/n$ 为吸附经验常数。将上式两边取对数可以得到 Freundlich 模型的线性表达式：

$$\lg C_s = 1/n \lg C_e + \lg K_f$$

从该式可以看出，若用 $\lg C_s$ 对 $\lg C_e$ 作图为一直线，则可以由该直线的斜率求得 $1/n$，由该直线的截距求得 K_f。

根据试验测得的数据，进行线性模型和 Freundlich 模型的拟合，根据拟合曲线，计算出 K、C_0、$1/n$、K_f。

六、思考题

农药土壤吸附系数的测定中有哪些注意事项？

实验 20　农药的土壤淋溶作用的测定

一、实验目的

学会农药在土壤中淋溶性的测定方法。

二、实验原理

农药淋溶作用是指农药在土壤中随水垂直向下移动的能力，是污染物在水-土壤颗粒之间吸附-解吸或分配的一种综合行为。土壤淋溶可分为两种方式：一种是农药随水通过均匀的土壤介质向下渗透，这种情况较常见；另一种是农药随水通过土壤裂隙或植物根际及蚯蚓洞等大孔隙而淋溶至土壤下层，这种情况只是当漫灌式浇灌或下大雨时出现。影响农药淋溶作用的因子与影响农药吸附作用的因子基本相同，恰好呈反相关关系，一般来说，农药吸附作用愈强，其淋溶作用愈弱。另外与施用地区的气候、土壤条件也密切相关，在多雨、土壤砂性的地区，农药容易被淋溶。农药淋溶作用的强弱，是评价农药是否对地下水有污染危险的重要指标。农药在土壤中迁移的研究方法有土壤薄层层析法、柱淋洗法、渗漏计法等，实验室内一般采用土柱淋洗法和土壤薄层层析法。土壤薄层层析法，试验时最好用标记农药或农药纯品，至少要用四种不同性质的土壤，常用的有砂土、砂壤、粉砂壤、黏壤，最好是取代表性的主要地区的土壤做试验。测定方法与一般的薄层层析法相似，是用土壤作载体，用水作流动相。根据土壤薄层层析法得到的 R_f 值的大小，将农药的淋溶性划分为五个等级：极易移动 0.90～1.00，可移动 0.65～0.89，中等移动 0.35～0.64，不易移动 0.10～0.34，不移动 0.00～0.09。柱淋洗法是指将已风干、过筛后的土样或直接从田中采集的原土装于柱中，在上端加一定量的供试农药，再用一定量的水，按一定的速度淋洗，收集淋出水测定其中的农药含量。淋洗结束后，将土柱分段采样测定其中的农药含量。根据农药在土柱中及淋出水中农药的分布情况，评价农药在土壤中的淋溶特性。试验时可模拟农药使用地区的气温与降雨条件，并提供土壤 pH、有机质含量、代换量、土壤质地等资料。渗漏计法，主要用来研究大田中农药淋溶迁移的情况，它是指将一由不锈钢制成的钢套直接插进大田土壤中，制成原状土柱，利用供水装置将水均匀喷布土柱表面，定期收集不同深层的水样和土样，测定其中的农药含量。此方法较真实地反映农药在大田中淋溶的实际情况，目前在国外多采用此法。

三、实验材料

1. 供试药剂

吡虫啉原药。

2. 供试土壤

采集在 0～20cm 深度的四种不同的土壤，风干后粉碎，过 60 目筛备用。

四、土壤薄层层析法

1. 土壤薄层板的制备

称 10g 土壤加一定量的蒸馏水调成稀泥浆，全部倒在 20cm×7.5cm 的玻璃板上，涂布均匀，厚度约 0.75～1.0cm，薄板在室温下放置 24h 晾干。

2. 点样

将供试农药用丙酮配成浓度为 5000mg/L，取 0.5mL 直接点在制好的土壤薄板下端 2cm 处，待溶剂挥发后放入展缸中。

3. 展开

以蒸馏水为展开剂，薄板倾斜度约为 35°，板底端淹水 0.5cm 左右，在室温下展开。当展开剂到达薄板前沿 18cm 处时，取出薄板，在室温下干燥 24h，先按 1cm 的间隔分 2 段，其余的按 2cm 的间隔，分段刮板取薄层土壤，供分析测定。

4. 土壤的提取

将分段刮板取的薄层土壤加入到 100mL 的三角瓶中，用 20mL×3 的二氯甲烷萃取三次，合并提取液，无水硫酸钠干燥，浓缩、定容至一定体积。

5. R_f 值的确定

将上步中各段的浓缩物用丙酮定容到 0.1mL，用微量注射器吸取 5μL 丙酮溶液，滴加在 GF254 型的高效薄层层析板上（所用的样点都加在一张薄层板上），选用合适的有机溶剂为展开剂展开，并有吡虫啉标准品的对照样点。然后在紫外分析仪下观察样点的大小与颜色的深浅，或用紫外薄层扫描仪确定每个样点的大小。最大的样点即对应着土壤薄层层析吡虫啉的移动位置，由此可确定吡虫啉的移动距离，计算得到 R_f 值，也可采用高压液相色谱测定各部分土壤中的农药含量，来确定吡虫啉的位移中心。

五、实验结果

根据上面得到的 R_f 值来评价吡虫啉在不同土壤中的移动性能。

六、思考题

有哪些方法可用来确定药剂在土壤薄层中的位移中心？

实验 21　水解测定

一、实验目的

通过水解实验来测定农药原药在水中的稳定性。

二、实验原理

农药的水降解与其在环境中的持久性是密切相关的，它是影响农药在环境中的归宿机制的重要因素之一，也是评价农药在水体中残留特性的重要指标。一般用水解半衰期 $t_{0.5}$（即被试物水解率达 50%时所需要的时间）来评价农药的水解特性。

三、实验材料

1. 试剂

所用化学试剂纯度均为分析纯，试验用水为重蒸馏水或纯净水。

2. 仪器

具塞容器，试验过程中用密封膜密封。恒温培养箱、pH 计、灭菌器。紫外-可见（UV-VIS）分光光度计、气相色谱仪、液相色谱仪、气质联用仪、液质联用仪等分析仪器。试验过程中避光、除氧（如用氮气或氩气鼓泡 5min）。

四、实验操作

1. 缓冲溶液的配制

水解试验在 pH 4.0、pH 7.0 和 pH 9.0 三级 pH 条件下进行。缓冲液 pH 上下浮动为 ±0.1pH 单位。缓冲液应使用分析纯级化学品和重蒸馏水或纯净水配制。缓冲液的配方见表 6-20 所示。

表 6-20　缓冲溶液的配方

缓冲溶液名称	组分与配制方法	pH
Clark-Lubs 缓冲溶液（20℃）	50mL 0.1mol/L 苯二甲酸氢钾溶液，加 0.40mL 0.1mol/L 氢氧化钠溶液，再用纯水稀释至 100mL	4.0
	50mL 0.1mol/L 磷酸二氢钾溶液，加 29.63mL 0.1mol/L 氢氧化钠溶液，再用纯水稀释至 100mL	7.0
	50mL 0.1mol/L 硼酸-0.1mol/L 氯化钾混合溶液，加 21.30mL 0.1mol/L 氢氧化钠溶液，再用纯水稀释至 100mL	9.0
Kolthoff-Vleeschhauwer 柠檬酸盐缓冲液（18℃）	50mL 0.1mol/L 柠檬酸盐缓冲液中，加 0.1mol/L 9.0mL 氢氧化钠溶液，再用纯水稀释至 100mL	4.0
Sörensen 磷酸盐缓冲液（18℃）	41.3mL 0.0667mol/L KH_2PO_4 溶液中，加 58.7mL 0.0667mol/L Na_2HPO_4 溶液，混匀至 100mL	7.0
Sörensen 硼砂缓冲液（18℃）	85mL 0.05mol/L 硼砂溶液，加 15.0mL 0.10mol/L HCl 溶液，混匀至 100mL	9.0

2. 样品溶液的配制

将被试物溶于缓冲溶液中，浓度≤0.01mol/L 或 50%饱和溶解度。对难溶于水的被试物可根据其水溶解度及分析方法的灵敏度，适当调整试验浓度，并可加少量有机溶剂（如乙腈）助溶，加入量不得超过 1%（V/V）。样品溶液的灭菌可采用滤膜过滤或其他适当的方法。

3. 预试验

将样品溶液置于（50±0.5)℃恒温条件下培养 5d，测定溶液中被试物母体化合物的浓度。水解率<10%时，认为该被试物具有化学稳定性，不需继续进行正式试验；水解率≥10%时，需进一步进行在 25℃及 50℃条件下的水解动态试验与温度影响试验（即正式试验）。试验温度误差为±0.5℃，水溶液中被试物测定方法添加回收率为 70%～110%，分析方法定量限应满足检测要求。

4. 正式试验

将用 pH 4.0、pH 7.0 和 pH 9.0 的缓冲溶液配制的被试物样品溶液分别置于（25±0.5)℃和（50±0.5)℃的培养箱中培养（每个试验条件下应设置足够的样品数量）。从试验开始之时起定期采集样品，测定样品溶液中被试物母体化合物的浓度，直至水解率≥90%时终止试验。当试验进行至 90d，而水解率为 50%～90%时，试验周期持续至 120d；当试验进行至 90d，而水解率小于 50%时，试验周期持续至 180d。水解动态曲线至少 7 个点，其中 5 个点的浓度值为初始浓度的 20%～70%。水溶液中被试物方法添加回收率为 70%～110%，分析方法定量限应满足检测要求。

五、实验结果

以 $\ln c_t$（c_t 为 t 时的被试物母体化合物的浓度）对时间 t 做线性回归，相关系数 $r \geq 0.7$ 时，被试物的水解规律符合一级动力学方程，所得直线的斜率即为水解速率常数 k。

水解半衰期 $t_{0.5}$ 由下式计算：

$$t_{0.5} = \frac{\ln 2}{k}$$

式中　k——水解速率常数；

$t_{0.5}$——水解半衰期。

如以 $\ln c_t$ 对 t 作图不呈线性关系（$r<0.7$）时，即反应不符合一级动力学规律，须采用其他方法对数据进行分析。

六、思考题

影响农药水解的因素有哪些？

实验 22　水中光解测定

一、实验目的

学习和掌握测定农药在水中光解的实验方法。

二、实验原理

农药或其他物质可吸收适当波长的光能呈激发态分子，吸收光子的能量正好处于分子中一些键的离解能范围内而导致键的断裂发生降解。用在灭菌条件下的光解半衰期评价农药的水中光解。

三、实验材料

1. 试剂和溶液

所用化学试剂为分析纯、试验用水为重蒸馏水。

2. 仪器

容器：具塞石英玻璃试管。光化学反应器或相当装置：光源采用人工光源，为过滤氙灯，波长范围为 295～800nm，受体接受光强 4000lx；照度计、紫外强度计、灭菌器、pH 计（如有需要）。

分析仪器：气相色谱仪、液相色谱仪、气质联用仪、液质联用仪等。

四、实验步骤

1. 样品溶液配制

被试物用重蒸馏水配制成样品溶液，浓度≤0.01mol/L 或 50%饱和溶解度。对难溶于水的被试物可根据其水溶解度及分析方法的灵敏度，适当调整试验浓度。可加少量有机溶剂（如乙腈）助溶，加量不得超过 1%（V/V）。不可用光敏性有机溶剂（如丙酮）作为助溶剂。当被试物有解离时，试验溶液应选用适当的缓冲液配制，缓冲液的 pH 应为设定 pH±0.5pH 单位。样品溶液的灭菌可采用滤膜过滤或其他适当的方法。

2. 测定

将样品溶液分装于石英光解反应管中，盖紧，置于光化学反应装置中进行光解试验。从试验开始之时起，定期采集样品 7 次以上，同时记录光源的光照强度和紫外强度。测定样品溶液中被试物母体化合物的浓度，直至光解率≥90%时终止试验。同时设黑暗条件下的对照试验。试验过程中隔离其他光源。试验温度误差为±0.5℃，光解动态曲线至少7个点，其中5个点的浓度值为初始浓度的20%～70%。水溶液中被试物测定方法添加回收率为70%～110%，分析方法定量限应满足检测要求。

五、结果计算

以 $\ln c_t$（c_t 为 t 时被试物母体化合物的浓度）对时间 t 作线性回归，相关系数 $r \geqslant 0.7$ 时，被试物的光解规律符合一级动力学方程，所得降解曲线的斜率即为光解速率常数 k。

光解半衰期 $t_{0.5}$ 由下式计算：

$$t_{0.5}=\frac{\ln 2}{k}$$

式中　k——光解速率常数；

$t_{0.5}$——光解半衰期。

如以 $\ln c_t$ 对 t 作图不呈线性关系（$r<0.7$）时，即反应不符合一级动力学规律，须采用其他方法对数据进行分析。

六、思考题

在测定农药水中光解过程中有哪些注意事项？

实验 23　自我设计实验一

选取一种新农药，设计实验来评价其对一种非靶标生物的安全性。

实验 24　自我设计实验二

选取一种新农药，设计实验来测定其环境行为的水溶性、正辛醇/水分配系数、土壤吸附性、土壤淋溶性中的一种，并对该农药环境安全性进行相应的评价。

参考文献

[1] 吴世晖. 中级有机化学实验. 北京：高等教育出版社，1986，1-3.
[2] 王利民. 精细有机合成新方法. 北京：化学工业出版社，2004，383-449.
[3] J. A. Miller,E. F. Neuzil,著 . 董庭威,译 . 现代有机化学实验. 上海：上海出版翻译公司，1987，319-324.
[4] 唐除痴. 农药化学. 天津：南开大学出版社，1998，252-254.
[5] 陈万义. 农药生产与合成. 北京：化学工业出版社，2000，6.
[6] 孙传经. 气相色谱分析原理与技术. 北京：化学工业出版社，1993.
[7] 傅若农. 色谱分析概论. 北京：化学工业出版社，2002.
[8] 赵欣昕，侯宇凯. 农药规格质量标准汇编. 北京：化学工业出版社，2002.
[9] L. R. 施奈德，J. L. 格莱吉克，J. J. 柯克兰[美]. 王杰，赵岚峰，王树力，等，译. 实用高效液相色谱法的建立. 北京：科学出版社，2000.
[10] 许国旺. 现代实用气相色谱法. 北京：化学工业出版社，2004.
[11] 刘虎威. 气相色谱方法及应用. 北京：化学工业出版社，2000.
[12] 杜斌. 现代色谱技术. 郑州：河南医科大学出版社，2002.
[13] 冷士良. 精细化工实验技术. 北京：化学工业出版社，2005.
[14] 王大宁，董益阳，邹明强. 农药残留检测与监控技术. 北京：化学工业出版社，2006.
[15] 宋航. 制药工程专业实验. 北京：化学工业出版社，2005.
[16] 王晶，王林，黄晓蓉. 食品安全快速检测技术. 北京：化学工业出版社，2005.
[17] 宋航. 制药工程技术概论. 北京：化学工业出版社，2006.
[18] 吴烈钧. 气相色谱检测方法. 北京：化学工业出版社，2005.
[19] 李浩春. 分析化学手册(第五分册 气相色谱分析). 北京：化学工业出版社，1999.
[20] 凌世海. 固体制剂，农药剂型加工丛书. 3 版. 北京：化学工业出版社，2003.
[21] 郭武棣. 液体制剂，农药剂型加工丛书. 3 版. 北京：化学工业出版社，2004.
[22] 邵维忠. 农药助剂，农药剂型加工丛书. 3 版. 北京：化学工业出版社，2003.
[23] 刘步林. 农药剂型加工技术. 2 版. 北京：化学工业出版社，1998.
[24] 中国农业百科全书总编辑委员会农药卷编辑委员会. 中国农业百科全书-农药卷. 北京：农业出版社，1993.
[25] 农业部农药检定所. 农药电子手册，2008.
[26] 汪世泽. 昆虫研究法. 北京：农业出版社，1993，193-195.
[27] 慕立义. 植物化学保护研究方法. 北京：中国农业出版社，1994.
[28] 陈年春. 农药生物测定技术. 北京：北京农业大学出版社，1992，78-81.
[29] 吴文君. 植物化学保护实验技术导论. 西安：陕西科学技术出版社，1988.
[30] 黄彰欣. 植物化学保护实验实习指导. 3 版. 北京：农业出版社，1993.
[31] 陈万义. 新农药的研发—方法·进展. 北京：化学工业出版社，2007.
[32] 方中达. 植病研究方法. 北京：农业出版社，1979.
[33] 杜冠华. 高通量药物筛选. 北京：化学工业出版社，2002.
[34] 农业部农药检定所生测室. 农药田间药效试验准则(二). 北京：中国标准出版社，2000.
[35] 李树正，王笃枯，焦书梅，等，译. 农药实验法——杀菌剂篇. 北京：农业出版社，1991.
[36] 郭敦成. 农药毒理及其应用. 武汉：湖北科学技术出版社，1987.
[37] 吴文君. 农药学原理. 北京：中国农业出版社，2002.
[38] 赵善欢. 植物化学保护. 3 版. 北京：中国农业出版社，2000.

[39] 林孔勋. 杀菌剂毒理学. 北京：中国农业出版社，1995.
[40] 黄建中. 农田杂草抗药性. 北京：中国农业出版社，1995.
[41] 蔡道基. 农药环境毒理学研究. 北京：中国环境科学出版社，1999.
[42] 孟紫强. 环境毒理学基础. 北京：高等教育出版社，2003.
[43] 惠秀娟. 环境毒理学. 北京：化学工业出版社，2003.
[44] 刘维屏. 农药环境化学. 北京：化学工业出版社，2006.
[45] 李顺鹏. 环境生物学. 北京：中国农业出版社，2002.
[46] 国家环境保护局. 化学农药环境安全评价试验准则，1989.
[47] 孙家隆. 现代农药合成技术. 北京：化学工业出版社，2011.
[48] 孙家隆. 农药化学合成基础. 3版. 北京：化学工业出版社，2018.
[49] 钱传范. 农药残留分析原理与方法. 北京：化学工业出版社，2011.
[50] 庞国芳. 农药残留高通量检测技术-第二卷(动物源产品). 北京：科学出版社，2012.
[51] 刘长令. 现代农药手册. 北京：化学工业出版社，2018.
[52] 宋宝，安吴剑. 农药合成. 北京：中国农业出版社，2017.
[53] 李忠，邵旭升. 农药创新. 北京：化学工业出版社，2019.
[54] 刘长令，李淼，吴峤. 世界农药大全——杀虫剂卷. 2版. 北京：化学工业出版社，2022.
[55] 刘长令，刘鹏飞，李淼. 世界农药大全——杀菌剂卷. 2版. 北京：化学工业出版社，2022.
[56] 刘长令. 世界农药大全——除草剂卷. 北京：化学工业出版社，2002.